GABCOM & GABMET

Abkürzungen von Verbindungen und Methoden aus Chemie und Physik

GABCOM: GMELIN ABBREVIATIONS OF COMPOUNDS
GABMET: GMELIN ABBREVIATIONS OF METHODS

GABCOM & GABMET
Abkürzungen von Verbindungen und Methoden aus Chemie und Physik

1. Auflage

Herausgeber	Gmelin-Institut für Anorganische Chemie der Max-Planck-Gesellschaft zur Förderung der Wissenschaften
	Direktor: Ekkehard Fluck

Autor der Abkürzungs- liste GABCOM:	R. Bohrer
Coautoren:	B. Kalbskopf H.-J. Richter-Ditten

Autor der Abkürzungs- liste GABMET:	L. Leichner
Coautor:	E. Best

Datenprozessierung: A. Nebel, R. Maass and G. Olbrich

Springer-Verlag
Berlin · Heidelberg · New York · London · Paris · Tokyo ·
Hong Kong · Barcelona · Budapest   1993

ISBN 3-540-93662-9 Springer-Verlag, Berlin · Heidelberg · New York

Herstellung : Mrotzek. Werbeagentur. Heidelberg.

Inhaltsverzeichnis

1 GABCOM: Abkürzungen von Verbindungen

1.1 Zweck der Sammlung

Anforderungen der Präzision einerseits und einer knappen Ausdrucksweise andererseits beim Schreiben wissenschaftlicher Arbeiten machen häufig die Einführung von Abkürzungen notwendig. In der Chemie und Biologie sind Abkürzungen für Verbindungen mittlerweile weit verbreitet und Meßmethoden aus verschiedenen experimentellen Bereichen sind manchmal als Abkürzungen besser bekannt als ihre ursprünglichen Bezeichnungen.

Wegen des Fehlens allgemein akzeptierter Regeln für das Abkürzen des Namens chemischer Verbindungen (die Empfehlungen der International Union of Applied Chemistry, IUPAC, werden nicht immer angewendet), ist die Bedeutung von Abkürzungen in wissenschaftlichen Veröffentlichungen meist nicht unmittelbar verständlich. Zum Beispiel enthält die Sammlung des vorliegenden Bandes neunmal die Abkürzung "TMP", es werden zumindest neun verschiedene Verbindungen mit der selben Abkürzung bezeichnet. Andererseits wurden acht verschiedene Abkürzungen für Bis(2-ethylhexyl)phosphorsäureester gefunden: D2EGFK, D2EHHP, D2EHPA, DEHPA, EHPA, HD2EHP, HDEHP, PP.

Mit der vorliegenden Sammlung von Abkürzungen chemischer Verbindungen wird ein rascher Zugang zur Bedeutung unbekannter Abkürzungen ermöglicht. Die Liste der Abkürzungen soll dem Leser wissenschaftlciher Literatur aus verschiedenen Wissensgebieten wie Chemie, physikalische Chemie, Physik, Biologie und auch Medizin Hifestellung leisten. Es sei jedoch angemerkt, daß eine derartige Sammlung niemals vollständig sein kann, da jeden Tag neue Abkürzungen "erfunden" werden und in die Literatur Eingang finden.

1.2 Datenbeschaffenheit

Das Buch enthält 3.646 verschiedene Abkürzungen von 3.483 verschiedenen Verbindungen aus beinahe allen Bereichen der anorganischen und organischen Chemie. Komplexliganden und Standardreagenzien aus der analytischen Chemie bilden den größeren Teil der Abkürzungen. Die einzelnen Einträge wurden der Originalliteratur für den Zeitraum 1950 bis 1990 entnommen, Abkürzungen aus Übersichtsartikeln oder solche von Handelsnamen wurden ebenfalls berücksichtigt.

Die Häufigkeit des Auftretens von Abkürzungen war nicht das Maß für die Aufnahme in die Sammlung. Abkürzungen von biochemisch relevanten Verbindungen wurden dann aufgenommen, wenn die Konstitution durch eine linearisierte Formel darstellbar war. Eine linearisierte Strukturformel und der entsprechende sytematische Name einer Verbindung wurden aufgenommen, um die Identifizierung einer Abkürzung durch den Benutzer zu erleichtern. Dies kann in den Fällen von Bedeutung sein, in denen eine Abkürzung aus einem nichtsystematischen Namen abgeleitet wurde, z.B. entsprechen "SAL2PHEN" und "SAL2PROP" jeweils den Verbindungen "N,N'-Bis(salicyliden)-o-phenylendiamin" und "N,N'-Bis(salicyliden)propylendiamin". Die erste Verbindung dieses Beispiels ist ein Phenylenderivat, während die zweite von Propan abgeleitet wird, wie der systematische Name zeigt:

2,2'-[1,2-Phenylenbis(nitrilomethylidyn)]bisphenol für $1,2\text{-}(HO\text{-}C_6H_4\text{-}2\text{-}CH=N\text{-})_2C_6H_4$

2,2'-[1,3-Propandiylbis(nitrilomethylidyn)]bisphenol für
$$HO\text{-}C_6H_4\text{-}2\text{-}CH=N\text{-}CH_2CH_2CH_2\text{-}N=CH\text{-}2\text{-}C_6H_4\text{-}OH.$$

Die Einführung systematischer Namen erleichtert auch den Zugang zu Informationen des Chemical Abstracts Service (Registriernummer, Abstracts, Strukturen, Zitate, etc.).

1.3 Die Teile einer Eintragung

Die Eintragungen in der Liste von Verbindungen bestehen aus bis zu vier Teilen, die durch ihre typographischen Eigenschaften unterschieden werden:

Abkürzung   Systematischer Name
                       Formel
                       (Trivial)name

z.B.

1,4-(Bu)dab   N,N'-bis(1,1-dimethylethyl)1,2-ethanediimin
                       t-C$_4$H$_9$-N=CH-CH=N-C$_4$H$_9$-t
                       1,4-di-tert.-butyl-1,4-diazabutadien

Groß- und Kleinschreibung in den Textfeldern entsprechen den Grammatikregeln der jeweiligen Sprache der Originalarbeit.

1.3.1 Abkürzung

Im allgemeinen sind die Einträge der Liste alphabetisch nach den Abkürzungen sortiert, wobei die folgenden Sonderzeichen, die Teil einer Abkürzung sein können, die Sortierfolge nicht beeinflussen:

[ ] { } ( ) , ' " ''' - .

Ähnliches gilt für Groß/Kleinschreibung, Zwischenräume und griechische Buchstaben. Deutsche Umlaute (ä, ö, ü) sind als "ae", "oe" und "ue" eingeordnet. Entsprechend diesen Regeln, werden die Abkürzungen

"15-aneN5" und "[15]aneN5"

bei der Sortierung als identisch behandelt, ebenso wie:

"EDTA", Edta", und "edta".

Der nachfolgende Ausschnitt aus der Abkürzungsliste bildet ein Beispiel für diese Regeln im Zusammenhang:

```
        . . .
1,3-pd3a . . .
13Pda . . .
1,3-pdta . . .
1,3-PN . . .
1-3 TADAB . . .
1,4,7-[11]aneN3 . . .
1,4,7-[13]aneN3 . . .
14-aneS4 . . .
14Bda . . .
1,4-(Bu)dab . . .
14NQ . . .
```

Sonderzeichen werden folgendermaßen behandelt: "β-Aad" ist nach "Aad" eingeordnet, δ–Säure wurde wie "delta-saeure" sortiert und folgt nach "SACSAC" und "1,2,4-Säure".

Information zu isomeren Formen einer abgekürzten Verbindung wird von Autoren oft weggelassen, dies kommt sogar für ein bestimmtes Isomer vor, z.B. findet man in der Literatur für 9-borabicyclo[3.3.1]nonan die Abkürzungen "9-BBN" und "BBN". Um dem Rechnung zu tragen, wurden alle Abkürzungen, die mit Ziffern beginnen, zweimal eingetragen, vorausgesetzt die Ziffern bezeichnen Stukturisomere und nicht z.B. Kronenether. Der zweite Eintrag wird entsprechend dem ersten Buchstaben sortiert:

```
    . . .
    FAD . . .
    FADH . . .
    1-FAL . . .
    . . .
```

Die Liste enthält keine Abkürzungen für Anionen, die sich von verschieden protonierten mehrbasischen Säuren ableiten lassen, z.B. H3EDTA⁻, es wurden nur neutrale Stammverbindungen wie H4EDTA aufgenommen.

1.3.2 Systematische Namen

Die systematischen Namen entsprechen den Nomenklaturregeln wie sie von Chemical Abstracts Service im "Chemical Substance Index" formuliert sind, jedoch ohne Umstellung von Stammverbindung und Substituent, z.B. wird das

Methyl-2-bromo-3-chloropropanoat, $Cl\text{-}CH_2\text{-}CH(Br)\text{-}COO\text{-}CH_3$,

im CAS Chemical Substance Index als "propanoic acid, 2-bromo-3-chloro-methyl ester" bezeichnet, während die Substanz hier als "2-bromo-3-chloro propanoic acid methyl ester" aufgeführt ist.

Der Vorzug, der CAS-Namen vor den IUPAC-Namen gegeben wurde, beruht darauf, daß die IUPAC-Regeln häufig mehrere Namen für eine Verbindung zulassen, wogegen bei CAS zur Vermeidung von Mehrfacheinträgen nur ein Name im Chemical Substance Index aufgeführt wird. IUPAC-Namen wurden in den Fällen verwendet, in denen der entsprechende CAS-Name nicht systematisch ist.

1.3.3 Linearisierte Strukturformel

Bei Verbindungen mit definierter Struktur wurden linearisierte Strukturformeln angegeben, um die gegebene Konstitution anzudeuten. Bei Platzmangel wurden in dieser linearisierten Darstellung führende Ziffern weggelassen und z.B. Adenosin-5'-triphosphat (ATP) wie folgt geschrieben:

$(NH_2)N_4C_5H_2\text{-}OC_4H_4(OH)_2\text{-}CH_2\text{-}[OP(=O)(OH)]_2\text{-}O\text{-}P(=O)(OH)_2.$

Mehratomige Ionen sind in eckige Klammern gesetzt und durch ein Leerzeichen getrennt, Kationen stehen vor Anionen; Dreifachbindungen sind nicht bezeichnet.

Mesomere und Isomere

Bei mesomeren Systemen ist nur eine der möglichen Grenzstrukturen als linearisierte Formel aufgeführt, im Fall von Tautomeren ist diejenige Struktur gegeben, die dem systematischen

Namen entspricht. Vorsilben und Symbole für andere isomere Formen (cis-, trans-, endo-, exo–, D-, L-, S-, R-, (+), (-), (±), usw.) wurden nicht aufgenommen. Zur besseren Lesbarkeit wurden die Zusätze "i-", "t-" und "c-" (für $R\text{-}CH(CH_3)_2$ bzw. $R\text{-}C(CH_3)_3$, oder für "cyclo-") benutzt. Wenn vor einem Alkylfragment kein Zusatz steht, wird "n-" für "normal" impliziert, die Vorsilbe "iso-" (nicht "i-" !) vor einem Namen bezeichnet eine nicht definierte Mischung von Isomeren.

Ringsysteme

Kronenether und andere große heterozyklische Verbindungen, die durch gleichartige Atomfolgen gekennzeichnet sind, werden an einer beliebigen Position getrennt, z.B. $[\text{-}(CH_2CH_2\text{-}O)_3\text{-}]$ oder $[\text{-}(N(CH_3)\text{-}CH_2CH_2CH_2)_4\text{-}]$. Die Numerierung von Ringsystemen, die verschiedene Heteroatome enthalten, folgt derjenigen von CAS wobei die Ziffern immer vor dem Ringsystem stehen. Substituenten können entweder zu Beginn oder am Ende einer Formel stehen:

$$4\text{-}CH_3\text{-}1,3,2\text{-}O_2NC_2H_2 \qquad \text{für 4-Methyl-1,3,2-dioxazol}$$

$$1,4\text{-}ONC_4H_7(=O)\text{-}3 \qquad \text{für 3-Morpholinon.}$$

Wasserstoffatome an Ringheteroatomen sind nicht hervorgehoben. Der Zusatz "c-" wird bei Monozyklen benutzt, bei bizyklischen Systemen steht der Bezeichner für das Ringsystem vor der Formel:

$$[3.3.1]\text{-}9\text{-}BC_8H_{15} \text{ für "9-Borabicyclo[3.3.1]nonan".}$$

Zur Verdeutlichung für den Benutzer wird in einigen Fällen eine quasi-lineare Schreibweise benutzt:

$$N(\text{-}CH_2CH_2\text{-})_3N \qquad \text{für 1,4-Diazabicyclo[2.2.2]octan}$$

jedoch bedeutet die Strukturformel

$$NH_2\text{-}(CH_2)_6\text{-}NH_2 \quad \text{für} \quad NH_2\text{-}CH_2CH_2CH_2CH_2CH_2CH_2\text{-}NH_2$$

eine lineare Kette.

1.3.4 Der Trivialname

Wenn die Abkürzung nicht von dem angegebenen systematischen Namen abgeleitet ist, wurde ein Trivialname angegeben. Dieser Trivialname steht in kursiver Schreibweise in der letzten Zeile. Unabhängig von der Originalsprache der Veröffentlichung wird die englische Abkürzung verwendet, wenn die Quelle der Abkürzung nicht bekannt ist.

Die englische und deutsche Schreibweise der Trivialnamen folgt den Regeln von Römpp's Chemie-Lexikon, 7. Auflage, Stuttgart, 1972-77.

---

2 GABMET: Abkürzungen für Methoden und Begriffe

Wissenschaftliche Literatur in Chemie und Physik enthält Abkürzungen für chemische, physikalische, numerische und technische Verfahren, Meßmethoden und Begriffe, die nicht immer explizit definiert werden. Dies kann zu Mißverständnissen führen.

Da es keinerlei Regeln für die Bildung von Abkürzungen gibt, treten gleichlautende Abkürzungen für verschiedene Begriffe auf, beispielsweise ist CIS eine Abkürzung für:

characteristic isochromate spectroscopy
constant initial energy spectra
constant initial state
contact to inner solution

GABMET, die vorliegende Liste von Abkürzungen, soll die wissenschaftliche Literatur besser erschließen und dem Leser die Möglichkeit geben, die Bedeutung einer bestimmten Abkürzung zu überprüfen.

Die alphabetisch geordnete Liste enthält gegenwärtig 4.218 Abkürzungen für Methoden und Begriffen aus Chemie, Physik und Technik.

3 Die Datenbanken GABCOM und GABMET

Die Listen von Abkürzungen sind auch als Datenbanken für IBM-kompatible Rechner verfügbar. Diese elektronischen Versionen können bestellt werden bei:

Springer Verlag
Abteilung Neue Medien
Postfach 10 52 80
D-6900 Heidelberg
Deutschland

4 Ergänzungen

Ergänzungen der Listen (mit Angabe des Originalzitats), Anregungen und Kommentare sind willkommen; wir bitten um Zusendung an:

Gmelin-Institut für Anorganische Chemie
c/o Registerabteilung
Varrentrappstraße 40-42
D-6000 Frankfurt/Main 90
Deutschland

FAX-Nr.: +49 69 7917 338

Die Datenbanken werden jährlich auf den neuesten Stand gebracht werden. Eine neue Auflage des Buches wird vorbereitet werden, wenn eine ausreichende Anzahl neuer Abkürzungen vorliegt.

A GABCOM Abkürzungen von Verbindungen

[10]aneN3
decahydro-1,4,7-triazecine
[-NH-CH$_2$CH$_2$-NH-CH$_2$CH$_2$-NH-CH$_2$CH$_2$CH$_2$-]
1,4,7-triazacyclodecane

1,12-DTPR
phenanthro[1,10-cb:8,9-c'b']bisthiopyran
1,12-S$_2$C$_{18}$H$_{10}$
1,12-dithiaperylene

[11]aneN3
1,4,8-triazacycloundecane
[-NH-CH$_2$CH$_2$-NH-CH$_2$CH$_2$CH$_2$-NH-CH$_2$CH$_2$CH$_2$-]

1,2,4-Säure
4-amino-3-hydroxy 1-naphthalenesulfonic acid
4-NH$_2$-3-HO-C$_{10}$H$_5$-SO$_3$H-1
1-Amino-2-naphthol-4-sulfonsäure

[12]aneN3
1,5,9-triazacyclododecane
[-NH-CH$_2$CH$_2$CH$_2$-NH-CH$_2$CH$_2$CH$_2$-NH-CH$_2$CH$_2$CH$_2$-]

[12]aneS3
1,5,9-trithiacyclododecane
[-S-CH$_2$CH$_2$CH$_2$-S-CH$_2$CH$_2$CH$_2$-S-CH$_2$CH$_2$CH$_2$-]

12AS
12-(9-anthrylcarboxy)stearic acid
C$_{14}$H$_9$-9-COO-CH(C$_6$H$_{13}$)-(CH$_2$)$_{10}$-COOH
12-(9-anthroyloxy)stearic acid

12BQ
3,5-cyclohexadiene-1,2-dione
C$_6$H$_4$(=O)$_2$-1,2
1,2-benzoquinone

12C4
1,4,7,10-tetraoxacyclododecane
[-CH$_2$CH$_2$-O-]$_4$
12-crown-4

12CHDA
1,2-cyclohexanediamine
c-C$_6$H$_{10}$(NH$_2$)$_2$-1,2

12-crown-4
1,4,7,10-tetraoxacyclododecane
[-CH$_2$CH$_2$-O-]$_4$

1,2-DTA
1,2-dithiane
1,2-S$_2$C$_4$H$_8$

12Eda
1,2-ethanediamine
NH$_2$-CH$_2$CH$_2$-NH$_2$

12N46D
3,4-dioxo-3,4-dihydro naphthalene-1,7-disulfonic acid, ion(2-)
[3,4-(O=)$_2$-C$_{10}$H$_4$-(SO$_3$)$_2$-1,7]$^{2-}$
1,2-naphthoquinone-4,6-disulfonate

12NQ

1,2-dihydro 1,2-naphthalenedione
$C_{10}H_6(=O)_2$-1,2
1,2-naphthoquinone

12NQ4S

3,4-dioxo-3,4-dihydro 1-naphthalenesulfonic acid, ion(1-)
$[3,4-(O=)_2-C_{10}H_5-1-SO_3]^-$
1,2-naphthoquinone-4-sulfonate

1,2-PN

1,2-propanediamine
$NH_2-CH_2-CH(CH_3)-NH_2$

12S4

1,4,7,10-tetrathiacyclododecane
$[-CH_2CH_2-S-]_4$

13-aneS4

1,4,7,10-tetrathiacyclotridecane
$[-CH_2CH_2CH_2-S-(CH_2CH_2-S)_3-]$

1,3-CHXN

cis-1,3-cyclohexanediamine
$1,3-(NH_2)_2-C_6H_{10}$

13D2P

1,3-diamino 2-propanol
$NH_2-CH_2-CH(OH)-CH_2-NH_2$

13DAP

1,3-propanediamine
$NH_2-CH_2CH_2CH_2-NH_2$
1,3-diaminopropane

1,3-mpd3a

N-(carboxymethyl)-N-[3-{(carboxymethyl)(methyl)amino}propyl] glycine, ion(3-)
$[OOC-CH_2-N(CH_3)-CH_2CH_2CH_2-N(CH_2-COO)_2]^{3-}$
1,3-(N-methyl)propanediamine-N,N',N'-triacetate

1,3-mpdta

N,N'-[1-methyl-1,3-propanediyl]bis[N-(carboxymethyl)glycine], ion(4-)
$[(OOC-CH_2)_2N-CH_2CH_2-CH(CH_3)-N(CH_2-COO)_2]^{4-}$
1,3-methylpropylenediamine-N,N,N',N'-tetraacetate

1,3-pd3a

N-(carboxymethyl)-N-[3-{(carboxymethyl)amino}propyl]glycine, ion(3-)
$[OOC-CH_2-NH-CH_2CH_2CH_2-N(CH_2-COO)_2]^{3-}$
1,3-propanediamine-N,N,N'-triacetate

13Pda

1,3-propanediamine
$NH_2-CH_2CH_2CH_2-NH_2$

1,3-pdta

N,N'-(1,3-propanediyl)bis[N-(carboxymethyl)glycine], ion(4-)
$[(OOC-CH_2)_2N-CH_2CH_2CH_2-N(CH_2-COO)_2]^{4-}$
1,3-propanediamine-N,N,N',N'-tetraacetate

1,3-PN

1,3-propanediamine
$NH_2-CH_2CH_2CH_2-NH_2$

1-3 TADAB

4-(2-thiazolyl-azo) 1,3-benzenediamine
$4-(1,3-SNC_3H_2-2-N=N)-C_6H_3-(NH_2)_2-1,3$
4-(2-thiazolyl-azo) 1,3-diaminobenzene

1,4,7-[11]aneN3
1,4,7-triazacycloundecane
[-NH-CH$_2$CH$_2$-NH-CH$_2$CH$_2$-NH-CH$_2$CH$_2$-CH$_2$CH$_2$-]

1,4,7-[13]aneN3
1,4,7-triazacyclotridecane
[-NH-CH$_2$CH$_2$-NH-CH$_2$CH$_2$-NH-(CH$_2$)$_6$-]

14-aneS4
1,4,8,11-tetrathiacyclotetradecane
[-S-CH$_2$CH$_2$-S-CH$_2$CH$_2$CH$_2$-]$_2$

14Bda
1,4-butanediamine
NH$_2$-CH$_2$CH$_2$-CH$_2$CH$_2$-NH$_2$

1,4-(Bu)dab
N,N'-bis(1,1-dimethylethyl) 1,2-ethanediimine
t-C$_4$H$_9$-N=CH-CH=N-C$_4$H$_9$-t
1,4-di-tert.-butyl-1,4-diazabutadiene

14NQ
1,4-dihydro 1,4-naphthalenedione
C$_{10}$H$_6$(=O)$_2$-1,4
1,4-naphthoquinone

14S4
1,4,8,11-tetrathiacyclotetradecane
[-S-CH$_2$CH$_2$-S-CH$_2$CH$_2$CH$_2$-]$_2$

14TMC
1,4,8,11-tetramethyl-1,4,8,11-tetraazacyclotetradecane
[-N(CH$_3$)-C$_2$H$_4$-N(CH$_3$)-C$_3$H$_6$-N(CH$_3$)-C$_2$H$_4$-N(CH$_3$)-C$_3$H$_6$-]

[15]aneN3S2
1,4-dithia-7,10,13-triazacyclopentadecane
[-S-CH$_2$CH$_2$-S-CH$_2$CH$_2$-NH-CH$_2$CH$_2$-NH-CH$_2$CH$_2$-NH-CH$_2$CH$_2$-]

15-aneN4
1,4,8,12-tetraazacyclopentadecane
[-NH-CH$_2$CH$_2$-NH-CH$_2$CH$_2$CH$_2$-NH-CH$_2$CH$_2$CH$_2$-NH-CH$_2$CH$_2$CH$_2$-]

[15]aneN4O
1-oxa-4,7,10,13-tetraazacyclopentadecane
[-O-CH$_2$CH$_2$-NH-CH$_2$CH$_2$-NH-CH$_2$CH$_2$-NH-CH$_2$CH$_2$-NH-CH$_2$CH$_2$-]

15-aneN5
1,4,7,10,13-pentaazacyclopentadecane
[-NH-CH$_2$CH$_2$-NH-CH$_2$CH$_2$-NH-CH$_2$CH$_2$-NH-CH$_2$CH$_2$-NH-CH$_2$CH$_2$-]

[15]aneN5
1,4,7,10,13-pentaazacyclopentadecane
[-NH-CH$_2$CH$_2$-NH-CH$_2$CH$_2$-NH-CH$_2$CH$_2$-NH-CH$_2$CH$_2$-NH-CH$_2$CH$_2$-]

[15]aneS5
1,4,7,10,13-pentathiacyclopentadecane
[-S-CH$_2$CH$_2$-S-CH$_2$CH$_2$-S-CH$_2$CH$_2$-S-CH$_2$CH$_2$-S-CH$_2$CH$_2$-]

15C5
1,4,7,10,13-pentaoxacyclopentadecane
[-CH$_2$CH$_2$-O-]$_5$
15-crown-5

15-crown-5
1,4,7,10,13-pentaoxacyclopentadecane
[-CH$_2$CH$_2$-O-]$_5$

1,5-DTCO
1,5-dithiacyclooctane
[-S-CH$_2$CH$_2$CH$_2$-S-CH$_2$CH$_2$CH$_2$-]

1,5-I-AEDANS

5-[2-(iodoacetylamino)ethylamino] 1-naphthalenesulfonic acid
5-[I-CH$_2$-C(=O)-NH-CH$_2$CH$_2$-NH]-C$_{10}$H$_6$-1-SO$_3$H
N-iodoacetyl-5-ethyldiamine-1-naphthalenesulfonic acid

1,5-J-AEDANS

5-[2-(iodoacetylamino)ethylamino] 1-naphthalenesulfonic acid
5-[I-CH$_2$-C(=O)-NH-CH$_2$CH$_2$-NH]-C$_{10}$H$_6$-1-SO$_3$H
N-Jodoacetyl-5-aethyldiamin-1-naphthalinsulfonsäure

1,5-ptnta

N,N'-(1,5-pentanediyl)bis[N-(carboxymethyl)glycine], ion (4-)
[(OOC-CH$_2$)$_2$N-(CH$_2$)$_5$-N(CH$_2$-COO)$_2$]$^{4-}$
1,5-pentanediaminetetraacetate

[15]pydleneN5

3,6,9,12,18-pentaazabicyclo[12.3.1]octadeca-2,12-diene
[-N=CH-(2,6-NC$_5$H$_3$)-CH=N-CH$_2$CH$_2$-NH-CH$_2$CH$_2$-NH-CH$_2$CH$_2$-]

15S5

1,4,7,10,13-pentathiacyclopentadecane
[-CH$_2$CH$_2$-S-]$_5$

15TMC

1,4,8,12-tetramethyl-1,4,8,12-tetraazacyclopentadecane
[-N(CH$_3$)-C$_2$H$_4$-N(CH$_3$)-C$_3$H$_6$-N(CH$_3$)-C$_3$H$_6$-N(CH$_3$)-C$_3$H$_6$-]

16-aneN4

1,5,9,13-tetraazacyclohexadecane
[-CH$_2$CH$_2$CH$_2$-NH-]$_4$

[16]aneN5

1,4,7,10,13-pentaazacyclohexadecane
[-NH-CH$_2$CH$_2$-NH-CH$_2$CH$_2$-NH-CH$_2$CH$_2$-NH-CH$_2$CH$_2$-NH-(CH$_2$)$_3$-]

16C4

1,5,9,13-tetraoxacyclohexadecane
[-CH$_2$CH$_2$CH$_2$-O-]$_4$
16-crown-4

16CROWN4

1,5,9,13-tetraoxacyclohexadecane
[-CH$_2$CH$_2$CH$_2$-O-]$_4$

1,6-DTPY

[1]benzothiopyrano[6,5,4-def][1]benzothiopyran
1,6-S$_2$C$_{14}$H$_8$
1,6-dithiapyrene

[16]pydleneN5

3,6,10,13,19-pentaazabicyclo[13.3.1]nonadeca-2,13-diene
[-N=CH-(2,6-NC$_5$H$_3$)-CH=N-CH$_2$CH$_2$-NH-CH$_2$CH$_2$CH$_2$-NH-CH$_2$CH$_2$-]

16TMC

1,5,9,13-tetramethyl-1,5,9,13-tetraazacyclohexadecane
[-{N(CH$_3$)-CH$_2$CH$_2$CH$_2$}$_4$-]

[17B]aneN5

1,4,7,11,14-pentaazacycloheptadecane
[-NH-CH$_2$CH$_2$-NH-CH$_2$CH$_2$-NH-(CH$_2$)$_3$-NH-CH$_2$CH$_2$-NH-(CH$_2$)$_3$-]

[17C]aneN5

1,4,7,10,13-pentaazacycloheptadecane
[-NH-CH$_2$CH$_2$-NH-CH$_2$CH$_2$-NH-CH$_2$CH$_2$-NH-CH$_2$CH$_2$-NH-(CH$_2$)$_4$-]

1,7-DTPR

anthra[1,9-cb:5,10-c'b']bisthiopyran
1,7-S$_2$C$_{18}$H$_{10}$
1,7-dithiaperylene

[17]pydieneN5

3,7,10,14,20-pentaazabicyclo[14.3.1]eicosa-2,14-diene
[-N=CH-(2,6-NC$_5$H$_3$)-CH=N-(CH$_2$)$_3$-NH-CH$_2$CH$_2$-NH-(CH$_2$)$_3$-]

[18A]aneN5

1,4,7,11,15-pentaazacyclooctadecane
[-NH-CH$_2$CH$_2$-NH-CH$_2$CH$_2$-NH-(CH$_2$)$_3$-NH-(CH$_2$)$_3$-NH-(CH$_2$)$_3$-]

[18]aneS6

1,4,7,10,13,16-hexathiacyclooctadecane
[-(S-CH$_2$CH$_2$)$_6$-]

[18B]aneN5

1,4,8,11,15-pentaazacyclooctadecane
[-NH-CH$_2$CH$_2$-NH-(CH$_2$)$_3$-NH-CH$_2$CH$_2$-NH-(CH$_2$)$_3$-NH-(CH$_2$)$_3$-]

18C6

1,4,7,10,13,16-hexaoxacyclooctadecane
[-CH$_2$CH$_2$-O-]$_6$
18-crown-6

[18C]aneN5

1,4,7,10,13-pentaazacyclooctadecane
[-NH-CH$_2$CH$_2$-NH-CH$_2$CH$_2$-NH-CH$_2$CH$_2$-NH-CH$_2$CH$_2$-NH-(CH$_2$)$_5$-]

18-crown-6

1,4,7,10,13,16-hexaoxacyclooctadecane
[-CH$_2$CH$_2$-O-]$_6$

1,8-DTPY

[2]benzothiopyrano[6,5,4-def][1]benzothiopyran
1,8-S$_2$C$_{14}$H$_8$
1,8-dithiapyrene

1,8-J-AEDANS

8-[2-(iodoacetylamino)ethylamino] 1-naphthalenesulfonic acid
8-[I-CH$_2$-C(=O)-NH-CH$_2$CH$_2$-NH]-C$_{10}$H$_6$-1-SO$_3$H
N-Jodoacetyl-8-aethyldiamin-1-naphthalinsulfonsäure

18oda

1,8-octanediamine
NH$_2$-(CH$_2$)$_8$-NH$_2$

18S6

1,4,7,10,13,16-hexathiacyclooctadecane
[-CH$_2$CH$_2$-S-]$_6$

[19]aneN5

1,4,8,12,16-pentaazacyclononadecane
[-NH-CH$_2$CH$_2$-NH-(CH$_2$)$_3$-NH-(CH$_2$)$_3$-NH-(CH$_2$)$_3$-NH-(CH$_2$)$_3$-]

[19B]aneN5

1,4,7,10,13-pentaazacyclononadecane
[-NH-CH$_2$CH$_2$-NH-CH$_2$CH$_2$-NH-CH$_2$CH$_2$-NH-CH$_2$CH$_2$-NH-(CH$_2$)$_6$-]$_3$

1-FAL

1-fluoro propadiene
CHF=C=CH$_2$
1-fluoroallene

1-FCP

1-fluorocyclopropene
1-F-c-C$_3$H$_3$

1-FIQTSC

2-(1-isoquinolinylmethylidene) hydrazinecarbothiamide
2-NC$_9$H$_6$-[CH=N-NH-C(=S)-NH$_2$]-1
1-formylisoquinoline thiosemicarbazone

12

1-FPP

1-fluoropropyne
F-CC-CH$_3$

1-FVM

1-fluoropropene
CHF=CH-CH$_3$
1-fluorovinylmethylene

1-MeCYT

4-amino-1-methyl 1H-pyrimidine-2-one
1-CH$_3$-4-NH$_2$-1,3-N$_2$C$_4$H$_2$(=O)-2
1-methylcytosine

1-MeIMID

1-methyl 1,3-diazole
1-CH$_3$-1,3-N$_2$C$_3$H$_3$
1-methyl-imidazole

1Np

1-naphthalenol
C$_{10}$H$_7$-1-OH

1NpAm

1-naphthalenamine
C$_{10}$H$_7$-1-NH$_2$

1NptA

1-naphthalenecarboxylic acid
C$_{10}$H$_7$-1-COOH
1-naphthoic acid

1-PTS

2-phenyl hydrazinecarbothiamide
C$_6$H$_5$-NH-NH-C(=S)NH$_2$
1-phenyl-thiosemicarbazone

[20]aneN5

1,5,9,13,17-pentaazacycloeicosane
[-NH-(CH$_2$)$_3$-NH-(CH$_2$)$_3$-NH-(CH$_2$)$_3$-NH-(CH$_2$)$_3$-NH-(CH$_2$)$_3$-]

21C7

1,4,7,10,13,16,19-heptaoxacycloheneicosane
[-CH$_2$CH$_2$-O-]$_7$
21-crown-7

2,3,2-TET

3,7-diaza 1,9-nonanediamine
[NH$_2$-CH$_2$CH$_2$-NH-CH$_2$CH$_2$CH$_2$-NH-CH$_2$CH$_2$-NH$_2$]
1,4,8,11-tetraaza-undecane

235MBQ

2,3,5-trimethyl 2,5-cyclohexadiene-1,4-dione
2,3,5-(CH$_3$)$_3$-C$_6$H(=O)$_2$-1,4
2,3,5-trimethyl-1,4-benzoquinone

2,3,6-TBA

2,3,6-trichloro benzoic acid
2,3,6-Cl$_3$-C$_6$H$_2$-COOH

23C14B

2,3-dichloro 2,5-cyclohexadiene-1,4-dione
2,3-Cl$_2$-C$_6$H$_2$(=O)$_2$-1,4
2,3-dichloro-1,4-benzoquinone

23M14B

2,3-dimethyl 2,5-cyclohexadiene-1,4-dione
2,3-(CH$_3$)$_2$-C$_6$H$_2$(=O)$_2$-1,4
2,3-dimethyl-1,4-benzoquinone

2,4,5-T   2,4,5-trichlorophenoxy acetic acid
$2,4,5\text{-}Cl_3\text{-}C_6H_2\text{-}O\text{-}CH_2\text{-}COOH$

2,4,5-TB   4-(2,4,5-trichlorophenoxy) butanoic acid
$2,4,5\text{-}Cl_3\text{-}C_6H_2\text{-}O\text{-}CH_2CH_2CH_2\text{-}COOH$

2,4,5-TCPPA   2-(2,4,5-trichlorophenoxy) propanoic acid
$2,4,5\text{-}Cl_3\text{-}C_6H_2\text{-}O\text{-}CH(CH_3)\text{-}COOH$

2,4,5-TP   2-(2,4,5-trichlorophenoxy) propanoic acid
$2,4,5\text{-}Cl_3\text{-}C_6H_2\text{-}O\text{-}CH(CH_3)\text{-}COOH$

[24]aneS6   1,5,9,13,17,21-hexathiacyclotetracosane
$[\text{-}CH_2CH_2CH_2\text{-}S\text{-}]_6$

24C8   1,4,7,10,13,16,19,22-octaoxacyclotetracosane
$[\text{-}CH_2CH_2\text{-}O\text{-}]_8$
24-crown-8

2,4-D   2,4-dichlorophenoxy acetic acid
$2,4\text{-}Cl_2\text{-}C_6H_3\text{-}O\text{-}CH_2\text{-}COOH$

2,4-DB   4-(2,4-dichlorophenoxy) butanoic acid
$2,4\text{-}Cl_2\text{-}C_6H_3\text{-}O\text{-}CH_2CH_2CH_2\text{-}COOH$

2,4-DEP   phosphorous acid tris[2-(2,4-dichlorophenoxy)ethyl] ester
$(2,4\text{-}Cl_2\text{-}C_6H_3\text{-}O\text{-}CH_2CH_2\text{-}O)_3P$
O,O,O-tris-(2,4-dichlorophenoxy-ethyl)-phosphite

2,4-DES   sodium 2-(2,4-dichlorophenoxy)ethyl sulfate
$Na\,[2,4\text{-}Cl_2\text{-}C_6H_3\text{-}O\text{-}CH_2CH_2\text{-}O\text{-}SO_3]$

2,4-DP   2-(2,4-dichlorophenoxy) propanoic acid
$2,4\text{-}Cl_2\text{-}C_6H_3\text{-}O\text{-}CH(CH_3)\text{-}COOH$

2,4-ptnta   N,N'-[1,3-dimethyl-1,3-propanediyl]bis[N-(carboxymethyl)glycine], ion(4-)
$[(OOC\text{-}CH_2)_2N\text{-}CH(CH_3)\text{-}CH_2\text{-}CH(CH_3)\text{-}N(CH_2\text{-}COO)_2]^{4-}$
2,4-pentanediaminetetraacetate

24S6   1,5,9,13,17,21-hexathiacyclotetracosane
$[\text{-}CH_2CH_2CH_2\text{-}S\text{-}]_6$

25B14B   2,5-dibromo 2,5-cyclohexadiene-1,4-dione
$2,5\text{-}Br_2\text{-}C_6H_2(=O)_2\text{-}1,4$
2,5-dibromo-1,4-benzoquinone

25C14B   2,5-dichloro 2,5-cyclohexadiene-1,4-dione
$2,5\text{-}Cl_2\text{-}C_6H_2(=O)_2\text{-}1,4$
2,5-dichloro-1,4-benzoquinone

25DMBQ   2,5-dimethyl 2,5-cyclohexadiene-1,4-dione
$2,5\text{-}(CH_3)_2\text{-}C_6H_2(=O)_2\text{-}1,4$
2,5-dimethyl-1,4-benzoquinone

25E14B

2,5-diethoxy 2,5-cyclohexadiene-1,4-dione
$2,5-(C_2H_5-O)_2-C_6H_2(=O)_2-1,4$
2,5-diethoxy-1,4-benzoquinone

25H14B

2,5-dihydroxy 2,5-cyclohexadiene-1,4-dione
$2,5-(HO)_2-C_6H_2(=O)_2-1,4$
2,5-dihydroxy-1,4-benzoquinone

25M14B

2,5-dimethoxy 2,5-cyclohexadiene-1,4-dione
$2,5-(CH_3-O)_2-C_6H_2(=O)_2-1,4$
2,5-dimethoxy-1,4-benzoquinone

26C14B

2,6-dichloro 2,5-cyclohexadiene-1,4-dione
$2,6-Cl_2-C_6H_2(=O)_2-1,4$
2,6-dichloro-1,4-benzoquinone

26CPIP

2,6-dichloro-4-(4-hydroxyphenylimino)-2,5-cyclohexadien-1-one
$2,6-Cl_2-4-[HO-4-C_6H_4-N=]-C_6H_2(=O)$
2,6-dichlorophenol-indophenol

26Dma

2,6-dimethyl benzenamine
$2,6-(CH_3)_2-C_6H_3-NH_2$
2,6-dimethylaniline

26M14B

2,6-dimethoxy 2,5-cyclohexadiene-1,4-dione
$2,6-(CH_3-O)_2-C_6H_2(=O)_2-1,4$
2,6-dimethoxy-1,4-benzoquinone

26M4P

2,6-dimethyl 4(4H)-pyranone
$2,6-(CH_3)_2-OC_5H_2(=O)-4$

2,6-TNS

6-(4-methylphenylamino) 2-naphthalenesulfonic acid
$HO_3S-2-C_{10}H_6-6-(NH-C_6H_4-4-CH_3)$
6-(p-toluidino)-2-naphthalenesulfonic acid

2,7-DMNAPY

2,7-dimethyl-1,8.naphthyridine
$2,7-(CH_3)_2-1,8-N_2C_8H_4$

2,7-MSDTPY

2,7-bis(methylseleno) [1]benzothiopyrano[6,5,4-def][1]benzothiopyran
$2,7-(CH_3-Se)_2-1,6-S_2C_{14}H_6$
2,7-bis(methylseleno)-1,6-dithiapyrene

2,7-MTDTPY

2,7-bis(methylthio) [1]benzothiopyrano[6,5,4-def][1]benzothiopyran
$2,7-(CH_3-S)_2-1,6-S_2C_{14}H_6$
2,7-bis(methylthio)-1,6-dithiapyrene

2AAa

glycine
NH_2-CH_2-COOH
2-amino acetic acid

2ABA

2-amino benzoic acid
$2-NH_2-C_6H_4-COOH$

2AP

2-amino phenol
$2\text{-}NH_2\text{-}C_6H_4\text{-}OH$

2Apa

alanine
$CH_3\text{-}CH(NH_2)\text{-}COOH$
2-amino propanoic acid

2APy

2-pyridinamine
$NC_5H_4\text{-}2\text{-}NH_2$
2-amino pyridine

2AS

2-(9-anthrylcarboxy)stearic acid
$C_{14}H_9\text{-}9\text{-}COO\text{-}CH(C_{16}H_{33})COOH$
2-(9-anthroyloxy)stearic acid

2B5M14

2-bromo-5-methyl 2,5-cyclohexadiene-1,4-dione
$2\text{-}Br\text{-}5\text{-}CH_3\text{-}C_6H_2(=O)_2\text{-}1,4$
2-bromo-5-methyl-1,4-benzoquinone

2BrPy

2-bromo pyridine
$2\text{-}Br\text{-}NC_5H_4$

2C5M14

2-chloro-5-methyl 2,5-cyclohexadiene-1,4-dione
$2\text{-}Cl\text{-}5\text{-}CH_3\text{-}C_6H_2(=O)_2\text{-}1,4$
2-chloro-5-methyl-1,4-benzoquinone

2-CEA

N-(2-chloroethyl)-N-ethyl-2-methyl benzenemethanamine
$Cl\text{-}CH_2CH_2\text{-}N(C_2H_5)\text{-}CH_2\text{-}C_6H_4\text{-}2\text{-}CH_3$

2'-CMP

cytidine-2'-(dihydrogenmonophosphate)
$(O=)(NH_2)N_2C_4H_2\text{-}OC_4H_4(OH)(CH_2\text{-}OH)\text{-}O\text{-}P(=O)(OH)_2$
cytidine-2'-monophosphate

2CPy

2-chloro pyridine
$2\text{-}Cl\text{-}NC_5H_4$

2EHHPP

phenylphosphonic acid mono(2-ethylhexyl) ester
$C_6H_5\text{-}P(=O)(OH)\text{-}O\text{-}CH_2\text{-}CH(C_2H_5)\text{-}C_4H_9$
2-ethylhexyl hydrogen phenylphosphonate

2-EH(Φ)PA

phosphoric acid mono(2-ethylhexyl) monophenyl ester
$HO\text{-}P(=O)(O\text{-}C_6H_5)\text{-}O\text{-}CH_2\text{-}CH(C_2H_5)\text{-}C_4H_9$
2-ethylhexylphenyl-phosphoric acid

2EHPPA

phenylphosphonic acid mono(2-ethylhexyl) ester
$C_6H_5\text{-}P(=O)(OH)\text{-}O\text{-}CH_2\text{-}CH(C_2H_5)\text{-}C_4H_9$
2-ethylhexyl phenylphosphonic acid

2-EHPPA

phenylphosphonic acid mono(2-ethylhexyl) ester
$C_6H_5\text{-}P(=O)(OH)\text{-}O\text{-}CH_2\text{-}CH(C_2H_5)\text{-}C_4H_9$
2-ethylhexyl phenylphosphonate

2FPy

2-fluoropyridine
$2\text{-}F\text{-}NC_5H_4$

2-FPYTSC

2-(2-pyridylmethylidene) hydrazinecarbothiamide

NC_5H_4-[CH=N-NH-C(=S)-NH_2]-2

2-formylpyridine thiosemicarbazone

2-FTTSC

2-(2-thienylmethylidene) hydrazinecarbothiamide

SC_4H_3-2-CH=N-NH-C(=S)-NH_2

2-formylthiophene-thiosemicarbazone

2'-GMP

guanosine-2'-(dihydrogenmonophosphate)

(O=)(NH_2)$N_4C_5H_2$-OC_4H_4(OH)(CH_2-OH)-O-P(=O)(OH)$_2$

guanosine-2'-monophosphate

2-HIMDA

N-carboxymethyl-N-(2-hydroxyethyl) glycine

HO-CH_2CH_2-N(CH_2-COOH)$_2$

N-(2-hydroxyethyl)iminodiacetic acid

2-IMDPT

N-(imidazol-2-ylmethyl)-N'-[3-(imidazol-2-ylmethylamino)propyl]-
1,3-propanediamine

(1,3-$N_2C_3H_3$)-2-CH_2-(NH-$CH_2CH_2CH_2$)$_2$-NH-CH_2-2-(1,3-$N_2C_3H_3$)

1,11-bis(imidazol-2-yl)-2,6,10-triazaundecane

2IPy

2-iodo pyridine

2-I-NC_5H_4

2M14BQ

2-methyl 2,5-cyclohexadiene-1,4-dione

2-CH_3-C_6H_3(=O)$_2$-1,4

2-methyl-1,4-benzoquinone

2M5i14

2-methyl-5-(1-methylethyl) 2,5-cyclohexadiene-1,4-dione

2-CH_3-5-(i-C_3H_7)-C_6H_2(=O)$_2$-1,4

2-methyl-5-isopropyl-1,4-benzoquinone

2-Me[9]aneN2O

2-methyl-2,3,4,5,6,7,8,9-octahydro1H-1,4,7-oxadiazonine

[-O-CH(CH_3)-CH_2-NH-CH_2CH_2-NH-CH_2CH_2-]

2-methyl 1-oxa-4,7-diazacyclononane

2-Me[9]aneN3

2-methyl 2,3,4,5,6,7,8,9-octahydro-1H-1,4,7-triazonine

[-NH-CH(CH_3)-CH_2-NH-CH_2CH_2-NH-CH_2CH_2-]

2-methyl 1,4,7-triazacyclononane

2Mea

2-amino ethanethiol

NH_2-CH_2CH_2-SH

2-mercaptoethylamine

2-MePIPDTC

2-methyl piperidine-1-carbodithioic acid, ion(1-)

[2-CH_3-NC_5H_9-1-CS_2]⁻

2-methyl-piperidine-dithiocarbamate

2-MeTHF

2-methyl tetrahydrofuran

2-CH_3-OC_4H_7

2MPa

2-mercapto propanoic acid

HS-CH(CH_3)-COOH

2MPy

2-methyl pyridine
2-CH_3-NC_5H_4

2Mxp

2-methoxy pyridine
2-(CH_3-O)-NC_5H_4

2NP

2-nitro propane
$(CH_3)_2CH$-NO_2

2Np

2-naphthalenol
$C_{10}H_7$-2-OH

2NpAm

2-naphthalenamine
$C_{10}H_7$-2-NH_2

2NptA

2-naphthalenecarboxylic acid
$C_{10}H_7$-2-COOH
2-naphthoic acid

2OHQ

2-quinolinol
1-NC_9H_6-2-OH
2-hydroxyquinoline

2-PAM

2-(hydroxyiminomethyl)-1-methyl pyridinium iodide
[1-CH_3-NC_5H_4-2-CH=N-OH] I
2-pyridine-2-aldoxime-N-methyl-iodide

2-PAM-chlorid

2-(hydroxyiminomethyl)-1-methyl pyridinium chloride
[1-CH_3-NC_5H_4-2-CH=N-OH] Cl
2-pyridine-2-aldoxime-N-methyl-chloride

2PATSC

2-(pyridylmethylidene) hydrazinecarbothiamide
NC_5H_4-2-CH=N-NH-C(=S)-NH_2
2-pyridinaldehyde thiosemicarbazone

2-PDS

2,2'-dithiobis(pyridine)
NC_5H_4-2-SS-2'-NC_5H_4
di-(2-pyridyl)-disulfide

2-pea

α-methyl 2-pyridinemethanamine
NC_5H_4-2-CH(CH_3)-NH_2
1-(2-pyridyl) ethanamine

2PeoA

trans-2-pentenoic acid
C_2H_5-CH=CH-COOH

2-PG

3-hydroxy-2-phosphonooxy propanoic acid
HO-CH_2-CH(COOH)-O-P(=O)$(OH)_2$
D-2-phosphoglyceric acid

2-pic

2-pyridinemethanamine
NC_5H_4-2-CH_2-NH_2
2-picolinylamine

2 R-Säure

3-amino-5-hydroxy 2,7-naphthalenedisulfonic acid
$3\text{-}NH_2\text{-}5\text{-}HO\text{-}C_{10}H_4\text{-}(SO_3H)_2\text{-}2,7$

2SQ

quinoline-2-thiol
$1\text{-}NC_9H_6\text{-}2\text{-}SH$
2-mercaptoquinoline

2tBa

2-(1,1-dimethylethyl) benzenamine
$2\text{-}(t\text{-}C_4H_9)\text{-}C_6H_4\text{-}NH_2$
2-tert.-butylaniline

2-TST

2-(trimethylsilyl) thiazole
$2\text{-}(CH_3)_3Si\text{-}1,3\text{-}SNC_3H_2$

3,10-DTPR

phenanthro[1,10-bc:8,9-b'c']bisthiopyran
$3,10\text{-}S_2C_{18}H_{10}$
3,10-dithiaperylene

3,10-DTPR(Ph)2

2,11-diphenyl phenanthro[1,10-bc:8,9-b'c']bisthiopyran
$2,11\text{-}(C_6H_5)_2\text{-}3,10\text{-}S_2C_{18}H_8$
2,11-diphenyl 3,10-dithiaperylene

3',5'-cGMP

cyclic-3',5'-(hydrogen phosphate) guanosine
$[(NH_2)N_4C_5H_2(=O)]\text{-}O_3PC_5H_6(=O)(OH)_2$
cyclic-guanosine-3',5'-monophosphate

3,8-MTDTPY

3,8-bis(methylthio) [1]benzothiopyrano[6,5,4-def][1]benzothiopyran
$3,8\text{-}(CH_3\text{-}S)_2\text{-}1,6\text{-}S_2C_{14}H_6$
3,8-bis(methylthio)-1,6-dithiapyrene

3,9-DTPR

anthra[1,9-bc:5,10-b'c']bisthiopyran
$3,9\text{-}S_2C_{18}H_{10}$
3,9-dithiaperylene

3ABA

3-amino benzoic acid
$3\text{-}NH_2\text{-}C_6H_4\text{-}COOH$

3AcPy

1-(3-pyridyl) ethanone
$3\text{-}[CH_3\text{-}C(=O)]\text{-}NC_5H_4$
3-acetyl pyridine

3'-AMP

adenosine-3'-(dihydrogenmonophosphate)
$(NH_2)N_4C_5H_2\text{-}OC_4H_4(OH)(CH_2\text{-}OH)\text{-}O\text{-}P(=O)(OH)_2$
adenosine-3'-monophosphate

3AP

3-amino phenol
$3\text{-}NH_2\text{-}C_6H_4\text{-}OH$

3APA

ß-alanine
$NH_2\text{-}CH_2CH_2\text{-}COOH$
3-amino propionic acid

3APy

3-pyridinamine
NC_5H_4-3-NH_2
3-amino pyridine

3-chloro-CCP

[(3-chlorophenyl)hydrazono] propanedinitrile
$(NC)_2C=N-NH-C_6H_4$-3-Cl
3-chloro-carbonylcyanidephenylhydrazone

3'-CMP

cytidine-3'-(dihydrogenmonophosphate)
$(O=)(NH_2)N_2C_4H_2-OC_4H_4(OH)(CH_2-OH)-O-P(=O)(OH)_2$
cytidine-3'-monophosphate

3-CNACAC

2-acetyl-3-oxo butanenitrile
$CH_3-C(=O)-CH(CN)-C(=O)-CH_3$
3-cyanopentane-2,4-dione

3CNPy

3-pyridinecarbonitrile
NC_5H_4-3-CN
3-cyano pyridine

3CPy

3-chloro pyridine
3-Cl-NC_5H_4

3-FCP

3-fluorocyclopropene
3-F-c-C_3H_3

3-FPP

3-fluoropropyne
$HCC-CH_2F$

3-FVM

3-fluoropropene
$CH_2=CH-CH_2F$
3-fluorovinylmethylene

3'-GMP

guanosine-3'-(dihydrogenmonophosphate)
$(O=)(NH_2)N_4C_5H_2-OC_4H_4(OH)(CH_2-OH)-O-P(=O)(OH)_2$
guanosine-3'-monophosphate

3Hyp

3-hydroxy pyrrolidine-2-carboxylic acid
3-HO-NC_4H_7-2-COOH
3-hydroxyproline

3-MeACAC

3-methylpentane-2,4-dione
$CH_3-C(=O)-CH(CH_3)-C(=O)-CH_3$

3-MePIPDTC

3-methyl piperidine-1-carbodithioic acid, ion(1-)
$[3-CH_3-NC_5H_9-1-CS_2]^-$
3-methyl-piperidine-dithiocarbamate

3MPy

3-methyl pyridine
3-CH_3-NC_5H_4

3Mxp

3-methoxy pyridine
3-(CH_3-O)-NC_5H_4

3OHQ
3-quinolinol
$1\text{-}NC_9H_6\text{-}3\text{-}OH$
3-hydroxyquinoline

3PeoA
trans-3-pentenoic acid
$CH_3\text{-}CH{=}CH\text{-}CH_2\text{-}COOH$

3-PG
2-hydroxy-3-phosphono propanoic acid
$O{=}P(OH)_2\text{-}O\text{-}CH_2\text{-}CH(OH)\text{-}COOH$
3-phosphoglycerate

3-PYR-PY
3-(pyrrol-1-ylmethyl)-pyridine
$3\text{-}(C_4H_4N\text{-}1\text{-}CH_2)\text{-}C_5H_4N$

3SQ
quinoline-3-thiol
$1\text{-}NC_9H_6\text{-}3\text{-}SH$
3-mercaptoquinoline

4-(2,4-DB)
4-(2,4-dichlorophenoxy) butanoic acid
$2,4\text{-}Cl_2\text{-}C_6H_3\text{-}O\text{-}CH_2CH_2CH_2\text{-}COOH$

4ABA
4-amino benzoic acid
$4\text{-}NH_2\text{-}C_6H_4\text{-}COOH$

4AP
4-amino phenol
$4\text{-}NH_2\text{-}C_6H_4\text{-}OH$

4-Apdtc
N-(1,5-dimethyl-3-oxo-2-phenyl-1,2-dihydro-1H-pyrazol-4-yl) dithiocarbamic acid
$4\text{-}[HS\text{-}C({=}S)NH]\text{-}1,5\text{-}(CH_3)_2\text{-}2\text{-}C_6H_5\text{-}1,2\text{-}N_2C_3({=}O)\text{-}3$
4-aminophenazone dithiocarbamic acid

4APy
4-pyridinamine
$NC_5H_4\text{-}4\text{-}NH_2$
4-amino pyridine

4-CPA
4-chlorophenoxy acetic acid
$Cl\text{-}4\text{-}C_6H_4\text{-}O\text{-}CH_2\text{-}COOH$

4EtTSC
N-ethyl hydrazinecarbothiamide
$NH_2\text{-}NH\text{-}C({=}S)\text{-}NH\text{-}C_2H_5$
4-ethyl thiosemicarbazide

4-FPYTSC
2-(4-pyridylmethylidene) hydrazinecarbothiamide
$NC_5H_4\text{-}[CH{=}N\text{-}NH\text{-}C({=}S)\text{-}NH_2]\text{-}4$
4-formylpyridine-thiosemicarbazone

4Hyp
4-hydroxy pyrrolidine-2-carboxylic acid
$4\text{-}HO\text{-}NC_4H_7\text{-}2\text{-}COOH$
4-hydroxyproline

4-IMDPT
N-(imidazol-4-ylmethyl)-N'-[3-(imidazol-4-ylmethylamino)propyl]-1,3-propanediamine
$(1,3\text{-}N_2C_3H_3)\text{-}4\text{-}CH_2\text{-}NH\text{-}(CH_2CH_2CH_2\text{-}NH)_2\text{-}CH_2\text{-}4\text{-}(1,3\text{-}N_2C_3H_3)$
1,11-bis(imidazol-4-yl)-2,6,10-triazaundecane

4-MePIPDTC 4-methyl piperidine-1-carbodithioic acid, ion(1-)
$[4\text{-}CH_3\text{-}NC_5H_9\text{-}1\text{-}CS_2]^-$
4-methyl-piperidine-dithiocarbamate

4-MeTZ 4-methyl thiazole
$1,3\text{-}SNC_3H_2(CH_3)\text{-}4$

4MPy 4-methyl pyridine
$4\text{-}CH_3\text{-}NC_5H_4$

4-MU 7-hydroxy-4-methyl 2H-1-benzopyran-2-one
$7\text{-}HO\text{-}4\text{-}CH_3\text{-}1\text{-}OC_9H_4(=O)\text{-}2$
4-methylumbelliferone

4Mxp 4-methoxy pyridine
$4\text{-}(CH_3\text{-}O)\text{-}NC_5H_4$

4OHQ 4-quinolinol
$1\text{-}NC_9H_6\text{-}4\text{-}OH$
4-hydroxyquinoline

4-PEC S-[2-(4-pyridinyl)-ethyl]-L-cysteine
$NC_5H_4\text{-}4\text{-}CH_2CH_2\text{-}S\text{-}CH_2\text{-}CH(NH_2)\text{-}COOH$

4-PEP 2-amino-3-methyl-3-[2-(4-pyridyl)ethylthio] butanoic acid
$NC_5H_4\text{-}4\text{-}CH_2CH_2\text{-}S\text{-}C(CH_3)_2\text{-}CH(NH_2)\text{-}COOH$
S-[2-(4-pyridyl)ethyl]-DL-penicillamine

4-phenyl-TAD 4-phenyl-(δ)1-1,2,4-triazoline-3,5-dione
$4\text{-}C_6H_5\text{-}1,2,4\text{-}N_3C_2(=O)_2\text{-}3,5$

4-PPy 4-phenyl pyridine
$4\text{-}C_6H_5\text{-}C_5H_4N$

4-PTS N-phenyl hydrazinecarbothiamide
$NH_2\text{-}NH\text{-}C(=S)\text{-}NH\text{-}C_6H_5$
4-phenyl-thiosemicarbazide

4SQ quinoline-4-thiol
$1\text{-}NC_9H_6\text{-}4\text{-}SH$
4-mercaptoquinoline

5,7-DHT 3-(2-aminoethyl) 1H-indole-5,7-diol
$5,7\text{-}(HO)_2\text{-}1\text{-}NC_8H_3\text{-}3\text{-}CH_2CH_2\text{-}NH_2$
5,7-dihydroxy tryptamine

5'-AMP adenosine-5'-(dihydrogenmonophosphate)
$(NH_2)N_4C_5H_2\text{-}OC_4H_4(OH)_2\text{-}CH_2\text{-}O\text{-}P(=O)(OH)_2$
adenosine-5'-monophosphate

5-AP 1,10-phenanthrolin-5-amine
$5\text{-}NH_2\text{-}1,10\text{-}N_2C_{12}H_7$
5-amino-1,10-phenanthroline

5-ASA

5-amino-2-hydroxy benzoic acid
5-NH_2-2-HO-C_6H_3-COOH
5-amino salicylic acid

5'-ATP

adenosine-5'-(tetrahydrogentriphosphate)
$(NH_2)N_4C_5H_2$-$OC_4H_4(OH)_2$-CH_2-O-$[P(=O)(OH)]_2$-$P(=O)(OH)_2$
adenosine-5'-triphosphate

5Avl

5-amino pentanoic acid
NH_2-CH_2CH_2-CH_2CH_2-COOH
5-aminovaleric acid

5-Br-PSAA

3-[{3-amino-4-((5-bromo-2-pyridinyl)azo)phenyl}propylamino]
1-propanesulfonic acid
3-NH_2-4-(5-Br-NC_5H_3-2-N=N)-C_6H_3-$N(C_3H_7)$-$CH_2CH_2CH_2$-SO_3H
(5-bromo-2-pyridylazo)-(N-propyl-3-sulfopropylamino)aniline

5'-CDP

cytidine-5'-(trihydrogendiphosphate)
$(O=)(NH_2)N_2C_4H_2$-$OC_4H_4(OH)_2$-CH_2-O-$P(=O)(OH)$-O-$P(=O)(OH)_2$
cytidine-5'-diphosphate

5-Cl-PADAP

2-(5-chloro-2-pyridylazo)-5-diethylamino phenol
2-(Cl-5-NC_5H_3-2-N=N)-5-$(C_2H_5)_2$N-C_6H_3-OH

5-ClPHEN

5-chloro 1,10-phenanthroline
5-Cl-1,10-$N_2C_{12}H_7$

5'-CMP

cytidine-5'-(dihydrogenmonophosphate)
$(O=)(NH_2)N_2C_4H_2$-$OC_4H_4(OH)_2$-CH_2-O-$P(=O)(OH)_2$
cytidine-5'-monophosphate

5'-CTP

cytidine-5'-(tetrahydrogentriphosphate)
$(O=)(NH_2)N_2C_4H_2$-$OC_4H_4(OH)_2$-CH_2-$[OP(=O)(OH)]_2$-O-$P(=O)(OH)_2$
cytidine-5'-triphosphate

5'-dTDP

thymidine-5'-(trihydrogendiphosphate)
$(CH_3)(O=)_2$-$N_2C_4H_2$-$OC_4H_5(OH)$-CH_2-O-$P(=O)(OH)$-O-$P(=O)(OH)_2$
thymidinediphosphate

5'-dTMP

thymidine-5'-(dihydrogenmonophosphate)
$(CH_3)(O=)_2$-$N_2C_4H_2$-$OC_4H_5(OH)$-CH_2-O-$P(=O)(OH)_2$
thymidine-5'-monophosphate

5'-dTTP

thymidine-5'-(tetrahydrogentriphosphate)
$(CH_3)(O=)_2$-$N_2C_4H_2$-$OC_4H_5(OH)$-CH_2-O-$[P(O)(OH)O]_2$-$P(O)(OH)_2$
thymidine-5'-triphosphate

5'-GDP

guanosine-5'-(trihydrogendiphosphate)
$(O=)(NH_2)N_4C_5H_2$-$OC_4H_4(OH)_2$-CH_2-O-$P(=O)(OH)$-O-$P(=O)(OH)_2$
guanosine-5'-diphosphate

5'-GMP

guanosine-5'-(dihydrogenmonophosphate)
$(O=)(NH_2)N_4C_5H_2$-$OC_4H_4(OH)_2$-CH_2-O-$P(=O)(OH)_2$
guanosine-5'-monophosphate

5'-GTP

guanosine-5'-(tetrahydrogentriphosphate)
$(O=)(NH_2)N_4C_5H_2-OC_4H_4(OH)_2-CH_2-O[P(=O)(OH)O]_2-P(=O)(OH)_2$
guanosine-5'-triphosphate

5-HT

3-(2-aminoethyl) 5(1H)-indolol
$5-HO-(1-NC_8H_5)-3-CH_2CH_2-NH_2$
5-hydroxy tryptamine

5-HTP

5-hydroxy tryptophan
$1-NC_8H_5(OH-5)-3-CH_2-CH(NH_2)-COOH$

5'-IDP

inosine-5'-(trihydrogendiphosphate)
$(O=)N_4C_5H_3-OC_4H_4(OH)_2-CH_2-O-P(=O)(OH)-O-P(=O)(OH)_2$
inosine-5'-diphosphate

5'-IMP

inosine-5'-(dihydrogenmonophosphate)
$(O=)N_4C_5H_3-OC_4H_4(OH)_2-CH_2-O-P(=O)(OH)_2$
inosine-5'-monophosphate

5'-ITP

inosine-5'-(tetrahydrogentriphosphate)
$(O=)N_4C_5H_3-OC_4H_4(OH)_2-CH_2-O-[P(=O)(OH)-O]_2-P(=O)(OH)_2$
inosine-5'-triphosphate

5-OH-2FPTSC

2-(5-hydroxy-2-pyridylmethylidene) hydrazinecarbothiamide
$5-HO-NC_5H_3-[CH=N-NH-C(=S)-NH_2]-2$
5-hydroxy-2-formylpyridine-thiosemicarbazone

5OHQ

5-quinolinol
$1-NC_9H_6-5-OH$
5-hydroxyquinoline

5-SIM

5-sulfo 1,3-benzenedicarboxylic acid dimethyl ester
$1,3-[CH_3-O-C(=O)]_2-C_6H_3-5-SO_3H$
dimethyl-5-sulfo-isophthalate

5'-UDP

uridine-5'-(trihydrogendiphosphate)
$(O=)_2-N_2C_4H_3-OC_4H_4(OH)_2-CH_2-O-P(=O)(OH)-O-P(=O)(OH)_2$
uridine-5'-diphosphate

5'-UMP

uridine-5'-(dihydrogenmonophosphate)
$(O=)_2-N_2C_4H_3-OC_4H_4(OH)_2-CH_2-O-P(=O)(OH)_2$
uridine-5'-monophosphate

5'-UTP

uridine-5'-(tetrahydrogentriphosphate)
$(O=)_2-N_2C_4H_3-OC_4H_4(OH)_2-CH_2-O-[P(=O)(OH)-O]_2-P(=O)(OH)_2$
uridine-5'-triphosphate

6-APA

6-amino-3,3-dimethyl-7-oxo 4-thia-1-azabicyclo[3.2.0]heptane-2-carboxylic acid
$6-NH_2-2-HOOC-3,3-(CH_3)_2-7-(O=)-[3.2.0]-4,1-SNC_5H_3$
6-amino penicillanic acid

6-BAP

N-phenylmethyl 1H-purin-6-amine
$6-(C_6H_5-CH_2-NH)-1,3,7,9-N_4C_5H_3$
6-benzylamino purine

24

6-MP

1H-purine-6-thiol
1,3,7,9-N$_4$C$_5$H$_3$-6-SH
6-mercaptopurine

6OHQ

6-quinolinol
1-NC$_9$H$_6$-6-OH
6-hydroxyquinoline

6-PG

2,3,4,5-tetrahydroxy-6-phosphonooxy hexanoic acid
(HO)$_2$P(=O)O-CH$_2$-CH(OH)-CH(OH)-CH(OH)-CH(OH)-COOH
6-phosphogluconate

7-ACA

3-[(acetyloxy)methyl]-7-amino-8-oxo5-thia-1-azabicyclo[4.2.0]oct-2-ene-
2-carboxylic acid
3-(CH$_3$-COO-CH$_2$)-7-NH$_2$-8-(O=)-1,5-NSC$_6$H$_4$-2-COOH
7-aminocephalosporanic acid

7-MeHYP

6-hydroxy-7-methyl 1H-purine
6-HO-7-CH$_3$-1,3,7,9-N$_4$C$_5$H$_2$
7-methylhypoxanthine

7OHQ

7-quinolinol
1-NC$_9$H$_6$-7-OH
7-hydroxyquinoline

8-MOP

9-methoxy 7H-furo[3,2-g][1]benzopyran-7-one
9-(CH$_3$-O)-1,8-O$_2$C$_{11}$H$_5$-(=O)-7
8-methoxypsoralen

8QATSC

2-(quinolinyl-8-methylidene) hydrazinecarbothiamide
1-NC$_9$H$_6$-[CH=N-NH-C(=S)-NH$_2$]-8
8-quinolinaldehyde thiosemicarbazone

[9]aneN2O

2,3,4,5,6,7,8,9-octahydro-1,4,7-oxadiazonine
[-O-CH$_2$CH$_2$-NH-CH$_2$CH$_2$-NH-CH$_2$CH$_2$-]
1-oxa-4,7-diazacyclononane

[9]aneN2S

2,3,4,5,6,7,8,9-octahydro-1,4,7-thiadiazonine
[-S-CH$_2$CH$_2$-NH-CH$_2$CH$_2$-NH-CH$_2$CH$_2$-]
1-thia-4,7-diazacyclononane

[9]aneN3

2,3,4,5,6,7,8,9-octahydro-1H-1,4,7-triazonine
[-NH-CH$_2$CH$_2$-NH-CH$_2$CH$_2$-NH-CH$_2$CH$_2$-]
1,4,7-triazacyclononane

[9]aneNO2

2,3,6,7,8,9-hexahydro 5H-1,4,7-dioxazonine
[-O-CH$_2$CH$_2$-O-CH$_2$CH$_2$-NH-CH$_2$CH$_2$-]
1,4-dioxa-7-azacyclononane

[9]aneS3

1,4,7-trithionane
[-S-CH$_2$CH$_2$-S-CH$_2$CH$_2$-S-CH$_2$CH$_2$-]
1,4,7-trithiacyclononane

9AQ1S

9,10-dioxo-9,10-dihydro 1-anthracenesulfonic acid
$9,10\text{-}(O=)_2\text{-}C_{14}H_7\text{-}SO_3H\text{-}1$
9,10-anthraquinone-1-sulfonic acid

9AQ26S

9,10-dioxo-9,10-dihydro anthracene-2,6-disulfonic acid
$9,10\text{-}(O=)_2\text{-}C_{14}H_6\text{-}(SO_3H)_2\text{-}2,6$
9,10-anthraquinone-2,6-disulfonic acid

9AQ27S

9,10-dioxo-9,10-dihydro anthracene-2,7-disulfonic acid
$9,10\text{-}(O=)_2\text{-}C_{14}H_6\text{-}(SO_3H)_2\text{-}2,7$
9,10-anthraquinone-2,7-disulfonic acid

9AQ2S

9,10-dioxo-9,10-dihydro anthracene-2-sulfonic acid
$9,10\text{-}(O=)_2\text{-}C_{14}H_7\text{-}SO_3H\text{-}2$
9,10-anthraquinone-2-sulfonic acid

9AQ5DS

9,10-dioxo-9,10-dihydro anthracene-1,5-disulfonic acid
$9,10\text{-}(O=)_2\text{-}C_{14}H_6\text{-}(SO_3H)_2\text{-}1,5$
9,10-anthraquinone-1,5-disulfonic acid

9AQDS

9,10-dioxo-9,10-dihydro anthracene-1,8-disulfonic acid
$9,10\text{-}(O=)_2\text{-}C_{14}H_6\text{-}(SO_3H)_2\text{-}1,8$
9,10-anthraquinone-1,8-disulfonic acid

9AS

9-(9-anthrylcarboxy)stearic acid
$C_{14}H_9\text{-}9\text{-}COO\text{-}CH(C_9H_{19})\text{-}(CH_2)_7\text{-}COOH$
9-(9-anthroyloxy)stearic acid

9-BBN

9-borabicyclo[3.3.1]nonane
$[3.3.1]\text{-}9\text{-}BC_8H_{15}$

9S3

1,4,7-trithionane
$[\text{-}S\text{-}CH_2CH_2\text{-}S\text{-}CH_2CH_2\text{-}S\text{-}CH_2CH_2\text{-}]$
1,4,7-trithiacyclononane

A

6-amino purine
$6\text{-}NH_2\text{-}1,3,7,9\text{-}N_4C_5H_3$
adenine

A

9-ß-D-ribofuranosyl-9H-purin-6-amine
$6\text{-}NH_2\text{-}(1,3,7,9\text{-}N_4C_5H_2\text{-}9)\text{-}1'\text{-}OC_4H_4[(OH)_2\text{-}2',3']\text{-}4'\text{-}CH_2\text{-}OH$
adenosine

A

2-amino propanoic acid
$CH_3\text{-}CH(NH_2)\text{-}COOH$
alanine

A3SA

3-amino benzenesulfonic acid
$NH_2\text{-}3\text{-}C_6H_4\text{-}SO_3H$
aniline-3-sulfonic acid

A4SA

4-amino benzenesulfonic acid
$NH_2\text{-}4\text{-}C_6H_4\text{-}SO_3H$
aniline-4-sulfonic acid

AA

2-amino anthracene
2-NH$_2$-C$_{14}$H$_9$

AA

2,4-pentanedione
CH$_3$-C(=O)-CH$_2$-C(=O)-CH$_3$
acetylacetone

AA

adenosine-3'(or 5')-(dihydrogenmonophosphate)
(NH$_2$)N$_4$C$_5$H$_2$-OC$_4$H$_4$(OH)$_2$-CH$_2$-O-P(=O)(OH)$_2$
adenylic acid

AA

2-propene-1-ol
CH$_2$=CH-CH$_2$-OH
allylalcohol

AA

4-(4-methoxyphenyl) butane-2-one
CH$_3$-O-4-C$_6$H$_4$-CH$_2$CH$_2$-C(=O)-CH$_3$
anisylacetone

2AAa

glycine
NH$_2$-CH$_2$-COOH
2-amino acetic acid

AAA

3-oxo-N-phenyl butanamide
CH$_3$-C(=O)-CH$_2$-C(=O)-NH-C$_6$H$_5$
acetoacetanilide

AAAF

acetic acid 2-(2-fluorenylamino)-2-oxoethyl ester
CH$_3$-COO-CH$_2$-C(=O)-NH-2-C$_{13}$H$_9$
2-(N-acetoxyacetylamino) fluorene

AAB

4-phenylazo benzenamine
NH$_2$-C$_6$H$_4$-(N=N-C$_6$H$_5$)-4
4-amino azobenzene

AABS

2-(N-acetylamino) butanoic acid
CH$_3$-C(=O)NH-CH(C$_2$H$_5$)-COOH
α-N-Acetylamino-Buttersäure

AABZ

4,4'-[(1,1'-biphenyl)-4,4'-diyldinitrilo]bis(2-pentanone)
[-1-C$_6$H$_4$-{N=C(CH$_3$)-CH$_2$-C(=O)-CH$_3$}-4]$_2$
bis(acetylacetone)benzidine

AAC

aminoalkyl cellulose

AAC

2-acetylamino trans-2-butenoic acid
CH$_3$-C(=O)NH-C(=CH-CH$_3$)-COOH
α-N-Acetylamino-Crotonsäure

Aad

2-amino hexanedioic acid
HOOC-CH(NH$_2$)-CH$_2$CH$_2$CH$_2$-COOH
α-aminoadipic acid

ßAad
3-amino hexanedioic acid
$HOOC-CH_2-CH(NH_2)-CH_2CH_2-COOH$
ß-aminoadipic acid

AAED
4,4'-(1,2-ethanediyldinitrilo) bis(2-pentanone)
$CH_3-C(=O)-CH_2-C(CH_3)=N-CH_2CH_2-N=C(CH_3)-CH_2-C(=O)-CH_3$
bis(acetylacetone)ethylenediamine

AAMX
N-(dimethylphenyl)-3-oxo butanamide
$CH_3-C(=O)-CH_2-C(=O)-NH-C_6H_3(CH_3)_2$
acetoacet-m-xylidide

AAO
acetaldehyde oxime
$CH_3-CH=NOH$

AAOA
N-(2-methoxyphenyl)-3-oxo butanamide
$CH_3-C(=O)-CH_2-C(=O)-NH-C_6H_4-2-O-CH_3$
acetoacet-o-anisidine

AAOC
N-(2-chlorophenyl)-3-oxo butanamide
$CH_3-C(=O)-CH_2-C(=O)-NH-C_6H_4-2-Cl$
acetoacet-o-chloroanilide

AAODA
4,4'-[3,3'-dimethoxy-(1,1'-biphenyl)-4,4'-diyl-dinitrilo] bis(2-pentanone)
$[-1-C_6H_3-(O-CH_3)-3-\{N=C(CH_3)-CH_2-C(=O)-CH_3\}-4]_2$
bis(acetylacetone)-o-dianisidine

AAOT
N-(2-methylphenyl)-3-oxo butanamide
$CH_3-C(=O)-CH_2-C(=O)-NH-C_6H_4-2-CH_3$
acetoacet-o-toluidine

aap
4-amino-1,5-dimethyl-2-phenyl 1,2-dihydro-3H-pyrazol-3-one
$4-NH_2-1,5-(CH_3)_2-2-C_6H_5-1,2-N_2C_3(=O)-3$
4-aminoantipyrine

AAPPD
4,4'-(1,4-phenylenedinitrilo) bis(2-pentanone)
$1,4-[CH_3-C(=O)-CH_2-C(CH_3)=N]_2C_6H_4$
bis(acetylacetone)-p-phenylenediamine

AAS
4-thioxo 2-pentanone
$CH_3-C(=S)-CH_2-C(=O)-CH_3$
monothioacetylacetone

AAS2
2,4-pentanedithione
$CH_3-C(=S)-CH_2-C(=S)-CH_3$
dithioacetylacetone

AAZ
2-acetylamino-3-phenyl propenoic acid
$C_6H_5-CH=C[NH-C(=O)-CH_3]-COOH$
α-N-Acetamino-Zimtsäure

AB
azobenzene
$C_6H_5-N=N-C_6H_5$

2ABA 2-amino benzoic acid
$2\text{-}NH_2\text{-}C_6H_4\text{-}COOH$

3ABA 3-amino benzoic acid
$3\text{-}NH_2\text{-}C_6H_4\text{-}COOH$

4ABA 4-amino benzoic acid
$4\text{-}NH_2\text{-}C_6H_4\text{-}COOH$

ABA 3-amino benzoic acid
$3\text{-}NH_2\text{-}C_6H_4\text{-}COOH$

ABA 4-acetyl benzoyl azide
$4\text{-}[CH_3\text{-}C(=O)]\text{-}C_6H_4\text{-}C(=O)\text{-}N_3$

ABA 3-methyl-5-(1-hydroxy-2,6,6-trimethyl-4-oxo-2-cyclohexenyl) 2-cis,4-trans-pentadienoic acid
$1\text{-}HO\text{-}2,6,6\text{-}(CH_3)_3\text{-}4\text{-}(O=)C_6H_3\text{-}CH=CH\text{-}C(CH_3)=CH\text{-}COOH$
abscisic acid

ABAAP 1,5-dimethyl-4-[(4-dimethylamino)phenylmethylenamino]-2-phenyl 1,2-dihydro-3H-pyrazol-3-one
$1,5\text{-}(CH_3)_2\text{-}4\text{-}[(CH_3)_2N\text{-}4\text{-}C_6H_4\text{-}CH=N]\text{-}2\text{-}C_6H_5\text{-}1,2\text{-}N_2C_3(=O)\text{-}3$
4-N-(4'-N,N-dimethylaminobenzylidene)-aminoantipyrine

ABEI 6-[(4-aminobutyl)ethylamino]-2,3-dihydro 1,4-phthalazinedione
$6\text{-}[NH_2\text{-}CH_2CH_2\text{-}CH_2CH_2\text{-}N(C_2H_5)]\text{-}2,3\text{-}N_2C_8H_5(=O)_2\text{-}1,4$
N-ethyl-N-(4-aminobutyl)-isoluminol

ABL 3-acetyl tetrahydrofuran-2-one
$3\text{-}[CH_3\text{-}C(=O)]\text{-}2\text{-}(O=)OC_4H_5$
α-acetyl-γ-butyrolactone

ABN 4-acetylbenzoyl imidogen
$4\text{-}[CH_3\text{-}C(=O)]\text{-}C_6H_4\text{-}C(=O)\text{-}N$
4-acetyl benzoylnitrene

ABN 2,2'-azobis[(2-methyl)propanenitrile]
$(CH_3)_2C(CN)\text{-}N=N\text{-}C(CH_3)_2\text{-}CN$
azobisisobutyronitrile

abpy 2,2'-azobis(pyridine)
$NC_5H_4\text{-}2\text{-}N=N\text{-}2'\text{-}NC_5H_4$

ABR acrylate-butadiene-rubber

ABS acrylonitrile-butadiene-styrene terpolymer

ABS alkyl benzenesulfonic acid, ion(1-)
$[R\text{-}C_6H_4\text{-}SO_3]^-$
alkylbenzene sulfonate

ABTS 2,2'-azinobis(3-ethyl-benzthiazoline-6-sulfonic acid)
$[6\text{-}HO_3S\text{-}3\text{-}C_2H_5\text{-}(1,3\text{-}SNC_7H_3\text{-}2)=N\text{-}]_2$

Abu 2-amino butanoic acid
C_2H_5-CH(NH_2)-COOH
α-aminobutyric acid

AC acetylated cellulose

AC acetyl-
CH_3-C(=O)-

AC acetic acid, ion(1-)
[CH_3-COO]⁻
acetate

AC 2-propanone
CH_3-C(=O)-CH_3
acetone

Ac acetic acid
CH_3-COOH

Ac acetyl-
CH_3-C(=O)-

7-ACA 3-[(acetyloxy)methyl]-7-amino-8-oxo5-thia-1-azabicyclo[4.2.0]oct-2-ene-
2-carboxylic acid
3-(CH_3-COO-CH_2)-7-NH_2-8-(O=)-1,5-NSC_6H_4-2-COOH
7-aminocephalosporanic acid

AcAc 2,4-pentanedione
CH_3-C(=O)-CH_2-C(=O)-CH_3
acetylacetone

acac 2,4-pentanedione
CH_3-C(=O)-CH_2-C(=O)-CH_3
acetylacetone

AcAcA 3-oxo butanoic acid
CH_3-C(=O)-CH_2-COOH
acetylacetic acid

ACACEN 6,9-diazatetradecane-2,4,11,13-tetraone
CH_3-C(O)-CH_2-C(O)-CH_2-NH-CH_2CH_2-NH-CH_2-C(O)-CH_2-C(O)-CH_3
N,N'-bis(acetylacetone)ethylenediamine

acaspOO' N-acetyl aspartic acid, ion(2-)
[OOC-CH{NH-C(=O)-CH_3}-CH_2-COO]²⁻
N-acetyl-aspartate

ACC 1-amino cyclopropane carboxylic acid
1-NH_2-c-C_3H_4-COOH

ACD acetaldehyde
CH_3-CHO

ACE-Cl

carbonochloridic acid 1-chloroethyl ester
Cl-COO-CHCl-CH$_3$
1-chloroethyl chloroformate

ACES

N-(carbamoylmethyl)-2-amino ethanesulfonic acid
NH$_2$-C(=O)-CH$_2$-NH-CH$_2$CH$_2$-SO$_3$H
N-(2-acetamido)-2-aminoethane sulfonic acid

AcHz

acetic acid hydrazide
CH$_3$-C(=O)-NH-NH$_2$
acethydrazide

Acm

ethanimidamide
CH$_3$-C(=NH)-NH$_2$
acetamidine

ACMPPOH

4-acetyl-5-methyl-2-phenyl 2,4-dihydro-3H-pyrazol-3-one
4-[CH$_3$-C(=O)]-5-CH$_3$-2-C$_6$H$_5$-1,2-N$_2$C$_3$H(=O)-3
4-acetyl-3-methyl-1-phenyl 2-pyrazoline-5-one

ACN

acetonitrile
CH$_3$-CN

AcOH

acetic acid
CH$_3$-COOH

Acox

2-propanone oxime
(CH$_3$)$_2$C=N-OH
acetoxime

εAcp

6-amino hexanoic acid
NH$_2$-(CH$_2$)$_5$-COOH
ε-minocaproic acid

ACPC

1-amino cyclopentanecarboxylic acid
1-NH$_2$-c-C$_5$H$_8$-1-COOH

3AcPy

1-(3-pyridyl) ethanone
3-[CH$_3$-C(=O)]-NC$_5$H$_4$
3-acetyl pyridine

Acrd

acridine
10-NC$_{13}$H$_9$

Acrl

2-propenoic acid
CH$_2$=CH-COOH
acrylic acid

ACS

3-[(acetyloxy)methyl]-7-amino-8-oxo 5-thia-1-azabicyclo[4.2.0]oct-2-ene-
2-carboxylic acid
3-(CH$_3$-COO-CH$_2$)-7-NH$_2$-8-(O=)-[4.2.0]-5,1-SNC$_6$H$_4$-2-COOH
7-Aminocephalosporansäure

Actd

acetamide
CH_3-C(=O)-NH_2

Actld

N-phenyl acetamide
C_6H_5-NH-C(=O)-CH_3
acetanilide

Acto

2-propanone
CH_3-C(=O)-CH_3
acetone

ADA

4-(4-acetylphenyl) benzoyl azide
4-[4-{CH_3-C(=O)}-C_6H_4]-C_6H_4-C(=O)-N_3
4-acetyl-4'-biphenoyl-azide

ADA

N-(aminocarbonylmethyl)-N-(carboxymethyl) glycine
NH_2-C(=O)-CH_2-N(CH_2-COOH)$_2$
N-(2-acetamido)-iminodiacetic acid

ADAM

9-methylazo anthracene
$C_{14}H_9$-9-N=N-CH_3
9-anthryldiazo methane

ADDC

ammonium N,N-diethyl dithiocarbamate
[NH_4] [(C_2H_5)$_2$N-CS_2]

ADEF

N,N-diethyl phosphoramidic acid diethyl ester
(C_2H_5-O)$_2$P(=O)-N(C_2H_5)$_2$

ADGF

N,N-diheptyl phosphoramidic acid diethyl ester
(C_7H_{15}-O)$_2$P(=O)-N(C_2H_5)$_2$

Adip

hexanedioic acid
HOOC-(CH_2)$_4$-COOH
adipic acid

ADMA

4-(9-anthracenyl)-N,N-dimethyl benzenamine
($C_{14}H_9$-9-)-4-C_6H_4-N(CH_3)$_2$
4-(9'-anthracenyl)-N,N-dimethylaniline

ADMA

N,N-dimethyl 1-alkanamine
R-N(CH_3)$_2$
alkyldimethylamine

ADMCS

chloro dimethyl 2-propenyl silane
CH_2=CHCH_2-Si(Cl)(CH_3)$_2$
allyldimethylchlorsilane

ADMS

2-propenyldimethylsilyl-
CH_2=CHCH_2-Si(CH_3)$_2$-
allyldimethylsilyl-

ADN 4-(4-acetylphenyl)phenyl imidogen
4-[4-{CH_3-C(=O)}-C_6H_4]-C_6H_4-C(=O)-N
4-acetyl-4'-biphenoyl-nitrene

ADN hexanedinitrile
NC-CH_2CH_2-CH_2CH_2-CN
adiponitrile

Ado 9-ß-D-ribofuranosyl-9H-purin-6-amine
6-NH_2-(1,3,7,9-$N_4C_5H_2$-9)-1'-OC_4H_4[(OH)$_2$-2',3']-4'-CH_2-OH
adenosine

AdoHcy 5'-S-(3-amino-3-carboxypropyl)-5'-thio adenosine
(NH_2)$N_4C_5H_2$-OC_4H_4(OH)$_2$-CH_2-S-CH_2CH_2-CH(NH_2)-COOH
S-(5'-adenosyl)-L-homocysteine

ADP ammonium dihydrogenphosphate
[NH_4] [H_2PO_4]

ADP [1,1'-biphenyl]-4-amine
NH_2-4-C_6H_4-C_6H_5
4-aminodiphenyl

ADP adenosine-5'-(trihydrogendiphosphate)
(NH_2)$N_4C_5H_2$-OC_4H_4(OH)$_2$-CH_2-O-P(=O)(OH)-O-P(=O)(OH)$_2$
adenosine-5'-diphosphate

ADPA N-phenyl 1,4-benzenediamine
4-NH_2-C_6H_4-NH-C_6H_5
4-aminodiphenylamine

ADPA 9,10-anthracenedipropanoic acid
9,10-(HOOC-CH_2CH_2)$_2$-$C_{14}H_8$
9,10-anthracene-dipropionic acid

ADPG adenosine-5'-(dihydrogenphosphate)-6'-ester with D-glucose
(NH_2)$N_4C_5H_2$-OC_4H_4(OH)$_2$-CH_2-[O-P(O)(OH)]$_2$-O-CH_2-OC_5H_5(OH)$_4$
adenosine-5'-diphosphoglucose

ADP-ß-S 5'-adenylic acid monoanhydride with phosphorothioic acid
(NH_2)$N_4C_5H_2$-OC_4H_4(OH)$_2$-CH_2-OP(=O)(OH)-O-P(=O)(OH)-SH
adenosine-5'-[ß-thio]diphosphate

ADU ammonium diuranate
[NH_4]$_2$ [U_2O_7]

AEACA 5-acetylamino pentanoic acid
CH_3-C(=O)-NH-(CH_2)$_5$-COOH
acetyl-epsilon-aminocapronic acid

AEAPT N-[3-(trimethoxysilyl)propyl] 1,2-ethanediamine
NH_2-CH_2CH_2-NH-$CH_2CH_2CH_2$-Si(O-CH_3)$_3$
[N-(2-aminoethyl)-3-aminopropyl]trimethoxysilane

aeed3a

N-[2-{(2-(acetoxy)ethyl)(carboxymethyl)amino}ethyl]-N-(carboxymethyl) glycine, ion(3-)

$[CH_3\text{-}COO\text{-}CH_2CH_2\text{-}N(CH_2\text{-}COO)\text{-}CH_2CH_2\text{-}N(CH_2\text{-}COO)_2]^{3-}$

N-(acetoxyethyl)ethylenediamine-N,N',N'-triacetate

aeida

N-(2-aminoethyl)-N-(carboxymethyl) glycine, ion(2-)

$[NH_2\text{-}CH_2CH_2\text{-}N(CH_2\text{-}COO)_2]^{2-}$

ß-aminoethyliminodiacetate

AEP

1-piperazinethanamine

$1\text{-}(NH_2\text{-}CH_2CH_2)\text{-}1,4\text{-}N_2C_4H_9$

1-(2-aminoethyl)piperazine

AESA

2-amino ethanesulfonic acid

$NH_2\text{-}CH_2CH_2\text{-}SO_3H$

aminoethane-(ß)-sulfonic acid

AET

carbamimidothioic acid 2-aminoethyl ester, bis(hydrogenbromide)

$NH_2\text{-}CH_2CH_2\text{-}S\text{-}C(NH_2)\text{=}NH \cdot 2\ HBr$

2-amino-ethylisothiuroniumbromide-hydrobromide

AF

2-fluorenamine

$2\text{-}NH_2\text{-}C_{13}H_9$

2-amino fluorene

Af

2-amino phenol

$2\text{-}NH_2\text{-}C_6H_4\text{-}OH$

AFCO

(1,3-butadiene)tricarbonyl iron

$[(CH_2\text{=}CH\text{-}CH\text{=}CH_2)Fe(CO)_3]$

AFK

phosphoric acid monoalkyl ester

$O\text{=}P(O\text{-}R)(OH)_2$

AHBA

3-amino-4-hydroxy benzoic acid

$3\text{-}NH_2\text{-}4\text{-}HO\text{-}C_6H_3\text{-}COOH$

AHC

aminohexyl cellulose

AHCTL

3-acetylamino tetrahydrothiophen-2-one

$CH_3\text{-}C(\text{=}O)\text{-}NH\text{-}3\text{-}SC_4H_5(\text{=}O)\text{-}2$

N-acetyl homocysteinethiolactone

AHF

anhydrous hydrogen fluoride

HF

AHIB

2-hydroxy-3-methyl propanoic acid

$(CH_3)_2C(OH)\text{-}COOH$

α-hydroxoisobutyric acid

Ahoa

N-hydroxy acetamide

$CH_3\text{-}C(\text{=}O)\text{-}NH\text{-}OH$

acethydroxamic acid

34

AH-salt

1,6-hexanediammonium hexanedioate
[NH$_3$-(CH$_2$)$_6$-NH$_3$] [OOC-(CH$_2$)$_4$-COO]
adipic acid hexanediamine salt

AH-Salz

1,6-hexanediammonium hexanedioate
[NH$_3$-(CH$_2$)$_6$-NH$_3$] [OOC-(CH$_2$)$_4$-COO]
Adipinsäure-Hexandiamin Salz

AIBF

N,N-diethyl phosphoramidic acid mono(2-methylpropyl) ester
i-C$_4$H$_9$-O-P(=O)(OH)-N(C$_2$H$_5$)$_2$

AIBN

2,2'-azobis[(2-methyl)propanenitrile]
(CH$_3$)$_2$C(CN)-N=N-C(CH$_3$)$_2$-CN
azobisisobutyronitrile

AICA

4-/5-amino 3H-imidazole-5/-4-carboxamide
4-/5-NH$_2$-1,3-N$_2$C$_3$H$_2$-C(=O)NH$_2$-5/-4

AIP

tris(1-methylethoxy) alane
Al[O-CH(CH$_3$)$_2$]$_3$
aluminium isopropoxide

AIPAAP

1,5-dimethyl-4-(1-methyl-3-oxo)butylidenamino-2-phenyl1,2-dihydro-3H-pyrazol-3-one
1,5-(CH$_3$)$_2$-4-[CH$_3$-C(=O)CH$_2$-C(CH$_3$)=N]-2-C$_6$H$_5$-1,2-N$_2$C$_3$(=O)-3
4-N-(acetylisopropylidene)-aminoantipyrine

AKW

aromatic hydrocarbons
aromatische Kohlenwasserstoffe

Al

2-propenyl-
CH$_2$=CH-CH$_2$-
allyl-

ALA

5-amino-4-oxo pentanoic acid
NH$_2$-CH$_2$-C(=O)-CH$_2$CH$_2$-COOH
5-amino-levulinic acid

Ala

2-amino propanoic acid
CH$_3$-CH(NH$_2$)-COOH
alanine

ala

alanine, ion(1-)
[CH$_3$-CH(NH$_2$)-COO]$^-$
alaninate

ßAla

3-amino propanoic acid
NH$_2$-CH$_2$CH$_2$-COOH
ß-alanine

Alan

2-amino propanoic acid
CH$_3$-CH(NH$_2$)-COOH
alanine

All

ß-D-allose
$1,2,3,4\text{-}(HO)_4\text{-}OC_5H_5\text{-}5\text{-}CH_2\text{-}OH$

Alma

N-methyl 2-propen-1-amine
$CH_2=CH\text{-}CH_2\text{-}NH\text{-}CH_3$
allylmethylamine

AlOH

2-propen-1-ol
$CH_2=CH\text{-}CH_2\text{-}OH$
allyl alcohol

Alt

D-altrose
$1,2,3,4\text{-}(HO)_4\text{-}OC_5H_5\text{-}5\text{-}CH_2\text{-}OH$

AM

pentyl-
$C_5H_{11}\text{-}$
amyl-

Amac

N-carboxymethyl-N-(2,4,6-trioxo-hexahydropyrimidin-5-yl) glycine
$5\text{-}[(HOOC\text{-}CH_2)_2N]\text{-}1,3\text{-}N_2C_4H_3(=O)_3\text{-}2,4,6$
5-aminobarbituric-N,N-diacetic acid

AMCHA

6-(aminomethyl) cyclohexanoic acid
$6\text{-}(NH_2\text{-}CH_2)\text{-}C_6H_{10}\text{-}COOH$

AMEO

3-(triethoxysilyl) propanamine
$NH_2\text{-}CH_2CH_2CH_2\text{-}Si(O\text{-}C_2H_5)_3$
3-aminopropyl triethoxy silane

Amino-G-Säure

7-amino 1,3-naphthalenedisulfonic acid
$7\text{-}NH_2\text{-}C_{10}H_5\text{-}(SO_3H)_2\text{-}1,3$
7-Amino-1,3-naphthalindisulfonsäure

Amino-H-Säure

8-amino 1,3,6-naphthalenetrisulfonic acid
$8\text{-}NH_2\text{-}C_{10}H_4\text{-}(SO_3H)_3\text{-}1,3,6$
8-Amino-1,3,6-naphthalintrisulfonsäure

Amino-I-Säure

6-amino 1,3-naphthalenedisulfonic acid
$6\text{-}NH_2\text{-}C_{10}H_5\text{-}(SO_3H)_2\text{-}1,3$
6-Amino-1,3-naphthalindisulfonsäure

Amino-J-Säure

6-amino 1,3-naphthalenedisulfonic acid
$6\text{-}NH_2\text{-}C_{10}H_5\text{-}(SO_3H)_2\text{-}1,3$
6-Amino-1,3-naphthalindisulfonsäure

Amino-R-Säure

3-amino 2,7-naphthalenedisulfonic acid
$3\text{-}NH_2\text{-}C_{10}H_5\text{-}(SO_3H)_2\text{-}2,7$
3-Amino-2,7-naphthalindisulfonsäure

Amino-S-Säure

4-amino 1,5-naphthalenedisulfonic acid
$4\text{-}NH_2\text{-}C_{10}H_5\text{-}(SO_3H)_2\text{-}1,5$
4-Amino-1,5-naphthalindisulfonsäure

AMMO　　3-(trimethoxysilyl) propanamine
$NH_2-CH_2CH_2CH_2-Si(O-CH_3)_3$

AMMPTA　　(4-amino-2-methyl-pyrimidin-5-yl)methylthio acetic acid, ion(1-)
$[4-NH_2-2-CH_3-1,3-N_2C_4H-5-CH_2-S-CH_2-COO]^-$
(4-amino-2-methyl-5-pyrimidinylmethylthio) acetate

(AMOC)2O　　dicarbonic acid bis(1,1-dimethylpropyl) ester
$C_2H_5-C(CH_3)_2-O-C(=O)-O-C(=O)-O-C(CH_3)_2-C_2H_5$
di-tert.-amyl-dicarbonate

3'-AMP　　adenosine-3'-(dihydrogenmonophosphate)
$(NH_2)N_4C_5H_2-OC_4H_4(OH)(CH_2-OH)-O-P(=O)(OH)_2$
adenosine-3'-monophosphate

5'-AMP　　adenosine-5'-(dihydrogenmonophosphate)
$(NH_2)N_4C_5H_2-OC_4H_4(OH)_2-CH_2-O-P(=O)(OH)_2$
adenosine-5'-monophosphate

AMP　　2-amino-2-methyl 1-propanol
$(CH_3)_2C(NH_2)-CH_2-OH$

AMP　　2-[bis(hydroxymethyl)amino]-2-methyl 1-propanol
$(HO-CH_2)_2N-C(CH_3)_2-CH_2-OH$
N-bis(hydroxymethyl)-2-amino-2-methyl-1-propanol

AMP　　peroxyacetic acid 1-hydroxyethyl ester
$CH_3-CH(OH)-O-O-C(=O)-CH_3$
acetaldehyde-monoperacetate

AMP　　adenosine-5'-(dihydrogenmonophosphate)
$(NH_2)N_4C_5H_2-OC_4H_4(OH)_2-CH_2-O-P(=O)(OH)_2$
adenosine-5'-monophosphate

AMP　　trisammonium 12-molybdophosphate
$[NH_4]_3 [P(Mo_3O_{10})_4]$
ammonium molybdatophosphate

amp　　6-methyl 2-pyridinamine
$2-NH_2-C_5H_3N-6-CH_3$
2-amino-6-methyl pyridine

AMP-CP　　adenosine-5'-[trihydrogenmethylenebis(phosphonic acid)]
$(NH_2)N_4C_5H_2-OC_4H_4(OH)_2-CH_2-O-P(=O)(OH)-CH_2-P(=O)(OH)_2$

AMP-CPP　　adenosine-5'-[hydrogen{(hydroxy(phosphonooxy)phosphinyl)methyl}phosphonic acid]
$(NH_2)N_4C_5H_2-OC_4H_4(OH)_2-CH_2-O-PO(OH)CH_2-PO(OH)-OPO(OH)_2$

AMPD　　2-amino-2-methyl 1,3-propanediol
$HO-CH_2-C(CH_3)(NH_2)-CH_2-OH$

AMP-NH2

adenosine-5'-hydrogenphosphoramidate
$(NH_2)N_4C_5H_2-OC_4H_4(OH)_2-CH_2-O-P(=O)(OH)-NH_2$
adenosine-5'-monophosphoroamidate

AMP-PCP

5'-adenylic acid monoanhydride with methylenebis(phosphonic acid)
$(NH_2)N_4C_5H_2-OC_4H_4(OH)_2-CH_2-[O-P(=O)(OH)]_2-CH_2-P(=O)(OH)_2$
adenosine-5'-[ß,γ-methylene]triphosphate

AMP-PNP

5'-adenylic acid monoanhydride with imidodiphosphoric acid
$(NH_2)N_4C_5H_2-OC_4H_4(OH)_2-CH_2-[O-P(=O)(OH)]_2-NH-P(=O)(OH)_2$

AMPS

2-acrylamido-2-methyl 1-propanesulfonic acid
$CH_2=CH-C(=O)NH-C(CH_3)_2-CH_2-SO_3H$

AMP-S

adenosine-5'-O-(dihydrogenphosphorothioate)
$C_{10}H_{12}N_5O_3-5'-OP(=O)(OH)-SH$
adenosine-5'-thiomonophosphate

AMPSO

2-hydroxy-3-[(2-hydroxy-1,1-dimethylethyl)amino] 1-propanesulfonic acid
$HO-CH_2-C(CH_3)_2-NH-CH_2-CH(OH)-CH_2-SO_3H$

AMPY

2-pyridinemethanamine
$NC_5H_4-2-CH_2-NH_2$
2-aminomethyl pyridine

AMQ

8-quinolinamine
$8-NH_2-(1-NC_9H_6)$
8-amino quinoline

AMS

ammonium sulfamate
$[NH_4] [NH_2-SO_3]$

AMSA

amino methanesulfonic acid
$NH_2-CH_2-SO_3H$

AMsartacn

9-amino 1,4,7,11,14,19-hexaazatricyclo[7.7.4.2^{4,14}]docosane
$9-NH_2-1,4,7,11,14,19-[7.7.4.2^{4,14}]-N_6C_{16}H_{33}$

AMTCS

trichloro pentyl silane
$C_5H_{11}-SiCl_3$
amyltrichlorosilane

amtz

5-methyl 1,3,4-thiadiazol-2-amine
$2-NH_2-5-CH_3-1,3,4-SN_2C_2$
2-amino-5-methyl-1,3,4-thiadiazole

AN

acetonitrile
CH_3-CN

AN

aluminium naphthenate (polymer)

AN

2-propenenitrile
$CH_2=CH-CN$
acrylonitrile

ANA

8-(phenylamino) 1-naphthalenesulfonic acid
$C_6H_5\text{-}NH\text{-}8\text{-}C_{10}H_6\text{-}1\text{-}SO_3H$
8-anilino naphthalene-1-sulfonic acid

ANIL

benzenamine
$C_6H_5\text{-}NH_2$
aniline

ANM

1-[4-(phenylamino)-1-naphthalenyl] 1H-pyrrole-2,5-dione
$1\text{-}(C_6H_5\text{-}NH\text{-}4\text{-}C_{10}H_6\text{-}1)\text{-}NC_4H_2(=O)_2\text{-}2,5$
N-(4-anilino-1-naphthyl)-maleimide

ANPO

2-(1-naphthalenyl)-5-phenyl oxazole
$2\text{-}(C_{10}H_7\text{-}1\text{-})\text{-}5\text{-}C_6H_5\text{-}1,3\text{-}ONC_3H$
2-(α-naphthyl)-5-phenyl oxazole

ANPP

phosphoric acid mono(4-azido-2-nitrophenyl) ester
$(HO)_2P(=O)\text{-}O\text{-}C_6H_3(N_3\text{-}4)\text{-}NO_2\text{-}2$
4-azido-2-nitrophenyl phosphate

ANS

8-(phenylamino) 1-naphthalenesulfonic acid
$C_6H_5\text{-}NH\text{-}8\text{-}C_{10}H_6\text{-}1\text{-}SO_3H$
8-anilino-1-naphthalenesulfonic acid

Antu

1-naphthalenyl thiourea
$C_{10}H_7\text{-}1\text{-}NH\text{-}C(=S)\text{-}NH_2$
α-naphthyl thiourea

AO

2-amino-2-methyl 3-butanone oxime
$CH_3\text{-}C(NH_2)(CH_3)\text{-}C(CH_3)=NOH$

AOAA

aminooxy acetic acid
$NH_2\text{-}O\text{-}CH_2\text{-}COOH$

AOI

bis(ammonium) ethanedioate
$(NH_4)_2\,[OOC\text{-}COO]$
ammonium oxalate (insoluble)

AOP

21-acetoxy-3β-hydroxy pregn-5-en-20-one
$17\text{-}[CH_3\text{-}COO\text{-}CH_2\text{-}C(=O)]\text{-}C_{17}H_{22}(OH\text{-}3)(CH_3)_2\text{-}10,13$
21-acetoxy pregnenolone

AOS

1-alkenesulfonic acid ion (1-)
$[R\text{-}CH=CH\text{-}SO_3]^-$
alpha-olefine-sulfonate

AOT

sodium 5,14-diethyl-8,11-dioxo 7,12-dioxaoctadecane-2-sulfonate
$Na[C_4H_9\text{-}CH(C_2H_5)CH_2\text{-}OC(O)CH_2CH(SO_3)C(O)O\text{-}CH_2CH(C_2H_5)C_4H_9]$
aerosol diiso-octyl sulfosuccinate

2AP

2-amino phenol
$2\text{-}NH_2\text{-}C_6H_4\text{-}OH$

3AP   3-amino phenol
$3-NH_2-C_6H_4-OH$

4AP   4-amino phenol
$4-NH_2-C_6H_4-OH$

5-AP   1,10-phenanthrolin-5-amine
$5-NH_2-1,10-N_2C_{12}H_7$
5-amino-1,10-phenanthroline

AP   ammonium perchlorate
$[NH_4]\ [ClO_4]$

AP   N,N,N',N'-tetramethyl-1-[10(10H)-phenothiazinylmethyl]1,2-ethanediamine
$5,10-SNC_{12}H_8-10-CH_2-CH[N(CH_3)_2]-CH_2-N(CH_3)_2$
aminopromazine

Ap   2-hydroxy butanedioic acid
$HOOC-CH_2-CH(OH)-COOH$
Apfelsäure

ap   1,5-dimethyl-2-phenyl 1,2-dihydro-3H-pyrazol-3-one
$1,5-(CH_3)_2-2-C_6H_5-1,2-N_2C_3H(=O)-3$
antipyrine

2Apa   alanine
$CH_3-CH(NH_2)-COOH$
2-amino propanoic acid

3APA   ß-alanine
$NH_2-CH_2CH_2-COOH$
3-amino propionic acid

6-APA   6-amino-3,3-dimethyl-7-oxo 4-thia-1-azabicyclo[3.2.0]heptane-2-carboxylic acid
$6-NH_2-2-HOOC-3,3-(CH_3)_2-7-(O=)-[3.2.0]-4,1-SNC_5H_3$
6-amino penicillanic acid

APA   6-amino-3,3-dimethyl-7-oxo 4-thia-1-azabicyclo[3.2.0]heptane-2-carboxylic acid
$6-NH_2-2-HOOC-3,3-(CH_3)_2-7-(O=)-[3.2.0]-4,1-SNC_5H_3$
6-amino penicillanic acid

APA   carbonoacidic acid (4-acetyl)phenyl ester
$4-[CH_3-C(=O)]-C_6H_4-O-C(=O)-N_3$
(4-acetylphenoxy)carbonyl azide

APAD   adenosine 5'-(trihydrogendiphosphate)-5'-5'-ester with 3-acetyl-1-ribofuranosyl-
pyridinium hydroxide
$[C_{10}H_{12}N_5O_4-\{P(O)(OH)-O\}_2-CH_2-OC_4H_4(OH)_2-NC_5H_4-C(O)CH_3]OH$
3-acetylpyridine-adenine dinucleotide

APAE   2-(3-aminopropyl)amino ethanol
$NH_2-CH_2CH_2CH_2-NH-CH_2CH_2-OH$

APANS 4-[(2-arsonophenyl)azo]-3-hydroxy naphthalene-2,7-disulfonic acid
$4-[2-\{(HO)_2As(=O)\}-C_6H_4-N_2]-3-HO-C_{10}H_4-2,7-(SO_3H)_2$

APAP N-(4-hydroxyphenyl) acetamide
$CH_3-C(=O)-NH-C_6H_4-4-OH$
N-acetyl-p-aminophenol

APDC 1-pyrrolidinecarbodithioic acid, ammonium salt
$[NH_4]\,[NC_4H_8-1-CS_2]$
ammonium pyrrolidinedithiocarbamate

4-Apdtc N-(1,5-dimethyl-3-oxo-2-phenyl-1,2-dihydro-1H-pyrazol-4-yl) dithiocarbamic acid
$4-[HS-C(=S)NH]-1,5-(CH_3)_2-2-C_6H_5-1,2-N_2C_3(=O)-3$
4-aminophenazone dithiocarbamic acid

APEP 3-amino-1-phenyl-5-ethyl phenanthridinium
$[3-NH_2-1-C_6H_5-5-C_2H_5-(5-NC_{13}H_7)]^+$

APG (4-azidophenyl) ethanedione hydrate
$4-N_3-C_6H_4-C(=O)-CHO \cdot n\ H_2O$
p-azidophenylglyoxal hydrate

APM trisammonium 12-molybdophosphate
$[NH_4]_3\,[P(Mo_3O_{10})_4]$
ammonium phosphomolybdate

APM N-L-α-aspartyl-L-phenylalanine methyl ester
$HOOC-CH_2-CH(NH_2)-C(=O)NH-CH(CH_2-C_6H_5)COO-CH_3$
aspartame

Apm 2-amino heptanedioic acid
$HOOC-CH(NH_2)-CH_2CH_2-CH_2CH_2-COOH$
α-aminopimelic acid

APMSF [4-(aminoiminomethyl)phenyl] methanesulfonyl fluoride
$4-[NH_2-C(=NH)]-C_6H_4-CH_2-SO_2-F$
(4-amidinophenyl)methanesulfonyl fluoride

APN [(4-acetylphenoxy)carbonyl] nitrene
$4-[CH_3-C(=O)]-C_6H_4-O-C(=O)-N$

apn 1,5-dimethyl-2-phenyl 1,2-dihydro-3H-pyrazol-3-one
$1,5-(CH_3)_2-2-C_6H_5-1,2-N_2C_3H(=O)-3$
antipyrine

APO tris(1-aziridinyl) phosphine oxide
$(NC_2H_4-1-)_3P=O$

APPS 3'-adenylic acid 5'-(dihydrogenphosphate)-5'-monoanhydride with sulfuric acid
$(NH_2)N_4C_5H_2-OC_4H_4(OH)[OP(O)(OH)_2]-CH_2-OP(O)(OH)-O-SO_3H$
adenosine-3'-phosphate-5'-phosphosulfate

APS adenosine-5'-(dihydrogenphosphatosulfate)
$C_{10}H_{12}N_5O_3$-5'-O-P(=O)(OH)-O-S(=O)$_2$-OH
adenosine-5'-phosphatosulfate

APS 4-[(4-aminophenyl)sulfonyl] benzenamine
4-[NH$_2$-4-C_6H_4-S(=O)$_2$]-C_6H_4-NH$_2$
bis(4-aminophenyl)sulfone

APSH 4-methyl benzenesulfonic acid 2-(2-pyridinyl)ethylidene hydrazide, ion(1-)
[NC$_5$H$_4$-2-C(CH$_3$)=N-N-S(=O)$_2$-C_6H_4-4-CH$_3$]$^-$
2-acetylpyridine-p-toluenesulfonyl hydrazonate

APSH-H 4-methyl benzenesulfonic acid 2-(2-pyridinyl)ethylidene hydrazide
NC$_5$H$_4$-2-C(CH$_3$)=N-NH-S(=O)$_2$-C_6H_4-4-CH$_3$
2-acetylpyridine-p-toluenesulfonyl hydrazone

APT carbamimidothioic acid 3-aminopropyl ester, bis(hydrogenbromide)
NH$_2$-CH$_2$CH$_2$CH$_2$-S-C(NH$_2$)=NH · 2 HBr
3-aminopropyl-isothiuronium

APT 3-(trimethoxysilyl) propanamine
NH$_2$-CH$_2$CH$_2$CH$_2$-Si(O-CH$_3$)$_3$
(3-aminopropyl)trimethoxysilane

ApU adenylyl(3'-5'-uridine)

APV 5-phosphono DL-norvaline
HOOC-CH(NH$_2$)-CH$_2$CH$_2$CH$_2$-P(=O)(OH)$_2$
2-amino-5-phosphono-valeric acid

2APy 2-pyridinamine
NC$_5$H$_4$-2-NH$_2$
2-amino pyridine

3APy 3-pyridinamine
NC$_5$H$_4$-3-NH$_2$
3-amino pyridine

4APy 4-pyridinamine
NC$_5$H$_4$-4-NH$_2$
4-amino pyridine

Arg 2-amino-5-carbamimidoylamino pentanoic acid
NH$_2$-C(=NH)NH-CH$_2$CH$_2$CH$_2$-CH(NH$_2$)-COOH
arginine

arphos 2-(diphenylarsino)ethyl-diphenylphosphine
(C_6H_5)$_2$As-CH$_2$CH$_2$-P(C_6H_5)$_2$
1-diphenylarsino-2-diphenylphosphino ethane

12AS 12-(9-anthrylcarboxy)stearic acid
$C_{14}H_9$-9-COO-CH(C_6H_{13})-(CH$_2$)$_{10}$-COOH
12-(9-anthroyloxy)stearic acid

2AS 2-(9-anthrylcarboxy)stearic acid
$C_{14}H_9$-9-COO-CH($C_{16}H_{33}$)COOH
2-(9-anthroyloxy)stearic acid

9AS 9-(9-anthrylcarboxy)stearic acid
$C_{14}H_9$-9-COO-CH(C_9H_{19})-$(CH_2)_7$-COOH
9-(9-anthroyloxy)stearic acid

AS hexanedioic acid
HOOC-$(CH_2)_4$-COOH
Adipinsäure

AS amino acids
NH_2-R-COOH
Aminosäure

AS3 [2-[(diphenylarsino)methyl]-2-methyl-1,3-propanediyl]bis[diphenylarsine]
CH_3-C$[CH_2$-As$(C_6H_5)_2]_3$
1,1,1-tris(diphenylarsinomethyl) ethane

5-ASA 5-amino-2-hydroxy benzoic acid
5-NH_2-2-HO-C_6H_3-COOH
5-amino salicylic acid

ASA 2-acetyloxy benzoic acid
CH_3-COO-2-C_6H_4-COOH
acetylsalicylic acid

ASB-1 N-[2-{acetyl(sulfopropyl)amino}ethyl]-N,N-dimethyl 1-dodecanaminium hydroxide, inner salt
$[O_3$S-$CH_2CH_2CH_2$-N{C(=O)-CH_3}-CH_2CH_2-N$(CH_3)_2$-$C_{12}H_{25}]$
ammonium sulfobetaine-1

ASB-2 N-[2-{acetyl(sulfopropyl)amino}ethyl]-N,N-dimethyl 1-octadecanaminium hydroxide, inner salt
$[O_3$S-$CH_2CH_2CH_2$-N{C(=O)-CH_3}-CH_2CH_2-N$(CH_3)_2$-$C_{18}H_{37}]$
ammonium sulfobetaine-2

ASB-3 N-[3-{acetyl(sulfopropyl)amino}propyl]-N,N-dimethyl 1-dodecanaminium hydroxide, inner salt
$[O_3$S-$(CH_2)_3$-N{C(=O)-CH_3}-$(CH_2)_3$-N$(CH_3)_2$-$C_{12}H_{25}]$
ammonium sulfobetaine-3

ASB-4 N-[3-{acetyl(sulfopropyl)amino}propyl]-N,N-dimethyl 1-octadecanaminium hydroxide, inner salt
$[O_3$S-$(CH_2)_3$-N{C(=O)-CH_3}-$(CH_2)_3$-N$(CH_3)_2$-$C_{18}H_{37}]$
ammonium sulfobetaine-4

ASC N-[4-(chlorosulfonyl)phenyl] acetamide
CH_3-C(=O)-NH-C_6H_4-4-S(=O)$_2$-Cl
4-acetylamino benzenesulfonyl chloride

ASE alkylsulfonic acid ester
R-S(=O)$_2$-O-R

ASED   N,N'-1,2-ethanediyl bis[(4-methoxy)benzenemethanimine]
CH_3-O-4-C_6H_4-CH=N-CH_2CH_2-N=CH-C_6H_4-4'-O-CH_3
bis(anisaldehyde)ethylenediamine

Asn   2,4-diamino-4-oxo butanoic acid
HOOC-CH(NH_2)-CH_2-C(=O)NH_2
asparagine

ASP   aluminum silicate
Al_2SiO_5
Aluminiumsilikat-Pigment

Asp   2-amino butanedioic acid
HOOC-CH(NH_2)-CH_2-COOH
aspartic acid

Aspa   2-amino butanedioic acid
HOOC-CH(NH_2)-CH_2-COOH
aspartic acid

Asp(NH2)   2,4-diamino-4-oxo butanoic acid
HOOC-CH(NH_2)-CH_2-C(=O)NH_2
asparagine

ASPPD   N,N'-1,4-phenylene bis[(4-methoxy)benzenemethanimine]
1,4-(CH_3-O-4-C_6H_4-CH=N)$_2C_6H_4$
bis(anisaldehyde)-p-phenylenediamine

ASS   2-acetyloxy benzoic acid
CH_3-COO-2-C_6H_4-COOH
Acetylsalicylsäure

Asx   2,4-diamino-4-oxo butanoic acid
HOOC-CH(NH_2)-CH_2-C(=O)NH_2
asparagine

Asx   2-amino butanedioic acid
HOOC-CH(NH_2)-CH_2-COOH
aspartic acid

ATA   1H-1,2,4-triazol-3-amine
3-NH_2-1,2,4-$N_3C_2H_2$
3-amino-1H-1,2,4-triazole

ATA   trifluoro acetic acid alkyl ester
CF_3-COO-R
alkyl trifluoro acetic acid ester

ATA   2-amino benzenamide
2-NH_2-C_6H_4-C(=O)-NH_2
anthranilamide

ATC   ethyl trichloro silane
C_2H_5-$SiCl_3$

ATEE

2-acetylamino-3-(4-hydroxyphenyl) propanoic acid ethylester
$HO\text{-}4\text{-}C_6H_4\text{-}CH_2\text{-}CH[NH\text{-}C(=O)\text{-}CH_3]\text{-}COO\text{-}C_2H_5$
N-acetyl-L-tyrosine ethylester

5'-ATP

adenosine-5'-(tetrahydrogentriphosphate)
$(NH_2)N_4C_5H_2\text{-}OC_4H_4(OH)_2\text{-}CH_2\text{-}O\text{-}[P(=O)(OH)]_2\text{-}P(=O)(OH)_2$
adenosine-5'-triphosphate

ATP

N-(2-naphthalenyl)-N-phenyl phosphoramidothioic acid O,O-dinonylester
$C_{10}H_7\text{-}2\text{-}N(C_6H_5)\text{-}P(=S)(O\text{-}C_9H_{19})_2$
O,O-dinonyl-N-phenylnaphthylamidothiophosphate

ATP

adenosine-5'-(tetrahydrogentriphosphate)
$(NH_2)N_4C_5H_2\text{-}OC_4H_4(OH)_2\text{-}CH_2\text{-}O\text{-}[P(=O)(OH)]_2\text{-}P(=O)(OH)_2$
adenosine-5'-triphosphate

ATP-γ-S

adenosine-5'-trihydrogendiphosphoric acid, monoanhydride with
phosphorothioic acid
$(NH_2)N_4C_5H_2\text{-}OC_4H_4(OH)_2\text{-}CH_2\text{-}[OP(=O)(OH)]_2\text{-}O\text{-}P(=O)(OH)\text{-}SH$
adenosine-5'-[γ-thio]triphosphate

ATS

3-(triethoxysilyl) propanamine
$NH_2\text{-}CH_2CH_2CH_2\text{-}Si(O\text{-}C_2H_5)_3$
aminopropyl triethoxysilane

ATSC

2-(1-methylethylidene) hydrazinecarbothiamide
$(CH_3)_2C=N\text{-}NH\text{-}C(=S)\text{-}NH_2$
acetone-thiosemicarbazone

au

(aminoiminomethyl) urea
$H_2N\text{-}C(=NH)\text{-}NH\text{-}C(=O)\text{-}NH_2$
amidinourea

AVG

2-amino-4-(2-aminoethoxy)-3-butenoic acid
$NH_2\text{-}CH_2CH_2\text{-}O\text{-}CH=CH\text{-}CH(NH_2)\text{-}COOH$
L-α-(2-aminoethoxyvinyl)-glycine

5Avl

5-amino pentanoic acid
$NH_2\text{-}CH_2CH_2\text{-}CH_2CH_2\text{-}COOH$
5-aminovaleric acid

Az

diphenyl diazene
$C_6H_5\text{-}N=N\text{-}C_6H_5$
azobenzene

azacapten

8-methyl 6,10,19-trithia-1,3,13,16-tetraazabicyclo[6.6.6]eicosane
$N(\text{-}CH_2\text{-}NH\text{-}CH_2CH_2\text{-}S\text{-}CH_2\text{-})_3C\text{-}CH_3$
methyl-trithiatetraazabicyclo[6.6.6]eicosane

azaMEsar

8-methyl-1,3,6,10,13,16,19-heptaazabicyclo[6.6.6]eicosane
$CH_3\text{-}C(CH_2\text{-}NH\text{-}CH_2CH_2\text{-}NH\text{-}CH_2)_3N$

azasartacn

1,4,7,9,11,14,19-heptaazatricyclo[7.7.4.2(4,14)]docosane
$1,4,7,9,11,14,19\text{-}N_7C_{15}H_{33}$

Azrd	aziridine c-NC$_2$H$_5$
AZT	3'-azido-3'-deoxy thymidine 1-[5-CH$_3$-2,4-(O=)$_2$-1,3-N$_2$C$_4$H$_2$-1]-OC$_4$H$_5$(N$_3$-3)-4-CH$_2$-OH
Azt	azetidine c-NC$_3$H$_7$
B	benzene C$_6$H$_6$
B	2,4-diamino-4-oxo butanoic acid HOOC-CH(NH$_2$)-CH$_2$-C(=O)NH$_2$ *asparagine*
B	2-amino butanedioic acid HOOC-CH(NH$_2$)-CH$_2$-COOH *aspartic acid*
B-13-C-4	2,3,6,7,9,10-hexahydro-5H-1,4,8,11-benzotetraoxacyclotridecin [-O-(1,2-C$_6$H$_4$)-O-CH$_2$CH$_2$-O-CH$_2$CH$_2$CH$_2$-O-CH$_2$CH$_2$-] *benzo-13-crown-4*
B13CROWN4	2,3,6,7,9,10-hexahydro-5H-1,4,8,11-benzotetraoxacyclotridecin [-O-(1,2-C$_6$H$_4$)-O-CH$_2$CH$_2$-O-CH$_2$CH$_2$CH$_2$-O-CH$_2$CH$_2$-] *benzo-13-crown-4*
B14BQ	2-bromo 2,5-cyclohexadiene-1,4-dione 2-Br-C$_6$H$_3$(=O)$_2$-1,4 *monobromo-1,4-benzoquinone*
B15C5	2,3,5,6,8,9,11,12-octahydro-1,4,7,10,13-benzopentaoxacyclopentadecin [-O-(1,2-C$_6$H$_4$)-O-(CH$_2$CH$_2$-O)$_3$-CH$_2$CH$_2$-] *benzo-15-crown-5*
B15CROWN5	2,3,5,6,8,9,11,12-octahydro-1,4,7,10,13-benzopentaoxacyclopentadecin [-O-(1,2-C$_6$H$_4$)-O-(CH$_2$CH$_2$-O)$_3$-CH$_2$CH$_2$-] *benzo-15-crown-5*
B18C6	2,3,5,6,8,9,11,12,14,15-decahydro-1,4,7,10,13,16-benzohexaoxacyclooctadecin [-O-(1,2-C$_6$H$_4$)-O-(CH$_2$CH$_2$-O)$_4$-CH$_2$CH$_2$-] *benzo-18-crown-6*
B18CROWN6	2,3,5,6,8,9,11,12,14,15-decahydro-1,4,7,10,13,16-benzohexaoxacyclooctadecin [-O-(1,2-C$_6$H$_4$)-O-(CH$_2$CH$_2$-O)$_4$-CH$_2$CH$_2$-] *benzo-18-crown-6*
B2EDP	1,2-ethanediyldiphosphonic acid dibutyl ester, ion(2-) [C$_4$H$_9$-O-P(=O)(-O)-CH$_2$CH$_2$-P(=O)(-O)-O-C$_4$H$_9$]$^{2-}$ *di-n-butylethane-1,2-diphosphonate*

B-3-Cl-SEDI 2,2'-[1,2-ethanediylbis(nitrilomethylidyne)]bis[(3-chloro)phenol]
$HO-C_6H_3(Cl-3)-2-CH=N-CH_2CH_2-N=CH-2-C_6H_3(Cl-3)OH$
bis-3-chlorsalicylaldehyd-ethylendiimine

B-3-MetSEDI 2,2'-[1,2-ethanediylbis(nitrilomethylidyne)]bis[(6-methyl)phenol]
$HO-C_6H_3(CH_3-6)-2-CH=N-CH_2CH_2-N=CH-2-C_6H_3(CH_3-6)-OH$
bis-3-methylsalicylaldehyd-ethylenediimine

B-3-MoxSEDI 2,2'-[1,2-ethanediylbis(nitrilomethylidyne)]bis[(6-methoxy)phenol]
$HO-C_6H_3(O-CH_3-6)-2-CH=N-CH_2CH_2-N=CH-2-C_6H_3(O-CH_3-6)OH$
bis-3-methoxysalicylaldehyd-ethylendiimine

B-3-MoxSPHDI 2,2'-[1,2-phenylenebis(nitrilomethylidyne)]bis[(6-methyl)phenol]
$1,2-[HO-C_6H_3(OCH_3-3)-2-CH=N]_2C_6H_4$
bis-3-methoxysalicylaldehyd-phenylendiimine

B-3-NO2-SEDI 2,2'-[1,2-ethanediylbis(nitrilomethylidyne)]bis[(6-nitro)phenol]
$HO-C_6H_3(NO_2-6)-2-CH=N-CH_2CH_2-N=CH-2-C_6H_3(NO_2-6)-OH$
bis-3-nitrosalicylaldehyd-ethylendiimine

BA benzoic acid
C_6H_5-COOH

BAA 4-(aminocarbonyl)-4-(benzoylamino)butyl guanidine
$NH_2-C(=NH)-NH-CH_2CH_2CH_2-CH[NH-C(=O)-C_6H_5]-C(=O)-NH_2$
N-alpha-benzoyl-L-arginine amide

BAA N-butyl-N-phenyl acetamide
$C_6H_5-N(C_4H_9)-C(=O)-CH_3$
N-n-butylacetanilide

BAAP 1,2-dihydro-1,5-dimethyl-2-phenyl-4-(phenylmethylenamino) 3H-pyrazol-3-one
$1,5-(CH_3)_2-2-C_6H_5-4-(C_6H_5-CH=N)-1,2-N_2C_3(=O)-3$
4-N-(benzylidene)-aminoantipyrine

BABA N,N'-diphenyl 2,3-butanediimine
$C_6H_5-N=C(CH_3)-C(CH_3)=N-C_6H_5$
biacetyl-bis(anil)

BABM 2-benzoylamino butanoic acid methyl ester
$C_6H_5-C(=O)-NH-CH(C_2H_5)-COO-CH_3$

BABS 2-benzoylamino butanoic acid
$C_6H_5-C(=O)-NH-CH(C_2H_5)-COOH$
α-N-Benzoylamino-Buttersäure

BAC 2,2'-(1,3-cyclohexanediyl) diethanamine
$1,3-(NH_2-CH_2CH_2)_2-C_6H_{10}$
1,3-bis(2-aminoethyl) cyclohexane

BAC N,N'-(dithiodi-2,1-ethanediyl)bis(2-propenamide)
$[CH_2=CH-C(=O)-NH-CH_2CH_2-S-]_2$
N,N'-bis-acryloyl-cystamine

BAC

2-benzoylamino trans-2-butenoic acid
C_6H_5-C(=O)-NH-C(=CH-CH$_3$)-COOH
α-N-Benzoylamino-Crotonsäure

BACH

[...]-6-[{5-(hexahydro-2-oxo-1H-thieno[3,4-d]imidazol-4-yl)-1-oxopentyl}amino]-
hexanoic acid hydrazide
2-(O=)-1,3,5-N$_2$SC$_5$H$_7$-4-(CH$_2$)$_4$-C(O)-NH-(CH$_2$)$_5$-C(O)-NH-NH$_2$
N-(+)-biotinyl-6-amino-caproic acid hydrazide

BACM

2-benzoylamino trans-2-butenoic acid methyl ester
C_6H_5-C(=O)-NH-C(=CH-CH$_3$)-COO-CH$_3$
α-N-Benzoylamino-Crotonsäuremethylester

BACO

1,4-diazabicyclo[2.2.2]octane
N(-CH$_2$CH$_2$-)$_3$N

BAEE

N-α-benzoyl-L-arginine ethyl ester
NH$_2$-C(=NH)NH-CH$_2$CH$_2$CH$_2$-CH[NH-C(=O)C$_6$H$_5$]-COO-C$_2$H$_5$

BAL

2,3-dimercapto-1-propanol
HS-CH$_2$-CH(SH)-CH$_2$-OH

BAMBP

4-(n-/s-/t-butyl)-2-(1-phenylethyl) phenol
2-[C$_6$H$_5$-CH(CH$_3$)]-4-(n-/s-/t-C$_4$H$_9$)-C$_6$H$_3$-OH
4-butyl-2-(α-methylbenzyl)phenol

BAME

N-α-benzoyl-L-arginine methyl ester
NH$_2$-C(=NH)NH-CH$_2$CH$_2$CH$_2$-CH[NH-C(=O)C$_6$H$_5$]-COO-CH$_3$

BAMPITC

(4-isothiocyanato-phenyl)methyl carbamic acid 1,1-dimethylethyl ester
4-[t-C$_4$H$_9$-O-C(=O)-NH-CH$_2$]-C$_6$H$_4$-N=C=S
4-(tert.-butoxycarbonyl-aminomethyl)-phenylisothiocyanate

BAN

2-bromo-1-(2'-naphthyl) ethanone
2-[Br-CH$_2$-C(=O)]-C$_{10}$H$_7$
α-bromo-2'-acetonaphthone

BANA

5-[(aminoiminomethyl)amino]-2-(benzoylamino)-N-(2-naphthalenyl) pentanamide
NH$_2$-C(=NH)NH-CH$_2$CH$_2$CH$_2$-CH[NH-C(=O)-C$_6$H$_5$]-C(=O)-NH-2-C$_{10}$H$_7$
Nα-benzoyl-DL-arginine-2-naphthylamide

BANI

5-[(aminoiminomethyl)amino]-2-(benzoylamino)-N-(4-nitrophenyl) pentanamide
NH$_2$-C(=NH)NH-CH$_2$CH$_2$CH$_2$-CH[NH-C(=O)C$_6$H$_5$]C(=O)NH-C$_6$H$_4$-4-NO$_2$
Nα-benzoyl-DL-arginine-4-nitroanilide

BAO

4,4'-(1,3,4-oxadiazole-2,5-diyl) dibenzenamine
2,5-(NH$_2$-C$_6$H$_4$-4-)$_2$-1,3,4-ON$_2$C$_2$
2,5-bis(4-aminophenyl)-1,3,4-oxadiazole

6-BAP

N-phenylmethyl 1H-purin-6-amine
6-(C$_6$H$_5$-CH$_2$-NH)-1,3,7,9-N$_4$C$_5$H$_3$
6-benzylamino purine

BAP benzo[a]pyrene
$C_{20}H_{12}$

BAP 1,4-bis(1-oxo-2-propenyl) piperazine
1,4-[CH$_2$=CH-C(=O)]$_2$-1,4-N$_2$C$_4$H$_8$
1,4-bis(acryloyl)-piperazine

BAPABA 4-[[5-{(aminoiminomethyl)amino}-1-oxo-2-{(phenylcarbonyl)amino}pentyl]amino] benzoic acid
NH$_2$-C(=NH)NH-CH$_2$CH$_2$CH$_2$-CH[NH-C(O)C$_6$H$_5$]-C(O)NH-4-C$_6$H$_4$-COOH
Nα-benzoyl-DL-arginine-4-amino-benzoic acid

BAPNA 5-[(aminoiminomethyl)amino]-2-(benzoylamino)-N-(4-nitrophenyl) pentanamide
NH$_2$-C(=NH)NH-CH$_2$CH$_2$CH$_2$-CH[NH-C(=O)C$_6$H$_5$]C(=O)NH-C$_6$H$_4$-4-NO$_2$
Nα-benzoyl-DL-arginine-4-nitroanilide

BAPTA N,N'-[1,2-ethanediylbis(oxy-2,1-phenylene)]bis[N-(carboxymethyl)glycine]
(HOOC-CH$_2$)$_2$N-C$_6$H$_4$-2-O-CH$_2$CH$_2$-O-2-C$_6$H$_4$-N(CH$_2$-COOH)$_2$
1,2-bis(2-aminophenoxy)-ethane-N,N,N',N'-tetraacetic acid

BB15C5 15-(1,1-dimethylethyl)-2,3,5,6,8,9,11,12-octahydro-1,4,7,10,13-benzopentaoxacyclopentadecin
[-O-{1,2-C$_6$H$_3$(C$_4$H$_9$-t)-4}-O-(CH$_2$CH$_2$-O)$_3$-CH$_2$CH$_2$-]
t-butylbenzo-15-crown-5

BB15CROWN5 15-(1,1-dimethylethyl)-2,3,5,6,8,9,11,12-octahydro-1,4,7,10,13-benzopentaoxacyclopentadecin
[-O-{1,2-C$_6$H$_3$(C$_4$H$_9$-t)-4}-O-(CH$_2$CH$_2$-O)$_3$-CH$_2$CH$_2$-]
t-butylbenzo-15-crown-5

BBAO N-(1,1-dimethylethyl) benzenemethanimine N-oxide
C$_6$H$_5$-CH=N(O)-C$_4$H$_9$-t
N-benzylidene-tert.-butyl-amine-N-oxide

BBCr bis(biphenylchromium)
[(C$_6$H$_5$-C$_6$H$_5$)$_2$Cr]$^+$

BBD 2,5-bis[(1,1'-biphenyl)-4-yl] 1,3,4-oxadiazole
2,5-(C$_6$H$_5$-C$_6$H$_4$-4)-1,3,4-ON$_2$C$_2$

BBD 7-nitro-N-(phenylmethyl) 4-benzofurazanamine
7-NO$_2$-2,1,3-ON$_2$C$_6$H$_2$-4-NH-CH$_2$-C$_6$H$_5$
7-nitro-4-benzylamino-2,1,3-benzoxadiazole

BBF benzo[b]fluoranthene
$C_{20}H_{12}$

9-BBN 9-borabicyclo[3.3.1]nonane
[3.3.1]-9-BC$_8$H$_{15}$

BBN 9-borabicyclo[3.3.1]nonane
[3.3.1]-9-BC$_8$H$_{15}$

BBO
2,5-bis(4-biphenylyl) 1,3-oxazole
$2,5\text{-}(C_6H_5\text{-}4\text{-}C_6H_4)_2\text{-}1,3\text{-}ONC_3H$

BBOD
2,5-bis[(1,1'-biphenyl)-4-yl] 1,3,4-oxadiazole
$2,5\text{-}(C_6H_5\text{-}C_6H_4\text{-}4\text{-})_2\text{-}1,3,4\text{-}ON_2C_2$

BBOT
2,2'-(2,5-thiophenediyl)bis[5-(1,1-dimethylethyl)benzoxazole]
$2,5\text{-}[5\text{-}(t\text{-}C_4H_9)\text{-}1,3\text{-}ONC_7H_3\text{-}2\text{-}]_2\text{-}C_4H_2S$
2,5-bis(5-tert.-butyl-2-benzoxazolyl)-thiophene

BBP
1,2-benzenedicarboxylic acid butyl phenylmethyl ester
$C_6H_5\text{-}CH_2\text{-}O\text{-}C(=O)\text{-}C_6H_4\text{-}2\text{-}COO\text{-}C_4H_9$
benzylbutylphthalate

B-Brom-9-BBN
9-bromo 9-borabicyclo[3.3.1]nonane
$9\text{-}Br\text{-}[3.3.1]\text{-}9\text{-}BC_8H_{14}$

BCA
[2,2'-biquinoline]-4,4'-dicarboxylic acid
$(4\text{-}HOOC\text{-}1\text{-}NC_9H_5\text{-}2\text{-})_2$
2,2'-bicinchoninic acid

BCA
N-cyclopropyl benzenemethanamine
$C_6H_5\text{-}CH_2\text{-}NH\text{-}c\text{-}C_3H_5$
N-benzyl cyclopropyl amine

BCB
5-butyl-1-cyclohexyl hexahydropyrimidine-2,4,6-trione
$1\text{-}c\text{-}C_6H_{11}\text{-}5\text{-}C_4H_9\text{-}1,3\text{-}N_2C_4H_2(=O)_3\text{-}2,4,6$
5-butyl-1-cyclohexyl barbituric acid

BCB
2,2'-dimethyl-3,3',5,5'-tetrabromophenolsulfonephthalein
$Br_2(HO)(CH_3)C_6H\text{-}C(C_6H_4\text{-}SO_3H)=C_6H(=O)(CH_3)Br_2$
bromocresol blue = bromocresol green

BCDC
(8α,9R)-9-hydroxy-1-phenylmethyl cinchonaniumchloride
$[NC_9H_6\text{-}CH(OH)\text{-}[2.2.2]\text{-}1\text{-}NC_7H_{11}(CH=CH_2)\text{-}CH_2\text{-}C_6H_5]\ Cl$
N-benzyl-cinchonidinium chloride

BCECF
ar-5/6-carboxy-3',6'-dihydroxy-3-oxo-spiro[isobenzofuran-1(3H),9'-(9H)xanthene]-2',7'-dipropanoic acid
$3',6'\text{-}(HO)_2\text{-}3\text{-}(O=)\text{-}2,10'\text{-}O_2C_{20}H_7(COOH)\text{-}(C_2H_4\text{-}COOH)_2\text{-}2',7'$
2',7'-bis(carboxyethyl)-4/5-carboxy-fluorescein (2 isomeres)

BCEF
N,N-bis-(2-cyanoethyl) formamide
$(NC\text{-}CH_2CH_2)_2N\text{-}CHO$

BCEN
N,N'-1,2-ethanediylbis(3-aminopropanamide)
$NH_2\text{-}C(=O)\text{-}CH_2CH_2\text{-}NH\text{-}CH_2CH_2\text{-}NH\text{-}CH_2CH_2\text{-}C(=O)\text{-}NH_2$
N,N'-bis(ß-carbamoylethyl)ethylenediamine

BCG
2,2'-dimethyl-3,3',5,5'-tetrabromophenolsulfonephthalein
$Br_2(HO)(CH_3)C_6H\text{-}C(C_6H_4\text{-}SO_3H)=C_6H(=O)(CH_3)Br_2$
bromocresol green = bromocresol blue

BCHD bicyclo[2.2.1]hepta-2,5-diene
[2.2.1]-C_7H_8

BCHTN N,N'-2-hydroxy-1,3-propanediylbis(3-aminopropanamide)
NH_2-C(=O)-CH_2CH_2-NH-CH_2-CH(OH)-CH_2-NH-CH_2CH_2-C(=O)-NH_2
N,N'-bis(β-carbamoylethyl)-2-hydroxytrimethylenediamine

BCME 1,1'-oxybis(chloromethane)
Cl-CH_2-O-CH_2-Cl
bis-chloromethyl ether

BCMEN N,N'-1-methyl-1,2-ethanediylbis(3-aminopropanamide)
NH_2-C(=O)-CH_2CH_2-NH-CH(CH_3)-CH_2-NH-CH_2CH_2-C(=O)-NH_2
N,N'-bis(β-carbamoylethyl)-1,2-propylenediamine

BCNC (9S)-9-hydroxy-1-phenylmethyl cinchonanium chloride
[NC_9H_6-CH(OH)-[2.2.2]-1-NC_7H_{11}(CH=CH_2)-CH_2-C_6H_5] Cl
N-benzyl-cinchoninium chloride

BCNU N,N'-bis(2-chloroethyl) N-nitroso urea
Cl-CH_2CH_2-NH-C(=O)-N(N=O)-CH_2CH_2-Cl

BCP 5-[2-{2-(butoxy)ethoxy}ethoxymethyl] 1,3-benzodioxole
C_4H_9-O-CH_2CH_2-O-CH_2CH_2-O-CH_2-5-(1,3-$O_2C_7H_5$)
butyl carbitol piperonylate

BCPB 3,3'-dibromo-5,5'-dichlorophenolsulfonephthalein
Br(Cl)(HO)C_6H_2-C(C_6H_4-SO_3H)=C_6H_2(=O)(Br)Cl
bromochlorophenol blue

BCPC N-(3-chlorophenyl) carbamic acid 2-methylpropyl ester
s-C_4H_9-O-C(=O)-NH-C_6H_4-3-Cl
sec.-butyl-N-(3-chlorophenyl)carbamate

BCPE 1,1-bis(4-chlorophenyl) ethanol
(4-Cl-C_6H_4)$_2$C(CH_3)-OH

BCTN N,N'-1,3-propanediylbis(3-aminopropanamide)
NH_2-C(=O)-CH_2CH_2-NH-$CH_2CH_2CH_2$-NH-CH_2CH_2-C(=O)-NH_2
N,N'-bis(β-carbamoylethyl)trimethylenediamine

14Bda 1,4-butanediamine
NH_2-CH_2CH_2-CH_2CH_2-NH_2

BDA diacetic acid 2-butene-1,4-diyl ester
CH_3-COO-CH_2-CH=CH-CH_2-O-C(=O)-CH_3
butendiol-diacetate

bda 1,3-butanedione, ion(1-)
CH_3-C(-O)=CH-CHO
1,3-butanedionate

BDAB

2,5-bis(acetyloxy) benzoic acid phenylmethyl ester
2,5-$(CH_3-COO)_2$-C_6H_3-COO-CH_2-C_6H_5
benzyl-2,5-diacetoxybenzoate

BDC-OH

4-(dimethylamino)-α-[4-(dimethylamino)phenyl]benzenemethanol
[4-$(CH_3)_2$N-C_6H_4]$_2$CH-OH
4,4'-bis-(dimethylamino)diphenylcarbinol

BDCS

1,1-dimethylethyl dimethyl chloro silane
t-C_4H_9-SiCl$(CH_3)_2$
(tert.-butyl)(dimethyl)chlorosilane

BDDA

1,2-phenylene-2,2'-bis(oxyacetic acid), ion(2-)
[C_6H_4(O-CH_2-COO)$_2$]$^{2-}$
benzene-1,2-dioxy-diacetate

BDEA

1,1-(dimethyl)ethylamino-2,2'-diethanol
t-C_4H_9-N(CH_2CH_2-OH)$_2$
tert.-butyl diethanolamine

BDG

2-(2-butoxyethoxy) ethanol
C_4H_9-O-CH_2CH_2-O-CH_2CH_2-OH
butyl-diglycol

BDM15C5

5,9-dimethyl-2,3,5,6,8,9,11,12-octahydro-1,4,7,10,13-
benzopentaoxacyclopentadecin
[-O-(1,2-C_6H_4)-O-C_2H_4-O-CH(CH_3)CH_2-O-CH_2CH(CH_3)-O-C_2H_4-]
benzodimethyl-15-crown-5

BDM15CROWN5

5,9-dimethyl-2,3,5,6,8,9,11,12-octahydro-1,4,7,10,13-
benzopentaoxacyclopentadecin
[-O-(1,2-C_6H_4)-O-C_2H_4-O-CH(CH_3)CH_2-O-CH_2CH(CH_3)-O-C_2H_4-]
benzodimethyl-15-crown-5

BDMA

N,N-dimethyl benzenemethanamine
C_6H_5-CH_2-N$(CH_3)_2$
benzyldimethylamine

BDMAc

N-[(4-ethenylphenyl)methyl]-N-methyl acetamide
CH_3-C(=O)-N(CH_3)-CH_2-C_6H_4-4-CH=CH_2

BDMF

N-[(4-ethenylphenyl)methyl]-N-methyl formamide
HC(=O)-N(CH_3)-CH_2-C_6H_4-4-CH=CH_2

bdmpab

3,5-dimethyl-N-[3,5-dimethyl-1H-pyrazol-1-ylmethyl]-N-phenyl 1H-pryrazole-
1-methanamine
[3,5-$(CH_3)_2$-1,2-N_2C_3H-1-CH_2]$_2$N-C_6H_5
N,N-bis(3,5-dimethylpyrazol-1-ylmethyl)aminobenzene

BDMS

butoxy dimethyl silane
C_4H_9-O-SiH$(CH_3)_2$
butyl dimethylsilyl ether

BDPCP

bis(diphenylphosphinous acid) trans-1,2-cyclopentylester
$1,2-[(C_6H_5)_2P-O]_2-c-C_5H_8$
trans-1,2-bis(diphenylphosphinoxy)cyclopentane

BDPOP

bis(diphenylphosphinous acid) 1,3-(dimethyl)propane-1,3-diyl ester
$(C_6H_5)_2P-O-CH(CH_3)-CH_2-CH(CH_3)-O-P(C_6H_5)_2$
2,4-bis(diphenylphosphinoxy)pentane

BDPP

[1,3-dimethyl-1,3-propanediyl]bis(diphenylphosphine)
$(C_6H_5)_2P-CH(CH_3)-CH_2-CH(CH_3)-P(C_6H_5)_2$
2,4-bis(diphenylphosphino)pentane

BDPP

phosphoric acid butyl diphenyl ester
$C_4H_9-O-P(=O)(O-C_6H_5)_2$
butyl diphenyl phosphate

bdpp

phenylphosphinidenebis[2,1-ethanediyl(diphenyl)phosphine]
$(C_6H_5)_2P-CH_2CH_2-P(C_6H_5)-CH_2CH_2-P(C_6H_5)_2$
bis[2-(diphenylphosphino)ethyl]phenylphosphine

BDT

benzenedithiol
$C_6H_4-(SH)_2$

bdta

N,N'-[1,2-dimethyl-1,2-ethanediyl]bis[N-(carboxymethyl)glycine], ion(4-)
$[(OOC-CH_2)_2N-CH(CH_3)-CH(CH_3)-N(CH_2-COO)_2]^{4-}$
meso-2,3-butanediaminetetraacetate

BDTC

sodium N,N-dibutyl-dithiocarbamate
$Na\ [(C_4H_9)_2N-CS_2]$
(Na-)di-n-butyldithiocarbamate

BE

2-butoxy ethanol
$HO-CH_2CH_2-O-C_4H_9$

bed3a

N-(carboxymethyl)-N-[2-{(carboxymethyl)(phenylmethyl)amino}ethyl] glycine,
ion(3-)
$[OOC-CH_2-N(CH_2-C_6H_5)-CH_2CH_2-N(CH_2-COO)_2]^{3-}$
N-benzylethylenediamine-N,N',N'-triacetate

BEDT-TTF

2,2'-bis(5,6-dihydro-1,3-dithiolo[4,5-b][1,4]dithiin)
$2-(1,3,4,7-S_4C_5H_4-2)-1,3,4,7-S_4C_5H_4$
bis(ethylenedithiolo)-tetrathiafulvalene

BEHP

1,2-benzenedicarboxylic acid bis(2-ethylhexyl) ester
$C_6H_4[COO-CH_2-CH(C_2H_5)-C_4H_9]_2-1,2$
bis(2-ethylhexyl) phthalate

BEMP

2-diethylamino-2-[(1,1-dimethylethyl)imino]-1,2,2,2,3, 4,5,6-octahydro-1,3-dimethyl
1,3,2-diazaphosphorine
$2-(C_2H_5)_2N-2-(t-C_4H_9-N=)-1,3-(CH_3)_2-1,3,2-N_2PC_3H_6$
t-butylimino-diethylamino-dimethyl-perhydrodiazaphosphorine

BENACEN

3,8-dimethyl-1,10-diphenyl 4,7-diazadecane-1,10-dione
$C_6H_5-C(=O)-CH_2-C(CH_3)=N-CH_2CH_2-N=C(CH_3)-CH_2-C(=O)-C_6H_5$

BES 2-[bis(2-hydroxyethyl)amino] ethanesulfonic acid
$(HO-CH_2CH_2)_2N-CH_2CH_2-SO_3H$

BEST 2-(trimethylsilyl) ethanethiol
$(CH_3)_3Si-CH_2CH_2-SH$

B-Ester hydroxy acetic acid butyl ester
$HO-CH_2-COO-C_4H_9$
butyl glycolate

BF buckminsterfullerene (a special carbon-cluster)
C_{60}

BFCO (2-methyl-1,3-butadiene)tricarbonyl iron
$[\{CH_2=C(CH_3)-CH=CH_2\}Fe(CO)_3]$

BFHA N-hydroxy-N-phenyl benzamide
$C_6H_5-C(=O)-N(OH)-C_6H_5$
benzoyl phenyl hydroxylamine

BG imidodicarbonimidic diamide
$NH_2-C(=NH)-NH-C(=NH)NH_2$
biguanide

BG 2-butoxy ethanol
$C_4H_9-O-CH_2CH_2-OH$
butyl-glycol

BGE 2-butoxymethyl oxirane
$C_4H_9-O-CH_2-2-OC_2H_3$
butyl glycidyl ether

BGHIP benzo[g,h,i]perylene
$C_{22}H_{12}$

BHA benzyl hydroxamic acid
$C_6H_5-C(=O)NH-OH$

BHA 2-/3-(1,1-dimethylethyl)-4-methoxy phenole
$2-/3-(t-C_4H_9)-4-(CH_3-O)-C_6H_3-OH$
2-(or 3-)-tert.-butyl-4-hydroxy anisole

BHB 2,6-bis(1,1-dimethylethyl) phenol
$2,6-(t-C_4H_9)_2-C_6H_3-OH$
di-tert.-butyl hydroxybenzene

BHC hexachloro benzene
C_6Cl_6
benzene hexachloride

BHDA N-heptadecyl benzenemethanamine
$C_6H_5-CH_2-NH-C_{17}H_{35}$
benzyl heptadecyl amine

54

BHMF 1,1'-bis(hydroxymethyl) ferrocene
$Fe[C_5H_4-1-(CH_2-OH)]_2$

BHMF 2,5-furandimethanol
$2,5-(HO-CH_2)_2-OC_4H_2$
2,5-bis(hydroxymethyl) furan

BHMT N-(6-aminohexyl) 1,6-hexanediamine
$NH_2-(CH_2)_6-NH-(CH_2)_6-NH_2$
bis(hexamethylene)triamine

BHT 4-methyl-2,6-bis[(1,1-dimethyl)ethyl] phenol
$4-CH_3-2,6-(t-C_4H_9)_2-C_6H_2-OH$
di-tert.-butylated hydroxotoluene

BIBUQ 4,4'''-bis(2-butyloctyloxy) [1,1':4',1'':4'',1''']-quaterphenyl
$[4-\{C_6H_{13}-CH(C_4H_9)-CH_2-O-4-C_6H_4\}-C_6H_4^-]_2$
4,4'''-bis(2-butyloctyloxy)-p-quaterphenyl

BICINE N,N-bis(2-hydroxyethyl) glycine
$HOOC-CH_2-N(CH_2CH_2-OH)_2$

BIg imidodicarbonimidic diamide
$NH_2-C(=NH)-NH-C(=NH)-NH_2$
biguanide

BIIM 2,2'-biimidazole
$(1,3-N_2C_3H_3-2-)_2$

BIM benzimidazole
$1,3-N_2C_7H_5$

BIMDA benzimidazole
$1,3-N_2C_7H_5$

BINAP [1,1'-binaphthalene]-2,2'-diylbis(diphenylphosphine)
$[(C_6H_5)_2P-2-C_{10}H_6-1-]_2$

BIPAAP 1,5-dimethyl-4-[(1-methyl-3-oxo-3-phenyl)propylidenamino]-2-phenyl
1,2-dihydro-3H-pyrazol-3-one
$1,5-(CH_3)_2-4-[C_6H_5-C(O)CH_2C(CH_3)=N]-2-C_6H_5-1,2-N_2C_3(=O)-3$
4-N-(benzoylisopropylidene)-aminoantipyrine

BIPM 1-[4-(1H-benzimidazol-2-yl)phenyl] 1H-pyrrole-2,5-dione
$1-[4-(1,3-N_2C_7H_5-2)-C_6H_4]-NC_4H_2(=O)_2-2,5$
N-[4-(2-benzimidazolyl)-phenyl]-maleimide

bipy 2,2'-bipyridine
$2-(2-NC_5H_4)-NC_5H_4$

BIPYAM N-(2-pyridyl) 2-pyridinamine
$HN(-2-NC_5H_4)_2$
bis(2-pyridyl) amine

bipyo

2,2'-bipyridine N,N'-dioxide
[1-(O=)NC$_5$H$_4$-2]-2-NC$_5$H$_4$(=O)-1

biq

2,2'-biquinoline
[(1-NC$_9$H$_6$)-2-]$_2$

BIQUIN

2,2'-biquinoline
[(1-NC$_9$H$_6$)-2-]$_2$

BIS

N,N'-methylenebis(2-propenamide)
CH$_2$=CH-C(=O)-NH-CH$_2$-NH-C(=O)-CH=CH$_2$

BISDIEN

1,4,7,13,16,19-hexaaza-10,22-dioxacyclotetracosane
[-O-CH$_2$-(CH$_2$-NH-CH$_2$)$_3$-CH$_2$-O-CH$_2$-(CH$_2$-NH-CH$_2$)$_3$-CH$_2$-]

Bis-MSB

1,4-bis[2-(2-methylphenyl)ethenyl] benzene
1,4-(CH$_3$-2-C$_6$H$_4$-CH=CH)$_2$-C$_6$H$_4$
p-bis(o-methylstyrene)benzene

bispictn

N,N'-bis(2-pyridiylmethyl) 1,3-propanediamine
NC$_5$H$_4$-2-CH$_2$-NH-CH$_2$CH$_2$CH$_2$-NH-2-CH$_2$-C$_5$H$_4$N
bis(2-picolinyl)trimethylenediamine

BISTREN

7,19,30-trioxa-1,4,10,13,16,22,27,33-octaazabicyclo[11.11.11]pentatriacontane
N(-CH$_2$CH$_2$-NH-CH$_2$CH$_2$-O-CH$_2$CH$_2$-NH-CH$_2$CH$_2$-)$_3$N
trioxaoctaazabicyclopentatriacontane

BIS-TRIS

2-[2,2'-bis(hydroxyethyl)amino]-2-hydroxymethyl 1,3-propanediol
(HO-CH$_2$CH$_2$)$_2$N-C(CH$_2$-OH)$_3$
2,2-bis(hydroxymethyl)-2,2',2''-nitrilotris(ethanol)

BKF

benzo[k]fluoranthene
C$_{20}$H$_{12}$

blbpen

N,N'-(6-methyl-2-pyridylmethyl)-N,N'-(2-pyridylmethyl)1,2-ethanediamine
[6-CH$_3$-NC$_5$H$_3$-2-CH$_2$-N(CH$_2$-2-NC$_5$H$_4$)-CH$_2$-]$_2$
N,N'-bis(2,6-lutidinyl)-N,N'-bis(2-picolinyl)ethylenediamine

BLO

tetrahydrofuran-2-one
OC$_4$H$_6$(=O)-2
γ-butyrolactone

BMA

2-methyl 2-propenoic acid 1,7,7-trimethyl-bicyclo[2.2.1]hept-2-yl ester
CH$_2$=C(CH$_3$)-COO-2-[2.2.1]-C$_7$H$_8$-(CH$_3$)$_3$-1,7,7
bornylmethacrylate

BMC

4-(bromomethyl)-7-methoxy 2H-1-benzopyran-2-one
4-(Br-CH$_2$)-7-(CH$_3$-O)-1-OC$_9$H$_4$(=O)-2
4-bromomethyl-7-methoxy-cumarin

BMDC

bismuth tris[N,N-(dimethyl)dithiocarbamate]
Bi [(CH$_3$)$_2$N-CS$_2$]$_3$
bismuth dimethyl dithiocarbamate

BMDMCS (bromomethyl)chlorodimethyl silane
$(CH_3)_2SiCl-CH_2-Br$
bromomethyl-dimethylchlorosilane

BMDMS (bromomethyl)dimethylsilyl-
$BrCH_2-Si(CH_3)_2-$

BMDS 1,3-benzenedisulfonic acid, ion(2-)
$[C_6H_4-(SO_3)_2-1,3]^{2-}$
benzene-m-disulfonate

BMPPOH 4-benzoyl-5-methyl-2-phenyl 2,4-dihydro-3H-pyrazol-3-one
$4-[C_6H_5-C(=O)]-5-CH_3-2-C_6H_5-1,2-N_2C_3H(=O)-3$
4-benzoyl-3-methyl-1-phenyl 2-pyrazolin-5-one

BN benzonitrile
C_6H_5-CN

bn meso-2,3-butanediamine
$NH_2-CH(CH_3)-CH(CH_3)-NH_2$

BNAH 1-phenylmethyl 1,4-dihydropyridine-3-carboxamide
$1-(C_6H_5-CH_2)-3-[NH_2-C(=O)]-NC_5H_5$
1-benzyl-1,4-dihydronicotinamide

BNB 2-nitrobutylidenebis[4-(chloro)benzene]
$(Cl-4-C_6H_4)_2CH-CH(NO_2)-C_2H_5$
1,1-bis-(p-chlorophenyl)-2-nitrobutane

BNB 2,4,6-tris(1,1-dimethylethyl)-1-nitroso benzene
$2,4,6-(t-C_4H_9)_3-C_6H_2-NO$
2,4,6-tri-tert.-butyl nitrosobenzene

BNHS [3aS-(3aα,4β,6aα)]-1-[{5-(hexahydro-2-oxo-1H-thieno[3,4-d]imidazol-4-yl)-
1-oxopentyl}oxy]-2,5-pyrrolidinedione
$2-(O=)-1,3,5-N_2SC_5H_7-4-CH_2CH_2-CH_2CH_2-COO-1-NC_4H_4(=O)_2-2,5$
(+)-biotin-N-hydroxysuccinimidester

BNOA 2-naphthalenyloxy acetic acid
$C_{10}H_7-2-O-CH_2-COOH$
β-naphthoxy acetic acid

BNP [3aS-(3aα,4β,6aα)]-hexahydro-2-oxo 1H-thieno[3,4-d]imidazole-4-pentanoic acid
4-nitrophenyl ester
$2-(O=)-1,3,5-N_2SC_5H_7-4-CH_2CH_2-CH_2CH_2-COO-C_6H_4-4-NO_2$
(+)-biotin-4-nitrophenylester

BNPS-Skatol 3-bromo-3-methyl-2-[(2-nitrophenyl)thio] 3H-indole
$3-Br-3-CH_3-2-(NO_2-2-C_6H_4-S)-1-NC_8H_4$
3-Brom-2-(2-nitrophenyl)thio-Skatol

BNU N-butyl N-nitroso urea
$NH_2-C(=O)-N(N=O)-C_4H_9$

BO

2-benzoxazolone
1,3-ONC$_7$H$_5$(=O)-2

BOA

butanedioic acid (2-ethylhexyl) phenylmethyl ester
C$_6$H$_5$-CH$_2$-OC(=O)-CH$_2$CH$_2$-CH$_2$CH$_2$-COO-CH$_2$-CH(C$_2$H$_5$)-C$_4$H$_9$
benzyl iso-octyl adipate

BOA

N-(2-butoxyphenyl) acetamide
2-(C$_4$H$_9$-O)-C$_6$H$_4$-NH-C(=O)-CH$_3$
o-butoxy-acetanilide

Boc

1,1-dimethylethoxycarbonyl-
t-C$_4$H$_9$-O-C(=O)-
t-butyloxycarbonyl-

(BOC)20

dicarbonic acid bis(1,1-dimethylethyl) ester
t-C$_4$H$_9$-O-C(=O)-O-C(=O)-O-C$_4$H$_9$-t
(butoxycarbonyl)2O

(BOC)2NH

imidodicarbamic acid bis(1,1-dimethylethyl) ester
t-C$_4$H$_9$-OOC-NH-COO-C$_4$H$_9$-t
(butoxycarbonyl)2NH

BOC-ON

α-[{((1,1-dimethylethoxy)carbonyl)oxy}imino]benzeneacetonitrile
t-C$_4$H$_9$-O-C(=O)-O-N=C(C$_6$H$_5$)-CN
butoxycarbonyloxy imino-2-phenyl acetonitrile

BOC-ONP

carbonic acid (4-nitrophenyl)-1,1-dimethylethyl ester
t-C$_4$H$_9$-O-C(=O)-O-C$_6$H$_4$-4-NO$_2$
tert.-butoxycarbonyl-4-nitrophenol

BOC-OSU

1-[{(1,1-dimethylethoxy)carbonyl}oxy] 2,5-pyrrolidinedione
t-C$_4$H$_9$-O-C(=O)-O-1-NC$_4$H$_4$(=O)$_2$-2,5
N-tert.-butyloxycarbonyl-succinimide

BOC-S

carbonothioic acid O-(1,1-dimethylethyl)-S-(4,6-dimethyl-2-pyrimidinyl)-ester
4,6-(CH$_3$)$_2$-1,3-N$_2$C$_4$H-2-S-COO-C$_4$H$_9$-t

BOP

(T-4)-(1H-benzotriazol-1-olato-O)tris(N-methyl-methanaminato) phosphorus(1+)
hexafluorophosphate(1-)
[1,2,3-N$_3$C$_6$H$_4$-1-O-P{N(CH$_3$)$_2$}$_3$] [PF$_6$]
(1-benzotriazolyl)oxy tris(dimethylamino) phosphonium [PF6]

BOPOB

2,2'-(1,4-phenylene)bis[5-{(1,1'-biphenyl)-4-yl}oxazole]
1,4-[5-(C$_6$H$_5$-C$_6$H$_4$-4-)-1,3-ONC$_3$H-2-]$_2$C$_6$H$_4$

BOSE

1,2-ethanediylbis[(octyl)sulfoxide]
C$_8$H$_{17}$-S(=O)-CH$_2$CH$_2$-S(=O)-C$_8$H$_{17}$
1,2-bis(n-octylsulfinyl)ethane

BOSM

methylenebis[(octyl)sulfoxide]
[C$_8$H$_{17}$-S(=O)]$_2$CH$_2$
bis(n-octylsulfinyl)methane

58

BOT

benzoxazole-2-thione
$1,3\text{-}ONC_7H_5(=S)\text{-}2$

BP

dibenzoyl peroxide
$C_6H_5C(=O)\text{-}OO\text{-}C(=O)\text{-}C_6H_5$
benzoylperoxide

BPA

1,2-ethanediyl-4,4'-dipyridine
$NC_5H_4\text{-}4\text{-}CH_2CH_2\text{-}4\text{-}C_5H_4N$
1,2-bis(4-pyridyl)ethane

BPA

4,4'-(1-methylethylidene) diphenol
$(CH_3)_2C(\text{-}4\text{-}C_6H_4\text{-}OH)_2$
bis-phenol A

B-PABA

[3aS-(...)]-4-[{5-(hexahydro-2-oxo-1H-thieno[3,4-d]imidazol-4-yl)-
1-oxopentyl}amino] benzoic acid
$2\text{-}(O=)\text{-}1,3,5\text{-}N_2SC_5H_7\text{-}4\text{-}CH_2CH_2\text{-}CH_2CH_2\text{-}C(=O)\text{-}NH\text{-}4\text{-}C_6H_4\text{-}COOH$
N-(+)-biotinyl-p-amino benzoic acid

bpae

N-ethyl-N-(1H-pyrazol-1-ylmethyl) 1H-pyrazole-1-methanamine
$C_2H_5\text{-}N[CH_2\text{-}1\text{-}(1,2\text{-}N_2C_3H_3)]_2$
N,N-bis(pyrazol-1-ylmethyl)aminoethane

BPB

3,3',5,5'-tetrabromophenolsulfonephthalein
$Br_2(HO)C_6H_2\text{-}C(C_6H_4\text{-}SO_3H)=C_6H_2(=O)Br_2$
bromphenol blue

bpbzim

1-benzyl-2-phenyl-benzimidazole
$1\text{-}(C_6H_5\text{-}CH_2)\text{-}2\text{-}(C_6H_5)\text{-}1,3\text{-}N_2C_7H_4$

BPC

N-butyl pyridinium chloride
$[1\text{-}C_4H_9\text{-}NC_5H_5]\ Cl$

BPDO

2,2'-bipyridine N,N'-dioxide
$[1\text{-}(O)NC_5H_4\text{-}2]\text{-}2\text{-}NC_5H_4(O)\text{-}1$

bpdto

1,2-ethanediylbis[thio-2,1-ethandiyl-2-pyridine]
$NC_5H_4\text{-}2\text{-}CH_2CH_2\text{-}S\text{-}CH_2CH_2\text{-}S\text{-}CH_2CH_2\text{-}2\text{-}C_5H_4N$
1,8-di-2-pyridyl-3,6-dithiaoctane

bpdz

3,3'-bipyridazine
$3\text{-}(1,2\text{-}N_2C_4H_3\text{-}3)\text{-}1,2\text{-}N_2C_4H_3$

BPE

trans-1,2-ethenediyl-4,4'-dipyridine
$NC_5H_4\text{-}4\text{-}CH=CH\text{-}4\text{-}C_5H_4N$
trans-1,2-bis(4-pyridyl)ethylene

bpen

N,N'-bis(2-pyridylmethyl) 1,2-ethanediamine
$NC_5H_4\text{-}2\text{-}CH_2\text{-}NH\text{-}CH_2CH_2\text{-}NH\text{-}2\text{-}CH_2\text{-}NC_5H_4$
N,N'-bis(2-picolinyl)-ethylenediamine

BPH

2,2'-methylenebis[{4-methyl-6-(1,1-dimethylethyl)}phenol]
$CH_2[-2-C_6H_2(OH-1)(CH_3-4)-6-C_4H_9-t]_2$
2,2'-methylene-bis(4-methyl-6-tert.-butyl)phenol

BPHA

N-hydroxy-N-phenyl benzamide
$C_6H_5-C(=O)-N(OH)-C_6H_5$
N-benzoyl phenylhydroxylamine

BPL

oxetan-2-one
$OC_3H_4(=O)-2$
ß-propiolactone

bpm

4,4'-bipyrimidine
$4-[1,3-N_2C_4H_3-4]-1,3-N_2C_4H_3$

bpmen

N,N'-dimethyl-N,N'-bis(2-pyridylmethyl)1,2-ethanediamine
$NC_5H_4-2-CH_2-N(CH_3)-CH_2CH_2-N(CH_3)-2-CH_2-NC_5H_4$
N,N'-bis(2-picolinyl)-N,N'-dimethyl ethylendiamine

bpmp

2,6-bis[bis(2-pyridylmethyl)aminomethyl]-4-methyl phenol
$4-CH_3-2,6-[(NC_5H_4-2-CH_2)_2N-CH_2]_2-C_6H_2-OH$

bpmu

bis(1-piperidinyl) methanone
$(NC_5H_{10}-1)_2C=O$
N,N'-bis(pentamethylene)urea

BPO

5-phenyl-2-[(1,1'-biphenyl)-4-yl] oxazole
$5-C_6H_5-2-(C_6H_5-C_6H_4-4-)-1,3-ONC_3H$
2-(1,4'-biphenylyl)-5-phenyl oxazole

BPOC

1-[(1,1'-biphenyl)-4-yl]-1-methylethoxycarbonyl-
$(C_6H_5-C_6H_4-4)-C(CH_3)_2-OC(=O)-$
2-(1,4'-biphenylyl)propyl-2-oxycarbonyl-

bpp

2,3-bis(2-pyridyl) pyrazine
$1,4-N_2C_4H_2-(2-C_5H_4N)_2-2,3$

BPPFA

1-[1-(dimethylamino)ethyl]-1',2-bis(diphenylphosphino)ferrocene
$[(C_6H_5)_2P-C_5H_4]Fe[(C_6H_5)_2P-2-C_5H_3-CH(CH_3)N(CH_3)_2]$
bis(diphenylphosphino)ferrocenylethyl dimethylamine

BPPM

4-(diphenylphosphino)-2-[(diphenylphosphino)methyl]pyrrolidine-1-carboxylic acid
1,1-dimethylethyl ester
$4-(C_6H_5)_2P-2-[(C_6H_5)_2P-CH_2]-NC_4H_6-(COO-C_4H_9-t)-1$

bppz

2,5-bis(2-pyridyl) pyrazine
$1,4-N_2C_4H_2-(2-C_5H_4N)_2-2,5$

bpq

2,3-bis(2-pyridyl) quinoxaline
$1,4-N_2C_8H_4-(2-NC_5H_4)_2-2,3$

BPR

3',3"-dibromophenolsulfonephthalein
$3'-Br-4'-HO-C_6H_3-C(-2-C_6H_4-SO_3H)=C_6H_3-Br-3"-(=O)-4".$
bromophenol red

bptn
N,N'-bis(2-pyridylmethyl) 1,3-propanediamine
NC_5H_4-2-CH_2-NH-$CH_2CH_2CH_2$-NH-2-CH_2-NC_5H_4
N,N'-bis(2-picolinyl)-trimethylenediamine

BPTS
benzenesulfonic acid 2-[(phenylamino)thioxomethyl]hydrazide, ion(1-)
$[C_6H_5$-S(=O)$_2$-NH-N=C(-S)-NH-$C_6H_5]^-$
1N-benzenesulfonyl-4N-phenylthiosemicarbazidate

BPTS-H
benzenesulfonic acid 2-[(phenylamino)thioxomethyl]hydrazide
C_6H_5-S(=O)$_2$-NH-NH-C(=S)-NH-C_6H_5
1N-benzenesulfonyl-4N-phenylthiosemicarbazid

bptz
3,6-bis(2-pyridyl) 1,2,4,5-tetrazine
3,6-$(NC_5H_4$-2)$_2$-1,2,4,5-N_4C_2

BPY
2,2'-bipyridine
$(NC_5H_4$-2-)$_2$

BPY
4,4'-bipyridine
$(NC_5H_4$-4-)$_2$

bpym
2,2'-bipyrimidine
2-[1,3-$N_2C_4H_3$-2-]-1,3-$N_2C_4H_3$

bpyz
2,2'-bipyrazine
2-[(1,4-$N_2C_4H_3$)-2-]-1,4-$N_2C_4H_3$

bpz
2,2'-bipyrazine
2-[(1,4-$N_2C_4H_3$)-2-]-1,4-$N_2C_4H_3$

BPZ4
tetrakis(1-pyrazolyl) borate
$[(1,2-N_2C_3H_3$-1-)$_4$B]$^-$

12BQ
3,5-cyclohexadiene-1,2-dione
C_6H_4(=O)$_2$-1,2
1,2-benzoquinone

BQ
2,6-bis(1,1-dimethylethyl) 2,5-cyclohexadiene-1,4-dione
2,6-(t-C_4H_9)$_2$-C_6H_2(=O)$_2$-1,4
2,6-di-tert.-butyl-quinone

bquin
2,2'-biquinoline
$[(1-NC_9H_6$)-2-]$_2$

BRA
2,4-dihydroxy benzoic acid
2,4-(HO)$_2$-C_6H_3-COOH
ß-resorcylic acid

BrAc
2-bromo acetic acid
Br-CH_2-COOH

Br-acac
3-bromo 2,4-pentanedione, ion(1-)
$[CH_3$-C(-O)=CBr-C(=O)-$CH_3]^-$
bromo-acetylacetonate

BrBu

2-bromo butanoic acid
C_2H_5-CHBr-COOH
α-bromo butanoic acid

Br-DMEQ

3-bromomethyl-6,7-dimethoxy-1-methyl 2(1H)-quinoxalinone
$3-CH_2Br-6,7-(CH_3-O)_2-1-CH_3-1,4-N_2C_8H_2(=O)-2$

BRDU

5-bromo-2'-deoxy uridine
$2,4-(O=)_2-1,3-N_2C_4H_2(Br-5)-[1-OC_4H_5(OH-3)-4-CH_2-OH]-1$

BRL

tetrabromo 2,5-cyclohexadiene-1,4-dione
$C_6Br_4(=O)_2-1,4$
bromanil

5-Br-PSAA

3-[{3-amino-4-((5-bromo-2-pyridinyl)azo)phenyl}propylamino]-
1-propanesulfonic acid
$3-NH_2-4-(5-Br-NC_5H_3-2-N=N)-C_6H_3-N(C_3H_7)-CH_2CH_2CH_2-SO_3H$
(5-bromo-2-pyridylazo)-(N-propyl-3-sulfopropylamino)aniline

2BrPy

2-bromo pyridine
$2-Br-NC_5H_4$

BS

benzenesulfonic acid, ion(1-)
$[C_6H_5-SO_3]^-$
benzenesulfonate

BSA

N-[(4-ethenylphenyl)methyl]-N-methyl methanesulfonamide
$CH_3-S(=O)_2-N(CH_3)-CH_2-C_6H_4-4-CH=CH_2$

BSA

N,O-bis(trimethylsilyl) acetamide
$(CH_3)_3Si-O-C(CH_3)=N-Si(CH_3)_3$

BSC

trimethylsilyl carbamic acid trimethylsilyl ester
$(CH_3)_3Si-NH-COO-Si(CH_3)_3$
N,O-bis(trimethylsilyl)-carbamate

BSEDI

2,2'-[1,2-ethanediylbis(nitrilomethylidyne)]bisphenol
$HO-C_6H_4-2-CH=N-CH_2CH_2-N=CH-2'-C_6H_4-OH$
bis-salicylaldehyd-ethylendiimine

BSF

N,N-bis(trimethylsilyl) formamide
$HC(=O)N[Si(CH_3)_3]_2$

BSH

benzenesulfonyl hydrazide
$C_6H_5-S(=O)_2-NH-NH_2$

BsiA

benzenesulfinic acid
$C_6H_5-S(=O)-OH$

BSO

1-ethenyl-4-[(methylsulfinyl)methyl] benzene
$1-(CH_2=CH)-4-[CH_3-S(=O)-CH_2]-C_6H_4$
methyl-p-vinylbenzyl sulfoxide

62

BSO2 1-ethenyl-4-[(methylsulfonyl)methyl] benzene
$1-(CH_2=CH)-4-[CH_3-S(=O)_2-CH_2]-C_6H_4$
methyl-p-vinylbenzyl sulfone

BSOCOES sulfonylbis(2-ethoxycarbonic acid 2,5-dioxo-1-pyrrolidinyl ester)
$O_2S[CH_2CH_2-O-C(=O)O-1-NC_4H_4(=O)_2-2,5]_2$
bis[2-(succinimido-oxycarbonyloxy)ethyl]sulfone

BSPhDI 2,2'-[1,2-phenylenebis(nitrilomethylidyne)]bisphenol
$1,2-(HO-C_6H_4-2-CH=N-)_2C_6H_4$
bis-salicylaldehyd-phenylendiimine

BSS trimethyl silanol ester with sulfuric acid (2:1)
$(CH_3)_3Si-O-S(=O)_2-O-Si(CH_3)_3$
bis(trimethylsilyl)-sulfate

BSTFA N,O-bis(trimethylsilyl) trifluoroacetamide
$CF_3-C[O-Si(CH_3)_3]=N-Si(CH_3)_3$

BSU N,N'-bis(trimethylsilyl) urea
$(CH_3)_3Si-NH-C(=O)-NH-Si(CH_3)_3$

BT 2,2'-bithiophene
$SC_4H_3-2-(2'-SC_4H_3)$

BT 2,3-dihydro-3H-benzothiazol-2-one
$1,3-SNC_7H_5(=O)-2$
2-benzothiazolone

BT 3,3'-[3,3'-dimethoxy-(1,1'-biphenyl)-4,4'-diyl]bis[(2,5-diphenyl)-2H-tetrazolium]-
dichloride
$[(C_6H_5)_2-N_4C-C_6H_3(O-CH_3)-C_6H_3(O-CH_3)-N_4C-(C_6H_5)_2] Cl_2$
blue tetrazolium

BTA 1H-benzotriazole
$1,2,3-N_3C_6H_5$

BTA 4,8-etheno-3a,4,4a,7a,8,8a-hexahydro-1H,3H-benzo[1,2-c:4,5-c']difuran-
1,3,5,7-tetrone
$2,6-O_2C_{12}H_8-(=O)_4-1,3,5,7$
bicyclo[2.2.2]oct-7-en-2,3,5,6-tetracarbonic dianhydride

BTB 2,1(3H)-benzoxathiol-3-ylidene-4,4'-bis[{2-bromo-3-methyl-6-(1-
methylethyl)}phenol] S,S-dioxide
$3,3-[1-HO-2-Br-3-CH_3-6-i-C_3H_7-C_6H-4-]_2-2,1-OSC_7H_4(=O)_2-1,1$
bromo thymol blue

BTBC carbonic acid bis[6-(trifluoromethyl)-1H-benzotriazol-1-yl] ester
$[6-CF_3-1,2,3-N_3C_6H_3-1-O-]_2C=O$
1,1'-bis[6-(trifluoromethyl)-1H-benzotriazolyl]carbonate

BTC
3,3'-[3,3'-dimethoxy-(1,1'-biphenyl)-4,4'-diyl]bis[(2,5-diphenyl)-2H-tetrazolium] dichloride
$[(C_6H_5)_2\text{-}N_4C\text{-}C_6H_3(O\text{-}CH_3)\text{-}C_6H_3(O\text{-}CH_3)\text{-}N_4C\text{-}(C_6H_5)_2]\ Cl_2$
blue tetrazolium

BTDA
5,5'-carbonylbis(1,3-isobenzofurandione)
$[1,3\text{-}(O{=})_2\text{-}(2\text{-}OC_8H_3)\text{-}5\text{-}]_2C{=}O$
3,3',4,4'-benzophenone tetracarboxylic dianhydride

BTEAC
N,N,N-triethyl benzenemethanaminium chloride
$[C_6H_5\text{-}CH_2\text{-}N(C_2H_5)_3]\ Cl$
benzyl triethyl ammonium chloride

BTEE
N-benzoyl-L-tyrosine ethyl ester
$HO\text{-}4\text{-}C_6H_4\text{-}CH_2\text{-}CH[NH\text{-}C({=}O)\text{-}C_6H_5]\text{-}COO\text{-}C_2H_5$

BTFA
1-phenyl-4,4,4-trifluoro 1,3-butanedione
$C_6H_5\text{-}C({=}O)CH_2\text{-}C({=}O)CF_3$
benzoyltrifluoroacetone

BTFA
N-trifluoroacetyl trifluoroacetamide
$CF_3\text{-}C({=}O)\text{-}NH\text{-}C({=}O)\text{-}CF_3$
bis-(trifluoroacetamide)

BTI
bis(trifluoroacetyloxy)-phenyl iodine
$(CF_3\text{-}COO)_2I\text{-}C_6H_5$
bis(trifluoroacetoxy)iodo benzene

Btm
phenylmethylthiomethyl-
$C_6H_5\text{-}CH_2\text{-}S\text{-}CH_2\text{-}$
benzylthiomethyl

BTMA
N,N,N-trimethyl benzenemethanaminium
$[C_6H_5\text{-}CH_2\text{-}N(CH_3)_3]$
benzyltrimethylammonium

BTMABr3
N,N,N-trimethyl benzenemethanaminium tribromide
$[C_6H_5\text{-}CH_2\text{-}N(CH_3)_3]\ [Br_3]$
benzyltrimethylammonium-tribromide

BTMA-ICl2
N,N,N-trimethyl benzenemethanaminium dichloroiodate
$[C_6H_5\text{-}CH_2\text{-}N(CH_3)_3]\ [Cl\text{-}I\text{-}Cl]$
benzyltrimethylammonium-dichloroiodide

BTMSA
1,2-ethynediylbis(trimethylsilane)
$(CH_3)_3Si\text{-}CC\text{-}Si(CH_3)_3$
bis(trimethylsilyl)acetylene

BTMSBD
1,3-butadiyne-1,4-diylbis(trimethylsilane)
$(CH_3)_3Si\text{-}CC\text{-}CC\text{-}Si(CH_3)_3$
1,4-bis(trimethylsilyl)-butadiine

BTMU
N'-[(4-ethenylphenyl)methyl]-N,N,N'-trimethyl urea
$CH_3\text{-}N(CH_3)\text{-}C({=}O)\text{-}N(CH_3)\text{-}CH_2\text{-}C_6H_4\text{-}4\text{-}CH{=}CH_2$

BTPPC phenylmethyl triphenyl phosphonium chloride
$[C_6H_5\text{-}CH_2\text{-}P(C_6H_5)_3]\ Cl$
benzyl triphenyl phosphonium chloride

BTS 2-oxo acetic acid
$CH_3\text{-}C(=O)\text{-}COOH$
Brenztraubensäure

BTX benzene-toluene-xylene hydrocarbons

Bu butanoic acid
$C_3H_7\text{-}COOH$

Bu butyl-
$C_4H_9\text{-}$

BuA 2-propenoic acid butyl ester
$CH_2=CH\text{-}COO\text{-}C_4H_9$
butylacrylate

1,4-(Bu)dab N,N'-bis(1,1-dimethylethyl) 1,2-ethanediimine
$t\text{-}C_4H_9\text{-}N=CH\text{-}CH=N\text{-}C_4H_9\text{-}t$
1,4-di-tert.-butyl-1,4-diazabutadiene

BUTSC 2-(butylidene) hydrazinecarbothiamide
$C_3H_7\text{-}CH=N\text{-}NH\text{-}C(=S)\text{-}NH_2$
butyraldehyde thiosemicarbazone

Butyl-PBD 2-[1,1'-biphenyl]-4-yl-5-[4-(1,1-dimethylethyl)phenyl] 1,3,4-oxadiazole
$2\text{-}(C_6H_5\text{-}C_6H_4\text{-}4)\text{-}1,3,4\text{-}ON_2C_2\text{-}5\text{-}[C_6H_4(C_4H_9\text{-}t)\text{-}4]$
2-(4-biphenylyl)-5-(4-tert.-butylphenyl)-1,3,4-oxadiazole

BVE butoxy ethene
$C_4H_9\text{-}O\text{-}CH=CH_2$
butyl vinyl ether

ByoA trans-2-butynoic acid
$CH_3\text{-}CC\text{-}COOH$

BZ [1,1'-biphenyl]-4,4'-diamine
$NH_2\text{-}4\text{-}C_6H_4\text{-}C_6H_4\text{-}4'\text{-}NH_2$
benzidine

Bz benzoyl-
$C_6H_5\text{-}C(=O)\text{-}$

Bz phenylmethyl-
$C_6H_5\text{-}CH_2\text{-}$
benzyl-

Bzac 1-phenyl 1,3-butanedione
$C_6H_5\text{-}C(=O)\text{-}CH_2\text{-}C(=O)\text{-}CH_3$
benzoylacetone

bzac 1-phenyl 1,3-butanedione, ion(1-)
$[C_6H_5\text{-C(-O)=CH-C(=O)-CH}_3]^-$
benzoylacetonate

bzaspOO' N-benzoyl aspartic acid, ion(2-)
$[OOC\text{-CH\{NH-C(=O)-C}_6H_5\}\text{-CH}_2\text{-COO}]^{2-}$
N-benzoyl-aspartate

BZBA 1,3-diphenyl propane-1,3-dione, ion(1-)
$[C_6H_5\text{-C(=O)-CH=C(-O)-C}_6H_5]^-$

BZD [1,1'-biphenyl]-4,4'-diamine
$NH_2\text{-4-C}_6H_4\text{-C}_6H_4\text{-4'-NH}_2$
benzidine

Bzd benzamide
$C_6H_5\text{-C(=O)-NH}_2$

Bzde [1,1'-biphenyl]-4,4'-diamine
$NH_2\text{-C}_6H_4\text{-4-(4'-C}_6H_4\text{-NH}_2)$
benzidine

BzdI benzimidazole
$1,3\text{-N}_2C_7H_6$

BZIMID benzimidazole
$1,3\text{-N}_2C_7H_5$

BzI benzoyl-
$C_6H_5\text{-C(=O)-}$

BzI phenylmethyl-
$C_6H_5\text{-CH}_2\text{-}$
benzyl-

Bz-L-Arg-MCA [4-{(aminoiminomethyl)amino}-1-{((4-methyl-2-oxo-2H-1-benzopyran-7-yl)-
amino)carbonyl}butyl] benzamide
$NH_2\text{-C(=NH)NH-(CH}_2)_3\text{-CH[NH-C(=O)-C}_6H_5]\text{C(=O)NH-OC}_9H_4\text{(O)-CH}_3$
N(α)-benzoyl-L-arginine-4-methylcoumaryl-7-amide

bzlaspOO' N-(phenylmethoxycarbonyl) aspartic acid, ion(2-)
$[OOC\text{-CH(NH-COO-CH}_2\text{-C}_6H_5)\text{-CH}_2\text{-COO}]^{2-}$
N-benzyloxycarbonyl-aspartate

Bzm benzimidamide
$C_6H_5\text{-C(=NH)-NH}_2$
benzamidine

Bzma N-methyl benzenemethanamine
$C_6H_5\text{-CH}_2\text{-NH-CH}_3$
benzylmethylamine

Bzs benzenemethanethiol
C_6H_5-CH_2-SH
benzylmercaptan

bztfac 4,4,4-trifluoro-1-phenyl 1,3-butanedione, ion(1-)
$[C_6H_5$-C(-O)=CH-C(=O)-$CF_3]^-$
benzoyltrifluoroacetonate

Bztrz 1H-benzotriazole
1,2,3-$N_3C_6H_5$

C 2-amino-3-mercapto propanoic acid
HS-CH_2-CH(NH_2)-COOH
cysteine

C 4-amino-1-ß-D-ribofuranosyl-2(1H)-pyrimidinone
4-NH_2-2-(O=)(1,3-$N_2C_4H_2$-1)-1'-OC_4H_4[(OH)$_2$-2',3']-4'-CH_2OH
cytidine

C 4-amino 1H-pyrimidin-2-one
4-NH_2-2-(O=)-1,3-$N_2C_4H_3$
cytosine

C10TAB N,N,N-trimethyl decanaminium bromide
$[C_{10}H_{21}$-N($CH_3)_3]$ Br
n-decyl trimethyl ammonium bromide

C14BQ 2-chloro 2,5-cyclohexadiene-1,4-dione
2-Cl-C_6H_3(=O)$_2$-1,4
monochloro-1,4-benzoquinone

C14TAB N,N,N-trimethyl tetradecanaminium bromide
$[C_{14}H_{29}$-N($CH_3)_3]$ Br
n-tetradecyl trimethyl ammonium bromide

C15C5 2,5,8,11,14-pentaoxabicyclo[13.4.0]nonadecane
[-(1,2-C_6H_{10})-O-(CH_2CH_2-O)$_4$-]
cyclohexano-15-crown-5

C15CROWN5 2,5,8,11,14-pentaoxabicyclo[13.4.0]nonadecane
[-(1,2-C_6H_{10})-O-(CH_2CH_2-O)$_4$-]
cyclohexano-15-crown-5

C18C6 2,5,8,11,14,17-hexaoxabicyclo[16.4.0]docosane
[-(1,2-C_6H_{10})-O-(CH_2CH_2-O)$_5$-]
cyclohexano-18-crown-6

C18CROWN6 2,5,8,11,14,17-hexaoxabicyclo[16.4.0]docosane
[-(1,2-C_6H_{10})-O-(CH_2CH_2-O)$_5$-]
cyclohexano-18-crown-6

C3S tricalcium silicate
3 CaO · SiO_2

C8TAB N,N,N-trimethyl octanaminium bromide
$[C_8H_{17}\text{-}N(CH_3)_3]$ Br
n-octyl trimethyl ammonium bromide

CA cellulose acetate

CAA 2-[{7-((2-arsonophenyl)azo)-1,8-dihydroxy-3,6-disulfo-2-naphthalenyl}azo] benzoic acid
$(HO)_2As(=O)\text{-}C_6H_4\text{-}N=N\text{-}C_{10}H_2(OH)_2(SO_3H)_2\text{-}N=N\text{-}C_6H_4\text{-}COOH$
carboxyarsenazo

CAB cellulose acetate butyrate

CACP cis-diammine dichloro platinum
$[Pt(NH_3)_2Cl_2]$

c-AMP cyclic-3',5'-(hydrogen phosphate) adenosine
$[(NH_2)N_4C_5H_2]\text{-}O_3PC_5H_6(=O)(OH)_2$
cyclic-adenosine-3',5'-monophosphate

CAN diammonium hexanitratocerate
$[NH_4]_2 [Ce(NO_3)_6]$
cerium(IV) ammonium nitrate

CAP cellulose acetate propionate

CAP-LI2 carbamic acid monoanhydride with phosphoric acid, dilithium salt
$Li_2 [NH_2\text{-}COO\text{-}P(=O)(\text{-}O)_2]$
dilithium carbamoylphosphate

CAPS 3-(cyclohexylamino) 1-propanesulfonic acid
$c\text{-}C_6H_{11}\text{-}NH\text{-}CH_2CH_2CH_2\text{-}SO_3H$

CAT 2-chloro-N,N'-diethyl 1,3,5-triazine-4,6-diamine
$2\text{-}Cl\text{-}4,6\text{-}(C_2H_5\text{-}NH)_2\text{-}1,3,5\text{-}N_3C_3$
2-chloro-4,6-bis(ethylamino)-1,3,5-triazine

CAT 1,2-benzenediol
$1,2\text{-}(HO)_2\text{-}C_6H_4$
catechol

CB bromo chloro methane
$Br\text{-}CH_2\text{-}Cl$
chloro bromo methane

CbAc 2-aminocarbonyl acetic acid
$NH_2\text{-}C(=O)\text{-}CH_2\text{-}COOH$
carbamoyl acetic acid

BC 2-methyl-2-(4-methyl-3-pentenyl)-7-pentyl-2H-1-benzopyran-5-ol
$2\text{-}CH_3\text{-}7\text{-}C_5H_{11}\text{-}2\text{-}[(CH_3)_2C=CH\text{-}CH_2CH_2]\text{-}1\text{-}OC_9H_5\text{-}5\text{-}OH$
cannabichromen

CBD 2-[6-(1-methylethenyl)-3-methyl-cyclohex-2-enyl]-5-pentyl 1,3-benzenediol
2-[6-CH_2=C(CH_3)-3-CH_3-c-C_6H_7]-5-C_5H_{11}-C_6H_2-$(OH)_2$-1,3
cannabidiol

cbdca cyclobutane-1,1-dicarboxylic acid, ion(2-)
[1,1-$(OOC)_2$-c-C_4H_6]$^{2-}$
cyclobutane-1,1-dicarboxylate

CBDS 2,4-dihydroxy-3-[6-(1-methylethenyl)-3-methyl-cyclohex-2-enyl]-6-pentyl benzoic acid
2,4-$(HO)_2$-3-[CH_2=C(CH_3)-6-C_6H_7(CH_3-3)]-6-C_5H_{11}-C_6H_2-COOH
Cannabidiolcarbonsäure

CBFCO cyclobutadiene-iron-tricarbonyl
[(C_4H_4)Fe$(CO)_3$]

CBG 2-(3,7-dimethyl-2,6-octadienyl)-5-pentyl 1,3-benzendiol
1,3-$(HO)_2$-C_6H_2(C_5H_{11}-5)-2-CH_2-CH=C(CH_3)-CH_2CH_2-CH=C$(CH_3)_2$
Cannabigerol

CBGS 1,3-dihydroxy-2-(3,7-dimethyl-2,6-octadienyl)-5-pentylbenzoic acid
$(HO)_2$-C_6H(C_5H_{11})(COOH)-CH_2-CH=C(CH_3)-CH_2CH_2-CH=C$(CH_3)_2$
Cannabigerolsäure

CBM aminocarbonyl-
NH_2-C(=O)-
carbamoyl-

Cbma 2-amino acetamide
NH_2-C(=O)-CH_2-NH_2
carbamylmethyl amine

CBN 6,6,9-trimethyl-3-pentyl-6H-dibenzo[b,d]pyran-1-ol
6,6,9-$(CH_3)_3$-3-C_5H_{11}-5-OC$_{13}H_5$-1-OH
cannabinol

CBNS 1-hydroxy-6,6,9-trimethyl-3-pentyl-6H-dibenzo[b,d]pyran-2-carbonic acid
1-HO-6,6,9-$(CH_3)_3$-3-C_5H_{11}-5-OC$_{13}H_4$-2-COOH
Cannabinolcarbonsäure

Cbo phenylmethoxycarbonyl-
C_6H_5-CH_2-O-C(=O)-
carbobenzoxy-

CBS N-cyclohexyl 2-benzothiazolesulfenamide
1,3-SNC$_7H_4$-2-S-NH-c-C_6H_{10}

CBTP 4-carboxybutyl triphenyl phosphonium
[HOOC-$(CH_2)_4$-P$(C_6H_5)_3$]$^+$

CBZ phenylmethoxycarbonyl-
C_6H_5-CH_2-O-C(=O)-
carbobenzoxy-

Cbz phenylmethoxycarbonyl-
C_6H_5-CH_2-O-C(=O)-
carbobenzoxy-

CCC 2-chloro-N,N,N-trimethyl ethanaminium chlorid
[Cl-CH_2CH_2-N(CH_3)$_3$] Cl
chlorocholine chloride

CCCP [(3-chlorophenyl)hydrazono] propanedinitrile
(NC)$_2$C=N-NH-C_6H_4-3-Cl
carbonyl cyanide-3-chlorophenylhydrazone

CCE 9H-pyrido[3,4-b]indole-3-carboxylic acid ethyl ester
2,9-$N_2C_{11}H_7$-(COO-C_2H_5)-3
ß-carboline-3-carboxylate

CCH cyclohexylidene cyclohexane
c-C_6H_{10}=C_6H_{10}-c

CCMC carbido carbonyl metal cluster

cCnA (Z)-3-phenyl 2-propenoic acid
C_6H_5-CH=CH-COOH
cis-cinnamic acid

CCNU N-(2-chloroethyl)-N'-cyclohexyl-N-nitroso urea
Cl-CH_2CH_2-N(N=O)-C(=O)-NH-c-C_6H_{11}

CD cyclodextrine
($C_6H_{10}O_5$)$_n$ (n = 6,7,8)

CDAA 2-chloro-N,N-di-2-propenyl acetamide
Cl-CH_2-C(=O)-N(CH_2-CH=CH_2)$_2$
chlorodiallylacetamide

CDC copper diethyldithiocarbamate
Cu [(C_2H_5)$_2$N-CS_2]

CDD 1,5,9-cyclododecatriene
[-CH=CH-CH_2CH_2-CH=CH-CH_2CH_2-CH=CH-CH_2CH_2-]

CDD chloro dibenzo[b,e][1,4]dioxin
Cl_x-5,10-$O_2C_{12}H_{8-x}$
chlorinated dibenzo-p-dioxin

CDEC N,N-diethyl dithiocarbamic acid 2-chloropropen-2-yl ester
CH_2=CCl-CH_2-S-C(=S)-N(C_2H_5)$_2$
2-chloroallyl-N,N-diethyl dithiocarbamate

CDF chloro dibenzofuran
(5-$OC_{12}H_7$)-Cl

CDHP cis-2,6-dimethyl-3,6-dihydro-2H-pyran
2,6-(CH_3)$_2$-OC_5H_6

CDI N,N'-carbonyl diimidazole
$[1,3-N_2C_3H_3-1-]_2C(=O)$

CDM N'-(4-chloro-2-methylphenyl)-N,N-dimethylmethanimidamide
$(CH_3)_2N-CH=N-C_6H_3(Cl-4)CH_3-2$
chlordimeform

CDNT 2-chloro-5-trifluoromethyl-1,3-dinitro benzene
$2-Cl-1,3-(NO_2)_2-5-CF_3-C_6H_2$
4-chloro-3,5-dinitro-trifluorotoluene

5'-CDP cytidine-5'-(trihydrogendiphosphate)
$(O=)(NH_2)N_2C_4H_2-OC_4H_4(OH)_2-CH_2-O-P(=O)(OH)-O-P(=O)(OH)_2$
cytidine-5'-diphosphate

CDP cytidine-5'-(trihydrogendiphosphate)
$(O=)(NH_2)N_2C_4H_2-OC_4H_4(OH)_2-CH_2-O-P(=O)(OH)-O-P(=O)(OH)_2$
cytidine-5'-diphosphate

CDT cyclododecatriene
$c-C_{12}H_{18}$

CDT 1,1'-carbonylbis(1H-1,2,4-triazole)
$(1,2,4-N_3C_2H_2-1)_2C=O$
1,1'-carbonyl-di(1,2,4-triazole)

CDTA N,N'-(1,2-cyclohexanediyl)bis[(N-carboxymethyl)glycine]
$1,2-[(HOOC-CH_2)_2N]_2-c-C_6H_{10}$
1,2-cyclohexanediamine N,N,N',N'-tetraacetic acid

cdta N,N'-(1,2-cyclohexanediyl)bis[N-(carboxymethyl)glycine], ion(4-)
$[1,2-\{(OOC-CH_2)_2N\}_2-c-C_6H_{10}]^{4-}$
1,2-cyclohexanediamine N,N,N',N'-tetraacetate

CDVO cis-2,4-dimethyl-trans-3-ethenyl oxetane
$3-(CH_2=CH)-2,4-(CH_3)_2-OC_3H_3$
cis-2,4-dimethyl-trans-3-vinyl oxetane

CE N-methyl-N,2,4,6-tetranitro benzenamine
$2,4,6-(NO_2)_3-C_6H_2-N(CH_3)-NO_2$

CE 6H-dibenzo[b,f]oxireno[d]azepine-6-carboxamide
$6-[NH_2-C(=O)]-1,6-ONC_{14}H_8$
carbamazepine-10,11-epoxide

2-CEA N-(2-chloroethyl)-N-ethyl-2-methyl benzenemethanamine
$Cl-CH_2CH_2-N(C_2H_5)-CH_2-C_6H_4-2-CH_3$

CeAN diammonium hexanitratocerate
$[NH_4]_2 [Ce(NO_3)_6]$
cerium(IV) ammonium nitrate

CEEA
3-ethylamino propanonitrile
C_2H_5-NH-CH_2CH_2-CN
N-(2-cyanoethyl)-N-ethylamine

CEEMT
N-ethyl-3-(3-methylphenylamino) propanenitrile
CH_3-3-C_6H_4-N(C_2H_5)-CH_2CH_2-CN
N-(2-cyanoethyl)-N-ethyl-m-toluidine

CEMA
3-[methyl(phenyl)amino] propanenitrile
C_6H_5-N(CH_3)-CH_2CH_2-CN
N-(2-cyanoethyl)-N-methylaniline

CeMM
alloy of cer (e.g.: Ce-La-Nd-Pr-RE / 50-25-18-5-2)
Cer-Mischmetall

CEPEA
N-phenyl-N-(2-hydroxyethyl) propanenitrile
C_6H_5-N(CH_2CH_2-OH)-CH_2CH_2-CN
N-(2-cyanoethyl)-N-phenyl ethanolamine

CET
2-chloro-4,6-bis(ethylamino) 1,3,5-triazine
2-Cl-4,6-(C_2H_5-NH)$_2$-1,3,5-N_3C_3

CF
3',6'-dihydroxy-3-oxo spiro[isobenzofuran-1(3H),9'-[9H]xanthene]-5-/6-carboxylic acid
2-[6-HO-3-(O=)-(10-OC$_{13}H_6$)-9]-C_6H_3-(COOH)$_2$-1,4/-1,3
5-/6-carboxyfluorescein

CFC
carbon fibre reinforced carbon

CFCO
trans-1,3-pentadiene-iron-tricarbonyl
[(CH_2=CH-CH=CH-CH_3)Fe(CO)$_3$]

CFE
chlorotrifluoroethylene
Cl-CF=CF_2

3',5'-cGMP
cyclic-3',5'-(hydrogen phosphate) guanosine
[(NH_2)$N_4C_5H_2$(=O)]-$O_3PC_5H_6$(=O)(OH)$_2$
cyclic-guanosine-3',5'-monophosphate

CHA
decylhydroxamic acid
C_9H_{19}-C(=O)-NH-OH
caprinohydroxamic acid

Cha
cyclohexanamine
c-C_6H_{11}-NH_2

CHBADCB
N,N'-(4,5-dichloro-1,2-phenylene) bis[(3,5-dichloro-2-hydroxy)benzamide]
1,2-[3,5-Cl$_2$-2-HO-C_6H_2-C(=O)-NH]$_2$-C_6H_2-Cl$_2$-4,5
1,2-bis(3,5-dichloro-2-hydroxybenzamido)-4,5-dichlorobenzene

CHBA-Et
N,N'-(1,2-ethanediyl)bis[(3,5-dichloro-2-hydroxy)benzamide]
3,5-Cl$_2$-C_6H_2(OH-2)-C(O)NH-CH_2CH_2-NHC(O)C_6H_2(OH-2)-Cl$_2$-3,5
1,2-bis(3,5-dichloro-2-hydroxybenzamido)ethane

CHC   cyclohexanecarboxylic acid
$c\text{-}C_6H_{11}\text{-}COOH$

12CHDA   1,2-cyclohexanediamine
$c\text{-}C_6H_{10}(NH_2)_2\text{-}1,2$

CHDN   azobis(cyclohexanecarbonitrile)
$NC\text{-}C_6H_{10}\text{-}N{=}N\text{-}C_6H_{10}\text{-}CN$
dicyanoazo cyclohexane

CHDPM   methylenebis[(dicyclohexyl)phosphine oxide]
$(c\text{-}C_6H_{11})_2P({=}O)\text{-}CH_2\text{-}P({=}O)(c\text{-}C_6H_{11})_2$
bis(dicyclohexylphosphinyl)methane

CHDTA   N,N'-(1,2-cyclohexanediyl)bis[(N-carboxymethyl)glycine]
$1,2\text{-}[(HOOC\text{-}CH_2)_2N]_2\text{-}c\text{-}C_6H_{10}$
1,2-cyclohexanediamine-N,N,N',N'-tetraacetic acid

CHE   cyclohexylcarboxylic acid methyl ester
$c\text{-}C_6H_{11}\text{-}COO\text{-}CH_3$
cyclohexylcarboxylic acid methyl ester

CHES   2-(cyclohexylamino) ethanesulfonic acid
$c\text{-}C_6H_{11}\text{-}NH\text{-}CH_2CH_2\text{-}SO_3H$

chf   trichloro methane
$CHCl_3$
chloroform

CHIRAPHOS   1,2-dimethyl-1,2-ethanediylbis[(diphenyl)phosphine]
$(C_6H_5)_2P\text{-}CH(CH_3)\text{-}CH(CH_3)\text{-}P(C_6H_5)_2$

CHL   tetrachloro 2,5-cyclohexadiene-1,4-dione
$C_6Cl_4({=}O)_2\text{-}1,4$
chloranil

Chl   1,1,1-trichloro acetaldehyde
$CCl_3\text{-}CHO$
chloral

3-chloro-CCP   [(3-chlorophenyl)hydrazono] propanedinitrile
$(NC)_2C{=}N\text{-}NH\text{-}C_6H_4\text{-}3\text{-}Cl$
3-chloro-carbonylcyanidephenylhydrazone

CHP   N-cyclohexyl 2-pyrrolidinone
$c\text{-}C_6H_{11}\text{-}1\text{-}NC_4H_6({=}O)\text{-}2$

CHP   1-methyl-1-phenylethyl hydroperoxide
$C_6H_5\text{-}C(CH_3)_2\text{-}O\text{-}OH$
cumene hydroperoxide

CHP   N-methyl-N-(1-methylethyl) cyclohexanamine
$c\text{-}C_6H_{11}\text{-}N(CH_3)\text{-}C_3H_7\text{-}i$
cyclohexyl-isopropyl-methylamine

CHp   2-cyclohepten-1-one
$C_7H_{10}(=O)\text{-}1$

CHQ   5,7-dichloro 8-quinolinol
$5,7\text{-}Cl_2\text{-}8\text{-}HO\text{-}(1\text{-}NC_9H_4)$
5,7-dichloro-8-hydroxy quinoline

CHS   cyclohexanesulfonic acid, ion(1-)
$[c\text{-}C_6H_{11}\text{-}SO_3]^-$
cyclohexane sulfonate

CHT   cycloheptatriene
$c\text{-}C_7H_8$

CHTSC   2-(cyclohexylidene) hydrazinecarbothiamide
$c\text{-}C_6H_{10}\text{=}N\text{-}NH\text{-}C(=S)\text{-}NH_2$
cyclohexanone thiosemicarbazone

CHx   2-cyclohexenone
$c\text{-}C_6H_8(=O)\text{-}1$

1,3-CHXN   cis-1,3-cyclohexanediamine
$1,3\text{-}(NH_2)_2\text{-}C_6H_{10}$

chxn   1,2-cyclohexanediamine
$1,2\text{-}NH_2\text{-}c\text{-}C_6H_{10}$

Chxo   cyclohexanone
$c\text{-}C_6H_{10}(=O)$

cIMP   inosine, cyclic-3',5'-(hydrogenphosphate)
$(O=)N_4C_5H_3\text{-}O_3PC_5H_6(=O)(OH)_2$
cyclic-inosine-3',5'-monophosphate

Cln   8-cinnolinol
$8\text{-}HO\text{-}1,2\text{-}N_2C_8H_5$

ClPC   N-(3-chlorophenyl) carbamic acid 1-methylethyl ester
$Cl\text{-}3\text{-}C_6H_4\text{-}NH\text{-}COO\text{-}C_3H_7\text{-}i$
N-(3-chlorophenyl)isopropylcarbamate

Clt   2-hydroxy 1,2,3-propanetrioic acid
$HOOC\text{-}CH_2\text{-}C(OH)(COOH)\text{-}CH_2\text{-}COOH$
citric acid

CKW   chlorinated hydrocarbons
Chlorkohlenwasserstoffe

Cl4CAT   3,4,5,6-tetrachloro 1,2-benzenediol
$3,4,5,6\text{-}Cl_4\text{-}C_6\text{-}(OH)_2$
tetrachloro-catechol

ClAc

2-chloro acetic acid
Cl-CH$_2$-COOH
chloro acetic acid

Cl-acac

3-chloro 2,4-pentanedione, ion(1-)
[CH$_3$-C(-O)=CCl-C(=O)-CH$_3$]$^-$
chloro-acetylacetonate

5-Cl-PADAP

2-(5-chloro-2-pyridylazo)-5-diethylamino phenol
2-(Cl-5-NC$_5$H$_3$-2-N=N)-5-(C$_2$H$_5$)$_2$N-C$_6$H$_3$-OH

5-ClPHEN

5-chloro 1,10-phenanthroline
5-Cl-1,10-N$_2$C$_{12}$H$_7$

CM

carboxymethyl-
HOOC-CH$_2$-

CMA

N-(3-chloro-4-methylphenyl)-2-methyl pentanamide
C$_3$H$_7$-CH(CH$_3$)-C(=O)-NH-C$_6$H$_3$(CH$_3$-4)Cl-3

CMC

carboxymethyl cellulose

CMC

4-[2-{(cylohexylcarbonimidoyl)amino}ethyl]-4-methyl-morpholinium salt with
4-methyl benzenesulfonic acid
[4-(c-C$_6$H$_{11}$-N=C=N-C$_2$H$_4$)-4-CH$_3$-1,4-ONC$_4$H$_8$][4-CH$_3$-C$_6$H$_4$-SO$_3$]
cyclohexyl-2-(4-methyl-morpholino)ethylcarbodiimide-tosylate

CM-D

dextran carboxymethyl ether

MDMCS

chloromethyl dimethyl chlorosilane
Cl-CH$_2$-SiCl(CH$_3$)$_2$

CME-CDI

4-[2-{(cyclohexylcarbonimidoyl)amino}ethyl]-4-methyl-morpholinium salt with
4-methyl benzenesulfonic acid
[4-(c-C$_6$H$_{11}$-N=C=N-C$_2$H$_4$)-4-CH$_3$-1,4-ONC$_4$H$_8$][4-CH$_3$-C$_6$H$_4$-SO$_3$]
cyclohexyl-2-(4-methyl-morpholino)ethylcarbodiimide-tosylate

CMHEC

carboxymethyl-hydroxyethyl cellulose

CMME

chloromethoxy methane
Cl-CH$_2$-O-CH$_3$
chloromethyl methylether

CMNT

1-chloro-2-nitro-4-trifluoromethyl benzene
2-NO$_2$-4-CF$_3$-C$_6$H$_3$-Cl
4-chloro-3-nitrobenzotrifluoride

2'-CMP

cytidine-2'-(dihydrogenmonophosphate)
(O=)(NH$_2$)N$_2$C$_4$H$_2$-OC$_4$H$_4$(OH)(CH$_2$-OH)-O-P(=O)(OH)$_2$
cytidine-2'-monophosphate

3'-CMP

cytidine-3'-(dihydrogenmonophosphate)
(O=)(NH$_2$)N$_2$C$_4$H$_2$-OC$_4$H$_4$(OH)(CH$_2$-OH)-O-P(=O)(OH)$_2$
cytidine-3'-monophosphate

5'-CMP cytidine-5'-(dihydrogenmonophosphate)
$(O=)(NH_2)N_2C_4H_2\text{-}OC_4H_4(OH)_2\text{-}CH_2\text{-}O\text{-}P(=O)(OH)_2$
cytidine-5'-monophosphate

CMP cytidine-5'-(dihydrogenmonophosphate)
$(O=)(NH_2)N_2C_4H_2\text{-}OC_4H_4(OH)_2\text{-}CH_2\text{-}O\text{-}P(=O)(OH)_2$
cytidine-5'-monophosphate

CMPP 2-(4-chloro-2-methylphenoxy) propanoic acid
$4\text{-}Cl\text{-}2\text{-}CH_3\text{-}C_6H_3\text{-}O\text{-}CH(CH_3)\text{-}COOH$

CMTMDS 1,3-bis(chloromethyl)-1,1,3,3-tetramethyl disilazane
$Cl\text{-}CH_2\text{-}Si(CH_3)_2\text{-}NH\text{-}Si(CH_3)_2\text{-}CH_2\text{-}Cl$

CMU 3-(4-chlorophenyl)-1,1-dimethyl urea
$4\text{-}Cl\text{-}C_6H_4\text{-}NH\text{-}C(=O)\text{-}N(CH_3)_2$

CN cellulose nitrate

CN chloro naphthalene
$Cl\text{-}C_{10}H_7$

Cna cyanamide
$NH_2\text{-}CN$

CNAc 2-cyano acetic acid
$NC\text{-}CH_2\text{-}COOH$

3-CNACAC 2-acetyl-3-oxo butanenitrile
$CH_3\text{-}C(=O)\text{-}CH(CN)\text{-}C(=O)\text{-}CH_3$
3-cyanopentane-2,4-dione

CN-acac 3-cyano 2,4-pentanedione, ion(1-)
$[CH_3\text{-}C(\text{-}O)=C(CN)\text{-}C(=O)\text{-}CH_3]^-$
cyano-acetylacetonate

CNAct 2-cyano acetamide
$NC\text{-}CH_2\text{-}C(=O)\text{-}NH_2$

CNAd cyanic acid
$HO\text{-}CN$

CNea 3-amino propanenitrile
$NC\text{-}CH_2CH_2\text{-}NH_2$
cyanoethylamine

C(n)K potassium alkanecarboxylates
$K\,[R\text{-}C(=O)\text{-}O]$

CNMa 2-amino acetonitrile
$NC\text{-}CH_2\text{-}NH_2$
cyanomethylamine

3CNPy	3-pyridinecarbonitrile
NC_5H_4-3-CN
3-cyano pyridine

C(n)PyBr	alkylpyridinium bromides
[1-R-NC_5H_5] Br

CNT	methyl benzonitrile
CH_3-C_6H_4-CN
cyanotoluene

COBH	N-benzoyl 1,4-benzoquinone hydrazonoxime
C_6H_5-C(=O)-NH-N=C_6H_4=NOH
Chinonoxim-benzoylhydrazon

COD	1,5-cyclooctadiene
c-C_8H_{12}

cot	cyclooctatetraene
c-C_8H_8

COTR	cyclooctatriene
c-C_8H_{10}

Coy	5-hydroxy-2-(hydroxymethyl) 4(4H)-pyranone
5-HO-2-(HO-CH_2)-OC_5H_2(=O)-4

CP	6-chloropurine
6-Cl-1,3,7,9-$N_4C_5H_3$

CP	cellulose phosphate

CP	cellulose propanoate

CP	chlorophenols
HO-$C_6H_{5-x}Cl_x$

CP	cyclopentadiene
c-C_5H_6

4-CPA	4-chlorophenoxy acetic acid
Cl-4-C_6H_4-O-CH_2-COOH

CPA	4-chlorophenoxy acetic acid
Cl-4-C_6H_4-O-CH_2-COOH

CPA	condensed phosphoric acids

CPAS	S-4-chlorophenyl-2,4,5-trichlorophenylazosulfide
Cl-4-C_6H_4-S-N=N-C_6H_2-Cl_3-2,4,5

CPBA	3-chloro peroxybenzoic acid
Cl-3-C_6H_4-C(=O)-OO-H

CPBS benzenesulfonic acid 4-chlorophenyl ester
$4\text{-Cl-}C_6H_4\text{-O-S(=O)}_2\text{-}C_6H_5$
4-chlorophenyl-benzenesulfonate

CPC cyclopropanecarboxylic acid
$c\text{-}C_3H_5\text{-COOH}$

CPDA 3,3a,3b,4,6,6a,7,7a-octahydro-1H-cyclopenta[1,2-c:3,4-c']difuran-1,3,4,6-tetraone
$2,5\text{-O}_2C_9H_6(=O)_4\text{-}1,3,4,6$
cyclopentane tetracarboxylic acid dianhydride

CPDC cis-diammine dichloro platinum
$[Pt(NH_3)_2Cl_2]$

CPE chlorinated polyethylene

CPe 2-cyclopentenone
$c\text{-}C_5H_6(=O)\text{-}1$

CpH cyclopentadiene
$c\text{-}C_5H_6$

CPIB 2-(4-chlorophenoxy)-2-methyl propanoic acidethyl ester
$4\text{-Cl-}C_6H_4\text{-O-C(CH}_3)_2\text{-COO-}C_2H_5$
ethyl 4-chlorophenoxy isobutyrate

CPIB 2-(4-chlorophenoxy)-2-methyl propanoic acid
$4\text{-Cl-}C_6H_4\text{-O-C(CH}_3)_2\text{-COOH}$
p-chlorophenoxy-isobutyric acid

26CPIP 2,6-dichloro-4-(4-hydroxyphenylimino)2,5-cyclohexadien-1-one
$2,6\text{-Cl}_2\text{-}4\text{-[HO-4-}C_6H_4\text{-N=]-}C_6H_2(=O)$
2,6-dichlorophenol-indophenol

CPM tricesium 12-molybdophosphate
$Cs_3[P(Mo_3O_{10})_4]$
cesium phosphomolybdate

CPO cyclic phosphine oxide

CPR 3',3''-dichlorophenolsulfonphthalein
$3'\text{-Cl-}4'\text{-HO-}C_6H_3\text{-C(-2-}C_6H_4\text{-SO}_3H)=C_6H_3\text{-Cl-}3''\text{-}(=O)\text{-}4''$
chlorophenol red

CPS poly[calcium bis{1-(sulfonatophenyl)-1,2-ethanediyl}]
$[Ca]_n[\text{-CH}(C_6H_4\text{-SO}_3)\text{-CH}_2\text{-}]_{2n}$
calcium poly(styrene sulfonate)

CPT (4-phenyl-2-thioxo-1(2H)-pyrimidinyl) carbamic acidethyl ester, ion(1-)
$[4\text{-}C_6H_5\text{-}2\text{-(S=)-}1,3\text{-N}_2C_4H_2\text{-}1\text{-N-COO-}C_2H_5]^-$
1-carbamic acid ethylester-4-phenyl-2(1H)-pyrimidinethionate

CPTA
trans-1,2-cyclopentanediamine
1,2-$(NH_2)_2$-C_5H_8
cyclopentane-trans-1,2-diamine

CPTEO
3-chloropropyl triethoxy silane
Cl-$CH_2CH_2CH_2$-Si-$(O$-$C_2H_5)_3$

CPT-H
(4-phenyl-2-thioxo-1(2H)-pyrimidinyl) carbamic acid ethyl ester
4-C_6H_5-2-(S=)-1,3-$N_2C_4H_2$-1-NH-COO-C_2H_5
1-carbamic acid ethylester-4-phenyl-2(1H)-pyrimidinethione

CPTMO
3-chloropropyl trimethoxy silane
Cl-$CH_2CH_2CH_2$-Si-$(O$-$CH_3)_3$

CPVC
chlorinated poly(vinyl chloride)
[-CHCl-$CH_{1-x}Cl_x$-$]_n$

2CPy
2-chloro pyridine
2-Cl-NC_5H_4

3CPy
3-chloro pyridine
3-Cl-NC_5H_4

CPZ
2-chloro-10-(3-dimethylaminopropyl) 10H-phenothiazine
2-Cl-10-[$(CH_3)_2$N-$CH_2CH_2CH_2$]-5,10-$SNC_{12}H_7$
chlorpromazine

CS
D-4-amino 3-isoxazolidinone
4-NH_2-1,2-ONC_3H_4(=O)-3
D-cycloserine

CSA
chondroitin sulfonic acid

CSA
7,7-dimethyl-2-oxo-1-bicyclo[2.2.1]heptyl methanesulfonic acid
7,7-$(CH_3)_2$-2-(O=)-[2.2.1]-C_7H_7-1-CH_2-SO_3H
camphorsulfonic acid

C-Säure
3-amino 1,5-naphthalenedisulfonic acid
3-NH_2-$C_{10}H_5$-$(SO_3H)_2$-1,5
3-Amino-1,5-naphthalindisulfonsäure

C-Säure
7-hydroxy 1,5-naphthalenedisulfonic acid
7-HO-$C_{10}H_5$-$(SO_3H)_2$-1,5
7-Hydroxy-1,5-naphthalindisulfonsäure

CSI
sulfurylchloride isocyanate
Cl-S(=O)$_2$-N=C=O
chlorosulfonylisocyanate

CTA
cellulose triacetate

CTA
N,N,N-trimethyl 1-hexadecanaminium
[$C_{16}H_{33}$-$N(CH_3)_3$]$^+$
cetyl trimethyl ammonium

CTAB	N,N,N-trimethyl 1-hexadecanaminium bromide $[C_{16}H_{33}-N(CH_3)_3]$ Br *cetyl trimethyl ammonium bromide*
CTAC	N,N,N-trimethyl 1-hexadecanaminium chloride $[C_{16}H_{33}-N(CH_3)_3]$ Cl *cetyl trimethyl ammonium chloride*
CTACN	N,N,N-trimethyl 1-hexadecanaminium cyanide $[C_{16}H_{33}-N(CH_3)_3]$ [CN] *cetyl trimethyl ammonium cyanide*
CTAOH	N,N,N-trimethyl 1-hexadecanaminium hydroxide $[C_{16}H_{33}-N(CH_3)_3]$ [OH] *cetyl trimethyl ammonium hydroxide*
CTAX	N,N,N-trimethyl 1-hexadecanaminium halide $[C_{16}H_{33}-N(CH_3)_3]$ [X] *cetyl trimethyl ammonium halide*
CTC	tetrachloro methane CCl_4 *carbon tetrachloride*
CTC	7-chloro-pentahydroxy-6-methyl-4-dimethylamino-dioxo-1,4,4a,5,5a,6,11, 12a-octahydronaphthacene-2-carboxamide $Cl\text{-}3,6,10,12,12a\text{-}(HO)_5\text{-}CH_3\text{-}1,11\text{-}(O)_2\text{-}[(CH_3)_2N]C_{18}H_7\text{-}CONH_2$ *chlortetracydine*
Ctch	1,2-benzenediol $1,2\text{-}(HO)_2\text{-}C_6H_4$ *catechol*
CTFCB	1-chloro-1,2,2-trifluoro cyclobutane $1\text{-}Cl\text{-}1,2,2\text{-}F_3\text{-}c\text{-}C_4H_4$
CTFE	chlorotrifluoroethylene $Cl\text{-}CF{=}CF_2$
5'-CTP	cytidine-5'-(tetrahydrogentriphosphate) $(O{=})(NH_2)N_2C_4H_2\text{-}OC_4H_4(OH)_2\text{-}CH_2\text{-}[OP({=}O)(OH)]_2\text{-}O\text{-}P({=}O)(OH)_2$ *cytidine-5'-triphosphate*
CTP	N-cyclohexyl-3-thioxo-2,3-dihydro 1(1H)-isoindolone $2\text{-}c\text{-}C_6H_{11}\text{-}2\text{-}NC_8H_4({=}O)\text{-}1\text{-}({=}S)\text{-}3$ *N-cyclohexyl-thiophthalimide*
CTP	cytidine-5'-(tetrahydrogentriphosphate) $(O{=})(NH_2)N_2C_4H_2\text{-}OC_4H_4(OH)_2\text{-}CH_2\text{-}[OP({=}O)(OH)]_2\text{-}O\text{-}P({=}O)(OH)_2$ *cytidine-5'-triphosphate*
CTPS	2,4,6-trimethyl-pyridinium 4-methyl-benzenesulfonate $[2,4,6\text{-}(CH_3)_3\text{-}NC_5H_3]$ $[4\text{-}CH_3\text{-}C_6H_4\text{-}SO_3]$ *sym.-collidinium-(toluol-p-sulfonate)*

CTT   chlorotris(1-methylethanolato) titanium
$Cl-Ti(O-C_3H_7-i)_3$

Cu-P   21H,23H-porphine cuprate(II)
$Cu(N_4C_{20}H_{12})$
copper-porphyrine

CXY   cyclohexylidene-
$c-C_6H_{10}=$

CY   cyclohexyl-
$c-C_6H_{11}-$

CYAP   phosphorothioic acid O-(4-cyanophenyl)-O,O-dimethylester
$(CH_3-O)_2P(=S)-O-C_6H_4-4-CN$
O,O-dimethyl-O-(p-cyanophenyl) phosphorothioate

CYCH   cyclohexyl-
$c-C_6H_{11}-$

cyclam   1,4,8,11-tetraazacyclotetradecane
$[-NH-CH_2CH_2-NH-CH_2CH_2CH_2-NH-CH_2CH_2-NH-CH_2CH_2CH_2-]$

CYCLEN   1,4,7,10-tetraazacyclododecane
$[-(NH-CH_2CH_2)_4-]$

cyclops   1,1-difluoro-4,5,11,12-tetramethyl-1-borata-3,6,10,13-tetraaza-
2,14-dioxocyclotetradeca-3,5,10,12-tetraene
$[-BF_2-O-N=C(CH_3)C(CH_3)=N-(CH_2)_3-N=C(CH_3)C(CH_3)=N-O-]$

Cycphos   1-cyclohexyl-1,2-ethanediylbis[(diphenyl)phosphine]
$(C_6H_5)_2P-CH(C_6H_{11}-c)-CH_2-P(C_6H_5)_2$
1,2-bis(diphenylphosphino)-1-cyclohexyl-ethane

Cyd   4-amino-1-ß-D-ribofuranosyl-2(1H)-pyrimidinone
$4-NH_2-2-(O=)(1,3-N_2C_4H_2-1)-1'-OC_4H_4[(OH)_2-2',3']-4'-CH_2OH$
cytidine

CyDTA   N,N'-(1,2-cyclohexanediyl)bis[(N-carboxymethyl)glycine]
$1,2-[(HOOC-CH_2)_2N]_2-c-C_6H_{10}$
cyclohexenediaminetetraacetic acid

CYP   phosphoric acid 4-cyanophenyl ethyl phenyl ester
$NC-4-C_6H_4-O-P(=O)(O-C_2H_5)-O-C_6H_5$
p-cyanophenyl ethyl phenylphosphoric acid

Cys   2-amino-3-mercapto propanoic acid
$HS-CH_2-CH(NH_2)-COOH$
cysteine

Cys   3,3'-dithiobis[(2-amino)propanoic acid]
$HOOC-CH(NH_2)-CH_2-SS-CH_2-CH(NH_2)-COOH$
cystine

CYSH   2-amino-3-mercapto propanoic acid
$HS-CH_2-CH(NH_2)-COOH$
cysteine

CYT   4-amino 1H-pyrimidine-2-one
$2-(O=)-4-NH_2-1,3-N_2C_4H_3$
cytosine

2,4-D   2,4-dichlorophenoxy acetic acid
$2,4-Cl_2-C_6H_3-O-CH_2-COOH$

D   decyl-
$C_{10}H_{21}-$

D   2-amino butanedioic acid
$HOOC-CH(NH_2)-CH_2-COOH$
aspartic acid

D2EGFK   phosphoric acid bis(2-ethylhexyl) ester
$HO-P(=O)[O-CH_2-CH(C_2H_5)-C_4H_9]_2$

D2EHA   2-ethyl-N-(2-ethylhexyl) 1-hexanamine
$HN[CH_2-CH(C_2H_5)-C_4H_9]_2$
di(2-ethylhexyl)amine

D2EHHP   phosphoric acid bis(2-ethylhexyl) ester
$HO-P(=O)[O-CH_2-CH(C_2H_5)-C_4H_9]_2$
di-(2-ethylhexyl)hydrogen phosphate

D2EHP   phosphoric acid bis(2-ethylhexyl) ester, ion(1-)
$[O-P(=O)\{O-CH_2-CH(C_2H_5)-C_4H_9\}_2]^-$
di(2-ethylhexyl)phosphate

D2EHPA   phosphoric acid bis(2-ethylhexyl) ester
$HO-P(=O)[O-CH_2-CH(C_2H_5)-C_4H_9]_2$
di(2-ethylhexyl)phosphoric acid

D2EHPP   phenylphosphonic acid bis(2-ethylhexyl) ester
$C_6H_5-P(=O)[O-CH_2-CH(C_2H_5)-C_4H_9]_2$
di(2-ethylhexyl) phenylphosphonate

D2EHPPA   phenylphosphonic acid bis(2-ethylhexyl) ester
$C_6H_5-P(=O)[O-CH_2-CH(C_2H_5)-C_4H_9]_2$
di(2-ethylhexyl) phenylphosphonic acid

DA   N-acetyl acetamide
$CH_3-C(=O)-NH-C(=O)-CH_3$
diacetamide

dA   9-ß-D-2'-deoxyribofuranosyl-9H-purin-6-amine
$6-NH_2-(1,3,7,9-N_4C_5H_2-9)-1'-OC_4H_5(OH-3')-4'-CH_2-OH$
2'-deoxyribosyl-adenine

DAA

N-(1,1-dimethyl-3-oxobutyl) 2-propenamide
$CH_2=CH-C(=O)-NH-C(CH_3)_2-CH_2-C(=O)-CH_3$
diacetone acrylamide

DAA

4-hydroxy-4-methyl 2-pentanone
$(CH_3)_2C(OH)-CH_2-C(=O)-CH_3$
diacetone alcohol

DAAB

N,N-dimethyl-4-(phenylazo) benzenamine
$(CH_3)_2N-C_6H_4-(N=N-C_6H_5)-4$
4-dimethylamino-azobenzene

DAAP

alkylphosphonic acid dialkyl ester
$R-P(=O)(O-R)_2$
dialkylalkylphosphonate

DAAP

pentylphosphonic acid dipentyl ester
$C_5H_{11}-P(=O)(O-C_5H_{11})_2$
diamylamylphosphonate

DAB

[1,1'-biphenyl]-3,3',4,4'-tetramine
$3,4-(NH_2)_2-C_6H_3-C_6H_3-(NH_2)_2-3',4'$
3,3'-diaminobenzidine

DAB

N,N-dimethyl-4-(phenylazo) benzenamine
$(CH_3)_2N-C_6H_4-(N=N-C_6H_5)-4$
4-N,N-dimethylaminoazobenzene

DABC

5-chloro 1,3-benzenediamine
$5-Cl-C_6H_3-(NH_2)_2-1,3$
3,5-diaminobenzenechloride

DABCO

1,4-diazabicyclo[2.2.2]octane
$N(-CH_2CH_2-)_3N$

DABIA

N-[4-{(4-(dimethylamino)phenyl)azo}phenyl]-2-iodoacetamide
$4-[(CH_3)_2N-4-C_6H_4-N=N]-C_6H_4-NH-C(=O)-CH_2-I$
N-(4-dimethylamino-azobenzene-4')-iodoacetamide

DABITC

4-[(4-isothiocyanatophenyl)azo]-N,N-dimethylbenzenamine
$(CH_3)_2N-C_6H_4-(N=N-C_6H_4-4-NCS)-4$
4-(N,N-dimethylamino)-azobenzene-4'-isothiocyanate

DABP

1-methylpropylphosphonic acid bis(1-methylbutyl) ester
$C_2H_5-CH(CH_3)-P(=O)[O-CH(CH_3)-C_3H_7]_2$
di-2-amyl-2-butylphosphonate

DABS

[4-{(4-dimethylaminophenyl)azo}benzene]sulfonyl-
$4-[(CH_3)_2N-4-C_6H_4-N=N]-C_6H_4-SO_2-$

DABS-Cl

4-[(4-dimethylaminophenyl)azo] benzenesulfonyl chloride
$4-[(CH_3)_2N-4-C_6H_4-N=N]-C_6H_4-SO_2-Cl$

DABTC [(dimethylaminophenyl)azo]phenylthioxomethyl-
$(CH_3)_2N-C_6H_4-N=N-C_6H_4-C(=S)-$
N,N-dimethylamino-azobenzene-thiocarbonyl-

DABTT 4,4'-(2,5,8,11-tetraaza-1,11-dodecadiene-1,12-diyl)bis[N,N-(dimethyl)-benzenamine]
$[-CH_2-NH-CH_2CH_2-N=CH-4-C_6H_4-N(CH_3)_2]_2$
bis(p-dimethylaminobenzaldehyde)triethylenetetramine

DAC acetic acid α,α-dicyanoethyl ester
$CH_3-COO-C(CN)_2-CH_3$

DAC 1,2-cyclohexanediamine
$1,2-(NH_2)_2-c-C_6H_{10}$
1,2-diaminocyclohexane

DAcAc 2,4,6-heptanetrione
$CH_3-C(=O)-CH_2-C(=O)-CH_2-C(=O)-CH_3$
diacetylacetone

dach 1,2-cyclohexanediamine
$1,2-(NH_2)_2-c-C_6H_{10}$
1,2-diaminocyclohexane

dach hexahydro 1H-1,4-diazepine
$[-NH-CH_2CH_2-NH-CH_2CH_2CH_2-]$
1,4-diazacycloheptane

DACM-3 1-[7-(dimethylamino)-4-methyl-2-oxo-1(2H)-benzopyran-3-yl] 1H-pyrrole-2,5-dione
$1-[7-(CH_3)_2N-4-CH_3-2-(O=)-1-OC_9H_3-3]-NC_4H_2(=O)_2-2,5$
N-(7-dimethylamino-4-methyl-3-cumarinyl)-maleimide

daco octahydro 1,5-diazocine
$[-NH-CH_2CH_2CH_2-NH-CH_2CH_2CH_2-]$
1,5-diazacyclooctane

DADA N-(1-methylethyl) 2-propanaminium dichloroacetate
$[(i-C_3H_7)_2NH_2] [CHCl_2-COO]$
diisopropyl ammonium dichloro acetate

DADD N,N'-(1,2-ethanediyl)bis(1,3-propanediamine)
$NH_2-CH_2CH_2CH_2-NH-CH_2CH_2-NH-CH_2CH_2CH_2-NH_2$
1,10-diamino-4,7-diazadecane

DADN N,N'-bis(2-aminoethyl) 1,3-propanediamine
$NH_2-CH_2CH_2-NH-CH_2CH_2CH_2-NH-CH_2CH_2-NH_2$
1,9-diamino-3,7-diazanonane

dADO 9-ß-D-2'-deoxyribofuranosyl-9H-purin-6-amine
$6-NH_2-(1,3,7,9-N_4C_5H_2-9)-1'-OC_4H_5(OH-3')-4'-CH_2-OH$
2'-deoxyadenosine

dADP 2'-deoxyadenosine-5'-(trihydrogendiphosphate)
$(NH_2)N_4C_5H_2\text{-}OC_4H_5(OH)\text{-}CH_2\text{-}O\text{-}P(=O)(OH)\text{-}O\text{-}P(=O)(OH)_2$
2'-deoxyadenosine-diphosphate

DADPM 4,4'-methylenedibenzenamine
$CH_2(4\text{-}C_6H_4\text{-}NH_2)_2$
4,4'-diamino-diphenylmethane

DADPS 4,4'-sulfonyldibenzenamine
$(O=)_2S(4\text{-}C_6H_4\text{-}NH_2)_2$
4,4'-diaminodiphenyl sulfone

DAEC diethyl-aminoethyl cellulose

DAEPII 3,7,13,17-tetraethyl-2,8,12,18-tetramethyl-5,15-diazaporphine, ion(2-)
$[(C_2H_5)_4\text{-}(CH_3)_4\text{-}5,15,21,22,23,24\text{-}N_6C_{18}H_2]^{2-}$
diazaetioporphyrin

DAEPIV 2,8,13,17-tetraethyl-3,7,12,18-tetramethyl-5,15-diazaporphine, ion(2-)
$[(C_2H_5)_4\text{-}(CH_3)_4\text{-}5,15,21,22,23,24\text{-}N_6C_{18}H_2]^{2-}$
diazaetioporphyrin

DAF 4,5-diazafluorene
$4,5\text{-}N_2C_{11}H_8$

DAG $Dy_3Al_5O_{12}$-garnet
$Dy_3Al_5O_{12}$

DAGF N,N,N',N'-tetraethyl phosphorodiamidic acid heptyl ester
$C_7H_{15}\text{-}O\text{-}P(=O)[N(C_2H_5)_2]_2$

dahd 3,4-diacetyl 2,5-hexanedione
$[CH_3\text{-}C(=O)]_2CH\text{-}CH[C(=O)\text{-}CH_3]_2$
3,4-diacetyl-2,4-hexadiene-2,5-diol

DAHP N,N,N',N'-tetraethyl phosphorodiamidic acid heptyl ester
$C_7H_{15}\text{-}O\text{-}P(=O)[N(C_2H_5)_2]_2$

DAHPA N,N,N',N'-tetraethyl phosphorodiamidic acid heptyl ester
$C_7H_{15}\text{-}O\text{-}P(=O)[N(C_2H_5)_2]_2$

D-Ala(P) S-(1-aminoethyl) phosphonic acid
$CH_3\text{-}CH(NH_2)\text{-}P(=O)(OH)_2$
D(+)-1-aminoethyl phosphonic acid

DAM 2-methyl 1,2-propanediamine
$NH_2\text{-}CH_2\text{-}C(CH_3)_2\text{-}NH_2$
1,2-diamino-2-methyl-propane

DAM methylenebis[(diphenyl)arsine]
$(C_6H_5)_2As\text{-}CH_2\text{-}As(C_6H_5)_2$
bis(diphenylarsino)methane

DAMA
N-alkyl-N-methyl 1-alkanamine
CH_3-NR_2
dialkylmethylamine

DAMA-10
N-decyl-N-methyl 1-decanamine
$(C_{10}H_{21})_2$N-CH_3

DAMF
methylphosphonic acid bis(3-methylbutyl) ester
CH_3-P(=O)(O-C_5H_{11}-i)$_2$

DAMFK
methylphosphonic acid bis(3-methylbutyl) ester
CH_3-P(=O)(O-C_5H_{11}-i)$_2$

DAMN
2,3-diamino butenedinitrile
NC-C(NH_2)=C(NH_2)-CN
diaminomaleonitrile

DAMP
methylphosphonic acid bis(3-methylbutyl) ester
CH_3-P(=O)(O-C_5H_{11}-i)$_2$
diisoamylmethylphosphonate

dAMP
2'-deoxyadenosine-5'-(dihydrogenmonophosphate)
$(NH_2)N_4C_5H_2$-OC_4H_5(OH)-CH_2-O-P(=O)(OH)$_2$
2'-deoxyadenosine-monophosphate

DAMPA
methylphosphonic acid bis(3-methylbutyl) ester
CH_3-P(=O)(O-C_5H_{11}-i)$_2$
diisoamylmethylphosphonate

DAMTP
2-methylthio 4,6-pyrimidinediamine
4,6-(NH_2)$_2$-1,3-N_2C_4H(S-CH_3)-2
4,6-diamino-2-methylthio-pyrimidine

DAN
2,3-naphthalenediamine
2,3-(NH_2)$_2$-$C_{10}H_6$
2,3-diamino naphthalene

DANS
5-(dimethylamino)naphthalen-1-ylsulfonyl-
$(CH_3)_2$N-5-$C_{10}H_6$-1-S(=O)$_2$-

DANS-BBA
3-(5-dimethylamino-1-naphthalenylsulfonylamino)benzeneboronic acid
3-[($CH_3)_2$N-5-$C_{10}H_6$-1-S(=O)$_2$-NH]-C_6H_4-B(OH)$_2$
N-dansyl-3-aminobenzeneboronic acid

DAOF
N,N,N',N'-tetraethyl phosphorodiamidic acid octyl ester
C_8H_{17}-O-P(=O)[N(C_2H_5)$_2$]$_2$

DAOMeTSC
2-(2-methoxyimino-1-methylpropylidene) hydrazinecarbothiamide
CH_3-O-N=C(CH_3)-C(CH_3)=N-NH-C(=S)-NH_2
diacetyl-O-methyl monoxime thiosemicarbazone

DAOTSC
2-(2-hydroxyimino-1-methylpropylidene) hydrazinecarbothiamide
HO-N=C(CH_3)-C(CH_3)=N-NH-C(=S)-NH_2
diacetyl monoxime thiosemicarbazone

13DAP 1,3-propanediamine
NH_2-$CH_2CH_2CH_2$-NH_2
1,3-diaminopropane

DAP 1,4-dihydrazino phthalazine
$1,4$-$(NH_2$-$NH)_2$-$2,3$-$N_2C_8H_4$

DAP 2,6-pyridinediyl-1,1'-bis(ethanone)
$2,6$-$[CH_3$-$C(=O)]_2$-NC_5H_3
2,6-diacetyl-pyridine

DAP phosphoric acid dialkyl ester, ion(1-)
$[O$-$P(=O)(O$-$R)_2]^-$
dialkylphosphate

DAP 1,2-benzenedicarboxylic acid bis(2-propenyl) ester
$1,2$-$[CH_2=CH$-CH_2-O-$C(=O)]_2$-C_6H_4
diallyl phthalate

DAP diammonium hydrogenphosphate
$[NH_4]_2$ $[HO$-$PO_3]$
diammonium phosphate

ß-DAP 3-(dimethylamino)-1-phenyl 1-propanone
C_6H_5-$C(=O)$-CH_2CH_2-$N(CH_3)_2$
ß-dimethylamino-propiophenone

DAPA phosphoric acid dipentyl ester
HO-$P(=O)(O$-$C_5H_{11})_2$
di-n-amylphosphoric acid

dapd 2,6-diacetylpyridine-dioxime, ion(2-)
$[2,6$-$\{CH_3$-$C(=N$-$O)\}_2$-$NC_5H_3]^{2-}$
2,6-diacetylpyridine-dioximate

DAPI 2-[4-(aminoiminomethyl)phenyl]-1H-indole-6-carboximidamide
2-$[NH_2$-$C(=NH)$-4-$C_6H_4]$-1-NC_8H_5-6-$C(=NH)NH_2$
4',6-diamidino-2-phenylindole

DAPSC 2,2'-[2,6-pyridinediyl-1,1'-bis(ethylidene)]bis(hydrazinecarboxamide)
NC_5H_3-$[C(CH_3)=N$-NH-$C(=O)$-$NH_2]_2$-$2,6$
2,6-diacetylpyridine-bis(semicarbazone)

DAPT 5-phenyl-2,4-thiazolediamine
$2,4$-$(NH_2)_2$-5-C_6H_5-$1,3$-SNC_3
2,4-diamino-5-phenyl thiazole

DAS 1,2-phenylenebis(dimethylarsine)
$1,2$-$[(CH_3)_2As]_2$-C_6H_4

DAS 9,10-dimethoxy 2-anthracenesulfonic acid
$9,10$-$(CH_3$-$O)_2$-$C_{14}H_7$-2-SO_3H

DAS

2,2'-(1,2-ethenediyl)bis[(5-amino)benzenesulfonic acid]
$HO_3S-C_6H_3(NH_2-5)-2-CH=CH-2-C_6H_3(NH_2-5)-SO_3H$
4,4'-diaminostilbene-2,2'-disulfonic acid

DAST

(diethylamino)sulfurtrifluoride
$(C_2H_5)_2N-SF_3$

Data

N,N'-1,2-cyclohexanediylbis[N-(carboxymethyl)glycine]
$c-C_6H_{10}[N(CH_2-COOH)_2]_2-1,2$
1,2-diaminocyclohexanetetraacetic acid

DATC

N,N-bis(1-methylethyl) thiocarbamic acid S-2,3-dichloro-2-propen-1-yl ester
$Cl-CH=CCl-CH_2-S-C(=O)-N(C_3H_7-i)_2$
S-2,3-dichloroallyl N,N-diisopropyl thiocarbamate

DATD

N,N'-bis(2-propenyl) 2,3-dihydroxy butanediamide
$CH_2=CH-CH_2-NH-C(=O)-CH(OH)-CH(OH)-C(=O)-NH-CH_2-CH=CH_2$
N,N'-diallyl tartaric acid diamide

DATP

4,6-diamino 1,2-dihydro-2-pyrimidinethione
$4,6-(NH_2)_2-1,3-N_2C_4H_2(=S)-2$
4,6-diamino-1,2-dihydro-2-thiopyrimidine

DATP

N,N'-bis(ethoxyphenyl)-4-methoxy phenylphosphonothioicamide
$CH_3-O-4-C_6H_4-P(=S)(NH-C_6H_4-O-C_2H_5)_2$
p-methoxyphenyl-N,N'-bis(ethoxyphenyl)diamidothiophosphate

dATP

2'-deoxyadenosine-5'-(tetrahydrogentriphosphate)
$(NH_2)N_4C_5H_2-OC_4H_5(OH)-CH_2-[O-P(=O)(OH)]_2-O-P(=O)(OH)_2$
2'-deoxyadenosine-triphosphate

2,4-DB

4-(2,4-dichlorophenoxy) butanoic acid
$2,4-Cl_2-C_6H_3-O-CH_2CH_2CH_2-COOH$

4-(2,4-DB)

4-(2,4-dichlorophenoxy) butanoic acid
$2,4-Cl_2-C_6H_3-O-CH_2CH_2CH_2-COOH$

DB

4-(2,4-dichlorophenoxy) butanoic acid
$2,4-Cl_2-C_6H_3-O-CH_2CH_2CH_2-COOH$

DB

N-[(1-oxo)butyl] butanamide
$C_3H_7-C(=O)-NH-C(=O)-C_3H_7$
di-n-butyramide

DB14C4

7,8,16,17-tetrahydro-6H,15H-dibenzo[b,i][1,4,8,11]tetraoxacyclotetradecin
$[-O-(1,2-C_6H_4)-O-CH_2CH_2CH_2-O-(1,2-C_6H_4)-O-CH_2CH_2CH_2-]$
dibenzo-14-crown-4

DB15C5

6,7,9,10,17,18-hexahydro-dibenzo[b,h][1,4,7,10,13]pentaoxacyclopentadecin
$[-O-(1,2-C_6H_4)-O-CH_2CH_2-O-(1,2-C_6H_4)-O-CH_2CH_2-O-CH_2CH_2-]$
dibenzo-15-crown-5

DB18C5
6,7,9,10,12,13,15,16-octahydro-22H-
dibenzo[n,q][1,4,7,10,13]pentaoxacyclooctadecin
[-O-(1,2-C_6H_4)-CH_2-(1,2-C_6H_4)-(O-CH_2CH_2)$_4$-]
dibenzo-18-crown-5

DB18C6
6,7,9,10,17,18,20,21-octahydro-
dibenzo[b,k][1,4,7,10,13,16]hexaoxacyclooctadecin
[-O-(1,2-C_6H_4)-(O-CH_2CH_2)$_2$-O-(1,2-C_6H_4)-(O-CH_2CH_2)$_2$-]
dibenzo-18-crown-6

DB21C7
6,7,9,10,12,13,20,21,23,24-decahydro-
dibenzo[b,k][1,4,7,10,13,16,19]heptaoxacycloheneicosin
[-O-(1,2-C_6H_4)-(O-CH_2CH_2)$_3$-O-(1,2-C_6H_4)-(O-CH_2CH_2)$_2$-]
dibenzo-21-crown-7

DB24C8
6,7,9,10,12,13,20,21,23,24,26,27-dodecahydro-
dibenzo[b,n][1,4,7,10,13,16,19,22]octaoxacyclotetracosin
[-O-(1,2-C_6H_4)-(O-CH_2CH_2)$_3$-O-(1,2-C_6H_4)-(O-CH_2CH_2)$_3$-]
dibenzo-24-crown-8

DB27C9
5,6,8,9,11,12,17,18,20,21,23,24,26,27-
tetradecahydrodibenzo[b,n][1,4,7,10,13,16,19,22,25]nonaoxacycloheptacosin
[-O-(1,2-C_6H_4)-(O-CH_2CH_2)$_3$-O-(1,2-C_6H_4)-(O-CH_2CH_2)$_4$-]
dibenzo-27-crown-9

DB30C10
5,6,8,9,11,12,14,15,20,21,23,24,26,27,29,30-
hexadecahydrodibenzo[b,q][1,4,7,10,13,16,19,22,25,28]decaoxacyclotriacontin
[-O-(1,2-C_6H_4)-(O-CH_2CH_2)$_4$-O-(1,2-C_6H_4)-(O-CH_2CH_2)$_4$-]
dibenzo-30-crown-10

DBA
9,10-dibromo anthracene
9,10-Br_2-$C_{14}H_8$

DBA
dibenz[a,h]anthracene
$C_{22}H_{14}$

DBA
2,2-bis(4-chlorophenyl)-2-hydroxy acetic acid
(Cl-4-C_6H_4)$_2$C(OH)-COOH
4,4'-dichloro benzilic acid

DBA
1,5-diphenyl 1,4-pentadiene-3-one
C_6H_5-CH=CH-C(=O)-CH=CH-C_6H_5
dibenzylideneacetone

DBAPA
2-propenylphosphonic acid dibutyl ester
CH_2=CH-CH_2-P(=O)(O-C_4H_9)$_2$
dibutyl allylphosphonic acid

DBB
dibromo benzene
Br_2-C_6H_4

DBBP
dibromo biphenyl
(Br-C_6H_4-)$_2$

DBBP butylphosphonic acid dibutyl ester
C_4H_9-P(=O)(O-C_4H_9)$_2$
dibutylbutylphosphonate

DBC 1,2-dibromo-3-chloro propane
$BrCH_2$-CHBr-CH_2Cl

DBCAT 3,5-bis(1,1-dimethylethyl) 1,2-benzenediol
3,5-(t-C_4H_9)$_2$-C_6H_2-(OH)$_2$-1,2
3,5-di-tert.-butyl-catechol

DBCP 1,2-dibromo-3-chloropropane
$BrCH_2$-CHBr-CH_2Cl

DBD 1,6-dibromo-1,6-dideoxy galactitol
CH_2Br-CH(OH)-CH(OH)-CH(OH)-CH(OH)-CH_2Br
dibromo dulcite

DBDB18C6 2,14-bis(1,1-dimethylethyl)-6,7,9,10,17,18,20,21-
octahydrodibenzo[b,k][1,4,7,10,13,16]hexaoxacyclooctadecin
[{-O-1,2-C_6H_3(C_4H_9-t-5)-O-CH_2CH_2-O-CH_2CH_2-}$_2$]
di-t-butyl-dibenzo-18-crown-6

DBDECMP 2-(diethylamino)-2-oxo ethylphosphonic acid dibutylester
(C_2H_5)$_2$N-C(=O)-CH_2-P(=O)(O-C_4H_9)$_2$
dibutyl-N,N'-diethylcarbamylmethylenephosphonate

DBDECP (diethylamino)carbonylphosphonic acid dibutyl ester
(C_2H_5)$_2$N-C(=O)-P(=O)(O-C_4H_9)$_2$
dibutyl-N,N-diethylcarbamylphosphonate

DBDM15C5 7,9-dimethyl-6,7,9,10,17,18-hexahydro-
dibenzo[b,h][1,4,7,10,13]pentaoxacyclopentadecin
[-O-C_6H_4-O-CH_2CH_2-O-C_6H_4-O-CH_2CH(CH$_3$)-O-CH(CH$_3$)CH_2-]
dibenzodimethyl-15-crown-5

DBDM18C6 7,9-dimethyl-6,7,9,10,17,18,20,21-octahydro-
dibenzo[b,k][1,4,7,10,13,16]hexaoxacyclooctadecin
[-O-C_6H_4-(O-CH_2CH_2)$_2$-O-C_6H_4-O-CH_2CH(CH$_3$)-O-CH(CH$_3$)CH_2-]
dibenzodimethyl-18-crown-6

DBDPO bis(pentabromophenyl) ether
Br_5C_6-O-C_6Br_5
decabromodiphenyloxide

DBE 1,2-dibromo ethane
Br-CH_2-CH_2-Br

DBE dibutyl ether
(C_4H_9)$_2$O

DBED N,N'-bis(phenylmethyl) 1,2-ethanediamine
C_6H_5-CH_2-NH-CH_2CH_2-NH-CH_2-C_6H_5
dibenzyl ethylene diamine

dbedda

N,N'-(1,2-ethanediyl)bis[N-(phenylmethyl)glycine]ion (2-)
$[OOC-CH_2-N(CH_2-C_6H_5)-CH_2CH_2-N(CH_2-C_6H_5)-CH_2-COO]^{2-}$
N,N'-dibenzylethylenediamine-N,N'-diacetate

DBEP

phosphoric acid bis[2-(butoxy)ethyl] ester, ion(1-)
$[O-P(=O)(O-CH_2CH_2-O-C_4H_9)_2]^-$
di(butoxyethyl)phosphate

DBEPA

2-(dibutoxyphosphinyl) butanedioic acid diethyl ester
$C_2H_5-O-C(=O)-CH_2-CH(COO-C_2H_5)-P(=O)(O-C_4H_9)_2$
2-(dibutylphosphonato)-diethylsuccinate

DBF

dibenzofuran
$5-OC_{12}H_8$

DBF

phosphoric acid dibutyl ester
$HO-P(=O)(O-C_4H_9)_2$

DBH

bis(4-chlorophenyl) methanone
$(Cl-4-C_6H_4)_2C=O$

DBHPA

hexylphosphonic acid dibutyl ester
$C_6H_{13}-P(=O)(O-C_4H_9)_2$
dibutylhexylphosphonate

DBHT

dibutyl methyl phenol
$(C_4H_9)_2-C_6H_2(CH_3)-OH$
dibutyl hydroxy toluene

DBM

1,3-diphenyl 1,3-propanedione
$C_6H_5-C(=O)-CH_2-C(=O)-C_6H_5$
dibenzoylmethane

DBM

1,6-dibromo 2,3,4,5-hexanetetrole
$Br-CH_2-[CH(OH)]_4-CH_2-Br$
dibromomannitol

dbm

1,3-diphenyl 1,3-propanedione, ion(1-)
$[C_6H_5-C(-O)=CH-C(=O)-C_6H_5]^-$

DBMAPA

1-propynylphosphonic acid dibutyl ester
$CH_3-CC-P(=O)(O-C_4H_9)_2$
dibutyl 1-propynylphosphonate

DBMIB

dibromo methyl (1-methylethyl) 1,4-benzenedione
$Br_2-C_6(CH_3)(C_3H_7-i)(=O)_2-1,4$
dibromo methyl isopropyl benzoquinone

DBN

2,6-dichloro benzonitrile
$2,6-Cl_2-C_6H_3-CN$

DBN

2,3,4,6,7,8-hexahydropyrrolo[1,2-a]pyrimidine
$1,5-N_2C_7H_{12}$
1,5-diazabicyclo[4.3.0]non-5-ene

DBO 1,4-diazabicyclo[2.2.2]octane
$N(-CH_2CH_2-)_3N$

DBOBPA 3-oxobutylphosphonic acid dibutyl ester
$CH_3-C(=O)-CH_2CH_2-P(=O)(O-C_4H_9)_2$
dibutyl 3-oxobutyl-1-phosphonate

DBOF octylphosphonic acid dibutyl ester
$C_8H_{17}-P(=O)(O-C_4H_9)_2$

DBOP octylphosphonic acid dibutyl ester
$C_8H_{17}-P(=O)(O-C_4H_9)_2$
dibutyloctylphosphonate

DBP (2-chlorophenyl)(4-chlorophenyl) methanone
$Cl-2-C_6H_4-C(=O)-C_6H_4-4-Cl$
2,4'-dichloro benzophenone

DBP 4-methyl-2,6-bis(1,1-dimethylethyl) phenol
$4-CH_3-2,6-(t-C_4H_9)_2-C_6H_2-OH$
2,6-di-tert.-butyl-4-methylphenol

DBP bis(4-chlorophenyl) methanone
$(4-Cl-C_6H_4)_2C=O$
4,4'-dichloro benzophenone

DBP 5-phenyl 5H-benzo[b]phosphindole
$5-C_6H_5-5-PC_{12}H_8$
5-phenyl-5H-dibenzo-phosphole

DBP 1,2-benzenedicarboxylic acid dibutyl ester
$1,2-[C_4H_9-O-C(=O)]_2-C_6H_4$
dibutyl phthalate

DBP phosphoric acid dibutyl ester
$HO-P(=O)(O-C_4H_9)_2$
di-n-butylphosphate

DBPA 1,10-decanediylbis(phosphonic acid)
$(HO)_2P(=O)-(CH_2)_{10}-P(=O)(OH)_2$

DBPA phosphoric acid dibutyl ester
$HO-P(=O)(O-C_4H_9)_2$
di-n-butyl phosphoric acid

DBPC 4-methyl-2,6-bis(1,1-dimethylethyl) phenol
$4-CH_3-2,6-(t-C_4H_9)_2-C_6H_2-OH$
2,6-di-tert.-butyl-p-cresol

DBPhP phenylphosphonic acid dibutyl ester
$C_6H_5-P(=O)(O-C_4H_9)_2$
dibutylphenylphosphonate

DBPP phosphoric acid dibutyl phenyl ester
C_6H_5-O-P(=O)(O-C_4H_9)$_2$
dibutylphenylphosphate

DBPPA propylphosphonic acid dibutyl ester
C_3H_7-P(=O)(O-C_4H_9)$_2$
dibutyl propylphosphonic acid

DBPrP propylphosphonic acid dibutyl ester
C_3H_7-P(=O)(O-C_4H_9)$_2$
dibutylpropylphosphonate

DBS 1,2-bis[(5-bromo-2-hydroxy)phenyl] ethanedione
5-Br-2-HO-C_6H_3-C(=O)-C(=O)-C_6H_3(OH-2)-Br-5
dibromosalicil

DBS decanedioic acid dibutyl ester
C_4H_9-O-C(=O)-(CH$_2$)$_8$-COO-C_4H_9
dibutyl sebacate

DBS benzensulfonic acid dodecyl ester
C_6H_5-S(=O)$_2$-O-$C_{12}H_{25}$
dodecylbenzenesulfonate

dbsc N,N-dibutyl carbamoselenoic acid, ion(1-)
[(C_4H_9)$_2$N-C(=O)-Se]$^-$
N,N-dibutylmonoselenocarbamate

DBSO di-n-butylsulfoxide
(C_4H_9)$_2$S=O

DBSO bis(phenylmethyl) sulfoxide
(C_6H_5-CH$_2$)$_2$S=O
dibenzylsulfoxide

DBT dibenzothiophene
5-SC$_{12}$H$_8$

DBTCP 3,4,5,6-tetrachloro 1,2-benzenedicarboxylic acid dibutyl ester
3,4,5,6-Cl$_4$-C_6-(COO-C_4H_9)$_2$-1,2
dibutyl tetrachloro phthalate

DBTM18C6 7,9,18,20-tetramethyl-6,7,9,10,17,18,20,21-octahydro dibenzo[b,k][1,4,7,10,13,16]-hexaoxacyclooctadecin
[-{O-CH(CH$_3$)-CH$_2$-O-(1,2-C_6H_4)-O-CH$_2$-CH(CH$_3$)}$_2$-]
dibenzotetramethyl-18-crown-6

DBTO ethanedioic acid bis(1H-benzotriazol-1-yl) ester
1,2,3-N$_3$C$_6$H$_4$-1-O-C(=O)-C(=O)-O-1'-(1,2,3-N$_3$C$_6$H$_4$)
di-(1-benzotriazolyl)-oxalate

DBU 2,3,4,6,7,8,9,10-octahydropyrimido[1,2-a]azepine
1,5-N$_2$C$_9$H$_{16}$
1,8-diazabicyclo[5.4.0]undec-7-ene

Dbu

2,4-diamino butanoic acid
$HOOC\text{-}CH(NH_2)\text{-}CH_2CH_2\text{-}NH_2$
α,γ-diaminobutyric acid

DBZM

1,3-diphenyl 1,3-propanedione
$C_6H_5\text{-}C(=O)\text{-}CH_2\text{-}C(=O)\text{-}C_6H_5$
dibenzoylmethane

DC14C4

octadecahydro-6H,15H-dibenzo[b,i][1,4,8,11]-tetraoxacyclotetradecin
$[\text{-}O\text{-}(1,2\text{-}C_6H_{10})\text{-}O\text{-}CH_2CH_2CH_2\text{-}O\text{-}(1,2\text{-}C_6H_{10})\text{-}O\text{-}CH_2CH_2CH_2\text{-}]$
dicyclohexano-14-crown-4

DC18C6

eicosahydro-dibenzo[b,k][1,4,7,10,13,16]hexaoxacyclooctadecin
$[\text{-}O\text{-}(1,2\text{-}C_6H_{10})\text{-}(O\text{-}CH_2CH_2)_2\text{-}O\text{-}(1,2\text{-}C_6H_{10})\text{-}(O\text{-}CH_2CH_2)_2\text{-}]$
dicyclohexano-18-crown-6

DC21C7

docosahydrodibenzo[b,k][1,4,7,10,13,16,19]heptaoxacycloheneicosin
$[\text{-}O\text{-}(1,2\text{-}C_6H_{10})\text{-}(O\text{-}CH_2CH_2)_3\text{-}O\text{-}(1,2\text{-}C_6H_{10})\text{-}(O\text{-}CH_2CH_2)_2\text{-}]$
dicyclohexano-21-crown-7

DC24C8

tetracosahydrodibenz[b,n][1,4,7,10,13,16,19,22]octaoxacyclotetracosin
$[\text{-}O\text{-}(1,2\text{-}C_6H_{10})\text{-}(O\text{-}CH_2CH_2)_3\text{-}O\text{-}(1,2\text{-}C_6H_{10})\text{-}(O\text{-}CH_2CH_2)_3\text{-}]$
dicyclohexano-24-crown-8

DC30C10

octacosahydrodibenzo[b,q][1,4,7,10,13,16,19,22,25,28]decaoxacyclotriacontin
$[\text{-}O\text{-}(1,2\text{-}C_6H_{10})\text{-}(O\text{-}CH_2CH_2)_4\text{-}O\text{-}(1,2\text{-}C_6H_{10})\text{-}(O\text{-}CH_2CH_2)_4\text{-}]$
dicyclohexano-30-crown-10

DCA

dichloro acetic acid
$CHCl_2\text{-}COOH$

DCA

1,2-dichloro ethane
$Cl\text{-}CH_2CH_2\text{-}Cl$
1,2-Dichloräthan

DCA

bis(4-chlorophenyl) acetic acid
$(Cl\text{-}4\text{-}C_6H_4)_2CH\text{-}COOH$
4,4'-dichlorodiphenyl acetic acid

DCA

9,10-anthracenedinitrile
$9,10\text{-}(NC)_2\text{-}C_{14}H_8$
9,10-dicyanoanthracene

DCAD

2,4-dichloro benzaldehyde
$2,4\text{-}Cl_2\text{-}C_6H_3\text{-}CHO$

DCAF

2',4'-bis[di(carboxymethyl)aminomethyl] fluorescein
$C_{30}H_{26}N_2O_{13}$

DCB

dichloro benzene
$C_6H_4\text{-}Cl_2$

DCB N,N'-(1,3-propanediyl)bis(9H-carbazole)
$(9-NC_{12}H_8)-9-CH_2CH_2CH_2-9-(9-NC_{12}H_8)$
1,3-di(N-carbazolyl)propane

DCB dichloro [1,1'-biphenyl]-4,4'-diamine
$[4-NH_2-C_6H_3(Cl)-1-]_2$
dichloro benzidine

DCB benzenedicarbonitrile
$C_6H_4-(CN)_2$
dicyano benzene

dcb cis-2-butene-1,4-diamine
$NH_2-CH_2-CH=CH-CH_2-NH_2$
1,4-diamino-cis-2-butene

DCBA 2,4-dichloro benzoic acid
$2,4-Cl_2-C_6H_3-COOH$

DCBC 1,3-dichloro-4-chloromethyl benzene
$1,3-Cl_2-4-ClCH_2-C_6H_3$
2,4-dichlorobenzyl chloride

DCBP bis(4-chlorophenyl) methanone
$(4-Cl-C_6H_4)_2C=O$
4,4'-dichloro dibenzophenone

dcbta N,N'-(2-butene-1,4-diyl)bis[N-(carboxymethyl)glycine], ion (4-)
$[(OOC-CH_2)_2N-CH_2-CH=CH-CH_2-N(CH_2-COO)_2]^{4-}$
1,4-diamino-cis-2-butene-N,N,N',N'-tetraacetate

DCC N,N'-dicyclohexyl methanediimine
$c-C_6H_{11}-N=C=N-C_6H_{11}-c$
dicyclohexyl carbodiimide

DCCD N,N'-dicyclohexyl methanediimine
$c-C_6H_{11}-N=C=N-C_6H_{11}-c$
dicyclohexyl carbodiimide

DCDD dichloro dibenzo[b,e][1,4]dioxin
$Cl_2-5,10-O_2C_{12}H_6$
dichloro-p-dibenzodioxin

DCDF dichloro dibenzofuran
$Cl_2-5-OC_{12}H_6$

dCDP 2'-deoxycytidine-5'-(trihydrogendiphosphate)
$(O=)(NH_2)N_2C_4H_2-OC_4H_5(OH)-CH_2-O-P(=O)(OH)-O-P(=O)(OH)_2$
2'-deoxycytidine-diphosphate

DCE 1,1-dichloroethene
$CCl_2=CH_2$

DCE

1,2-dichloroethane
Cl-CH$_2$CH$_2$-Cl

DCE

1,2-dichloroethene
CHCl=CHCl

DCEE

bis(2-chloroethyl) ether
Cl-CH$_2$CH$_2$-O-CH$_2$CH$_2$-Cl
dichloroethyl ether

D-CFZ

3-chloro-2-hydroxy-N,N,N-trimethyl 1-propanaminium chloride
[Cl-CH$_2$-CH(OH)-CH$_2$-N(CH$_3$)$_3$] Cl

DCHA

N-cyclohexyl cyclohexanamine
(c-C$_6$H$_{11}$)$_2$NH
dicyclohexyl amine

DCHBH

dicyclohexyl borane
(c-C$_6$H$_{11}$)$_2$BH

DCHP

1,2-benzenedicarboxylic acid dicyclohexyl ester
1,2-[c-C$_6$H$_{11}$-O-C(=O)]$_2$-C$_6$H$_4$
dicyclohexylphthalate

DCHTA

N,N'-(1,2-cyclohexanediyl)bis[N-(carboxymethyl)glycine]
1,2-[(HOOC-CH$_2$)$_2$N]$_2$-c-C$_6$H$_{10}$
1,2-diaminocyclohexane-N,N,N',N'-tetraacetic acid

DCI

3,4-dichloro-α-[{(1-methylethyl)amino}methyl]benzenemethanol
3,4-Cl$_2$-C$_6$H$_3$-CH(OH)-CH$_2$-NH-C$_3$H$_7$-i
1-(3,4-dichlorophenyl)-2-isopropylamino ethanol

DClAc

dichloro acetic acid
CHCl$_2$-COOH

DCM

dichloromethane
CH$_2$Cl$_2$

DCM

2-methyl-6-[2-(4'-dimethylaminophenyl)ethenyl]-4H-pyranyl-
4-methylenecarbodinitrile
2-CH$_3$-6-[(CH$_3$)$_2$N-4'-C$_6$H$_4$-CH=CH]-OC$_5$H$_2$-[=C(CN)$_2$]-4
4-dicyanomethylene-2-methyl-6-p-dimethylaminostyryl-4H-pyran

dcm

1,3-bis(1,2,2,3-tetramethylcyclopentyl) 1,3-propanedione, ion(1-)
[1,2,2,3-(CH$_3$)$_4$C$_5$H$_5$-C(=O)CH=C(-O)C$_5$H$_5$(CH$_3$)$_4$-1,2,2,3]$^-$
d,d-dicampholylmethanate

DCMO

N-phenyl 2,3-dihydro-6-methyl-1,4-oxathiin-5-carboxamide
6-CH$_3$-(1,4-OSC$_4$H$_4$)-5-C(=O)-NH-C$_6$H$_5$
2,3-dihydro-5-carboxanilido-6-methyl-1,4-oxathiin

dCMP

2'-deoxycytidine-5'-(dihydrogenmonophosphate)
(O=)(NH$_2$)N$_2$C$_4$H$_2$-OC$_4$H$_5$(OH)-CH$_2$-O-P(=O)(OH)$_2$
2'-deoxycytidine-5'-monophosphate

DCMX

2,4-dichloro-3,5-dimethylphenol
2,4-$(Cl)_2$-3,5-$(CH_3)_2$-C_6H-OH
dichloro-m-xylenol

DCNA

2,4-dichloro-6-nitro benzenamine
2,4-Cl_2-6-NO_2-C_6H_2-NH_2
2,4-dichloro-6-nitro aniline

DCna

cyano cyanamide
NC-NH-CN
dicyanamide

DCNQI

N,N'-dicyano 2,5-cyclohexadiene-1,4-diimine
2,3,5,6-R_4-C_6(=N-CN)$_2$-1,4
N,N'-dicyanoquinonediimines

DCOC

2,4-dichloro benzoyl chloride
2,4-Cl_2-C_6H_3-C(=O)-Cl

DCP

3,5-dichloro pyridine
3,5-Cl_2-NC_5H_3

DCP

1,2-benzenedicarboxylic acid dioctyl ester
1,2-[C_8H_{17}-O-C(=O)]$_2$-C_6H_4
dicaprylphthalate

DCPA

2,3,5,6-tetrachloro 1,4-benzenedicarboxylic acid dimethyl ester
2,3,5,6-Cl_4-C_6-(COO-CH_3)$_2$-1,4
dimethyl-tetrachloro-terephthalate

DCPC

1,1-bis(4-chlorophenyl) ethanol
CH_3-C(OH)(C_6H_4-Cl-4)$_2$
4,4'-dichloro diphenyl methyl carbinol

DCPI

dicyclopentadienyl iron
[(C_5H_5)Fe(C_5H_5)]

DCPIC

2,6-dichloro-4-(4-hydroxy-3-methylphenylimino) 2,5-cyclohexadien-1-one
2,6-Cl_2-4-(3-CH_3-4-HO-C_6H_3-N=)-C_6H_2(=O)
2,6-dichlorophenol-indo-o-cresol

DCPM

1,1'-[methylenebis(oxy)]bis[4-chlorobenzene]
Cl-C_6H_4-4-O-CH_2-O-4'-C_6H_4-Cl
di-(p-chlorophenoxy)-methane

DCPZ

2,5-pyrazine-dicarboxylic acid
1,4-$N_2C_4H_2$-(COOH)$_2$-2,5
2,5-dicarboxy-pyrazine

Dcsa

1-docosanamine
$C_{22}H_{45}$-NH_2

DCT N,N-diethyl dithiocarbamic acid, ion(1-)
$[(C_2H_5)_2N-CS_2]^-$
N,N-diethyl dithiocarbamate

DCT dichloro methyl benzene
$Cl_2-C_6H_3-CH_3$
dichloro toluene

DCTA N,N'-(1,2-cyclohexanediyl)bis[(N-carboxymethyl)glycine]
$1,2-[(HOOC-CH_2)_2N]_2-c-C_6H_{10}$
1,2-diamino cyclohexane tetraacetic acid

DCTE N,N'-(1,2-cyclohexanediyl)bis[(N-carboxymethyl)glycine]
$1,2-[(HOOC-CH_2)_2N]_2-c-C_6H_{10}$
1,2-Diaminocyclohexan-N,N,N',N'-tetraessigsäure

dCTP 2'-deoxycytidine-5'-(tetrahydrogentriphosphate)
$(O=)(NH_2)N_2C_4H_2-OC_4H_5(OH)-CH_2-[O-P(=O)(OH)]_2-O-P(=O)(OH)_2$
2'-deoxycytidine-triphosphate

DCU N,N'-bis(2,2,2-trichloro-1-hydroxyethyl) urea
$CCl_3-CH(OH)-NH-C(=O)-NH-CH(OH)-CCl_3$
1,3-di-(2,2,2-trichloro-1-hydroxyethyl) urea

DCU N,N-dichloro carbamic acid ethyl ester
$NCl_2-COO-C_2H_5$
N,N-dichloro urethane

DCUP bis(1-methyl-1-phenylethyl) peroxide
$C_6H_5-C(CH_3)_2-O-O-C(CH_3)_2-C_6H_5$
dicumylperoxide

dcypp 1,3-propanediylbis[(dicyclohexyl)phosphine]
$(c-C_6H_{11})_2P-CH_2CH_2CH_2-P(C_6H_{11}-c)_2$
1,3-bis(dicyclohexylphosphine)propane

DCyTE N,N'-1,2-cyclohexanediylbis[N-(carboxymethyl)glycine]
$C_6H_{10}-[N(CH_2-COOH)_2]_2-1,2$
trans-1,2-diaminocyclohexane-N,N,N',N'-tetracetic acid

DD N,N'-[oxybis(2,1-ethanediyl)]bis[(N-carboxymethyl)glycine]
$(HOOC-CH_2)_2N-CH_2CH_2-O-CH_2CH_2-N(CH_2-COOH)_2$
ß,ß'-diaminodiethylether-N,N'-tetraacetic acid

DDA bis(4-chlorophenyl) acetic acid
$(Cl-4-C_6H_4)_2CH-COOH$
4,4'-dichlorodiphenyl acetic acid

DDA N-decyl decanamine
$(C_{10}H_{21})_2NH$
didecyl amine

DDA

hexanedioic acid didecyl ester
$C_{10}H_{21}$-O-C(=O)-CH_2CH_2-CH_2CH_2-COO-$C_{10}H_{21}$
didecyladipate

Dda

1-dodecanamine
$C_{12}H_{25}$-NH_2

ddA

2',3'-dideoxyadenosine
[6-(NH_2)-1,3,7,9-$N_4C_5H_2$-9]-1-OC_4H_6-4-CH_2-OH

DDAB

N-dodecanyl-N,N-dimethyl 1-dodecanaminium bromide
[$(C_{12}H_{25})_2N(CH_3)_2$] Br
didodecyl dimethyl ammonium bromide

DDAO

N,N-dimethyl 1-dodecanamine N-oxide
$(CH_3)_2N(O)$-$C_{12}H_{25}$
N,N-dimethyldodecylamine-N-oxide

DDAS

bis(N-decyl-1-decanaminium) sulfate
[$(C_{10}H_{21})_2NH_2]_2[SO_4$]
didecylaminesulfate

ddATP

2',3'-dideoxyadenosine-5'-(tetrahydrogentriphosphate)
$(NH_2)N_4C_5H_2$-OC_4H_6-CH_2-[O-P(=O)(OH)]$_2$-O-P(=O)(OH)$_2$
2',3'-dideoxyadenosine-5'-triphosphate

DDAVP

1-(3-mercaptopropanoic acid)-8-D-arginine vasopressin
$C_{46}H_{64}N_{14}O_{12}S_2$
1-desaminocysteine-8-D-arginine vasopressin

DDB

dodecyl benzene
$C_{12}H_{25}$-C_6H_5

DDB

N,N,N',N'-tetramethyl-2,3-dimethoxy 1,4-butanediamine
$(CH_3)_2N$-CH_2-CH(O-CH_3)-CH(O-CH_3)-CH_2-N$(CH_3)_2$
2,3-dimethoxy-1,4-bis(dimethylamino)-butane

DDBSA

dodecyl benzenesulfonic acid
$C_{12}H_{25}$-C_6H_4-SO_3H

DDC

N,N-diethyl dithiocarbamic acid, ion(1-)
[$(C_2H_5)_2N$-CS_2]⁻
N,N-diethyl dithiocarbamate

DDCI

3,4-dichloro-ß-hydroxy-N,N-dimethyl-N-(1-methylethyl) benzenethanaminium
iodide
[3,4-Cl_2-C_6H_3-CH(OH)-CH_2-N$(CH_3)_2$-C_3H_7-i] I
dimethyl-(dichlorophenyl-hydroxy)ethyl-isopropylammonium iodide

DDCP

(diethylamino)carbonylphosphonic acid dibutyl ester
$(C_2H_5)_2N$-C(=O)-P(=O)(O-$C_4H_9)_2$
dibutyl-N,N-diethylcarbamoylphosphonate

ddCTP 2',3'-dideoxycytidine-5'-(tetrahydrogentriphosphate)
(O=)(NH$_2$)N$_2$C$_4$H$_2$-OC$_4$H$_6$-CH$_2$-[O-P(=O)(OH)]$_2$-O-P(=O)(OH)$_2$
2',3'-dideoxycytidine-5'-triphosphate

ddCyd 4-amino-1-ß-D-2',3'-dideoxyribofuranosyl2(1H)-pyrimidinone
4-NH$_2$-2-(O=)(1,3-N$_2$C$_4$H$_2$-1)-1'-OC$_4$H$_6$-4'-CH$_2$-OH
2',3'-dideoxycytidine

DDD 6,6'-dithiobis(2-naphthalenol)
HO-2-C$_{10}$H$_6$-6-SS-6'-C$_{10}$H$_6$-2'-OH
6,6'-dihydroxy-2,2'-dinaphthylsulfide

DDD 2,2-dichloroethylidenebis[(4-chloro)benzene]
CHCl$_2$-CH(C$_6$H$_4$-4-Cl)$_2$
dichlorodiphenyl dichloro ethane

ddda N,N'-(1,3-propanediyl)bis[N-(2-aminoethyl)glycine]ion (2-)
[OOC-CH$_2$-N(CH$_2$CH$_2$-NH$_2$)-(CH$_2$)$_3$-N(CH$_2$CH$_2$-NH$_2$)-CH$_2$-COO]$^{2-}$
1,9-diamino-3,7-diazanonane-3,7-diacetate

DDDAB N-dodecanyl-N,N-dimethyl 1-dodecanaminium bromide
[(C$_{12}$H$_{25}$)$_2$N(CH$_3$)$_2$] Br
didodecyl dimethyl ammonium bromide

DDE 1,1-dichloro-2-(2-chlorophenyl)-2-(4-chlorophenyl)ethene
Cl$_2$C=C(C$_6$H$_4$-2-Cl)-C$_6$H$_4$-4-Cl
2,4'-dichlorodiphenyl dichloroethene

DDE [(2,2-dichloro)ethene-1,1-diyl]bis[(4-chloro)benzene]
Cl$_2$C=C(C$_6$H$_4$-4-Cl)$_2$
4,4'-dichlorodiphenyl dichloroethene

DDE ethylidenebis[(4-chloro)benzene]
CH$_3$-CH(C$_6$H$_4$-4-Cl)$_2$
dichloro diphenyl ethane

DDETA N,N'-[1,2-ethanediylbis(oxy-2,1-ethanediyl)]bis[(N-carboxymethyl)glycine]
(HOOC-CH$_2$)$_2$N-CH$_2$CH$_2$-O-CH$_2$CH$_2$-O-CH$_2$CH$_2$-N(CH$_2$-COOH)$_2$
ethylenglycol-bis(2-aminoethyl)ether-N,N,N',N'-tetraacetate

ddGTP 2',3'-dideoxyguanosine-5'-(tetrahydrogentriphosphate)
(O=)(NH$_2$)N$_4$C$_5$H$_2$-OC$_4$H$_6$-CH$_2$-[O-P(=O)(OH)]$_2$-O-P(=O)(OH)$_2$
2',3'-dideoxyguanosine-5'-triphosphate

DDH 1,3-dibromo-5,5-dimethyl imidazolidine-2,4-dione
1,3-Br$_2$-5,5-(CH$_3$)$_2$-2,4-(O=)$_2$-(1,3-N$_2$C$_3$)
1,3-dibromo-5,5-dimethylhydantoin

ddIno 1,9-dihydro-9-ß-D-2',3'-dideoxyribofuranosyl6H-purin-6-one
6-(O=)-(1,3,7,9-N$_4$C$_5$H$_3$-9)-1'-OC$_4$H$_6$-4'-CH$_2$-OH
2',3'-dideoxyinosine

ddITP 2',3'-dideoxyinosine-5'-(tetrahydrogentriphosphate)
$(O=)N_4C_5H_3-OC_4H_6-CH_2-[O-P(=O)(OH)]_2-O-P(=O)(OH)_2$
2',3'-dideoxyinosine-5'-triphosphate

DDM diphenyldiazomethane
$(C_6H_5)_2C=N_2$

DDM 1-chloro-2-[(4-chlorophenyl)methyl] benzene
$Cl-2-C_6H_4-CH_2-C_6H_4-4-Cl$
2,4'-dichlorodiphenyl methane

DDM 4,4'-methylenebis(chlorobenzene)
$(Cl-4-C_6H_4)_2CH_2$
4,4'-dichlorodiphenyl methane

DDM 2-chloro-N-(2-chloroethyl)-N-methyl ethanamine
$(Cl-CH_2CH_2)_2N-CH_3$
ß,ß'-dichloro-diethyl-methylamine

DDMS 1,1'-(2-chloroethylidene)bis[(4-chloro)benzene]
$Cl-CH_2-CH(C_6H_4-4-Cl)_2$

DDMU 1,1'-(chloroethenylidene)bis[(4-chloro)benzene]
$Cl-CH=C(C_6H_4-4-Cl)_2$

DDNP 6-diazo-2,4-dinitro 2,4-cyclohexadien-1-one
$6-(N_2=)-2,4-(NO_2)_2-C_6H_2(=O)-1$
2-diazo-4,6-dinitrophenol

DDNU 1,1'-ethenylidene-bis[(4-chloro)benzene]
$CH_2=C(C_6H_4-4-Cl)_2$

D-DOPA 3-hydroxy D-tyrosine
$3,4-(HO)_2-C_6H_3-CH_2-CH(NH_2)-COOH$
3-(3,4-dihydroxyphenyl) D-alanine

DDP cis/trans-diammine dichloro platinum
$(NH_3)_2PtCl_2$

DDP phosphoric acid didecyl ester, ion(1-)
$[O-P(=O)(O-C_{10}H_{21})_2]^-$
didecylphosphate

DDP 1,2-benzenedicarboxylic acid didecyl ester
$1,2-[C_{10}H_{21}-O-C(=O)]_2-C_6H_4$
didecylphthalate

DDPA phosphoric acid mono(dodecyl) ester
$(HO)_2P(=O)-O-C_{12}H_{25}$
dodecyl phosphoric acid

DDQ 4,5-dichloro-3,6-dioxo 1,2-benzenedinitrile
$4,5-Cl_2-3,6-(O=)_2-C_6-(CN)_2-1,2$
2,3-dichloro-5,6-dicyano-1,4-benzoquinone

DDS 4,4'-sulfonyldibenzenamine
$(O=)_2S(4\text{-}C_6H_4\text{-}NH_2)_2$
4,4'-diaminodiphenyl sulfone

DDS sulfonyl-diphenol
$(HO\text{-}C_6H_4)_2S(=O)_2$
dihydroxydiphenyl sulfone

DDSA 3-(2-dodecenyl) tetrahydrofuran-2,5-dione
$3\text{-}(C_8H_{17}\text{-}CH_2\text{-}CH=CH\text{-}CH_2)\text{-}OC_4H_3(=O)_2\text{-}2,5$
2-dodecenyl succinic anhydride

DDT 1,1'-(2,2,2-trichloroethylidene)bis[(4-chloro)benzene]
$CCl_3\text{-}CH(C_6H_4\text{-}4\text{-}Cl)_2$
4,4'-dichlorodiphenyl-1,1,1-trichloroethane

DDTC N,N-diethyl dithiocarbamic acid
$(C_2H_5)_2N\text{-}C(=S)SH$

DDTC N,N-diethyl dithiocarbamic acid, ion(1-)
$[(C_2H_5)_2N\text{-}CS_2]^-$
N,N-diethyl dithiocarbamate

ddTTP 3'-deoxythymidine-5'-(tetrahydrogentriphosphate)
$(CH_3)(O=)_2\text{-}N_2C_4H_2\text{-}OC_4H_6\text{-}CH_2\text{-}[O\text{-}P(=O)(OH)]_2\text{-}O\text{-}P(=O)(OH)_2$
3'-deoxythymidine-5'-triphosphate

DDVP phosphoric acid 2,2-dichloroethenyl dimethyl ester
$CCl_2=CH\text{-}O\text{-}P(=O)(O\text{-}CH_3)_2$
dimethyl-(2,2-dichlorovinyl)phosphate

DDZ 1,1-dimethyl-1-(3,5-dimethoxyphenyl)methoxycarbonyl-
$3,5\text{-}(CH_3\text{-}O)_2\text{-}C_6H_3\text{-}C(CH_3)_2\text{-}O\text{-}C(=O)\text{-}$
α,α-dimethyl-3,5-dimethoxybenzyloxycarbonyl-

DE N,N'-[1,2-ethanediylbis(oxy-2,1-ethanediyl)]bis[(N-carboxymethyl)glycine]
$(HOOC\text{-}CH_2)_2N\text{-}CH_2CH_2\text{-}O\text{-}CH_2CH_2\text{-}O\text{-}CH_2CH_2\text{-}N(CH_2\text{-}COOH)_2$
ethylenglykol-bis(2-aminoethyl)ether-N,N,N',N'-tetraacetate

DEA N,N-diethyl benzenamine
$(C_2H_5)_2N\text{-}C_6H_5$
N,N-diethylaniline

DEA 2,2'-aminodiethanol
$(HO\text{-}CH_2CH_2)_2NH$
diethanolamine

Dea N-ethyl ethanamine
$(C_2H_5)_2NH$
diethylamine

DEAA N,N-diethyl 3-oxo butanamide
$CH_3\text{-}C(=O)\text{-}CH_2\text{-}C(=O)\text{-}N(C_2H_5)_2$
N,N-diethylacetoacetamide

DEAA
2-ethyl butanoic acid
$(C_2H_5)_2CH$-COOH
diethylacetic acid

DEABN
4-diethylamino benzonitrile
$(C_2H_5)_2N$-4-C_6H_4-CN

DEAC
diethylaluminumchloride
$(C_2H_5)_2Al$-Cl

DEAD
diazenedicarboxylic acid diethyl ester
C_2H_5-OOC-N=N-COO-C_2H_5
diethyl-azodicarboxylate

DEAE
2-(diethylamino)ethyl-
$(C_2H_5)_2N$-CH_2CH_2-

DEAH
diethylaluminum hydride
$(C_2H_5)_2Al$-H

DEAI
diethylaluminum iodide
$(C_2H_5)_2Al$-I

DEAM
(diethylamino)methyl-
$(C_2H_5)_2N$-CH_2-

DEASA
3-diethylamino benzenesulfonic acid
$(C_2H_5)_2N$-3-C_6H_4-SO_3H
N,N-diethylaniline-3-sulfonic acid

DEB
diethyl benzene
$(C_2H_5)_2$-C_6H_4

DEDPPE
2-(diethylphosphino)ethyl diphenylphosphine
$(C_2H_5)_2P$-CH_2CH_2-$P(C_6H_5)_2$
1-(diethylphosphino)-2-(diphenylphosphino) ethane

DEE
diethylether
$(C_2H_5)_2O$

DEE
2,4-dimethyl pentanedioic acid diethyl ester
C_2H_5-OC(=O)-CH(CH_3)-CH_2-CH(CH_3)-COO-C_2H_5
2,4-dimethyl glutaric acid diethyl ester

Dee
diethylether
$(C_2H_5)_2O$

deedda
N,N'-(1,2-ethanediyl)bis[N-(ethyl)glycine], ion(2-)
[OOC-CH_2-N(C_2H_5)-CH_2CH_2-N(C_2H_5)-CH_2-COO]$^{2-}$
N,N'-diethylethylenediamine-N,N'-diacetate

deedda
N,N'-(1,2-ethanediyl)bis[N-(ethyl)glycine]
HOOC-CH_2-N(C_2H_5)-CH_2CH_2-N(C_2H_5)-CH_2-COOH
N,N'-diethyl-ethylenediamine-N,N'-diacetic acid

deen N,N'-diethyl 1,2-ethanediamine
C_2H_5-NH-CH_2CH_2-NH-C_2H_5
N,N'-diethylethylenediamine

DEEP ethylphosphonic acid diethyl ester
C_2H_5-P(=O)(O-C_2H_5)$_2$
diethylethylphosphonate

DEEP 2-ethylhexylphosphonic acid bis(2-ethylhexyl) ester
C_4H_9-CH(C_2H_5)$_2$-CH_2-P(=O)[O-CH_2-CH(C_2H_5)-C_4H_9]$_2$
di-2-ethylhexyl-2-ethylhexylphosphonate

DEF diethyl formamide
O=CH-N(C_2H_5)$_2$

DEF 1,1'-diacetyl ferrocene
[CH_3-C(=O)-1-C_5H_4]$_2$Fe
1,1'-diethanoyl ferrocene

DEG 2,2'-oxydiethanol
HO-CH_2CH_2-O-CH_2CH_2-OH
diethylene glycol

DEHA N,N-diethyl hexanamine
(C_2H_5)$_2$N-C_6H_{13}

DEHP 1,2-benzenedicarboxylic acid bis(2-ethylhexyl) ester
1,2-[C_4H_9-CH(C_2H_5)-CH_2-O-C(=O)]$_2$-C_6H_4
di(2-ethylhexyl)phthalate

DEHP phosphoric acid bis(2-ethylhexyl) ester, ion(1-)
[O-P(=O){O-CH_2-CH(C_2H_5)-C_4H_9}$_2$]$^-$
di(ethylhexyl)phosphate

DEHPA phosphoric acid bis(2-ethylhexyl) ester
HO-P(=O)[O-CH_2-CH(C_2H_5)-C_4H_9]$_2$
di(2-ethylhexyl)phosphoric acid

DEN N-ethyl-N-nitroso ethanamine
(C_2H_5)$_2$N-N=O
N,N-diethyl nitrosamine

DENA N-ethyl-N-nitroso ethanamine
(C_2H_5)$_2$N-N=O
N,N-diethyl nitrosamine

DEOA 2,2'-aminodiethanol
(HO-CH_2CH_2)$_2$NH
diethanolamine

2,4-DEP phosphorous acid tris[2-(2,4-dichlorophenoxy)ethyl] ester
(2,4-Cl_2-C_6H_3-O-CH_2CH_2-O)$_3$P
o,o,o-tris-(2,4-dichlorophenoxy-ethyl)-phosphite

DEP 1,2-benzenedicarboxylic acid diethyl ester
$1,2-[C_2H_5-O-C(=O)]_2C_6H_4$
diethyl phthalate

DEP phosphoric acid diethyl ester, ion(1-)
$[O-P(=O)(O-C_2H_5)_2]^-$
diethylphosphate

DEP 1,3-bis(ethoxy) propane
$C_2H_5-O-CH_2CH_2CH_2-O-C_2H_5$
diethyl-propanediol

DEP dicarbonic acid diethyl ester
$C_2H_5-O-C(=O)-O-C(=O)-O-C_2H_5$
diethyl-pyrocarbonate

depe 1,2-ethanediylbis[(diethyl)phosphine]
$(C_2H_5)_2P-CH_2CH_2-P(C_2H_5)_2$
1,2-bis(diethylphosphino)ethane

2,4-DES sodium 2-(2,4-dichlorophenoxy)ethyl sulfate
$Na\ [2,4-Cl_2-C_6H_3-O-CH_2CH_2-O-SO_3]$

DES 3-hexene-3,4-diyl-4,4'-diphenol
$HO-C_6H_4-4'-C(C_2H_5)=C(C_2H_5)-4-C_6H_4-OH$
diethylstilbestrol

desc N,N-diethyl carbamoselenoic acid, ion(1-)
$[(C_2H_5)_2N-C(=O)-Se]^-$
N,N-diethylmonoselenocarbamate

DESO diethyl sulfoxide
$(C_2H_5)_2S=O$

DESS sodium 1,2-bis(2-ethylhexyloxycarbonyl)ethanesulfonate
$Na\ [C_4H_9CH(C_2H_5)CH_2-OC(O)-CH_2CH(SO_3)-COO-CH_2CH(C_2H_5)C_4H_9]$
di-(2-ethylhexyl)sulfosuccinate sodium

D-Ester 2,4-dichlorophenoxy acetic acid ester
$2,4-Cl_2-C_6H_3-O-CH_2-COO-R$

DET 3-[2-(diethylamino)ethyl] 1H-indole
$3-[(C_2H_5)_2N-CH_2CH_2]-1-NC_8H_6$
N,N-diethyl-tryptamine

DET 2,3-dihydroxy butanedioic acid diethyl ester
$C_2H_5-O-C(=O)-CH(OH)-CH(OH)-COO-C_2H_5$
diethyltartrate

DETA 2,2'-[1,2-ethanediylbis(oxy)] bis(ethanamine)
$NH_2-CH_2CH_2-O-CH_2CH_2-O-CH_2CH_2-NH_2$
3,6-dioxaoctane-1,8-diamine

DETA
N,N-diethyl-3-methyl benzamide
$(C_2H_5)_2N-C(=O)-C_6H_4-3-CH_3$
N,N-diethyl-3-toluamide

DETA
N,N'-[oxybis(2,1-ethanediyl)]bis[(N-carboxymethyl)glycine]
$(HOOC-CH_2)_2N-CH_2CH_2-O-CH_2CH_2-N(CH_2-COOH)_2$
diaminoethylethertetraacetic acid

Deta
N-(2-aminoethyl) 1,2-ethanediamine
$NH_2-CH_2CH_2-NH-CH_2CH_2-NH_2$
diethylenetriamine

DETPE
N,N'-bis[bis{2-(carboxymethylamino)}ethyl] glycine
$(HOOC-CH_2)_2N-CH_2CH_2-N(CH_2-COOH)-CH_2CH_2-N(CH_2-COOH)_2$
Diethylentriamin-Pentaessigsäure

DFCO
2,3-dimethyl-1,3-butadiene-iron-tricarbonyl
$[\{CH_2=C(CH_3)-C(CH_3)=CH_2\}Fe(CO)_3]$

DFDD
1,1'-(2,2-dichloroethylidene)bis[(4-fluoro)benzene]
$CHCl_2-CH(C_6H_4-4-F)_2$

DFDT
1,1'-(2,2,2-trichloroethylidene)bis[(4-fluoro)benzene]
$CCl_3-CH(C_6H_4-4-F)_2$

DFE
1,2-ethanediylbis[(diphenyl)phosphine]
$(C_6H_5)_2P-CH_2CH_2-P(C_6H_5)_2$

DFOM
30-amino-3,14,25-trihydroxy 3,9,14,20,25-pentaazatriacontane-2,10,13,21,24-pentaone
$CH_3-[CO-N(OH)-(CH_2)_5-NH-CO-CH_2CH_2]_2-CO-N(OH)-(CH_2)_5-NH_2$
deferoxamine

DFP
fluorophosphoric acid bis(1-methylethyl) ester
$F-P(=O)(O-C_3H_7-i)_2$
diisopropyl fluorophosphate

Dgd
imidodicarbonimidic diamide
$NH_2-C(=NH)-NH-C(=NH)NH_2$
diguanide

dGDP
2'-deoxyguanosine-5'-(trihydrogendiphosphate)
$(O=)(NH_2)N_4C_5H_2-OC_4H_5(OH)-CH_2-O-P(=O)(OH)-O-P(=O)(OH)_2$
2'-deoxyguanosine-5'-diphosphate

Dge
N,N-dihydroxy glycine
$(HO)_2N-CH_2-COOH$

DGFK
diheptylphosphinic acid
$(C_7H_{15})_2P(=O)-OH$

DGG
$Dy_3Ga_5O_{12}$-garnet
$Dy_3Ga_5O_{12}$

dGMP

2'-deoxyguanosine-5'-(dihydrogenmonophosphate)
$(O=)(NH_2)N_4C_5H_2-OC_4H_5(OH)-CH_2-O-P(=O)(OH)_2$
2'-deoxyguanosine-5'-monophosphate

DGSO

dihexyl sulfoxide
$(C_6H_{13})_2S=O$

dGTP

2'-deoxyguanosine-5'-(tetrahydrogentriphosphate)
$(O=)(NH_2)N_4C_5H_2-OC_4H_5(OH)-CH_2-[O-P(=O)(OH)]_2-O-P(=O)(OH)_2$
2'-deoxyguanosine-5'-triphosphate

DGU

carbaminic acid 2-(2-hydroxyethoxy)ethyl ester
$NH_2-COO-CH_2CH_2-O-CH_2CH_2-OH$
diethylene-glycol-urethan

DHA

9,10-dihydroanthracene
$C_{14}H_{12}$

DHA

ß-L-threo-2,3-hexodiulo-3,6-furanosonic acid, γ-lactone
$HO-CH_2-CH(OH)-OC_4H(=O)_3-3,4,5$
dehydro-L(+)-ascorbic acid

DHA

(3ß)-3-hydroxy-androst-5-en-17-one
$3-HO-10,13-(CH_3)_2-C_{17}H_{21}(=O)-17$
dehydro-epiandrosterone

DHA

1,3-dihydroxy 2-propanone
$HO-CH_2-C(=O)-CH_2-OH$
dihydroxy acetone

DHAP

phosphoric acid 3-hydroxy-2-oxo-propyl ester
$HO-CH_2-C(=O)-CH_2-O-P(=O)(OH)_2$
dihydroxyacetone-phosphate

DHAQ

1,4-dihydroxy-5,8-bis[[2-{(2-hydroxyethyl)amino}ethyl]amino] 9,10-anthracenedione
$1,4-(HO)_2-5,8-(HO-CH_2CH_2-NH-CH_2CH_2-NH)_2-C_{14}H_4(=O)_2-9,10$
dihydroxy-bis(hydroxyethylaminoethylamino) anthraquinone

DHBA

aminomethyl benzenediol
$(HO)_2-C_6H_3-CH_2-NH_2$
dihydroxy benzylamine

DHBSA

3,4-dihydroxy benzenesulfonic acid
$3,4-(HO)_2-C_6H_3-SO_3H$

DHDAB

N-hexadecyl-N,N-dimethyl 1-hexadecanaminium bromide
$[(C_{16}H_{33})_2N(CH_3)_2]$ Br
dihexadecyl dimethyl ammonium bromide

DHDBCMP

2-(dibutylamino)-2-oxoethylphosphonic acid dihexylester
$(C_4H_9)_2N-C(=O)-CH_2-P(=O)(O-C_6H_{13})_2$
dihexyl-N,N'-dibutylcarbamylmethylenephosphonate

DHDECP (diethylamino)carbonylphosphonic acid dihexyl ester
$(C_2H_5)_2N\text{-}C(=O)\text{-}P(=O)(O\text{-}C_6H_{13})_2$
dihexyl-N,N'-diethylcarbamylphosphonate

DHDMB 2,3-dihydroxy-2,3-dimethyl butanoic acid
$CH_3\text{-}C(OH)(CH_3)\text{-}C(OH)(CH_3)\text{-}COOH$

DHEAMP 2-pyridylmethylamino-2,2'-bis(ethanol)
$NC_5H_4\text{-}2\text{-}CH_2\text{-}N(CH_2CH_2\text{-}OH)_2$
[di(2-hydroxyethyl)amino]methyl-2-pyridine

DHEBA N,N'-(1,2-dihydroxy-1,2-ethanediyl) bis(2-propenamide)
$CH_2=CH\text{-}C(=O)\text{-}NH\text{-}CH(OH)\text{-}CH(OH)\text{-}NH\text{-}C(=O)\text{-}CH=CH_2$
N,N'-(1,2-dihydroxy ethylene)-bis-acrylamide

dHMCP 2'-deoxy-5-hydroxymethyl-cytidine-5'-(dihydrogenmonophosphate)
$(HO\text{-}CH_2)(O=)(NH_2)N_2C_4H\text{-}OC_4H_5(OH)\text{-}CH_2\text{-}O\text{-}P(=O)(OH)_2$
2'-deoxy-5-hydroxymethyl-cytidine-monophosphate

DHN 5,12-dihydro naphthacene
$C_{18}H_{14}$

DHNSA 6,7-dihydroxy 2-naphthalenesulfonic acid
$6,7\text{-}(HO)_2\text{-}C_{10}H_5\text{-}2\text{-}SO_3H$

DHP 1,2-benzenedicarboxylic acid diheptyl ester
$1,2\text{-}[C_7H_{15}\text{-}O\text{-}C(=O)]_2\text{-}C_6H_4$
diheptyl phthalate

DHP phosphoric acid bis(hexadecyl) ester
$HO\text{-}P(=O)(O\text{-}C_{16}H_{33})_2$
dihexadecylphosphate

DHP 1,2-benzenedicarboxylic acid dihexyl ester
$1,2\text{-}[C_6H_{13}\text{-}O\text{-}C(=O)]_2\text{-}C_6H_4$
dihexylphthalate

DHPZ 3,6-pyridazinediol
$3,6\text{-}(HO)_2\text{-}1,2\text{-}N_2C_4H_2$
3,6-dihydroxy-pyridazine

DHS decanedioic acid dihexyl ester
$C_6H_{13}\text{-}OC(=O)\text{-}(CH_2)_8\text{-}COO\text{-}C_6H_{13}$
dihexyl sebacate

5,7-DHT 3-(2-aminoethyl) 1H-indole-5,7-diol
$5,7\text{-}(HO)_2\text{-}1\text{-}NC_8H_3\text{-}3\text{-}CH_2CH_2\text{-}NH_2$
5,7-dihydroxy tryptamine

DHT 3-(2-aminoethyl) 1H-indole-5,6-diol
$5,6\text{-}(HO)_2\text{-}1\text{-}NC_8H_3\text{-}3\text{-}CH_2CH_2\text{-}NH_2$
5,6-dihydroxy tryptamine

DHTP

2-mercapto 1,4-benzenediol
2-HS-1,4-$(HO)_2$-C_6H_3
2,5-dihydroxy-thiophenol

DIAD

azidicarboxylic acid bis(1-methylethyl) ester
i-C_3H_7-OC(=O)-N=N-COO-C_3H_7-i
diisopropyl diazodicarboxylate

DIAN

1-methylethanylidene-4,4'-bisphenol
(HO-C_6H_4-4-$)_2$C$(CH_3)_2$
4,4-dihydroxy-diphenyl-dimethyl-methane

DIAP

phosphoric acid bis(3-methylbutyl) ester, ion(1-)
[O-P(=O)(O-C_5H_{11}-i$)_2$]⁻
diisoamylphosphate

DIAPA

phosphoric acid bis(3-methylbutyl) ester
HO-P(=O)(O-C_5H_{11}-i$)_2$
diisoamylphosphoric acid

DIARS

1,2-phenylenebis(dimethylarsine)
1,2-[$(CH_3)_2$As$]_2$-C_6H_4

Diazepam

7-chloro-1,3-dihydro-1-methyl-5-phenyl2H-1,4-benzodiazepin-2-one
7-Cl-1-CH_3-5-C_6H_5-1,4-$N_2C_9H_5$(=O)-2

DIB

1,3-diphenyl isobenzofuran
2-OC_8H_4-$(C_6H_5)_2$-1,3

DIB

2,4,4-trimethyl 1-pentene
t-C_4H_9-CH_2-C(CH_3)=CH_2
diisobutylene

DIBA

hexanedioic acid bis(2-methylpropyl) ester
i-C_4H_9-OC(=O)-CH_2CH_2-CH_2CH_2-COO-C_4H_9-i
diisobutyl adipate

DIBAC

bis(2-methylpropyl) aluminum chloride
(i-$C_4H_9)_2$-AlCl
diisobutyl aluminium chloride

DIBAH

bis(2-methylpropyl) aluminum hydride
(i-$C_4H_9)_2$-AlH
diisobutyl aluminium hydride

DIBAL-H

bis(2-methylpropyl) aluminum hydride
(i-$C_4H_9)_2$-AlH
diisobutyl aluminium hydride

DIBK

2,6-dimethyl 4-heptanone
i-C_4H_9-C(=O)-C_4H_9-i
diisobutylketone

DIBM bis(2-methylpropyl)methyl-
$(i-C_4H_9)_2CH-$
diisobutylmethyl-

DIBP 1,2-benzenedicarboxylic acid bis(2-methylpropyl) ester
$1,2-(i-C_4H_9)_2-C_6H_4$
diisobutyl phthalate

DIBP phosphoric acid bis(2-methylpropyl) ester, ion(1-)
$[O-P(=O)(O-C_4H_9-i)_2]^-$
di-isobutylphosphate

DIC 5-(3,3-dimethyl-1-triazenyl) 1H-imidazole-4-carboxamide
$5-[(CH_3)_2N-N=N]-1,3-N_2C_3H_2-4-C(=O)NH_2$

DICHAN N-cyclohexyl-cyclohexanaminium nitrite
$[(c-C_6H_{11})_2NH_2]\ [O-N=O]$
dicyclohexyl ammonium nitrite

DIDA hexanedioic acid bis(8-methylnonyl) ester
$i-C_{10}H_{21}-OC(=O)-CH_2CH_2-CH_2CH_2-COO-C_{10}H_{21}-i$
diisodecyl adipate

DIDAA N-carboxymethyl-N-dodecyl glycine
$C_{12}H_{25}-N(CH_2-COOH)_2$
dodecyliminodiacetic acid

DIDP 1,2-benzenedicarboxylic acid bis(8-methylnonyl) ester
$1,2-[i-C_{10}H_{21}-OC(=O)]_2-C_6H_4$
diisodecyl phthalate

DIDS 2,2'-(1,2-ethenediyl)bis[5-isothiocyanato-benzenesulfonic acid]
$S=C=N-5-C_6H_3(SO_3H)-2-CH=CH-2-C_6H_3(SO_3H)-5-N=C=S$
4,4'-diisocyanato stilbene-2,2'-disulfonic acid

DIDT 5,6-dihydro-3H-imidazo[2,1-c]-1,2,4-dithiazole-3-thione
$1,2,4,7-S_2N_2C_4H_4(=S)-3$

dien N-(2-aminoethyl) ethanediamine
$NH_2-CH_2CH_2-NH-CH_2CH_2-NH_2$
diethylenetriamine

DIET N,N-diethyl 1,4-benzenediamine
$(C_2H_5)_2N-C_6H_4-4-NH_2$
N,N-diethyl-p-phenylenediamine

Diglyme bis(2-methoxyethyl) ether
$CH_3-O-CH_2CH_2-O-CH_2CH_2-O-CH_3$
diethyleneglycol dimethylether

Digol 2,2'-oxydiethanol
$HO-CH_2CH_2-O-CH_2CH_2-OH$
diethylene glycol

110

DIK

1,3-diketone
R-C(=O)-CH$_2$-C(=O)-R

DIM

N-[3-{(2-imino-1-methylpropylidene)amino}propyl]-N-propyl 1,2-ethanediamine
HN=C(CH$_3$)-C(CH$_3$)=N-CH$_2$CH$_2$CH$_2$-NH-CH$_2$CH$_2$-NH-C$_3$H$_7$
2,3-dimethyl-1,4,8,11-tetraazatetradecane-1,3-diene

Dimethyl-POPOP

2,2'-(1,4-phenylene)bis(4-methyl-5-phenyl-oxazole)
1,4-[4-(CH$_3$)-5-(C$_6$H$_5$)-1,3-ONC$_3$-2-]$_2$-C$_6$H$_4$
dimethyl-phenyl-oxazolyl-phenyl-oxazolyl-phenyl

DIMETN

N,N'-dimethyl 1,3-propanediamine
CH$_3$-NH-CH$_2$CH$_2$CH$_2$-NH-CH$_3$
N,N'-dimethyl trimethylenediamine

DINA

hexanedioic acid bis(7-methyloctyl) ester
i-C$_9$H$_{19}$-O-C(=O)-CH$_2$CH$_2$-CH$_2$CH$_2$-COO-C$_9$H$_{19}$-i
diisononyl adipate

diNOsar

1,8-dinitro 3,6,10,13,16,19-hexaazabicyclo[6.6.6]eicosane
NO$_2$-C(-CH$_2$-NH-CH$_2$CH$_2$-NH-CH$_2$-)$_3$C-NO$_2$
1,8-dinitro-sarcophagine

DINP

1,2-benzenedicarboxylic acid bis(7-methyloctyl) ester
1,2-[i-C$_9$H$_{19}$-O-C(=O)]$_2$-C$_6$H$_4$
diisononyl phthalate

DIOA

hexanedioic acid bis(6-methylheptyl) ester
i-C$_8$H$_{17}$-O-C(=O)-CH$_2$CH$_2$-CH$_2$CH$_2$-COO-C$_8$H$_{17}$-i
diiso-octyl adipate

DIOL

2-amino-2-methyl 1,3-propanediol
HO-CH$_2$-C(NH$_2$)(CH$_3$)-CH$_2$-OH

DIOM

butenedioic acid bis(6-methylheptyl) ester
i-C$_8$H$_{17}$-O-C(=O)-CH=CH-COO-C$_8$H$_{17}$-i
diiso-octyl maleate

DIOMP

methylphosphonic acid bis(6-methylheptyl) ester
CH$_3$-P(=O)(O-C$_8$H$_{17}$-i)$_2$
di-iso-octylmethylphosphonate

DIOP

[(2,2-dimethyl-1,3-dioxolane-4,5-diyl)bis(methylene)]bis(diphenylphosphine)
2,2-(CH$_3$)$_2$-1,3-O$_2$C$_3$H$_2$-4,5-[CH$_2$-P(C$_6$H$_5$)$_2$]$_2$
4,5-bis(diphenylphosphinomethyl)-2,2-dimethyl-1,3-dioxolane

DIOP

1,2-benzenedicarboxylic acid bis(6-methylheptyl) ester
1,2-[i-C$_8$H$_{17}$-O-C(=O)]$_2$-C$_6$H$_4$
diiso-octyl phthalate

DIOS

decanedioic acid bis(6-methylheptyl) ester
i-C$_8$H$_{17}$-O-C(=O)-(CH$_2$)$_8$-COO-C$_8$H$_{17}$-i
diiso-octyl sebacate

DIOX

1,4-dioxane
1,4-$O_2C_4H_8$

DIP

bis(1-methylethyl)-
(i-$C_3H_7)_2$-
diisopropyl-

DIPA

4-[{4-(acetyloxy)phenyl}imino]-2,6-dichloro2,5-cyclohexadien-1-one
2,6-Cl_2-4-[4-(CH_3-COO)C_6H_4-1-N=]-C_6H_2(=O)
2,6-dichloro indophenyl acetate

DIPA

1-methyl-N-(1-methylethyl) ethanamine
(i-$C_3H_7)_2$NH
diisopropylamine

DIPA

1,1'-aminobis(2-propanol)
HO-CH(CH_3)-CH_2-NH-CH_2-CH(CH_3)-OH
di-isopropanolamine

DIPA-DCA

N-(1-methylethyl) 2-propanaminium dichloroacetate
[(i-$C_3H_7)_2NH_2$] [$CHCl_2$-COO]
diisopropyl ammonium dichloro acetate

DIPAMP

1,2-ethanediylbis[(2-methoxyphenyl)phenylphosphine]
2-(CH_3-O)-C_6H_4-P(C_6H_5)-CH_2CH_2-P(C_6H_5)-C_6H_4-(O-CH_3)-2

DIPB

bis(1-methylethyl) benzene
(i-$C_3H_7)_2$-C_6H_4
di-isopropylbenzene

DIPCD

N,N'-bis(1-methylethyl) methanediimine
i-C_3H_7-N=C=N-C_3H_7-i
di-isopropyl-carbodiimide

DIPHB

1-methyl-1-[(1-methylethyl)phenyl] ethyl hydroperoxide
i-C_3H_7-C_6H_4-C($CH_3)_2$-OOH
diisopropylbenzene hydroperoxide

Diphos

1,2-ethanediylbis[(diphenyl)phosphine]
($C_6H_5)_2$P-CH_2CH_2-P($C_6H_5)_2$
1,2-bis(diphenylphosphino) ethane

dipic

pyridine-2,6-dicarboxylic acid
2,6-$(HOOC)_2$-NC_5H_3
dipicolinic acid

DIPMP

methylphosphonic acid bis(3-methylbutyl) ester
CH_3-P(=O)[O-C_5H_{11}-i$]_2$
di-isopentylmethylphosphonate

dipope

1,2-ethanediylbis(phosphonous acid) tetrakis(1-methylethyl) ester
(i-C_3H_7-O$)_2$P-CH_2CH_2-P(O-C_3H_7-i$)_2$
1,2-bis(diisopropoxyphosphino)ethane

DIPP 2,6-bis(1-methylethyl) phenol
2,6-(i-C_3H_7)$_2$-C_6H_3-OH
2,6-diisopropylphenol

DIPP 1,2-benzenedicarboxylic acid bis(3-methylbutyl) ester
1,2-[i-C_5H_{11}-O-C(=O)]$_2$-C_6H_4
di-isopentyl-phthalate

dippe 1,2-ethanediylbis[bis(1-methylethyl)phosphine]
(i-C_3H_7)$_2$P-CH_2CH_2-P(C_3H_7-i)$_2$
1,2-bis(diisopropylphosphino)ethane

dippp 1,3-propanediylbis[bis(1-methylethyl)phosphine]
(i-C_3H_7)$_2$P-$CH_2CH_2CH_2$-P(C_3H_7-i)$_2$
1,3-bis(diisopropylphosphino)propane

DIPS 2-hydroxy-3,5-bis(1-methylethyl) benzoic acid
2-HO-3,5-(i-C_3H_7)$_2$-C_6H_2-COOH
3,5-di-isopropyl-salicylic acid

DIPSO 3-[bis(2-hydroxyethyl)amino]-2-hydroxy 1-propanesulfonic acid
(HO-CH_2CH_2)$_2$N-CH_2-CH(OH)-CH_2-SO_3H
N,N-di(hydroxyethyl)-3-amino-2-hydroxy-propanesulfonic acid

DIPT 2,6-bis(1-methylethyl) benzenethiol
2,6-(i-C_3H_7)$_2$-C_6H_3-SH
2,6-diisopropyl-thiophenol

DIPT 2,3-dihydroxy butanedioic acid bis(1-methylethyl)ester
i-C_3H_7-OC(=O)-CH(OH)-CH(OH)-COO-C_3H_7-i
diisopropyl tartrate

DIT α-amino-4-hydroxy-3,5-diiodo benzenepropanoic acid
4-HO-3,5-I_2-C_6H_2-CH_2-CH(NH_2)-COOH
diiodo tyrosine

DITC 1,4-diisothiocyanato benzene
1,4-(S=C=N)$_2$-C_6H_4

DITP 1,2-benzenedicarboxylic acid bis(11-methyldodecyl)ester
1,2-[i-$C_{13}H_{27}$-O-C(=O)]$_2$-C_6H_4
diisotridecyl phthalate

DJT 3,5-diiodo L-tyrosin
4-HO-3,5-I_2-C_6H_2-CH_2-CH(NH_2)-COOH
Dijodtyrosin

DLA N-dodecyl 1-dodecanamine
($C_{12}H_{25}$)$_2$NH
dilaurylamine

DL-BAPA 5-[(aminoiminomethyl)amino]-2-(benzoylamino)-N-(4-nitrophenyl) pentanamide
NH_2-C(=NH)NH-$CH_2CH_2CH_2$-CH[NH-C(=O)C_6H_5]C(=O)NH-C_6H_4-4-NO_2
Nα-benzoyl-DL-arginine-p-nitroanilide

DL-DOPA   3-hydroxy DL-tyrosine
$3,4\text{-}(HO)_2\text{-}C_6H_3\text{-}CH_2\text{-}CH(NH_2)\text{-}COOH$
3-(3,4-dihydroxyphenyl) DL-alanine

DLTDP   3,3'-thiobis(propanoic acid) bis(dodecyl) ester
$C_{12}H_{25}\text{-}OC(=O)\text{-}CH_2CH_2\text{-}S\text{-}CH_2CH_2\text{-}COO\text{-}C_{12}H_{25}$
dilaurylthiodipropionate

DM   10-chloro-5,10-dihydro phenarsazine
$10\text{-}Cl\text{-}5,10\text{-}NAsC_{12}H_9$
adamsite

DM14NQ   dimethyl-1,4-dihydro naphthalene-1,4-dione
$(CH_3)_2\text{-}C_{10}H_4(=O)_2\text{-}1,4$
dimethyl-1,4-naphthoquinone

26Dma   2,6-dimethyl benzenamine
$2,6\text{-}(CH_3)_2\text{-}C_6H_3\text{-}NH_2$
2,6-dimethylaniline

DMA   9,10-dimethyl anthracene
$9,10\text{-}(CH_3)_2\text{-}C_{14}H_8$

DMA   N,N-dimethylacetamide
$(CH_3)_2N\text{-}C(=O)\text{-}CH_3$

DMA   1,3-dimethyl tricyclo$[3.3.1.1^{3,7}]$decane
$1,3\text{-}(CH_3)_2\text{-}[3.3.1.1^{3,7}]\text{-}C_{10}H_{14}$
1,3-dimethyl adamantane

DMA   α,3,4-trihydroxy benzeneacetic acid
$3,4\text{-}(HO)_2\text{-}C_6H_3\text{-}CH(OH)\text{-}COOH$
3,4-dihydroxy mandelic acid

DMA   N,N-dimethyl benzenamine
$C_6H_5\text{-}N(CH_3)_2$
N,N-dimethyl aniline

Dma   N-methyl methanamine
$(CH_3)_2NH$
dimethylamine

DMAA   N,N-dimethyl-3-oxo butanamide
$(CH_3)_2N\text{-}C(=O)\text{-}CH_2\text{-}C(=O)\text{-}CH_3$
N,N-dimethylacetoacetamide

DMAA   N,N-dimethyl 2-propen-1-amine
$(CH_3)_2N\text{-}CH_2\text{-}CH=CH_2$
dimethyl allyl amine

dmaap   1,5-dimethyl-4-dimethylamino-2-phenyl 1,2-dihydro-3H-pyrazol-3-one
$1,5\text{-}(CH_3)_2\text{-}4\text{-}(CH_3)_2N\text{-}2\text{-}C_6H_5\text{-}1,2\text{-}N_2C_3(=O)\text{-}3$
4-dimethylamino-antipyrine

DMAB 4-dimethylamino benzenecarboxaldehyde
$(CH_3)_2N\text{-}4\text{-}C_6H_4\text{-}CHO$

DMABN 4-(dimethylamino) benzonitrile
$(CH_3)_2N\text{-}4\text{-}C_6H_4\text{-}CN$

DMAC N,N-dimethyl acetamide
$(CH_3)_2N\text{-}C(=O)\text{-}CH_3$

DMAc N,N-dimethyl acetamide
$(CH_3)_2N\text{-}C(=O)\text{-}CH_3$

DMAc 2-methyl propanoic acid
$i\text{-}C_3H_7\text{-}COOH$
dimethyl acetic acid

DMAD butynedioic acid dimethyl ester
$CH_3\text{-}OC(=O)\text{-}CC\text{-}COO\text{-}CH_3$
dimethyl acetylenedicarboxylate

DMA-DEA N,N-dimethylacetamide-diethylacetal
$(CH_3)_2N\text{-}C(CH_3)(O\text{-}C_2H_5)_2$

DMAE 2-(dimethylamino) ethanol
$(CH_3)_2N\text{-}CH_2CH_2\text{-}OH$

DMAEMA 2-methyl propenoic acid 2-(dimethylamino)ethyl ester
$CH_2=C(CH_3)\text{-}COO\text{-}CH_2CH_2\text{-}N(CH_3)_2$
2-dimethylaminoethyl methacrylate

DMAP 4-dimethylamino phenol
$(CH_3)_2N\text{-}4\text{-}C_6H_4\text{-}OH$

DMAP N,N-dimethyl 1,3-propanediamine
$(CH_3)_2N\text{-}CH_2CH_2CH_2\text{-}NH_2$
3-dimethylamino propylamine

DMAP N,N-dimethyl 4-pyridinamine
$(CH_3)_2N\text{-}4\text{-}C_5H_4N$
4-dimethylamino pyridine

DMAPN 3-dimethylamino propanenitrile
$(CH_3)_2N\text{-}CH_2CH_2\text{-}CN$

DMB 2,3-dihydroxy-N,N-dimethyl-benzamide
$2,3\text{-}(HO)_2\text{-}C_6H_3\text{-}C(=O)\text{-}N(CH_3)_2$

DMB (3,3-dimethylbutyl)dimethylsilyloxy-
$(CH_3)_3C\text{-}CH_2CH_2\text{-}Si(CH_3)_2\text{-}O\text{-}$

DMBA N,N-dimethyl benzenemethanamine
$C_6H_5\text{-}CH_2\text{-}N(CH_3)_2$
dimethyl benzylamine

DMBM 2-(mercaptomethyl)-5-methyl 1,4-benzenediol
$2\text{-HS-CH}_2\text{-5-CH}_3\text{-C}_6\text{H}_2\text{-(OH)}_2\text{-1,4}$
2,5-dihydroxy-4-methylbenzyl mercaptane

DMBPPD N-(1,3-dimethylbutyl)-N'-phenyl 1,4-benzenediamine
$4\text{-[(CH}_3)_2\text{CH-CH}_2\text{-CH(CH}_3)\text{-NH]-C}_6\text{H}_4\text{-NH-C}_6\text{H}_5$
N-(1,3-dimethylbutyl)-N'-phenyl-p-phenylene diamine

25DMBQ 2,5-dimethyl 2,5-cyclohexadiene-1,4-dione
$2,5\text{-(CH}_3)_2\text{-C}_6\text{H}_2(=\text{O})_2\text{-1,4}$
2,5-dimethyl-1,4-benzoquinone

DMBU 2,3-dimethyl 1,3-butadiene
$\text{CH}_2=\text{C(CH}_3)\text{-C(CH}_3)=\text{CH}_2$

DMC 1,1-bis(4-chlorophenyl) ethanol
$\text{CH}_3\text{-C(OH)(C}_6\text{H}_4\text{-Cl-4})_2$
dichlorophenyl methyl carbinol

DMCH 5,5-dimethyl 1,3-cyclohexanedione
$5,5\text{-(CH}_3)_2\text{-C}_6\text{H}_6(=\text{O})_2\text{-1,3}$

dMCMP 2'-deoxy-5-methyl-cytidine-5'-dihydrogenmonophosphate
$(\text{CH}_3)(\text{O=})(\text{NH}_2)\text{N}_2\text{C}_4\text{H-OC}_4\text{H}_5(\text{OH})\text{-CH}_2\text{-O-P(=O)(OH)}_2$
2'-deoxy-5-methyl-cytidine-monophosphate

DMCS chlorodimethyl silane
$(\text{CH}_3)_2\text{SiH-Cl}$
dimethyl chlorosilane

DMCTMS dimethyl carbamic acid trimethylsilyl ester
$(\text{CH}_3)_2\text{N-COO-Si(CH}_3)_3$

DMDB18C6 2,14-dimethyl 6,7,9,10,17,18,20,21-octahydrodibenzo[b,k][1,4,7,10,13,16]hexaoxacyclooctadecin
$[\text{-O-C}_6\text{H}_3(\text{CH}_3)\text{-(O-CH}_2\text{CH}_2)_2\text{-O-C}_6\text{H}_3(\text{CH}_3)\text{-(O-CH}_2\text{CH}_2)_2\text{-}]$
dimethyldibenzo-18-crown-6

DMDB24C8 2,17-dimethyl 5,6,8,9,11,12,17,18,20,21,23,24-dodecahydrodibenz[b,n][1,4,7,10,13,16,19,22]octaoxacyclotetracosin
$[\text{-O-C}_6\text{H}_3(\text{CH}_3)\text{-(O-CH}_2\text{CH}_2)_3\text{-O-C}_6\text{H}_3(\text{CH}_3)\text{-(O-CH}_2\text{CH}_2)_3\text{-}]$
dimethyldibenzo-24-crown-8

DMDB30C10 2,20-dimethyl-6,7,9,10,12,13,15,16,23,24,26,27,29,30,32,33-hexadecahydrodibenzo[b,q][1,4,7,10,13,16,19,22,25,28]decaoxacyclotriacontin
$[\text{-O-C}_6\text{H}_3(\text{CH}_3)\text{-(O-CH}_2\text{CH}_2)_4\text{-O-C}_6\text{H}_3(\text{CH}_3)\text{-(O-CH}_2\text{CH}_2)_4\text{-}]$
dimethyldibenzo-30-crown-10

DMDF 2,5-dimethoxy-2,5-dihydro furan
$2,5\text{-(CH}_3\text{-O})_2\text{-OC}_4\text{H}_4$

DMDT 1,1,1-trichloroethylidene-1,1'-bis[4-(methoxy)benzene]
$\text{CCl}_3\text{-CH(C}_6\text{H}_4\text{-4-O-CH}_3)_2$
dimethoxy-diphenyl-trichloroethane

DME

1,2-dimethoxy ethane
$CH_3-O-CH_2CH_2-O-CH_3$

DME

1,1'-oxybismethane
CH_3-O-CH_3
dimethylether

dmedba

N,N'-1,2-ethanediylbis[N-(methyl)-2-aminobutanoic acid]
$HOOC-CH(C_2H_5)-N(CH_3)-CH_2CH_2-N(CH_3)-CH(C_2H_5)-COOH$
N,N'-dimethyl-ethylenediamine-N,N'-di(α-butyric acid)

dmedda

N,N'-(1,2-ethanediyl)bis[N-(methyl)glycine], ion(2-)
$[OOC-CH_2-N(CH_3)-CH_2CH_2-N(CH_3)-CH_2-COO]^{2-}$
N,N'-dimethylethylenediamine-N,N'-diacetate

dmedda

N,N'-(1,2-ethanediyl)bis[N-(methyl)glycine]
$HOOC-CH_2-N(CH_3)-CH_2CH_2-N(CH_3)-CH_2-COOH$
N,N'-dimethyl-ethylenediamine-N,N'-diacetic acid

dmedds

N,N'-(1,2-ethanediyl)bis[N-(methyl)aspartic acid], ion (4-)
$[OOC-CH_2-CH(COO)-N(CH_3)CH_2CH_2-N(CH_3)-CH(COO)CH_2-COO]^{4-}$
N,N'-dimethylethylenediamine-N,N'-disuccinate

dmee

bis(2-methoxyethyl) ether
$CH_3-O-CH_2CH_2-O-CH_2CH_2-O-CH_3$
di(2-methoxyethyl) ether

DMEN

N,N'-dimethyl 1,2-ethanediamine
$CH_3-NH-CH_2CH_2-NH-CH_3$
N,N'-dimethyl-ethylenediamine

DMET

2-(4,5-dimethyl-1,3-diselenol-2-ylidene)-5,6-dihydro-1,3-dithiolo[4,5-b][1,4]dithiin
$2-[4,5-(CH_3)_2-(1,3-Se_2C_3)-2-]=(1,3,4,7-S_4C_5H_4)$
dimethyl(ethylenedithio)diselenadithiafulvalene

DMEU

1,3-dimethyl-2-imidazolidinone
$1,3-(CH_3)_2-1,3-N_2C_3H_4(=O)-2$
N,N'-dimethyl-N,N'-ethylene-urea

DMF

N,N-dimethylformamide
$(CH_3)_2N-CHO$

DMFA

N,N-dimethylformamide
$(CH_3)_2N-CHO$

DMG

2,3-butanedione dioxime
$CH_3-C(=N-OH)-C(=N-OH)-CH_3$
dimethylglyoxime

DmHas

2,4-dimethyl 8-quinazolinol
$2,4-(CH_3)_2-1,3-N_2C_8H_3-8-OH$

DMHPPD   N,N'-bis(3-methylheptyl) 1,4-benzenediamine
$1,4-[C_4H_9-CH(CH_3)-CH_2CH_2-NH]_2-C_6H_4$
N,N'-di(3-methylheptyl)-p-phenylene diamine

DMI   1,3-dimethyl-2-imidazolidinone
$1,3-(CH_3)_2-1,3-N_2C_3H_4(=O)-2$

dmid   1,3-dithiole-2-one-4,5-dithiolate
$[2-(O=)-1,3-S_2C_3(-S)_2-4,5]^{2-}$

DMIPSCl   chlorodimethyl(1-methylethyl) silane
$(CH_3)_2SiCl-C_3H_7-i$
dimethylisopropylsilylchloride

dmit   4,5-dimercapto 1,3-dithiole-2-thione, ion(2-)
$[2-(S=)-1,3-S_2C_3(-S)_2-4,5]^{2-}$
4,5-dimercapto-1,3-dithiole-2-thionate

DMK   2-propanone
$CH_3-C(=O)-CH_3$
dimethyl ketone

DMMal   propanedioic acid dimethylester
$CH_3-O-C(=O)-CH_2-COO-CH_3$
dimethylmalonate

DMN   N,N-dimethyl 1-naphthalenamine
$(CH_3)_2N-1-C_{10}H_7$

DMN   N-methyl-N-nitroso methanamine
$(CH_3)_2N-N=O$
dimethylnitrosamine

DMNA   N-methyl-N-nitroso methanamine
$(CH_3)_2N-N=O$
dimethylnitrosamine

2,7-DMNAPY   2,7-dimethyl-1,8.naphthyridine
$2,7-(CH_3)_2-1,8-N_2C_8H_4$

DMNFHSCl   chloro-3,3,4,4,5,5,6,6,6-nonafluorohexyl-dimethylsilane
$C_4F_9-CH_2CH_2-Si(CH_3)_2-Cl$
dimethyl-3,3,4,4,5,5,6,6,6-nonafluorohexyl-chlorosilane

DMNP   dimethyl (1-naphthalenyl) phosphine
$(CH_3)_2P-1-C_{10}H_7$

DMOA   N,N-dimethyl octanamine
$C_8H_{17}-N(CH_3)_2$

DMP   2,4,6-tris[(dimethylamino)methyl] phenol
$2,4,6-[(CH_3)_2N-CH_2]_3-C_6H_2-OH$

DMP

1,2-benzenedicarboxylic acid dimethyl ester
1,2-$[CH_3\text{-}O\text{-}C(=O)]_2\text{-}C_6H_4$
dimethyl phthalate

dmp

2-(dimethylaminomethyl)phenyl-
$(CH_3)_2N\text{-}CH_2\text{-}2\text{-}C_6H_4\text{-}$

dmp3a

N-(carboxymethyl)-N-[2-{(carboxymethyl)amino}-2-methylpropyl] glycine, ion(3-)
$[OOC\text{-}CH_2\text{-}NH\text{-}C(CH_3)_2\text{-}CH_2\text{-}N(CH_2\text{-}COO)_2]^{3-}$
1,2-diamino-2-methylpropanetriacetate

DMPA

N-ethyl-3,4-dimethoxy benzenamine
$3,4\text{-}(CH_3\text{-}O)_2\text{-}C_6H_3\text{-}NH\text{-}C_2H_5$
3,4-dimethoxy-phenyl-ethylamine

DMPA

N-[1-(methyl)ethyl] phosphoramidothioic acid O-(2,4-dichlorophenyl)-O-
methyl ester
$2,4\text{-}Cl_2\text{-}C_6H_3\text{-}O\text{-}P(=S)(O\text{-}CH_3)\text{-}NH\text{-}C_3H_7\text{-}i$
O-2,4-dichlorophenyl-O-methylthiophosphoric acid isopropylamide

DMPD

2,2-dimethyl 1,3-propanediol
$HO\text{-}CH_2\text{-}C(CH_3)_2\text{-}CH_2\text{-}OH$

DMPD2HCl

N,N-dimethyl-1,4-benzenediamine dihydrochloride
$(CH_3)_2N\text{-}C_6H_4\text{-}4\text{-}NH_2 \cdot 2\ HCl$
N,N-dimethyl-1,4-phenylenediamine-dihydrochloride

DMPE

1,2-ethanediylbis[(dimethyl)phosphine]
$(CH_3)_2P\text{-}CH_2CH_2\text{-}P(CH_3)_2$
1,2-bis(dimethylphosphino)ethane

dmpe

1,2-ethanediylbis[(dimethyl)phosphine]
$(CH_3)_2P\text{-}CH_2CH_2\text{-}P(CH_3)_2$
1,2-bis(dimethylphosphino)ethane

dmphen

2,9-dimethyl-1,10-phenanthroline
$2,9\text{-}(CH_3)_2\text{-}N_2C_{12}H_6$

dmpm

methylenebis[(dimethyl)phosphine]
$(CH_3)_2P\text{-}CH_2\text{-}P(CH_3)_2$
bis(dimethylphosphino)methane

DMPN

3-dimethylamino propanenitrile
$(CH_3)_2N\text{-}CH_2CH_2\text{-}CN$

DMPO

dimethyl phosphine oxide
$HP(=O)(CH_3)_2$

DMPO

2,2-dimethyl 2H-pyrrole N-oxide
$2,2\text{-}(CH_3)_2\text{-}NC_4H_3(=O)\text{-}1$

DMPO

2,2-dimethyl-2,3-dihydro 2H-pyrrole N-oxide
$2,2\text{-}(CH_3)_2\text{-}NC_4H_5(=O)\text{-}1$
5,5-dimethyl-δ(1)-pyrrolin-1-oxide

DMPO

phosphoric acid dimethyl ester
$HO\text{-}P(=O)(O\text{-}CH_3)_2$
dimethylphosphate

DMPP

1,1-dimethyl-4-phenyl piperazinium iodide
$[1,1\text{-}(CH_3)_2\text{-}4\text{-}C_6H_5\text{-}1,4\text{-}N_2C_4H_8]\,I$

DMPPL

3,4-dimethyl-1-phenyl-phosphole
$3,4\text{-}(CH_3)_2\text{-}1\text{-}C_6H_5\text{-}PC_4H_2$

DMPSCl

chlorodimethylphenyl silane
$(CH_3)_2SiCl\text{-}C_6H_5$
dimethyl phenyl silylchloride

DMPU

1,3-dimethyl hexahydro-2-pyrimidinone
$1,3\text{-}(CH_3)_2\text{-}1,3\text{-}N_2C_4H_6(=O)\text{-}2$
N,N'-dimethyl-N,N'-propylene urea

DMQ

N,N-dimethyl quinolinamine
$1\text{-}NC_9H_6\text{-}N(CH_3)_2$
dimethylamino quinoline

DMS

dimethyl sulfide
$CH_3\text{-}S\text{-}CH_3$

DMS

meso-2,3-dimercapto butanedioic acid
$HOOC\text{-}CH(SH)\text{-}CH(SH)\text{-}COOH$
meso-2,3-dimercaptosuccinic acid

dmsc

N,N-dimethyl carbamoselenoic acid, ion(1-)
$[(CH_3)_2N\text{-}C(=O)\text{-}Se]^-$
N,N-dimethylmonoselenocarbamate

DMSO

dimethyl sulfoxide
$CH_3\text{-}S(=O)\text{-}CH_3$

DMSO2

dimethyl sulfone
$(CH_3)_2SO_2$

DMT

1,1'-(chlorophenylmethylene)bis(4-methoxybenzene)
$(4\text{-}CH_3\text{-}O\text{-}C_6H_4)_2CCl\text{-}C_6H_5$
4,4'-dimethoxytriphenylmethylchloride

DMT

3-[2-(dimethylamino)ethyl] 1H-indole
$3\text{-}[(CH_3)_2N\text{-}CH_2CH_2]\text{-}1\text{-}NC_8H_6$
N,N-dimethyl-tryptamine

DMT

1,4-benzenedicarboxylic acid dimethyl ester
$1,4\text{-}[CH_3\text{-}O\text{-}C(=O)]_2\text{-}C_6H_4$
dimethyl terephthalate

dmtc

N,N-dimethyl dithiocarbamic acid, ion(1-)
$[(CH_3)_2N\text{-}CS_2]^-$
N,N-dimethyl dithiocarbamate

DMU   N'-(3,4-dichlorophenyl)-N,N-dimethyl urea
$(CH_3)_2N-C(=O)-NH-C_6H_3-Cl_2-3,4$

DMU   N,N'-bis(hydroxymethyl) urea
$HO-CH_2-NH-C(=O)-NH-CH_2-OH$
dimethylol urea

DMW   demineralized water
H_2O

DN111   N-cyclohexyl cyclohexanaminium 2-cyclohexyl-4,6-dinitro phenolate
$[(c\text{-}C_6H_{11})_2NH_2]\ [c\text{-}C_6H_{11}\text{-}2\text{-}C_6H_2(\text{-}O)(NO_2)_2\text{-}4,6]$
dicyclohexylamine 4,6-dinitro-2-cyclohexylphenolate

DNA   deoxyribonucleic acid

DNA   hexanedioic acid dinonyl ester
$C_9H_{19}\text{-}O\text{-}C(=O)\text{-}CH_2CH_2\text{-}CH_2CH_2\text{-}COO\text{-}C_9H_{19}$
dinonyl adipate

DNB   3,5-dinitro benzoic acid
$3,5\text{-}(NO_2)_2\text{-}C_6H_3\text{-}COOH$

DNBC   3,5-dinitrobenzoyl chloride
$3,5\text{-}(O_2N)_2\text{-}C_6H_3\text{-}C(=O)\text{-}Cl$

DNBPP   phenylphosphonic acid dibutyl ester
$C_6H_5\text{-}P(=O)(O\text{-}C_4H_9)_2$
di-n-butylphenylphosphonate

DNC   2-methyl-4,6-dinitro phenol
$2\text{-}CH_3\text{-}4,6\text{-}(NO_2)_2\text{-}C_6H_2\text{-}OH$
4,6-dinitro-o-cresol

DNCB   chloro-dinitro benzene
$Cl\text{-}C_6H_3(NO_2)_2$
dinitro-chlorobenzene

DNFA   2,4-dinitro-5-fluoro benzenamine
$2,4\text{-}(NO_2)_2\text{-}5\text{-}F\text{-}C_6H_2\text{-}NH_2$
2,4-dinitro-5-fluoroaniline

DNOA   N-octyl 1-octanamine
$(C_8H_{17})_2NH$
di-n-octylamine

DNOC   2-methyl-4,6-dinitro phenol
$2\text{-}CH_3\text{-}4,6\text{-}(NO_2)_2\text{-}C_6H_2\text{-}OH$
4,6-dinitro-o-cresol

DNODA   hexanedioic acid decyl octyl ester
$C_8H_{17}\text{-}O\text{-}C(=O)\text{-}CH_2CH_2\text{-}CH_2CH_2\text{-}COO\text{-}C_{10}H_{21}$
di(n-octyl,n-decyl)-adipate

DNODP

1,2-benzenedicarboxylic acid decyl octyl ester
C_8H_{17}-O-C(=O)-C_6H_4-2-COO-$C_{10}H_{21}$
di(n-octyl,n-decyl)phthalate

DNOK

2-methyl-4,6-dinitro phenol
2-CH_3-4,6-$(NO_2)_2$-C_6H_2-OH
4,6-Dinitro-o-Kresol

DNP

2,4-dinitro phenol
2,4-$(NO_2)_2$-C_6H_3-OH

DNP

2,4-dinitrophenyl-
2,4-$(NO_2)_2$-C_6H_3-

DNP

1,2-propanediamine
NH_2-CH_2-CH(CH_3)-NH_2
1,2-diaminopropane

DNP

phosphoric acid dinaphthalenyl ester, ion(1-)
$[O-P(=O)(O-C_{10}H_7)_2]^-$
dinaphthylphosphate

DNP

phosphoric acid dinonyl ester, ion(1-)
$[O-P(=O)(O-C_9H_{19})_2]^-$
dinonylphosphate

DNP

1,2-benzenedicarboxylic acid dinonyl ester
1,2-$[C_9H_{19}$-O-C(=O)$]_2$-C_6H_4
dinonylphthalate

Dnp

2,4-dinitrophenyl-
2,4-$(NO_2)_2$-C_6H_3-

DNPF

1-fluoro-2,4-dinitro benzene
1-F-2,4-$(NO_2)_2$-C_6H_3
2,4-dinitro phenylfluoride

DNPMT

3,7-dinitroso-1,3,5,7-tetraazabicyclo[3.3.1]nonane
3,7-$(O=N)_2$-[3.3.1]-1,3,5,7-$N_4C_5H_{10}$
N,N'-dinitroso pentamethylene tetramine

DNPO

ethanedioic acid bis(2,4-dinitrophenyl) ester
$[-COO-C_6H_3$-$(NO_2)_2$-2,4$]_2$
bis(2,4-dinitrophenyl)-oxalate

DNS

5-dimethylamino 1-naphthalenesulfonic acid
$(CH_3)_2$N-5-$C_{10}H_6$-1-SO_3H

DNS

5-(dimethylamino)-1-naphthalenesulfonyl-
$(CH_3)_2$N-5-$C_{10}H_6$-1-S(=O)$_2$-

DNS

deoxyribonucleic acid
Desoxyribonucleinsäure

DNSA

5-dimethylamino naphthalene-1-sulfonamide
$(CH_3)_2N-5-C_{10}H_6-1-S(=O)_2-NH_2$

DNSAPITC

5-(dimethylamino)-N-(4-isothiocyanatophenyl) 1-naphthalenesulfonamide
$(CH_3)_2N-5-C_{10}H_6-1-S(=O)_2-NH-C_6H_4-4-N=C=S$
dimethylamino-naphthalenesulfonylamino-phenylisothiocyanate

DNSCl

5-(dimethylamino)-1-naphthalenesulfonyl chloride
$(CH_3)_2N-5-C_{10}H_6-1-S(=O)_2-Cl$

DNS-F

5-(dimethylamino)-1-naphthalenesulfonyl fluoride
$(CH_3)_2N-5-C_{10}H_6-1-S(=O)_2-F$

DNT

1-methyl-2,4-dinitro benzene
$1-CH_3-C_6H_3-(NO_2)_2-2,4$
2,4-dinitrotoluene

DNTB

phosphorothioic acid O,O-bis(ethyl)-O-(4-nitrophenyl)ester
$(C_2H_5-O)_2P(=S)-O-C_6H_4-NO_2-4$
diethyl-p-nitrophenyl-monothiophosphate

DNTC

isothiocyanic acid [4-(dimethylamino)-1-naphthalenyl]ester
$(CH_3)_2N-4-C_{10}H_6-1-N=C=S$
4-dimethylamino-1-naphthyl-isothiocyanate

DNT-Cl

2-chloro-5-trifluoromethyl-1,3-dinitro benzene
$2-Cl-1,3-(NO_2)_2-5-CF_3-C_6H_2$
4-chloro-3,5-dinitro-trifluorotoluene

DOA

2-(3',7'-dimethyl-2',6'-octadienylamino) ethanol
$(CH_3)_2C=CH-CH_2CH_2-C(CH_3)=CH-CH_2-NH-CH_2CH_2-OH$

DOA

hexanedioic acid dioctyl ester
$C_8H_{17}-O-C(=O)-CH_2CH_2-CH_2CH_2-COO-C_8H_{17}$
dioctyl adipate

DOAZ

nonanedioic acid dioctyl ester
$C_8H_{17}-O-C(=O)-(CH_2)_7-COO-C_8H_{17}$
dioctyl azelate

DOC

10,13-dimethyl-17-(2-hydroxy-1-oxo-ethyl)-2,3,6...17-tetradecahydro-1H-
cyclopenta[a]phenanthrene
$10,13-(CH_3)_2-17-[HO-CH_2-C(=O)]-C_{17}H_{21}(=O)-3$
11-deoxycorticosterone

DOCA

10,13-dimethyl-17-(1,4-dioxo-3-oxapentyl)-2,3,6...17-tetradecahydro-1H-
cyclopenta[a]phenanthrene
$10,13-(CH_3)_2-17-[CH_3-COO-CH_2-C(=O)]-C_{17}H_{21}(=O)-3$
11-deoxycorticosterone acetate

DODA

N-octadecyl 1-octadecanamine
$(C_{18}H_{37})_2NH$
dioctadecylamine

DODECP (diethylamino)carbonylphosphonic acid dioctyl ester
$(C_2H_5)_2N\text{-}C(=O)\text{-}P(=O)(O\text{-}C_8H_{17})_2$
dioctyl-N,N'-diethylcarbamylphosphonate

DODPA 4-octyl-N-(4-octylphenyl) benzenamine
$(C_8H_{17}\text{-}4\text{-}C_6H_4)_2NH$
4,4'-dioctyl diphenyl amine

DOG octanoic acid (S)-1-(hydroxymethyl)-1,2-ethanediyl ester
$C_7H_{15}\text{-}COO\text{-}CH_2\text{-}CH(CH_2\text{-}OH)\text{-}O\text{-}C(=O)\text{-}C_7H_{15}$
1,2-dioctanoyl-glycerol

(DOH)2en 3,8-dimethyl-2,9-decanedione dioxime
$HO\text{-}N=C(CH_3)\text{-}C(CH_3)=N\text{-}CH_2CH_2\text{-}N=C(CH_3)\text{-}C(CH_3)=N\text{-}OH$
bis-(diacetylmonoxim-imino)-ethane-1,2

(DOH)2pn 3,9-dimethyl-2,10-undecanedione dioxime
$HO\text{-}N=C(CH_3)\text{-}C(CH_3)=N\text{-}CH_2CH_2CH_2\text{-}N=C(CH_3)\text{-}C(CH_3)=N\text{-}OH$
bis-(diacetylmonoxim-imino)-propane-1,3

DOIP 1,3-benzenedicarboxylic acid bis(2-ethylhexyl) ester
$1,3\text{-}[C_4H_9\text{-}CH(C_2H_5)\text{-}CH_2\text{-}O\text{-}C(=O)]_2\text{-}C_6H_4$
di-iso-octyl isophthalate

DOK 2-methyl-4,6-dinitro phenol
$2\text{-}CH_3\text{-}4,6\text{-}(NO_2)_2\text{-}C_6H_2\text{-}OH$
4,6-Dinitro-o-Kresol

DOM 2,5-dimethoxy-4,α-dimethyl benzenethanamine
$4\text{-}CH_3\text{-}2,5\text{-}(CH_3\text{-}O)_2\text{-}C_6H_2\text{-}CH_2\text{-}CH(CH_3)\text{-}NH_2$
2,5-dimethoxy-4-methylamphetamine

DOMF methylphosphonic acid bis(6-methylheptyl) ester
$CH_3\text{-}P(=O)(O\text{-}C_8H_{17}\text{-}i)_2$

DOMP methylphosphonic acid bis(6-methylheptyl) ester
$CH_3\text{-}P(=O)(O\text{-}C_8H_{17}\text{-}i)_2$
di-iso-octylmethylphosphonate

DON 6-diazo-5-oxo L-norleucine
$NN=CH\text{-}C(=O)\text{-}CH_2CH_2\text{-}CH(NH_2)\text{-}COOH$

DONS sodium 1,2-bis(octyloxycarbonyl)ethanesulfonate
$Na\,[C_8H_{17}\text{-}O\text{-}C(=O)\text{-}CH_2\text{-}CH(SO_3)\text{-}COO\text{-}C_8H_{17}]$
dioctyl sodium sulfosuccinate

DOP 1,2-benzenedicarboxylic acid bis(2-ethylhexyl) ester
$1,2\text{-}[C_4H_9\text{-}CH(C_2H_5)\text{-}CH_2\text{-}O\text{-}C(=O)]_2\text{-}C_6H_4$
diiso-octyl phthalate

DOP 1,2-benzenedicarboxylic acid dioctyl ester
$1,2\text{-}[C_8H_{17}\text{-}O\text{-}C(=O)]_2\text{-}C_6H_4$
dioctyl phthalate

124

DOP phosphoric acid dioctyl ester
$HO-P(=O)(O-C_8H_{17})_2$
dioctylphosphate

DOPA 3-hydroxy DL-tyrosine
$3,4-(HO)_2-C_6H_3-CH_2-CH(NH_2)-COOH$
3-(3,4-dihydroxyphenyl) alanine

DOPA phosphoric acid dioctyl phenyl ester
$C_6H_5-O-P(=O)(O-C_8H_{17})_2$
dioctyl phenyl phosphoric acid

DOPA phosphoric acid dioctyl ester
$HO-P(=O)(O-C_8H_{17})_2$
di-n-octylphosphoric acid

Dopa 3-hydroxy DL-tyrosine
$3,4-(HO)_2-C_6H_3-CH_2-CH(NH_2)-COOH$
3-(3,4-dihydroxyphenyl) alanine

DOPP phenylphosphonic acid dioctyl ester
$C_6H_5-P(=O)(O-C_8H_{17})_2$
dioctyl-phenylphosphonate

DOQ 4-(2-aminoethyl) 1,2-benzenedione
$NH_2-CH_2CH_2-4-C_6H_3(=O)_2-1,2$
dopamine quinone

DOS decanedioic acid dioctyl ester
$C_8H_{17}-O-C(=O)-(CH_2)_8-COO-C_8H_{17}$
dioctyl sebacate

DOTG N,N'-bis(2-methylphenyl) guanidine
$CH_3-2-C_6H_4-NH-C(=NH)-NH-C_6H_4-2'-CH_3$
1,3-di-o-tolyl guanidine

DOTP 1,4-benzenedicarboxylic acid bis(2-ethylhexyl) ester
$1,4-[C_4H_9-CH(C_2H_5)-CH_2-O-C(=O)]_2-C_6H_4$
diiso-octylterephthalate

DOZ nonanedioic acid dioctyl ester
$C_8H_{17}-O-C(=O)-(CH_2)_7-COO-C_8H_{17}$
dioctylazelate

DOZ nonanedioic acid bis(2-ethylhexyl) ester
$C_4H_9-CH(C_2H_5)-CH_2-O-C(=O)-(CH_2)_7-COO-CH_2-CH(C_2H_5)-C_4H_9$
di-iso-octyl-azelate

2,4-DP 2-(2,4-dichlorophenoxy) propanoic acid
$2,4-Cl_2-C_6H_3-O-CH(CH_3)-COOH$

dp 2-amino-3-(3,4-dihydroxyphenyl) propanoic acid
$3,4-(HO)_2-C_6H_3-CH_2-CH(NH_2)-COOH$
3,4-dihydroxy-phenylalanine

DPA

9,10-diphenyl anthracene
9,10-$(C_6H_5)_2$-$C_{14}H_8$

DPA

4,4-bis(4-hydroxyphenyl) pentanoic acid
(HO-4-C_6H_4)$_2$C(CH$_3$)-CH$_2$CH$_2$-COOH
diphenolic acid

DPA

diphenyl ethyne
C_6H_5-CC-C_6H_5
diphenyl acetylene

DPA

N-phenyl benzenamine
$(C_6H_5)_2$NH
diphenylamine

DPA

2,4,6-trinitro-N-[(2,4,6-trinitro)phenyl] benzenamine
[2,4,6-$(NO_2)_3$-C_6H_2]$_2$NH
dipicrylamine

dpa

N-(2-pyridylmethyl) 2-pyridinemethanamine
NC_5H_4-2-CH$_2$-NH-CH$_2$-2-NC_5H_4
di(2-picolinyl)amine

dpaf

7,10-bis(2-pyridyl) 8,9-diazafluoranthene
7,10-(NC_5H_4-2)$_2$-8,9-$N_2C_{14}H_6$

DPB

1,4-butanediylbis[(diphenyl)phosphine]
$(C_6H_5)_2$P-CH$_2$CH$_2$-CH$_2$CH$_2$-P$(C_6H_5)_2$
1,4-bis(diphenylphosphino)butane

DPB

1,1'-(1,3-butadiene-1,4-diyl)bisbenzene
C_6H_5-CH=CH-CH=CH-C_6H_5
1,4-diphenyl-1,3-butadiene

DPBP

phosphoric acid butyl diphenyl ester
C_4H_9-O-P(=O)(O-C_6H_5)$_2$
diphenylbutylphosphate

DPcA

2,4,6-trinitro-N-[(2,4,6-trinitro)phenyl] benzenamine
[2,4,6-$(NO_2)_3$-C_6H_2]$_2$NH
dipicrylamine

DPCF

phosphoric acid methylphenyl diphenyl ester
(C_6H_5-O)$_2$P(=O)-O-C_6H_4-CH$_3$

DPClBHH

4-chloro benzoic acid 2-[bis(2-pyridyl)methylene]hydrazide
4-Cl-C_6H_4-C(=O)-NH-N=C(2-NC_5H_4)$_2$
di-(2-pyridyl)-p-chlorobenzoylketohydrazone

dpcp

trans-1,2-cyclopentanediylbis[(diphenyl)phosphine]
1,2-[($C_6H_5)_2$P]$_2$-c-C_5H_8
trans-1,2-bis(diphenylphosphino)cyclopentane

DPD N,N-diethyl 1,4-benzenediamine
$(C_2H_5)_2N-C_6H_4-4-NH_2$
N,N-diethyl-4-phenylene diamine

DPDM diphenyldiazomethane
$(C_6H_5)_2C=N_2$

DPE 1,2-ethanediylbis[(diphenyl)phosphine]
$(C_6H_5)_2P-CH_2CH_2-P(C_6H_5)_2$
1,2-bis(diphenylphosphino)ethane

DPEA 2-[2',4'-dichloro-6'-phenyl-phenoxy] ethanamine
$6-C_6H_5-C_6H_2(Cl_2-2,4)-O-CH_2CH_2-NH_2$

DPEN N,N'-diphenyl 1,2-ethanediamine
$C_6H_5-NH-CH_2CH_2-NH-C_6H_5$

DPF phosphorofluoridic acid bis(1-methylethyl) ester
$F-P(=O)(O-C_3H_7-i)_2$
diisopropyl-fluorophosphate

DPG 1,1'-oxybis(2-propanol)
$CH_3-CH(OH)-CH_2-O-CH_2-CH(OH)-CH_3$
dipropylene glycol

DPH 1,1'-(1,3,5-hexatriene-1,6-diyl)bisbenzene
$C_6H_5-CH=CH-CH=CH-CH=CH-C_6H_5$
1,6-diphenyl-1,3,5-hexatriene

DPhAm N-phenyl benzenamine
$(C_6H_5)_2NH$
diphenylamine

DPhBP butylphosphonic acid diphenyl ester
$C_4H_9-P(=O)(O-C_6H_5)_2$
diphenylbutylphosphonate

DPK phosphoric acid methylphenyl diphenyl ester
$(C_6H_5-O)_2P(=O)-O-C_6H_4-CH_3$
Diphenylkresylphosphat

DPK α-phenyl benzenemethanimine
$(C_6H_5)_2C=NH$
diphenyl ketimine

dpk bis(2-pyridyl) methanone
$NC_5H_4-2-C(=O)-2-NC_5H_4$
di-2-pyridyl-ketone

DPM methylenebis[(diphenyl)phosphine]
$(C_6H_5)_2P-CH_2-P(C_6H_5)_2$
bis(diphenylphosphino)methane

DPM 2,2,6,6-tetramethyl 3,5-heptanedione
$t\text{-}C_4H_9\text{-}C(=O)\text{-}CH_2\text{-}C(=O)\text{-}C_4H_9\text{-}t$
dipivaloylmethane

Dpm 2,6-diamino heptanedioic acid
$HOOC\text{-}CH(NH_2)\text{-}CH_2CH_2CH_2\text{-}CH(NH_2)\text{-}COOH$
α,α'-diaminopimelic acid

dpm 2,2,6,6-tetramethyl 3,5-heptanedione, ion(1-)
$[t\text{-}C_4H_9\text{-}C(\text{-}O)=CH\text{-}C(=O)\text{-}C_4H_9\text{-}t]^-$
dipivaloylmethanoate

DPMP phenylphosphinidenebis[methyl(diphenylphosphine)]
$C_6H_5\text{-}P[CH_2\text{-}P(C_6H_5)_2]_2$
bis(diphenylphosphinomethyl) phenyl phosphine

DPMP methylphosphonic acid dipentyl ester
$CH_3\text{-}P(=O)(O\text{-}C_5H_{11})_2$
dipentylmethylphosphonate

DPMSCl chloromethyldiphenyl silane
$(C_6H_5)_2SiCl\text{-}CH_3$
diphenylmethylsilylchloride

DPN adenosine 5'-(trihydrogendiphosphate)-5'-5'-ester with 3-(aminocarbonyl)-1-ribofuranosylpyridinium hydroxide
$[C_{10}H_{12}N_5O_4\text{-}\{P(O)(OH)\text{-}O\}_2\text{-}CH_2\text{-}OC_4H_4(OH)_2\text{-}NC_5H_4\text{-}C(O)NH_2]OH$
diphosphopyridine nucleotide

DPNH adenosine 5'-(trihydrogendiphosphate)-5'-5'-ester with 3-(aminocarbonyl)-1-ribofuranosyl-1,4-dihydropyridine
$C_{10}H_{12}N_5O_4\text{-}[P(=O)(OH)\text{-}O]_2\text{-}CH_2\text{-}OC_4H_4(OH)_2\text{-}NC_5H_5\text{-}C(=O)NH_2$
diphosphopyridiniumdinucleotide (reduced)

DPOF phosphoric acid 2-ethylhexyl diphenyl ester
$(C_6H_5\text{-}O)_2P(=O)\text{-}O\text{-}CH_2\text{-}CH(C_2H_5)\text{-}C_4H_9$

DPP 4,7-diphenyl 1,10-phenanthroline
$4,7\text{-}(C_6H_5)_2\text{-}1,10\text{-}N_2C_{12}H_6$

DPP diphenylphosphinyl-
$(C_6H_5)_2P\text{-}$

DPP 1,3-propanediylbis[(diphenyl)phosphine]
$(C_6H_5)_2P\text{-}CH_2CH_2CH_2\text{-}P(C_6H_5)_2$
1,3-bis(diphenylphosphino)propane

DPP 1-methylethanylidene-4,4'-bisphenol
$(HO\text{-}C_6H_4\text{-}4\text{-})_2C(CH_3)_2$
diphenylolpropane

DPP phosphoric acid diphenyl ester, ion(1-)
$[O\text{-}P(=O)(O\text{-}C_6H_5)_2]^-$
diphenylphosphate

dpp　　2,3-bis(2-pyridyl) pyrazine
2,3-$(NC_5H_4$-2$)_2$-1,4-$N_2C_4H_2$

DPPA　　2-methoxyphenyl diphenyl phosphine
CH_3-O-2-C_6H_4-P$(C_6H_5)_2$
2-(diphenylphosphino)anisole

DPPA　　phosphoroazidic acid diphenyl ester
N=N=N-P(=O)(O-$C_6H_5)_2$
diphenyl phosphoryl azide

dppa　　1,2-ethynediylbis[(diphenyl)phosphine]
$(C_6H_5)_2$P-CC-P$(C_6H_5)_2$
1,2-bis(diphenylphosphino)acetylene

DPPB　　1,2-phenylenebis[(diphenyl)phosphine]
1,2-$[(C_6H_5)_2P]_2$-C_6H_4
1,2-bis(diphenylphosphino)benzene

dppb　　1,4-butanediylbis[(diphenyl)phosphine]
$(C_6H_5)_2$P-CH_2CH_2-CH_2CH_2-P$(C_6H_5)_2$
1,4-bis(diphenylphosphino)butane

DPPBA　　2-(diphenylphosphino) benzaldehyde
$(C_6H_5)_2$P-2-C_6H_4-CHO

dppe　　1,2-ethanediylbis[(diphenyl)phosphine]
$(C_6H_5)_2$P-CH_2CH_2-P$(C_6H_5)_2$
1,2-bis(diphenylphosphino)ethane

dppe　　1,2-ethenediylbis[(diphenyl)phosphine]
$(C_6H_5)_2$P-CH=CH-P$(C_6H_5)_2$
1,2-bis(diphenylphosphino)ethene

DPPEE　　1,2-ethenediylbis[(diphenyl)phosphine]
$(C_6H_5)_2$P-CH=CH-P$(C_6H_5)_2$
1,2-bis(diphenylphosphino)ethene

dppen　　1,2-ethenediylbis[(diphenyl)phosphine]
$(C_6H_5)_2$P-CH=CH-P$(C_6H_5)_2$
1,2-bis(diphenylphosphino)ethene

DPPENE　　1,2-ethenediylbis[(diphenyl)phosphine]
$(C_6H_5)_2$P-CH=CH-P$(C_6H_5)_2$
1,2-bis(diphenylphosphino)ethylene

DPPEO　　[2-(diphenylphosphino)ethyl]diphenyl phosphine oxide
$(C_6H_5)_2$P(=O)-CH_2CH_2-P$(C_6H_5)_2$
1,2-bis(diphenylphosphino)ethane monoxide

DPPF　　1,1'-bis(diphenylphosphino)ferrocene
$[(C_6H_5)_2$P-1-$C_5H_4]$Fe$[C_5H_4$-1-P$(C_6H_5)_2]$

DPPH

1,1-diphenyl-2-picrylhydrazyl (radical)
$(C_6H_5)_2N\text{-}N\text{-}C_6H_2(NO_2)_3\text{-}2,4,6$

DPPHE

3-hexene-1,6-diylbis[(diphenyl)phosphine]
$(C_6H_5)_2P\text{-}CH_2CH_2\text{-}CH{=}CH\text{-}CH_2CH_2\text{-}P(C_6H_5)_2$
1,6-bis(diphenylphosphino)hex-3-ene

dppm

methylenebis[(diphenyl)phosphine]
$(C_6H_5)_2P\text{-}CH_2\text{-}P(C_6H_5)_2$
bis(diphenylphosphino)methane

dppn

3,6-bis(2-pyridyl) pyridazine
$3,6\text{-}(2\text{-}NC_5H_4)_2\text{-}1,2\text{-}N_2C_4H_2$
3,6-di(2'-pyridyl)pyridazine

dppp

1,3-propanediylbis[(diphenyl)phosphine]
$(C_6H_5)_2P\text{-}CH_2CH_2CH_2\text{-}P(C_6H_5)_2$
1,3-bis(diphenylphosphino)propane

DPPQ

8-(diphenylphosphino) quinoline
$(1\text{-}NC_9H_6)\text{-}8\text{-}P(C_6H_5)_2$

DPQ

4-[3,5-bis(t-butyl)-4-oxo-2,5-cyclohexadien-1-ylidene]-2,6-bis(t-butyl)-
2,5-cyclohexadien-1-one
$[2,6\text{-}(t\text{-}C_4H_9)_2\text{-}1\text{-}(O{=})C_6H_2\text{-}4\text{-}]_2$
2,2',6,6'-tetra-tert.-butyl-diphenoquinone

Dpr

2,3-diamino propanoic acid
$HOOC\text{-}CH(NH_2)\text{-}CH_2\text{-}NH_2$
α,ß-diaminopropionic acid

DPS

4,4''-(1,2-ethenediyl)bis(1,1'-biphenyl)
$C_6H_5\text{-}C_6H_4\text{-}4\text{-}CH{=}CH\text{-}4\text{-}C_6H_4\text{-}C_6H_5$
trans-4,4'-diphenylstilbene

dpse

piperidine-1-carboselenoic acid, ion(1-)
$[NC_5H_{10}\text{-}1\text{-}C({=}O)\text{-}Se]^-$
piperidinemonoselenocarbamate

dpt

N-(3-aminopropyl) 1,3-propanediamine
$NH_2\text{-}CH_2CH_2CH_2\text{-}NH\text{-}CH_2CH_2CH_2\text{-}NH_2$
dipropylenetriamine

DPTA

N,N'-(2-hydroxy-1,3-propanediyl)bis[N-(carboxymethyl)glycine]
$(HOOC\text{-}CH_2)_2N\text{-}CH_2\text{-}CH(OH)\text{-}CH_2\text{-}N(CH_2\text{-}COOH)_2$
1,3-diamino-2-propanol-N,N,N',N'-tetraacetic acid

DPTA

2,3-bis(2,2-dimethyl-1-oxopropoxy) butanedioic acid
$t\text{-}C_4H_9\text{-}COO\text{-}CH(COOH)\text{-}CH(COOH)\text{-}O\text{-}C({=}O)\text{-}C_4H_9\text{-}t$
di-O,O'-pivaloyl-L-tartaric acid

DPTG

N,N'-dipyrrolidinyl-1,2-dithiobis(methanethioamide)
$NC_4H_8\text{-}NH\text{-}C({=}S)\text{-}S\text{-}S\text{-}C({=}S)\text{-}NH\text{-}C_4H_8N$
dipyrrolidinyl-thiuram-disulfide

DPTMDS 1,1,3,3-tetramethyl-1,3-diphenyl disilazane
$(CH_3)_2Si(C_6H_5)-NH-Si(CH_3)_2-C_6H_5$
1,3-diphenyl-1,1,3,3-tetramethyldisilazane

dptu sym-diphenylthiourea
$S=C(NH-C_6H_5)_2$

DRB 5,6-dichloro-1-ß-D-ribofuranosyl 1H-benzimdazole
$5,6-Cl_2-1,3-N_2C_7H_3-1-OC_4H_4[(OH)_2-2,3]-4-CH_2-OH$

DR-Et 2,4-bis(ethylthio) 1,3,2,4-dithiadiphosphetane-2,4-disulfide
$2,4-(C_2H_5-S)_2-1,3,2,4-S_2P_2(=S)_2-2,4$
Davy-reagent ethyl

DR-Me 2,4-bis(methylthio) 1,3,2,4-dithiadiphosphetane-2,4-disulfide
$2,4-(CH_3-S)_2-1,3,2,4-S_2P_2(=S)_2-2,4$
Davy-reagent methyl

DR-T 2,4-bis[(4-methylphenyl)thio]1,3,2,4-dithiadiphosphetane-2,4-disulfide
$2,4-(CH_3-4-C_6H_4-S)_2-1,3,2,4-S_2P_2(=S)_2-2,4$
Davy-reagent p-tolyl

D-Säure 4-hydroxy 1,6-naphthalenedisulfonic acid
$4-HO-C_{10}H_5-(SO_3H)_2-1,6$
4-Hydroxy-1,6-naphthalindisulfonsäure

DSBPP phenylphosphonic acid bis(1-methylpropyl) ester
$C_6H_5-P(=O)[O-CH(CH_3)-C_2H_5]_2$
di-sec-butylphenylphosphonate

DSC 1,1'-[carbonylbis(oxy)]bis(2,5-pyrrolidinedione)
$2,5-(O=)_2-NC_4H_4-1-O-C(=O)-O-1-NC_4H_4-(=O)_2-2,5$
N,N'-disuccinimidyl carbonate

dsis 2-selenoxo 1,3-diselenole-4,5-diselenolate
$[2-(Se=)-1,3-Se_2C_3(-Se)_2-4,5]^{2-}$

DSO [2,3-dioxo-1,4-dioxabutane-1,4-diyl]bis(2,5-pyrrolidinedione)
$[-COO-1-NC_4H_4(=O)_2-2,5]_2$
di(N-succinimidyl)-oxalate

DSP disodium phosphate
$Na_2[HPO_4]$

DSP phenylphosphonodithious acid bis(2-methylphenyl)ester
$C_6H_5-P(S-C_6H_4-2-CH_3)_2$

DSP-4 2-bromo-N-(2-chloroethyl)-N-ethyl benzenemethanamine
$Cl-CH_2CH_2-N(C_2H_5)-CH_2-C_6H_4-2-Br$

DSS 3-(trimethylsilyl) 1-propanesulfonic acid
$(CH_3)_3Si-CH_2CH_2CH_2-SO_3H$
2,2-dimethyl-2-silapentane-5-sulfonic acid

DT	9,10-secoergosta-5,7,22-trien-3-ol
$(HO)(CH_3)C_6H_8=CH\text{-}CH=C_9H_{12}(CH_3)\text{-}CH(CH_3)CH=CH\text{-}CH(CH_3)C_3H_7\text{-}i$
dihydrotachysterol

dT	1-(2-deoxy-ß-D-erythro-pentofuranosyl)-5-methyl 2,4-(1H,3H)-pyrimidinedione
$1\text{-}[5\text{-}CH_3\text{-}2,4\text{-}(O=)_2\text{-}1,3\text{-}N_2C_4H_2\text{-}1]\text{-}OC_4H_5\text{-}OH\text{-}3\text{-}(CH_2\text{-}OH)\text{-}4$
2'-deoxy-ribosyl-thymine

1,2-DTA	1,2-dithiane
$1,2\text{-}S_2C_4H_8$

DTAF	5-(4,6-dichloro-1,3,5-triazin-2-ylamino)-2-(6-hydroxy-3-oxo-3H-xanthen-9-yl)
benzoic acid
$5\text{-}[4,6\text{-}Cl_2\text{-}N_3C_3\text{-}2\text{-}NH]\text{-}2\text{-}[3\text{-}(O=)\text{-}OC_{13}H_6(OH\text{-}6)\text{-}9\text{-}]C_6H_3\text{-}COOH$
4-(4,6-dichlor-s-triazin-2-yl-amino)fluoresceine

DTBC	3,5-bis(1,1-dimethylethyl) 1,2-benzenediol
$3,5\text{-}(t\text{-}C_4H_9)_2\text{-}C_6H_2\text{-}(OH)_2\text{-}1,2$
3,5-di(t-butyl)catechol

DTBP	2,6-bis(1,1-dimethylethyl) phenol
$2,6\text{-}(t\text{-}C_4H_9)_2\text{-}C_6H_3\text{-}OH$
2,6-di-tert.-butylphenol

DTBP	3,3'-dithiobis(propanimidic acid) dimethyl ester
$CH_3\text{-}O\text{-}C(=NH)\text{-}CH_2CH_2\text{-}S\text{-}S\text{-}CH_2CH_2\text{-}C(=NH)\text{-}O\text{-}CH_3$
dimethyl-dithiobis(propionimidate)

DTBP	bis(1,1-dimethylethyl) peroxide
$(CH_3)_3C\text{-}O\text{-}O\text{-}C(CH_3)_3$
di-tert.-butyl peroxide

dtbpp	1,3-propanediylbis[bis(1,1-dimethylethyl)phosphine]
$(t\text{-}C_4H_9)_2P\text{-}CH_2CH_2CH_2\text{-}P(C_4H_9\text{-}t)_2$
1,3-bis(di-t-butylphosphino)propane

DTBSCl2	(dichloro)bis(1,1-dimethylethyl) silane
$(t\text{-}C_4H_9)_2SiCl_2$
di-tert.-butyldichlorosilane

1,5-DTCO	1,5-dithiacyclooctane
$[\text{-}S\text{-}CH_2CH_2CH_2\text{-}S\text{-}CH_2CH_2CH_2\text{-}]$

DTDD	N,N'-diheptyl-N,N',6,6-tetramethyl 4,8-dioxa-1,11-undecanediamine
$(CH_3)_2C[CH_2\text{-}O\text{-}CH_2CH_2CH_2\text{-}N(CH_3)\text{-}C_7H_{15}]_2$
diheptyl-tetramethyl-dioxaundecanediamine

5'-dTDP	thymidine-5'-(trihydrogendiphosphate)
$(CH_3)(O=)_2\text{-}N_2C_4H_2\text{-}OC_4H_5(OH)\text{-}CH_2\text{-}O\text{-}P(=O)(OH)\text{-}O\text{-}P(=O)(OH)_2$
thymidinediphosphate

DTDP	1,2-benzenedicarboxylic acid bis(tridecyl) ester
$1,2\text{-}[C_{13}H_{27}\text{-}O\text{-}C(=O)]_2\text{-}C_6H_4$
di-tridecylphthalate

dTDP   thymidine-5'-(trihydrogendiphosphate)
$(CH_3)(O=)_2-N_2C_4H_2-OC_4H_5(OH)-CH_2-O-P(=O)(OH)-O-P(=O)(OH)_2$
thymidinediphosphate

DTE   1,4-dimercapto 2,3-butanediol
$HS-CH_2-CH(OH)-CH(OH)-CH_2-SH$
Dithiothreit

DTHD   1-(2-deoxy-ß-D-erythro-pentofuranosyl)-5-methyl 2,4-(1H,3H)-pyrimidinedione
$1-[5-CH_3-2,4-(O=)_2-1,3-N_2C_4H_2-1]-OC_4H_5-OH-3-(CH_2-OH)-4$
2'-deoxy-ribosyl-thymine

dtma   N-[2-{(2-aminoethyl)amino}ethyl] glycine, ion(1-)
$[NH_2-CH_2CH_2-NH-CH_2CH_2-NH-CH_2-COO]^-$
diethylenetriamine-1-acetate

5'-dTMP   thymidine-5'-(dihydrogenmonophosphate)
$(CH_3)(O=)_2-N_2C_4H_2-OC_4H_5(OH)-CH_2-O-P(=O)(OH)_2$
thymidine-5'-monophosphate

dTMP   thymidine-5'-(dihydrogenmonophosphate)
$(CH_3)(O=)_2-N_2C_4H_2-OC_4H_5(OH)-CH_2-O-P(=O)(OH)_2$
thymidine-5'-monophosphate

DTNB   3,3'-dithiobis(6-nitrobenzoic acid)
$6-NO_2-C_6H_3(COOH)-3-SS-3-C_6H_3(COOH)-6-NO_2$

dtne   1,2-ethanediyl-1,1'-bis[2,3,4,5,6,7,8,9-octahydro 1H-1,4,7-triazonine]
$[-C_2H_4-NH-C_2H_4-NH-C_2H_4-]N-C_2H_4-N[-C_2H_4-NH-C_2H_4-NH-C_2H_4-]$
1,2-di(1,4,7-triaza-1-cyclononyl)ethane

DTDA   N-tridecyl 1-tridecanamine
$(C_{13}H_{27})_2NH$
di-(tridecylamine)

DTNP   2,2'-dithiobis(5-nitropyridine)
$5-NO_2-NC_5H_3-2-SS-2-NC_5H_3-5-NO_2$

DTP   phosphoric acid bis(4-methylphenyl) ester, ion(1-)
$[O-P(=O)(O-C_6H_4-4-CH_3)_2]^-$
di-(p-tolyl)phosphate

DTPA   N,N'-bis[bis{2-(carboxymethylamino)}ethyl] glycine
$(HOOC-CH_2)_2N-CH_2CH_2-N(CH_2-COOH)-CH_2CH_2-N(CH_2-COOH)_2$
diethylenetriaminepentaacetic acid

DTPE   N,N'-bis[bis{2-(carboxymethylamino)}ethyl] glycine
$(HOOC-CH_2)_2N-CH_2CH_2-N(CH_2-COOH)-CH_2CH_2-N(CH_2-COOH)_2$
Diethylentriaminpentaessigsäure

1,12-DTPR   phenanthro[1,10-cb:8,9-c'b']bisthiopyran
$1,12-S_2C_{18}H_{10}$
1,12-dithiaperylene

1,7-DTPR

anthra[1,9-cb:5,10-c'b']bisthiopyran
$1,7\text{-}S_2C_{18}H_{10}$
1,7-dithiaperylene

3,10-DTPR

phenanthro[1,10-bc:8,9-b'c']bisthiopyran
$3,10\text{-}S_2C_{18}H_{10}$
3,10-dithiaperylene

3,9-DTPR

anthra[1,9-bc:5,10-b'c']bisthiopyran
$3,9\text{-}S_2C_{18}H_{10}$
3,9-dithiaperylene

3,10-DTPR(Ph)2

2,11-diphenyl phenanthro[1,10-bc:8,9-b'c']bisthiopyran
$2,11\text{-}(C_6H_5)_2\text{-}3,10\text{-}S_2C_{18}H_8$
2,11-diphenyl 3,10-dithiaperylene

1,6-DTPY

[1]benzothiopyrano[6,5,4-def][1]benzothiopyran
$1,6\text{-}S_2C_{14}H_8$
1,6-dithiapyrene

1,8-DTPY

[2]benzothiopyrano[6,5,4-def][1]benzothiopyran
$1,8\text{-}S_2C_{14}H_8$
1,8-dithiapyrene

DTSP

1,1'-[dithiobis{(1-oxo-3,1-propanediyl)oxy}]bis(2,5-pyrrolidinedione)
$[\text{-}S\text{-}CH_2CH_2\text{-}COO\text{-}1\text{-}NC_4H_4(=O)_2\text{-}2,5]_2$
3,3'-dithio-bis(succinimidylpropionate)

DTT

threo-1,4-dimercapto-2,3-butanediol
$HS\text{-}CH_2\text{-}CH(OH)\text{-}CH(OH)\text{-}CH_2\text{-}SH$
1,4-dithio-threitol

5'-dTTP

thymidine-5'-(tetrahydrogentriphosphate)
$(CH_3)(O=)_2\text{-}N_2C_4H_2\text{-}OC_4H_5(OH)\text{-}CH_2\text{-}O\text{-}[P(O)(OH)O]_2\text{-}P(O)(OH)_2$
thymidine-5'-triphosphate

dTTP

thymidine-5'-(tetrahydrogentriphosphate)
$(CH_3)(O=)_2\text{-}N_2C_4H_2\text{-}OC_4H_5(OH)\text{-}CH_2\text{-}O\text{-}[P(O)(OH)O]_2\text{-}P(O)(OH)_2$
thymidine-5'-triphosphate

DUP

1,2-benzenedicarboxylic acid bis(undecyl) ester
$1,2\text{-}[C_{11}H_{23}\text{-}O\text{-}C(=O)]_2\text{-}C_6H_4$
di-undecylphthalate

dUTP

2'-deoxyuridine-5'-(tetrahydrogentriphosphate)
$(O=)_2\text{-}N_2C_4H_3\text{-}OC_4H_5(OH)\text{-}CH_2\text{-}O\text{-}[P(=O)(OH)\text{-}O]_2\text{-}P(=O)(OH)_2$
2'-deoxyuridine-5'-triphosphate

DVB

diethenyl benzene
$(CH_2=CH)_2C_6H_4$
divinylbenzene

DVTMDS — 1,3-diethenyl-1,1,3,3-tetramethyl disilazane
$CH_2=CH-Si(CH_3)_2-NH-Si(CH_3)_2-CH=CH_2$
1,3-divinyl-1,1,3,3-tetramethyl disilazane

DXE — 1,1'-ethylenebis(3,4-dimethylbenzene)
$CH_3-CH[C_6H_3-3,4-(CH_3)_2]_2$
dixylyl ethane

Dyp — bipyridyl
$NC_5H_4-NC_5H_4$
dipyridyl

E — ethene
$CH_2=CH_2$
ethylene

E — 2-amino pentanedioic acid
$HOOC-CH_2CH_2-CH(NH_2)-COOH$
glutamic acid

E 4 P — 2,3-dihydroxy-4-(phosphonooxy) butanal
$HCO-CH(OH)-CH(OH)-CH_2-O-P(=O)(OH)_2$
erythrose-4-phosphate

E605 — phosphorothioic acid O,O-bis(ethyl)-O-(4-nitrophenyl) ester
$(C_2H_5-O)_2P(=S)-O-C_6H_4-NO_2-4$

Ea — ethanamine
$C_2H_5-NH_2$

EACA — 6-amino hexanoic acid
$NH_2-(CH_2)_5-COOH$
epsilon-amino-caproic acid

EAcAc — 3-oxo butanoic acid ethyl ester
$CH_3-C(=O)-CH_2-COO-C_2H_5$
ethylacetoacetate

EACS — 6-amino hexanoic acid
$NH_2-(CH_2)_5-COOH$
ε-Aminocapronsäure

EAP — N-(2-hydroxyethyl) phosphoramidic acid
$O=P(OH)_2-NH-CH_2CH_2-OH$

25E14B — 2,5-diethoxy 2,5-cyclohexadiene-1,4-dione
$2,5-(C_2H_5-O)_2-C_6H_2(=O)_2-1,4$
2,5-diethoxy-1,4-benzoquinone

EBAMEP — 1,2-ethanediylbis[1-amino(1-methyl)ethylphosphonic acid]
$(HO)_2P(=O)-C(CH_3)_2-NH-CH_2CH_2-NH-C(CH_3)_2-P(=O)(OH)_2$

EBDP   cis-1,2-ethenediylbis[(diphenyl)phosphine]
$(C_6H_5)_2P\text{-}CH=CH\text{-}P(C_6H_5)_2$
cis-ethylene-1,2-bis(diphenylphosphine)

EBDPM   methylenebis[bis(2-ethylbutyl)phosphine] dioxide
$[(C_2H_5)_2CH\text{-}CH_2]_2P(=O)\text{-}CH_2\text{-}P(=O)[CH_2\text{-}CH(C_2H_5)_2]_2$

EBIDMP   1,2-ethanediylbis[aminobis(methylphosphonic acid)]
$[(HO)_2P(=O)\text{-}CH_2]_2N\text{-}CH_2CH_2\text{-}N[CH_2\text{-}P(=O)(OH)_2]_2$
ethylenebis[iminodi(methylphosphonic acid)]

ebpa   N,N-bis(2-pyridylmethyl) pyridine-2-ethanamine
$(NC_5H_4\text{-}2\text{-}CH_2)_2N\text{-}CH_2CH_2\text{-}2\text{-}NC_5H_4$
2-(2-pyridyl)-N,N-bis(2-pyridylmethyl) ethanamine

EBT   2-[4-(ethylsulfonyl)phenylmethylidene]hydrazinecarbothiamide
$4\text{-}[C_2H_5\text{-}S(=O)_2]\text{-}C_6H_4\text{-}CH=N\text{-}NH\text{-}CS\text{-}NH_2$
p-ethylsulfonyl-benzaldehyde-thiosemicarbazone

EC   ethyl cellulose

Ecea   ß-alanine ethyl ester
$NH_2\text{-}CH_2CH_2\text{-}COO\text{-}C_2H_5$
ethoxycarbonylethylamine

ECH   2-chloro ethanol
$Cl\text{-}CH_2CH_2\text{-}OH$
ethylene chlorohydrin

ed3a   N-(carboxymethyl)-N-[2-{(carboxymethyl)amino}ethyl]glycine, ion(3-)
$[OOC\text{-}CH_2\text{-}NH\text{-}CH_2CH_2\text{-}N(CH_2\text{-}COO)_2]^-$
ethylenediaminetriacetate

12Eda   1,2-ethanediamine
$NH_2\text{-}CH_2CH_2\text{-}NH_2$

EDA   1,2-ethanediamine
$NH_2\text{-}CH_2CH_2\text{-}NH_2$
ethylene diamine

EDA   1,2-ethanediaminium
$[NH_3\text{-}CH_2CH_2\text{-}NH_3]^{2+}$
ethylene diammonium

EDANS   5-(2-aminoethylamino) 1-naphthalenesulfonic acid
$NH_2\text{-}CH_2CH_2\text{-}NH\text{-}5\text{-}C_{10}H_6\text{-}1\text{-}SO_3H$
5-ethyldiamine naphthalene-1-sulfonic acid

EDB   1,2-dibromo ethane
$Br\text{-}CH_2CH_2\text{-}Br$
ethylene dibromide

EDC N'-(ethylcarbonimidoyl)-N,N-dimethyl 1,3-propanediamine
$C_2H_5-N=C=N-CH_2CH_2CH_2-N(CH_3)_2$
1-ethyl-3-(3-dimethylaminopropyl)carbodiimide

EDCI N'-(ethylcarbonimidoyl)-N,N-dimethyl 1,3-propanediamine
$C_2H_5-N=C=N-CH_2CH_2CH_2-N(CH_3)_2$
1-ethyl-3-(3-dimethylaminopropyl)carbodiimide

EDDA N,N'-(1,2-ethanediyl) diglycine
$HOOC-CH_2-NH-CH_2CH_2-NH-CH_2-COOH$
N,N'-ethylenediaminediacetic acid

edda N,N'-(1,2-ethanediyl)bis(glycine), ion(2-)
$[OOC-CH_2-NH-CH_2CH_2-NH-CH_2-COO]^{2-}$
ethylenediaminediacetate

eddams 2-[2-{bis(carboxymethyl)amino}ethylamino] butanedioic acid, ion(4-)
$[(OOC-CH_2)_2N-CH_2CH_2-NH-CH(COO)-CH_2-COO]^{4-}$
ethylenediamine-N,N-diacetate-N'-monosuccinate

eddda N,N'-1,2-ethanediylbis[N-(carboxymethyl)-ß-alanine], ion(4-)
$[OOC-CH_2CH_2-N(CH_2-COO)-CH_2CH_2-N(CH_2-COO)-CH_2CH_2-COO]^{4-}$
ethylenediamine-N,N'-di-3-propionate-N,N'-diacetate

EDDIF 1,2-ethanediylbis[amino(1-methyl)ethylidyne]bis(phosphonic acid)
$(HO)_2P(=O)-C(CH_3)_2-NH-CH_2CH_2-NH-C(CH_3)_2-P(=O)(OH)_2$
ethylenediamine diisopropyl phosphonic acid

EDDIP 1,2-ethanediylbis[amino(1-methyl)ethylidyne]bis(phosphonic acid)
$(HO)_2P(=O)-C(CH_3)_2-NH-CH_2CH_2-NH-C(CH_3)_2-P(=O)(OH)_2$
ethylenediamine diisopropyl phosphonic acid

EDDP phosphorodithioic acid O-ethyl-S,S-diphenyl ester
$C_2H_5-O-P(=O)(S-C_6H_5)_2$
O-ethyl-S,S-diphenyl dithiophosphate

EDDPI 1,2-ethanediylbis(aminomethylphosphinic acid)
$HO-PH(=O)-CH_2-NH-CH_2CH_2-NH-CH_2-PH(=O)-OH$
ethylenediamine-N,N'-di(methylenephosphinic) acid

EDDPO 1,2-ethanediylbis(aminomethylphosphonic acid)
$(HO)_2P(=O)-CH_2-NH-CH_2CH_2-NH-CH_2-P(=O)(OH)_2$
ethylenediamine-N,N'- bis(methylenephosphonic acid)

edds N,N'-(1,2-ethanediyl)bis(aspartic acid), ion(4-)
$[OOC-CH_2-CH(COO)-NH-CH_2CH_2-NH-CH(COO)-CH_2-COO]^{4-}$
ethylenediamine-N,N'-disuccinate

EDG 2-(2-ethoxyethoxy) ethanol
$C_2H_5-O-CH_2CH_2-O-CH_2CH_2-OH$
ethyl-diglycol

edma

N-(2-aminoethyl) glycine, ion(1-)
[NH$_2$-CH$_2$CH$_2$-NH-CH$_2$-COO]$^-$
ethylenediaminemonoacetate

EDNA

N,N'-dinitro 1,2-ethanediamine
NO$_2$-NH-CH$_2$CH$_2$-NH-NO$_2$
ethylene dinitramine

EDPA

2-ethyl-3,3-diphenyl-2-propenamine
(C$_6$H$_5$)$_2$C=C(C$_2$H$_5$)-CH$_2$-NH$_2$

edpa

N,N'-(1,2-ethanediyl)bis[N-(carboxymethyl)alanine], ion (4-)
[OOC-CH(CH$_3$)-N(CH$_2$-COO)CH$_2$CH$_2$-N(CH$_2$-COO)CH(CH$_3$)-COO]$^{4-}$
ethylenediamine-N,N'-diacetate-N,N'-di-α-propionate

EDPO

1,2-ethanediylbis[(diphenyl)phosphine oxide]
(C$_6$H$_5$)$_2$P(=O)-CH$_2$CH$_2$-P(=O)(C$_6$H$_5$)$_2$
1,2-bis(diphenylphosphine)ethane dioxide

EDPTA

1,2-ethanediyldiphosphinidene tetrakis(acetic acid)
(HOOC-CH$_2$)$_2$P-CH$_2$CH$_2$-P(CH$_2$-COOH)$_2$
ethylenediphosphine tetraacetic acid

EDTA

N,N'-(1,2-ethanediyl)bis[N-(carboxymethyl)glycine], ion (4-)
[(OOC-CH$_2$)$_2$N-CH$_2$CH$_2$-N(CH$_2$-COO)$_2$]$^{4-}$
ethylenediaminetetraacetate

EDTA

N,N'-(1,2-ethanediyl)bis[(N-carboxymethyl)glycine]
(HOOC-CH$_2$)$_2$N-CH$_2$CH$_2$-N(CH$_2$-COOH)$_2$
ethylenediaminetetraacetic acid

Edta

N,N'-(1,2-ethanediyl)bis[(N-carboxymethyl)glycine]
(HOOC-CH$_2$)$_2$N-CH$_2$CH$_2$-N(CH$_2$-COOH)$_2$
ethylenediaminetetraacetic acid

edta

N,N'-(1,2-ethanediyl)bis[N-(carboxymethyl)glycine], ion (4-)
[(OOC-CH$_2$)$_2$N-CH$_2$CH$_2$-N(CH$_2$-COO)$_2$]$^{4-}$
ethylenediaminetetraacetate

EDTN

2,4-dichloro-6-(4-ethoxy-1-naphthalenyl)1,3,5-triazine
2,4-Cl$_2$-6-(C$_2$H$_5$-O-4-C$_{10}$H$_6$-1)-1,3,5-N$_3$C$_3$
1-ethoxy-4-(2,4-dichloro-1,3,5-triazinyl)-naphthalene

EDTP

1,2-ethanediylbis[aminobis(methylphosphonic acid)]
[(HO)$_2$P(=O)-CH$_2$]$_2$N-CH$_2$CH$_2$-N[CH$_2$-P(=O)(OH)$_2$]$_2$
ethylenediamine tetramethylphosphonic acid

edtp

N,N'-(1,2-ethanediyl)bis[N-{2-(carboxy)ethyl}-ß-alanine], ion(4-)
[(OOC-CH$_2$CH$_2$)$_2$N-CH$_2$CH$_2$-N(CH$_2$CH$_2$-COO)$_2$]$^{4-}$
ethylenediaminetetrapropionate

EDTPI

1,2-ethanediylbis[aminobis(methylphosphinic acid)]
[HO-PH(=O)-CH$_2$]$_2$N-CH$_2$CH$_2$-N[CH$_2$-PH(=O)-OH]$_2$
ethylenediamine-N,N,N',N'-tetra(methylenephosphinic acid)

EDTRI
N-[2-{bis(carboxymethyl)amino}ethyl] glycine
$HOOC-CH_2-NH-CH_2CH_2-N(CH_2-COOH)_2$
ethylenediamine-N,N',N'-triacetic acid

EEDMP
N-[2-(ethylamino)ethyl] ß-alanine, ion(1-)
$[C_2H_5-NH-CH_2CH_2-NH-CH_2CH_2-COO]^-$
N-ethyl-ethylenediamine-N'-mono-3-propionate

EEDQ
2-ethoxy 1(2H)-quinolinecarboxylic acid ethyl ester
$2-(C_2H_5-O)-1-NC_9H_6-(COO-C_2H_5)-1$
2-ethoxy-N-ethoxycarbonyl-1,2-dihydroquinoline

EEDTA
N,N'-[oxybis(2,1-ethanediyl)]bis[N-(carboxymethyl)glycine]
$(HOOC-CH_2)_2N-CH_2CH_2-O-CH_2CH_2-N(CH_2-COOH)_2$
ethyletherdiamine-N,N,N',N'-tetraacetic acid

eedta
N,N'-[oxybis(2,1-ethanediyl)]bis[N-(carboxymethyl)glycine], ion(4-)
$[(OOC-CH_2)_2N-CH_2CH_2-O-CH_2CH_2-N(CH_2-COO)_2]^{4-}$
ethyletherdiamine-N,N,N',N'-tetraacetate

een
N-ethyl 1,2-ethanediamine
$NH_2-CH_2CH_2-NH-C_2H_5$
N-ethylethylenediamine

EFCO
2-methyl-trans-1,3-pentadiene-iron-tricarbonyl
$[\{CH_2=C(CH_3)CH=CH-CH_3\}Fe(CO)_3]$

EG
1,2-ethanediol
$HO-CH_2CH_2-OH$
ethyleneglycol

EG
N,N'-[1,2-ethanediylbis(oxy-2,1-ethanediyl)]bis[(N-carboxymethyl)glycine]
$(HOOC-CH_2)_2N-CH_2CH_2-O-CH_2CH_2-O-CH_2CH_2-N(CH_2-COOH)_2$
ethyleneglycol bis(2-aminoethylether)-tetraacetic acid

EGA
acetic acid 2-ethoxyethyl ester
$CH_3-COO-CH_2CH_2-O-C_2H_5$
Ethylglykolacetat

EGMME
2-methoxy ethanol
$CH_3-O-CH_2CH_2-OH$
ethylene glycol monomethylether

EGTA
N,N'-[1,2-ethanediylbis(oxy-2,1-ethanediyl)]bis[(N-carboxymethyl)glycine]
$(HOOC-CH_2)_2N-CH_2CH_2-O-CH_2CH_2-O-CH_2CH_2-N(CH_2-COOH)_2$
ethyleneglycol bis(2-aminoethylether)-tetraacetic acid

EHDPM
methylenebis[bis(2-ethylhexyl)phosphine oxide]
$[C_4H_9-CH(C_2H_5)-CH_2]_2P(=O)-CH_2-P(=O)[CH_2-CH(C_2H_5)-C_4H_9]_2$
bis-(di-2-ethylhexylphosphinyl)methane

2EHHPP
phenylphosphonic acid mono(2-ethylhexyl) ester
$C_6H_5-P(=O)(OH)-O-CH_2-CH(C_2H_5)-C_4H_9$
2-ethylhexyl hydrogen phenylphosphonate

EHHPP

phenylphosphonic acid mono(2-ethylhexyl) ester
$C_6H_5-P(=O)(OH)-O-CH_2-CH(C_2H_5)-C_4H_9$
2-ethylhexyl hydrogen phenylphosphonate

(EHO)2(Φ)PO

phenylphosphonic acid bis(2-ethylhexyl) ester
$C_6H_5-P(=O)[O-CH_2-CH(C_2H_5)-C_4H_9]_2$
bis(2-ethylhexyl)phenylphosphonate

EHO(Φ)PO(OH)

phenylphosphonic acid mono(2-ethylhexyl) ester
$C_6H_5-P(=O)(OH)-O-CH_2-CH(C_2H_5)-C_4H_9$
2-ethylhexyl hydrogen phenylphosphonate

EHP

phosphoric acid mono(2-ethylhexyl) ester, ion(2-)
$[(O-)_2P(=O)-O-CH_2-CH(C_2H_5)-C_4H_9]^{2-}$
(2-ethylhexyl)phosphate

2-EH(Φ)PA

phosphoric acid mono(2-ethylhexyl) monophenyl ester
$HO-P(=O)(O-C_6H_5)-O-CH_2-CH(C_2H_5)-C_4H_9$
2-ethylhexylphenyl-phosphoric acid

EHPA

phosphoric acid bis(2-ethylhexyl) ester
$HO-P(=O)[O-CH_2-CH(C_2H_5)-C_4H_9]_2$
di(2-ethylhexyl)phosphoric acid

EHΦP

phosphoric acid mono(2-ethylhexyl) monophenyl ester, ion(1-)
$[O-P(=O)(O-C_6H_5)-O-CH_2-CH(C_2H_5)-C_4H_9]^-$
(2-ethylhexyl)phenylphosphate

2EHPPA

phenylphosphonic acid mono(2-ethylhexyl) ester
$C_6H_5-P(=O)(OH)-O-CH_2-CH(C_2H_5)-C_4H_9$
2-ethylhexyl phenylphosphonic acid

2-EHPPA

phenylphosphonic acid mono(2-ethylhexyl) ester
$C_6H_5-P(=O)(OH)-O-CH_2-CH(C_2H_5)-C_4H_9$
2-ethylhexyl phenylphosphonate

elam

2-amino ethanol
$NH_2-CH_2CH_2-OH$
ethanolamine

EMal

propanedioic acid monoethyl ester
$HOOC-CH_2-COO-C_2H_5$
ethyl malonate

EMCS

1-[6-{(2,5-dioxo-1-pyrrolidinyl)oxy}-6-oxohexyl] 1H-pyrrole-2,5-dione
$2,5-(=O)_2-NC_4H_4-1-O-C(=O)-(CH_2)_5-1-NC_4H_2(=O)_2-2,5$
N-(ε-maleimidocaproyloxy)-succinimide

EN

1,2-ethanediamine
$NH_2-CH_2CH_2-NH_2$
ethylene diamine

En

1,2-ethanediamine
NH_2-CH_2CH_2-NH_2
ethylene diamine

ENTA

N,N'-(1,2-ethanediyl)bis[(N-carboxymethyl)glycine]
$(HOOC$-$CH_2)_2N$-CH_2CH_2-$N(CH_2$-$COOH)_2$
ethylene diamine tetraacetic acid

ENU

N-ethyl-N-nitroso urea
NH_2-$C(=O)$-$N(C_2H_5)$-$N=O$

EO

oxirane
OC_2H_4
ethylene oxide

Eoa

2-amino ethanol
NH_2-CH_2CH_2-OH
ethanolamine

EPA

5,8,11,14,17-eicosapentaenoic acid
C_2H_5-$(CH=CH$-$CH_2)_5$-CH_2CH_2-$COOH$

EPD

ethyl phosphorous dichloride
C_2H_5-PCl_2

EPN

phenylphosphonothioic acid O-ethyl-O-(4-nitrophenyl) ester
C_2H_5-O-$P(C_6H_5)(=S)$-O-C_6H_4-4-NO_2
O-ethyl-O-p-nitrophenyl-phenylthionophosphate

EPPS

3-[4-(2-hydroxyethyl)-1-piperazinyl] 1-propanesulfonic acid
HO-CH_2CH_2-4-$(1,4$-$N_2C_4H_8)$-1-$CH_2CH_2CH_2$-SO_3H

EPTC

N,N-dipropyl thiocarbamic acid S-ethyl ester
$(C_3H_7)_2N$-$C(=O)$-S-C_2H_5
S-ethyl-N,N-dipropyl-thiocarbamate

EPTD

ethylphosphonothioic dichloride
C_2H_5-$P(=S)Cl_2$
ethylphosphorous thiodichloride

epy

N-ethylpyridinium, ion(1+)
$[C_2H_5$-1-$NC_5H_5]^+$

Ers

3-hydroxy-4-[(2-hydroxy-1-naphthalenyl)azo]-1-naphthalenesulfonic acid,
monosodium salt
$Na\ [3$-HO-4-$(2$-HO-$C_{10}H_6$-1-$N=N)$-$C_{10}H_5$-1-$SO_3]$
Eriochromblauschwarz R

ES

1,3,2-dioxathiolane-2-oxide
$1,3,2$-$O_2SC_2H_4(=O)$-2
ethylene sulfite

Esb

3-hydroxy-4-[(1-hydroxy-2-naphthalenyl)azo]-1-naphthalenesulfonic acid, monosodium salt

Na [3-HO-4-(1-HO-$C_{10}H_6$-2-N=N)-$C_{10}H_5$-1-SO_3]

Eriochromblauschwarz B

Est

3-hydroxy-4-[(1-hydroxy-2-naphthalenyl)azo]-7-nitro1-naphthalenesulfonic acid, monosodium salt

Na [3-HO-4-(1-HO-$C_{10}H_6$-2-N=N)-7-NO_2-$C_{10}H_4$-1-SO_3]

Eriochromschwarz T

ET

2,2'-bis(5,6-dihydro-1,3-dithiolo[4,5-b][1,4]dithiin)

2-(1,3,4,7-$S_4C_5H_4$-2)-1,3,4,7-$S_4C_5H_4$

bis(ethylenedithiolo)-tetrathiafulvalene

Et

ethyl-

C_2H_5-

ET4DIEN

N,N-diethyl-N'-[2-(diethylamino)ethyl]-1,2-ethanediamine

$(C_2H_5)_2$N-CH_2CH_2-NH-CH_2CH_2-N$(C_2H_5)_2$

N,N,N',N'-tetraethyl-diethylene triamine

ETDTPY

2,3,9,10-tetrahydro naphtho[1'',8'':4,5,6;5'',4'':4',5',6']bisthiopyrano-[2,3-b:2',3'-b']bis[1,4]dithiin

1,4,7,8,11,14-$S_6C_{18}H_{12}$

bis(ethylenedithio)-1,6-dithiapyrene

ETFE

poly(1,1,2,2-tetrafluoro-1,4-butanediyl)

[-CF_2-CF_2-CH_2-CH_2-]$_n$

ethylene-tetrafluorethylene-copolymere

EtGly

N-ethyl glycine

C_2H_5-NH-CH_2-COOH

EtOH

ethanol

C_2H_5-OH

ETPB

4-ethyl 2,6,7-trioxa-1-phosphabicyclo[2.2.2]octane

4-C_2H_5-[2.2.2]-2,6,7,1-$O_3PC_4H_6$

etpb

4-ethyl 2,6,7-trioxa-1-phosphabicyclo[2.2.2]octane

4-C_2H_5-[2.2.2]-2,6,7,1-$O_3PC_4H_6$

ETRIPHOS

[2-((diethylphosphino)methyl)-2-methyl-1,3-propanediyl]bis[diethylphosphine]

CH_3-C[CH_2-P$(C_2H_5)_2$]$_3$

ethylidynetris[methyl(diethyl)phosphine]

ETSA

trimethylsilylacetic acid ethyl ester

$(CH_3)_3$Si-CH_2-COO-C_2H_5

ethyl trimethyl silyl acetate

4EtTSC

N-ethyl hydrazinecarbothiamide

NH_2-NH-C(=S)-NH-C_2H_5

4-ethyl thiosemicarbazide

TYA

5,8,11,14-eicosatetraynoic acid
C_5H_{11}-CC-CH_2-CC-CH_2-CC-CH_2-CC-$CH_2CH_2CH_2$-COOH

etz

1-ethyl 1H-tetrazole
1-C_2H_5-N_4CH

Eu-Resolve

tris(2,2,6,6-tetramethyl-3,5-heptanedionato-O,O'-)europium
Eu[t-C_4H_9-C(-O)=CH-C(=O)-C_4H_9-t]$_3$

ExCAc

propanedioic acid monoethyl ester
HOOC-CH_2-COO-C_2H_5
ethoxycarbonylacetic acid

F

phenylalanine
C_6H_5-CH_2-CH(NH_2)-COOH

F-2,6-P

D-fructofuranose-2,6-bis(dihydrogenphosphate)
$(HO)_2$P(=O)-O-CH_2-OC_4H_3(CH_2-OH)(OH)$_2$-O-P(=O)(OH)$_2$
fructose-2,6-biphosphate

F2C

furan-2-carboxylic acid
OC_4H_3-2-COOH

F3C

furan-3-carboxylic acid
OC_4H_3-3-COOH

FAc

fluoro acetic acid
CH_2F-COOH

facam

3-trifluoroacetyl-1,7,7-trimethyl bicyclo[2.2.1]heptan-2-one
3-[CF_3-C(=O)]-1,7,7-$(CH_3)_3$-C_7H_6(=O)-2
3-trifluoroacetyl-d-camphorate

FAD

flavin-adenine-dinucleotide

FADH

flavin-adenine-dinucleotide (reduced)

1-FAL

1-fluoro propadiene
CHF=C=CH_2
1-fluoroallene

FAM

1-(3-fluoranthenyl) 1H-pyrrole-2,5-dione
1-($C_{16}H_9$-3)-NC_4H_2(=O)$_2$-2,5
N-(3-fluoroanthyl) maleimide

FAMSO

(methylsulfinyl) (methylthio) methane
CH_3-S(=O)-CH_2-S-CH_3

FCCP

[4-(trifluoromethoxy)phenyl]hydrazono propanedinitrile
$(NC)_2$C=N-NH-C_6H_4-4-O-CF_3
4-trifluoromethoxy-carbonylcyanidephenylhydrazone

1-FCP

1-fluorocyclopropene
1-F-c-C_3H_3

3-FCP

3-fluorocyclopropene
$3\text{-F-c-C}_3\text{H}_3$

FDMA

perfluoro-N-cyclohexyl-N,N-dimethyl methanamine
$(CF_3)_2\text{N-CF}_2\text{-c-C}_6\text{F}_{11}$
perfluoro-N,N-dimethyl cyclohexyl methylamine

FDNB

1-fluoro-2,4-dinitro benzene
$1\text{-F-2,4-(NO}_2)_2\text{-C}_6\text{H}_3$

FDP

D-fructofuranose-1,6-bis(dihydrogenphosphate)
$(HO)_2\text{P(=O)-O-CH}_2\text{-OC}_4\text{H}_3(OH)_3\text{-CH}_2\text{-O-P(=O)(OH)}_2$
D-fructose-1,6-diphosphate

Ferbam

iron tris(N,N-dimethyldithiocarbamate)
$\text{Fe }[(CH_3)_2\text{N-C(=S)S}]_3$

FFCO

1,3-cyclohexadiene-iron-tricarbonyl
$[(C_6H_8)\text{Fe(CO)}_3]$

FFDNB

1,5-difluoro-2,4-dinitro benzene
$1,5\text{-F}_2\text{-2,4-(NO}_2)_2\text{-C}_6\text{H}_2$

FF-sulfon

1,1'-sulfonylbis(4-fluoro-3-nitrobenzene)
$4\text{-F-3-NO}_2\text{-C}_6\text{H}_3\text{-S(=O)}_2\text{-C}_6\text{H}_3(\text{F-4})\text{-NO}_2\text{-3}$
bis(4-fluoro-3-nitrophenyl)-sulfone

1-FIQTSC

2-(1-isoquinolinylmethylidene) hydrazinecarbothiamide
$2\text{-NC}_9\text{H}_6\text{-[CH=N-NH-C(=S)-NH}_2]\text{-1}$
1-formylisoquinoline thiosemicarbazone

FITC

3',6'-dihydroxy-5-/6-isothiocyanatospiro[isobenzofuran-1(3H),9'-[9H]xanthen]-3-one
$3',6'\text{-(HO)}_2\text{-5-/6-(S=C=N)-2,10'-O}_2\text{C}_{20}\text{H}_9(=O)\text{-3}$
fluorescein isothiocyanate

FL

fluorene
$C_{13}H_{10}$

FLEC

carbonochloridic acid 1-(9H-fluoren-9-yl)ethyl ester
$CH_3\text{-CH(9-C}_{13}\text{H}_9)\text{-O-C(=O)-Cl}$
1-(9-fluorenyl)-ethyl-chloroformiate

FMN

riboflavin-5'-(dihydrogenphosphate)
$(CH_3)_2(O=)_2\text{C}_{10}\text{H}_3\text{N}_4\text{-CH}_2\text{-[CH(OH)]}_3\text{-CH}_2\text{-O-P(=O)(OH)}_2$
flavin mononucleotide

FMOC

(9H-fluoren-9-ylmethoxy)carbonyl
$C_{13}H_9\text{-9-CH}_2\text{-O-C(=O)-}$

FMOC-Cl

carbonochloridic acid 9H-fluoren-9-ylmethyl ester
$9\text{-(Cl-COO-CH}_2)\text{-C}_{13}\text{H}_8$
9-fluorenylmethoxycarbonyl chloride

144

FMOC-ONSu

1-[{(9H-fluoren-9-ylmethoxy)carbonyl}oxy] 2,5-pyrrolidinedione
1-$(C_{13}H_9$-9-CH_2-O-COO)-$NC_4H_4(=O)_2$-2,5
(9H-fluoren-9-ylmethoxy)carbonyl-succinimide

FNT

trans-1,2-dithiolo 2-butenedinitrile, ion(2-)
$[NC\text{-}C(\text{-}S)=C(\text{-}S)\text{-}CN]^{2-}$
fumaronitriledithiolate

fod

6,6,7,7,8,8,8-heptafluoro-2,2-dimethyl 3,5-octanedione
C_3F_7-C(=O)-CH_2-C(=O)-C_4H_9-t

1-FPP

1-fluoropropyne
F-CC-CH_3

3-FPP

3-fluoropropyne
HCC-CH_2F

2FPy

2-fluoropyridine
2-F-NC_5H_4

2-FPYTSC

2-(2-pyridylmethylidene) hydrazinecarbothiamide
NC_5H_4-[CH=N-NH-C(=S)-NH_2]-2
2-formylpyridine thiosemicarbazone

4-FPYTSC

2-(4-pyridylmethylidene) hydrazinecarbothiamide
NC_5H_4-[CH=N-NH-C(=S)-NH_2]-4
4-formylpyridine-thiosemicarbazone

Fru

D-fructose
HO-CH_2-C(=O)-CH(OH)-CH(OH)-CH(OH)-CH_2-OH

F-Säure

7-amino 2-naphthalenesulfonic acid
7-NH_2-$C_{10}H_6$-SO_3H-2
7-Amino-2-naphthalinsulfonsäure

F-Säure

7-hydroxy 2-naphthalenesulfonic acid
7-HO-$C_{10}H_6$-SO_3H-2
7-Hydroxy-2-naphthalinsulfonsäure

FSH4

2-[4-(2-amino-4-hydroxy-5,6,7,8-tetrahydropteridin-6-ylmethylamino)phenyl-
carbamoyl] pentanedioic acid
NH_2-$N_4C_6H_5$(OH)-CH_2-NH-C_6H_4-C(=O)NH-CH(COOH)-CH_2CH_2-COOH
Tetrahydrofolsäure

2-FTTSC

2-(2-thienylmethylidene) hydrazinecarbothiamide
SC_4H_3-2-CH=N-NH-C(=S)-NH_2
2-formylthiophene-thiosemicarbazone

FUDR

2'-deoxy-5-fluoro uridine
2,4-$(O=)_2$-1,3-$N_2C_4H_2$(F-5)-[1-OC_4H_5(OH-3)-4-CH_2-OH]-1

FumA

trans-2-butenedioic acid
HOOC-CH=CH-COOH
fumaric acid

FUrd

5-fluoro uridine
2,4-$(O=)_2$-1,3-$N_2C_4H_2$(F-5)-[1-OC_4H_4{$(OH)_2$-2,3}-4-CH_2-OH]-1

1-FVM

1-fluoropropene
$CHF=CH-CH_3$
1-fluorovinylmethylene

3-FVM

3-fluoropropene
$CH_2=CH-CH_2F$
3-fluorovinylmethylene

G

D-glucose
$OCH-CH(OH)-CH(OH)-CH(OH)-CH(OH)-CH_2$-OH

G

amino acetic acid
NH_2-CH_2-COOH
glycine

G

2-amino 6H-purin-6-one
2-NH_2-6-(O=)-1,3,7,9-$N_4C_5H_3$
guanine

G

2-amino-1,9-dihydro-9-ß-D-ribofuranosyl-6H-purin-6-one
NH_2-$N_4C_5H_2$(=O)-$OC_4H_4(OH)_2$-CH_2-OH
guanosine

G-1,6-P2

D-glucopyranose-1,6-bis(dihydrogenphosphate)
5-[$(HO)_2$P(=O)-O-CH_2]-OC_5H_5[$(OH)_3$-2,3,4]-1-OP(=O)$(OH)_2$
glucose-1,6-diphosphate

G-1-P

D-glucopyranose-1-dihydrogenphosphate
5-(HO-CH_2)-OC_5H_5[$(OH)_3$-2,3,4]-1-OP(=O)$(OH)_2$
glucose-1-phosphate

G-6-P

D-glucopyranose-6-dihydrogenphosphate
1,2,3,4-$(HO)_4$-OC_5H_5-5-CH_2-OP(=O)$(OH)_2$
glucose-6-phosphate

GA3

10-carboxy...decahydro-2,7-hydroxy-1-methyl-8-methylene 4a,1-(epoxymethano)-
7,9a-methanobenz[a]azulen-13-one
10-HOOC-2,7-$(HO)_2$-1-CH_3-8-$(CH_2=)$-12-$OC_{16}H_{14}$-(=O)-13
gibberellic acid

GABA

4-amino butanoic acid
NH_2-$CH_2CH_2CH_2$-COOH
γ-aminobutyric acid

GABOB

4-amino-3-hydroxy butanoic acid
NH_2-CH_2-CH(OH)-CH_2-COOH
γ-amino-ß-hydroxy butyric acid

Gal

D-galactose
$OCH-CH(OH)-CH(OH)-CH(OH)-CH(OH)-CH_2$-OH

146

GBE
2-butoxy ethanol
C_4H_9-O-CH_2CH_2-OH
butyl glycolate

GBH
1,2,3,4,5,6-hexachloro (1α,2α,3β,4α,5α,6β)-cyclohexane
1,2,3,4,5,6-Cl_6-c-C_6H_6
γ-hexachloro cyclohexane

GBHA
2,2'-(1,2-ethanediylidenedinitrilo)bisphenol
HO-C_6H_4-2-N=CH-CH=N-2-C_6H_4-OH
glyoxal-bis(2-hydroxyanil)

GC
1,2,3-propanetriol
HO-CH_2-CH(OH)-CH_2-OH
glycerol

Gcd
2-pentene-1,5-dione
OCH-CH_2-CH=CH-CHO
glutaconic dialdehyde

5'-GDP
guanosine-5'-(trihydrogendiphosphate)
(O=)(NH_2)$N_4C_5H_2$-OC_4H_4(OH)$_2$-CH_2-O-P(=O)(OH)-O-P(=O)(OH)$_2$
guanosine-5'-diphosphate

GDP
guanosine-5'-(trihydrogendiphosphate)
(O=)(NH_2)$N_4C_5H_2$-OC_4H_4(OH)$_2$-CH_2-O-P(=O)(OH)-O-P(=O)(OH)$_2$
guanosine-5'-diphosphate

GDP-ß-S
5'-guanylic acid, monoanhydride with phosphorothioic acid
(O=)(NH_2)$N_4C_5H_2$-OC_4H_4(OH)$_2$-CH_2-O-P(=O)(OH)-O-P(=O)(OH)-SH
guanosine-5'-[ß-thio]diphosphate

GEMSA
[{2-((aminoiminomethyl)amino)ethyl}thio] butanedioic acid
NH_2-C(=NH)-NH-CH_2CH_2-S-CH(COOH)-CH_2-COOH
guanidinoethyl mercaptosuccinic acid

GFCO
bicyclo[2.2.1]heptadiene-iron-tricarbonyl
[([2.2.1]-C_7H_8)Fe(CO)$_3$]

GI
amino acetic acid
NH_2-CH_2-COOH
glycine

Glac
1,2,3-propanetriol
HO-CH_2-CH(OH)-CH_2-OH
glycyl alcohol

Glc
D-glucose
OCH-CH(OH)-CH(OH)-CH(OH)-CH(OH)-CH_2-OH

Glc-1,6-PP.4CHA
α-D-glucopyranose-1,6-bis(dihydrogenphosphate), compound with cyclohexanamine (1:4)
[c-C_6H_{11}-NH_3]$_4$ [2,3,4-(HO)$_3$-OC_5H_5(O-PO$_3$-1)-5-CH_2-O-PO$_3$]
α-D-glucose-1,6-diphosphate tetracyclohexylammonium

GlcA D-gluconic acid
HO-CH$_2$-CH(OH)-CH(OH)-CH(OH)-CH(OH)-COOH

GlcN 2-amino-2-deoxy-D-glucopyranose
5-(HO-CH$_2$)-OC$_5$H$_5$(NH$_2$-2)(OH)$_3$-1,3,4
D-glucosamine

Glcn 7-dimethylamino-4-hydroxy-3-oxo 1(3H)-phenoxazinecarboxylic acid
7-(CH$_3$)$_2$N-4-HO-3-(O=)-5,10-ONC$_{12}$H$_4$-1-COOH
gallocyanine

GlcNAc 2-acetylamino-2-deoxy-D-glucopyranose
5-(HO-CH$_2$)-OC$_5$H$_5$-2-[NH-C(=O)-CH$_3$]-1,3,4-(OH)$_3$
N-acetyl-D-glucosamine

GlcUA D-glucuronic acid
5-HOOC-OC$_5$H$_5$(OH)$_4$-1,2,3,4

Gln 2,5-diamino-5-oxo pentanoic acid
NH$_2$-C(=O)-CH$_2$CH$_2$-CH(NH$_2$)-COOH
glutamine

GlOH 1,2-ethanediol
HO-CH$_2$CH$_2$-OH
glycol

Glt 2,6-piperidinedione
NC$_5$H$_7$(=O)$_2$-2,6
glutarimide

Glta pentanedioic acid
HOOC-CH$_2$CH$_2$CH$_2$-COOH
glutaric acid

Glu 1,2,3,4,5-pentahydroxy hexanoic acid, ion(1-)
[HO-CH$_2$-CH(OH)-CH(OH)-CH(OH)-CH(OH)-COO]$^-$
gluconate

Glu 2-amino pentanedioic acid
HOOC-CH$_2$CH$_2$-CH(NH$_2$)-COOH
glutamic acid

glu glutamic acid, ion(2-)
[OOC-CH$_2$CH$_2$-CH(NH$_2$)-COO]$^{2-}$
glutamate

Glu(NH2) 2,5-diamino-5-oxo pentanoic acid
NH$_2$-C(=O)-CH$_2$CH$_2$-CH(NH$_2$)-COOH
glutamine

Glx 2-amino pentanedioic acid
HOOC-CH$_2$CH$_2$-CH(NH$_2$)-COOH
glutamic acid

148

Glx
2,5-diamino-5-oxo pentanoic acid
NH_2-C(=O)-CH_2CH_2-CH(NH_2)-COOH
glutamine

Gly
glycine
NH_2-CH_2-COOH

gly
glycine, ion(1-)
[NH_2-CH_2-COO]⁻
glycinate

GM
2-methoxy ethanol
CH_3-O-CH_2CH_2-OH
glycol-monomethylether

GMBS
1-[4-{(2,5-dioxo-1-pyrrolidinyl)oxy}-4-oxobutyl] 1H-pyrrole-2,5-dione
2,5-$(O=)_2$-NC_4H_4-1-O-C(=O)-$CH_2CH_2CH_2$-1-$NC_4H_2(=O)_2$-2,5
N-(γ-maleimidobutyryloxy)-succinimide

GME
2-methoxy ethanol
CH_3-O-CH_2CH_2-OH
glycol methyl ether

GMO
9-octadecenoic acid 2,3-dihydroxypropyl ester
C_8H_{17}-CH=CH-$(CH_2)_7$-COO-CH_2-CH(OH)-CH_2-OH
glycerol monooleate

2'-GMP
guanosine-2'-(dihydrogenmonophosphate)
(O=)$(NH_2)N_4C_5H_2$-OC_4H_4(OH)(CH_2-OH)-O-P(=O)$(OH)_2$
guanosine-2'-monophosphate

3'-GMP
guanosine-3'-(dihydrogenmonophosphate)
(O=)$(NH_2)N_4C_5H_2$-OC_4H_4(OH)(CH_2-OH)-O-P(=O)$(OH)_2$
guanosine-3'-monophosphate

5'-GMP
guanosine-5'-(dihydrogenmonophosphate)
(O=)$(NH_2)N_4C_5H_2$-$OC_4H_4(OH)_2$-CH_2-O-P(=O)$(OH)_2$
guanosine-5'-monophosphate

GMP
guanosine-5'-(dihydrogenmonophosphate)
(O=)$(NH_2)N_4C_5H_2$-$OC_4H_4(OH)_2$-CH_2-O-P(=O)$(OH)_2$
guanosine-5'-monophosphate

GMP-PCP
5'-guanylic acid, monoanhydride with methylenebis(phosphonic acid)
(O=)$(NH_2)N_4C_5H_2$-$OC_4H_4(OH)_2$-CH_2-[OP(O)(OH)]$_2$-CH_2-P(O)$(OH)_2$
guanosine-5'-[β,γ-methylene]triphosphate

GMP-PNP
5'-guanylic acid, monoanhydride with imidodiphosphoric acid
(O=)$(NH_2)N_4C_5H_2$-$OC_4H_4(OH)_2$-CH_2-[OP(O)(OH)]$_2$-NH-P(O)$(OH)_2$
guanosine-5'-[β,γ-imido]triphosphate

GMS
octadecanoic acid 2,3-dihydroxypropyl ester
$C_{17}H_{35}$-COO-CH_2-CH(OH)-CH_2-OH
glycerol monostearate

Gpl

N,N'-bis(1-methylethyl) 1,2-ethanediimine
i-C_3H_7-N=CH-CH=N-C_3H_7-i
glyoxal-bis(isopropylimine)

G-Salz

7-hydroxy 1,3-naphthalenedisulfonic acid, ion(2-)
$[7\text{-HO-}C_{10}H_5\text{-}1,3\text{-}(SO_3)_2]^{2-}$
7-Hydroxy-1,3-naphthalindisulfonsäure-Salz

G-Säure

7-hydroxy 1,3-naphthalenedisulfonic acid
$7\text{-HO-}C_{10}H_5\text{-}(SO_3H)_2\text{-}1,3$

GSH

N-(N-L-γ-glutamyl-L-cysteinyl) glycine
HS-CH_2-CH[C(=O)-NH-CH_2-COOH]-NH-C(=O)-CH_2CH_2-CH(NH_2)-COOH
glutathione-SH

GSSG

N-(N-L-γ-glutamyl-L-cysteinyl) glycine (2-2')-disulfide
[HOOC-CH(NH_2)CH_2CH_2-C(=O)NH-CH{C(=O)NH-CH_2-COOH}CH_2-S-]$_2$
glutathione-S-S-glutathione

5'-GTP

guanosine-5'-(tetrahydrogentriphosphate)
(O=)(NH_2)$N_4C_5H_2$-OC_4H_4(OH)$_2$-CH_2-O[P(=O)(OH)O]$_2$-P(=O)(OH)$_2$
guanosine-5'-triphosphate

GTP

guanosine-5'-(tetrahydrogentriphosphate)
(O=)(NH_2)$N_4C_5H_2$-OC_4H_4(OH)$_2$-CH_2-O[P(=O)(OH)O]$_2$-P(=O)(OH)$_2$
guanosine-5'-triphosphate

GTP-γ-S

guanosine-5'-trihydrogendiphosphoric acid, monoanhydride with
phosphorothioic acid
(O=)(NH_2)$N_4C_5H_2$-OC_4H_4(OH)$_2$-CH_2-[OP(=O)(OH)]$_2$-OP(=O)(OH)SH
guanosine-5'-[γ-thio]triphosphate

Gu

guanidine
NH_2-C(=NH)-NH_2

Guo

2-amino-1,9-dihydro-9-ß-D-ribofuranosyl-6H-purin-6-one
2-NH_2-(1,3,7,9-$N_4C_5H_2$-9)-1'-OC_4H_4[(OH)$_2$-2',3']-4'-CH_2-OH
guanosine

H

2-amino-3-(1H-imidazol-4-yl) propanoic acid
1,3-$N_2C_3H_3$-4-CH_2-CH(NH_2)-COOH
histidine

H2B2EDP

1,2-ethanediyldiphosphonic acid dibutyl ester
C_4H_9-O-P(=O)(OH)-CH_2CH_2-P(=O)(OH)-O-C_4H_9
di-n-butylethane-1,2-diphosphonic acid

H2BITS

benzoic acid 2-[{(2,3-dihydro-2-oxa-1H-indol-3-ylidene)hydrazino}thioxomethyl]
hydrazide
3-[C_6H_5-C(=O)-NH-NH-C(=S)-NH-N=]-1-NC_8H_5(=O)-2
4-benzamino-1-satin-3-thiosemicarbazone

H2Cbdmpz 1,1'-methylenebis[(3,5-dimethyl)-1H-pyrazole]
[3,5-$(CH_3)_2$-1,2-N_2C_3H-1]$_2$CH$_2$
bis(3,5-dimethylpyrazolyl)methane

H2Cbpz 1,1'-methylenebis(1H-pyrazole)
(1,2-$N_2C_3H_3$-1)$_2$CH$_2$
bis(1-pyrazolyl)methane

H2dapd 2,6-diacetylpyridine-dioxime
2,6-[CH_3-C(=N-OH)]$_2$-NC_5H_3

H2dbzdto N,N'-bis[phenylmethyl] ethanedithioamide
C_6H_5-CH_2-NH-C(=S)-C(=S)-NH-CH_2-C_6H_5
N,N'-dibenzyl-dithio-oxamide

H2dmdto N,N'-dimethyl ethanedithioamide
CH_3-NH-C(=S)-C(=S)-NH-CH_3
N,N'-dimethyl-dithio-oxamide

H2dpm 4-(2-aminoethyl) benzene-1,2-diol
1,2-$(HO)_2$-C_6H_3-[CH_2CH_2-NH_2]-4
dopamine

H2EHP phosphoric acid mono(2-ethylhexyl) ester
$(HO)_2$P(=O)-O-CH_2-CH(C_2H_5)-C_4H_9
mono(2-ethylhexyl) phosphoric acid

H2[EHP] (2-ethyl)hexylphosphonic acid
$(HO)_2$P(=O)-CH_2-CH(C_2H_5)-C_4H_9

H2IDA iminodiacetic acid
HN(CH_2-COOH)$_2$

H2KTS 2,2'-[1-(1-methyl-2-oxabutyl)-1,2-ethanediylidene]bis(hydrazinecarbothiamide)
NH_2-C(=S)-NH-N=CH-C[CH(CH_3)-O-C_2H_5]=N-NH-C(=S)-NH_2

H2MBP phosphoric acid monobutyl ester
$(HO)_2$P(=O)-O-C_4H_9
Monobutylphosphorsäure

H2MEHP phosphoric acid mono(2-ethylhexyl) ester
$(HO)_2$P(=O)-O-CH_2-CH(C_2H_5)-C_4H_9
mono-2-ethylhexylphosphoric acid

H2MOP phosphoric acid monooctyl ester
$(HO)_2$P(=O)-O-C_8H_{17}
mono-n-octylphosphoric acid

H2MOΦP phosphoric acid mono[4-(1,1,3,3-tetramethylbutyl)phenyl] ester
$(HO)_2$P(=O)-O-C_6H_4-4-O-C(CH_3)$_2$-CH_2-C(CH_3)$_3$
mono[p-(iso-octyl)phenyl]phosphoric acid

H2nad

4-[(2-amino-1-hydroxy)ethyl] benzene-1,2-diol
1,2-(HO)$_2$-C$_6$H$_3$-[CH(OH)-CH$_2$-NH$_2$]-4
noradrenaline

H2napbu

2,2'-[1,4-butanediylbis(nitrilomethylidyne)]bis(naphthalen-1-ol)
HO-1-C$_{10}$H$_6$-2-CH=N-(CH$_2$)$_4$-N=CH-2-C$_{10}$H$_6$-1-OH

H2napdec

2,2'-[1,10-decanediylbis(nitrilomethylidyne)]bis(naphthalen-1-ol)
HO-1-C$_{10}$H$_6$-2-CH=N-(CH$_2$)$_{10}$-N=CH-2-C$_{10}$H$_6$-1-OH

H2napen

2,2'-[1,2-ethanediylbis(nitrilomethylidyne)]bis(naphthalen-1-ol)
HO-1-C$_{10}$H$_6$-2-CH=N-CH$_2$CH$_2$-N=CH-2-C$_{10}$H$_6$-1-OH

H2nappn

2,2'-[1,3-propanediylbis(nitrilomethylidyne)]bis(naphthalen-1-ol)
HO-1-C$_{10}$H$_6$-2-CH=N-CH$_2$CH$_2$CH$_2$-N=CH-2-C$_{10}$H$_6$-1-OH

H2O2EDP

1,2-ethanediylbis[phosphonic acid monooctyl ester]
C$_8$H$_{17}$-O-P(=O)(OH)-CH$_2$CH$_2$-P(=O)(OH)-O-C$_8$H$_{17}$
dioctyl-P,P'-ethane-1,2-diphosphonic acid

H2(OP)

n-octylphosphonic acid
C$_8$H$_{17}$-P(=O)(OH)$_2$

H2prot

4-[1-hydroxy-2-{(1-methylethyl)amino}ethyl]1,2-benzenediol
1,2-(HO)$_2$-C$_6$H$_3$-[CH(OH)-CH$_2$-NH-CH(CH$_3$)$_2$]-4
isoproterenol

H3(sal)3tach

2,2',2''-[1,3,5-cyclohexanetriyltris(nitrilomethylidyne)] trisphenol
c-C$_6$H$_9$-(N=CH-2-C$_6$H$_4$-OH)$_3$-1,3,5
1,3,5-tris(salicylaldimino)cyclohexane

H3TEA

2,2',2''-nitrilotris(ethanol)
N(CH$_2$CH$_2$-OH)$_3$
triethanolamine

H4CDTA

N,N'-(1,2-cyclohexanediyl)bis[N-(carboxymethyl)glycine]
1,2-[(HOOC-CH$_2$)$_2$N]$_2$-c-C$_6$H$_{10}$
cyclohexanediaminetetraacetic acid

H4DCTA

N,N'-(1,2-cyclohexanediyl)bis[N-(carboxymethyl)glycine]
1,2-[(HOOC-CH$_2$)$_2$N]$_2$-c-C$_6$H$_{10}$
1,2-diaminocyclohexane-N,N,N',N'-tetraacetic acid

H4EDTA

N,N'-(1,2-ethanediyl)bis[(N-carboxymethyl)glycine]
(HOOC-CH$_2$)$_2$N-CH$_2$CH$_2$-N(CH$_2$-COOH)$_2$
ethylenediaminetetraacetic acid

H4EEDTA

N,N'-[oxybis(2,1-ethanediyl)]bis[N-(carboxymethyl)glycine]
(HOOC-CH$_2$)$_2$N-CH$_2$CH$_2$-O-CH$_2$CH$_2$-N(CH$_2$-COOH)$_2$

H4EGTA

N,N'-[1,2-ethanediylbis(oxy-2,1-ethanediyl)]bis[(N-carboxymethyl)glycine]
(HOOC-CH$_2$)$_2$N-CH$_2$CH$_2$-O-CH$_2$CH$_2$-O-CH$_2$CH$_2$-N(CH$_2$-COOH)$_2$
ethyleneglycol bis(2-aminoethylether)-tetraacetic acid

H4PDTA

N,N'-(1-methyl-1,2-ethanediyl)bis[N-(carboxymethyl)glycine]
$(HOOC-CH_2)_2N-CH(CH_3)-CH_2-N(CH_2-COOH)_2$
propylenediamine-N,N,N',N'-tetraacetic acid

H5DTPA

N,N'-bis[bis{2-(carboxymethylamino)}ethyl] glycine
$(HOOC-CH_2)_2N-CH_2CH_2-N(CH_2-COOH)-CH_2CH_2-N(CH_2-COOH)_2$
N,N,N',N',N''-diethylenetriamine pentaacetic acid

H5DTPE

N,N'-bis[bis{2-(carboxymethylamino)}ethyl] glycine
$(HOOC-CH_2)_2N-CH_2CH_2-N(CH_2-COOH)-CH_2CH_2-N(CH_2-COOH)_2$
Diethylentriaminpentaessigsäure

H-7

1-(5-isoquinolinylsulfonyl)-2-methyl piperazine
$1-[2-NC_9H_6-5-S(=O)_2]-2-CH_3-1,4-N_2C_4H_8$

HAA

2,4-pentanedione
$CH_3-C(=O)-CH_2-C(=O)-CH_3$
acetylacetone

HABA

2-[(4-hydroxyphenyl)azo] benzoic acid
$HOOC-C_6H_4-2-N=N-C_6H_4-4-OH$

Hacac

2,4-pentanedione
$CH_3-C(=O)-CH_2-C(=O)-CH_3$
acetylacetone

H(Acac)

2,4-pentanedione
$CH_3-C(=O)-CH_2-C(=O)-CH_3$
acetylacetone

Had

4-[1-hydroxy-2-(methylamino)ethyl] benzene-1,2-diol
$1,2-(HO)_2-C_6H_3-[CH(OH)-CH_2-NH-CH_3]-4$
adrenaline

HAPAAP

4-(2-hydroxyphenylethylidenamino)-1,5-dimethyl-2-phenyl 1,2-dihydro-
3H-pyrazol-3-one
$4-[HO-2-C_6H_4-C(CH_3)=N]-1,5-(CH_3)_2-2-C_6H_5-1,2-N_2C_3(=O)-3$
4-N-(2'-hydroxyacetophenylidene)-aminoantipyrine

Hatb

2-(1H-benzimidazol-2-ylmethylthio) ethanamine
$1,3-N_2C_7H_5-2-CH_2-S-CH_2CH_2-NH_2$
2-[(2-aminoethyl)thiomethyl]benzimidazole

Hati

2-(4-/5-imidazolylmethylthio) ethanamine
$1,3-N_2C_3H_3-(CH_2-S-CH_2CH_2-NH_2)-4/-5$
4-/5-[(2-aminoethyl)thiomethyl]imidazole

Hatmi

2-[(5'-methyl)4-imidazolylmethylthio] ethanamine
$1,3-N_2C_3H_2(CH_3-5)-(CH_2-S-CH_2CH_2-NH_2)-4$
4-[(2-aminoethyl)thiomethyl]-5-methyl-imidazole

HB

hexachlorobutadiene
$CCl_2=CCl-CCl=CCl_2$

HBAAP
1,2-dihydro-4-(2-hydroxyphenylmethylenamino)-1,5-dimethyl-2-phenyl
3H-pyrazol-3-one
4-(HO-2-C_6H_4-CH=N)-1,5-$(CH_3)_2$-2-C_6H_5-1,2-N_2C_3(=O)-3
4-N-(2'-hydroxybenzylidene)-aminoantipyrine

HBBA
N-benzoyl benzamide
C_6H_5-C(=O)NH-C(=O)-C_6H_5

HBD
hexabutyl distannoxane
$(C_4H_9)_3$Sn-O-Sn$(C_4H_9)_3$

HBED
N,N'-(2-hydroxyphenylmethyl)-N,N'-(1,2-ethanediyl)diglycine
HO-2-C_6H_4-CH_2-N(CH_2-COOH)-CH_2CH_2-N(CH_2-COOH)CH_2-C_6H_4-2-OH
N,N'-bis(2-hydroxybenzyl)ethylenediamine-N,N'-diacetic acid

HBEDPO
1,2-ethanediylbis[(2-hydroxyphenylmethyl)aminomethylphosphonic acid]
[$(HO)_2$P(=O)-CH_2-N(CH_2-C_6H_4-2-OH)-CH_2-$]_2$

HBme3pz
1,1',1''-borylidynetris[(3,4,5-trimethyl)-1H-pyrazole]
[3,4,5-$(CH_3)_3$-1,2-N_2C_3-1-$]_3$B

HBmepz
1,1',1''-borylidynetris[(4-methyl)-1H-pyrazole]
[4-CH_3-1,2-$N_2C_3H_2$-1-$]_3$B

HBPMP
2,6-bis[bis(2-pyridylmethyl)aminomethyl]-4-methyl phenol
2,6-[(NC_5H_4-2-$CH_2)_2$N-$CH_2]_2$-C_6H_2(CH_3-4)-OH

HBPT
hexabutyl phosphoramide
O=P[N$(C_4H_9)_2]_3$
hexabutylphosphoric acid triamide

HBpz
1,1',1''-borylidynetris(1H-pyrazole)
(1,2-$N_2C_3H_3$-1-$)_3$B

HBTU
(1H-benzotriazol-1-yloxy)bis(dimethylamino) methylium hexafluorophosphate
[1,2,3-$N_3C_6H_4$-1-O-C{-N$(CH_3)_2$}=N$(CH_3)_2$] [PF_6]
benzotriazol-1-yl-N-tetramethyl-uronium hexafluorophosphate

Hbzac
1-phenyl 1,3-butanedione
C_6H_5-C(=O)-CH_2-C(=O)-CH_3
benzoylacetone

Hbztfac
4,4,4-trifluoro-1-phenyl 1,3-butanedione
C_5H_6-C(=O)-CH_2-C(=O)-CF_3
benzoyltrifluoroacetone

HCA
11β,17α,21-trihydroxy-4-pregnene-3,20-dione 21-ester with acetic acid
17-[CH_3COO-CH_2-C(O)]-10,13-$(CH_3)_2$-11,17-$(HO)_2C_{17}H_{19}$(=O)-3
17α-hydroxycorticosterone-21-acetate

Hcapt
N-aminocarbonyl 1H-pyrrole-2-carbothioamide
NC_4H_4-2-C(=S)-NH-C(=O)NH_2
N-carboamido-2-pyrrolethioamide

154

HCB   hexachloro benzene
C_6Cl_6

HCB   5-chloro-2-hydroxyphenyl phenyl methanone
$5\text{-}Cl\text{-}2\text{-}HO\text{-}C_6H_3\text{-}C(=O)\text{-}C_6H_5$
5-chloro-2-hydroxy-benzophenone

HCBD   1,1,2,3,4,4-hexachloro 1,3-butadiene
$CCl_2=CCl\text{-}CCl=CCl_2$

HCC   1,2,3,4,5,6-hexachloro (1α,2α,3ß,4α,5α,6ß)-cyclohexane
$1,2,3,4,5,6\text{-}Cl_6\text{-}c\text{-}C_6H_6$
γ-hexachlorocyclohexane

Hcept   1H-pyrrol-2-ylthioxomethyl carbamic acid ethyl ester
$NC_4H_4\text{-}2\text{-}C(=S)\text{-}NH\text{-}COO\text{-}C_2H_5$
N-carboethoxy-2-pyrrolethioamide

Hcett   2-thienylthioxomethyl carbamic acid ethyl ester
$SC_4H_3\text{-}2\text{-}C(=S)\text{-}NH\text{-}COO\text{-}C_2H_5$
N-carboethoxy-2-thiophenethioamide

HCH   1,2,3,4,5,6-hexachloro (1α,2α,3ß,4α,5α,6ß)-cyclohexane
$1,2,3,4,5,6\text{-}Cl_6\text{-}c\text{-}C_6H_6$
1,2,3,4,5,6-hexachloro cyclohexane

H.C.N.B.   benzenehexacarbonitrile
$C_6(CN)_6$
hexacyano benzene

HCP   hexachloro cyclopentadiene
$c\text{-}C_5Cl_6$

Hcppt   N-phenylaminocarbonyl 1H-pyrrole-2-carbothioamide
$NC_4H_4\text{-}2\text{-}C(=S)\text{-}NH\text{-}C(=O)NH\text{-}C_6H_5$
N-carbophenylamido-2-pyrrolethioamide

Hcpt   1H-pyrrol-1-ylthioxomethyl carbamic acid ethyl ester
$NC_4H_4\text{-}1\text{-}C(=S)\text{-}NH\text{-}COO\text{-}C_2H_5$
N-carboethoxy-1-pyrrolethioamide

HCSC   3-[(aminocarbonyl)-1-hydrazinyl-2-ylidenemethyl] 4H-1-benzopyran-4-one
$3\text{-}[NH_2\text{-}C(=O)\text{-}NH\text{-}N=CH]\text{-}1\text{-}OC_9H_5(=O)\text{-}4$
chromone-3-carboxaldehyde semicarbazone

HCtpz   methylidyne-1,1',1''-tris(1H-pyrazole)
$(1,2\text{-}N_2C_3H_3\text{-}1)_3CH$
tris(1-pyrazolyl)methane

Hctt   4-methylphenylthioxomethyl carbamic acid ethyl ester
$CH_3\text{-}4\text{-}C_6H_4\text{-}C(=S)\text{-}NH\text{-}COO\text{-}C_2H_5$
N-carboethoxy-4-toluenethioamide

HD2EHP

phosphoric acid bis(2-ethylhexyl) ester
$HO-P(=O)[O-CH_2-CH(C_2H_5)-C_4H_9]_2$
di(2-ethylhexyl)phosphoric acid

Hda

1-hexadecanamine
$C_{16}H_{33}-NH_2$

HDAP

phosphoric acid dialkyl ester
$HO-P(=O)(O-R)_2$
dialkylphosphoric acid

HDAP

phosphoric acid dipentyl ester
$HO-P(=O)(O-C_5H_{11})_2$
di-n-amylphosphoric acid

HDBEP

phosphoric acid bis[2-(butoxy)ethyl] ester
$HO-P(=O)(O-CH_2CH_2-O-C_4H_9)_2$
di(butoxyethyl)phosphoric acid

Hdbm

1,3-diphenyl 1,3-propanedione
$C_6H_5-C(=O)-CH_2-C(=O)-C_6H_5$
dibenzoylmethane

HDBP

phosphoric acid dibutyl ester
$HO-P(=O)(O-C_4H_9)_2$
dibutyl phosphoric acid

HDBPA

phosphoric acid dibutyl ester
$HO-P(=O)(O-C_4H_9)_2$
dibutyl phosphoric acid

Hdcdto

N,N'-bis(cyclohexyl) ethanedithioamide
$c-C_6H_{11}-NH-C(=S)-C(=S)-NH-c-C_6H_{11}$
N,N'-dicyclohexyl-dithio-oxamide

H(dcm)

1,3-bis(1,2,2,3-tetramethylcyclopentyl) 1,3-propanedione
$1,2,2,3-(CH_3)_4-C_5H_5-1-C(=O)CH_2-C(=O)-1-C_5H_5(CH_3)_4-1,2,2,3$
d,d-dicampholylmethane

HDDP

phosphoric acid didecyl ester
$HO-P(=O)(O-C_{10}H_{21})_2$
didecylphosphoric acid

HD(DP)

decylphosphonic acid monodecyl ester
$C_{10}H_{21}-P(=O)(OH)-O-C_{10}H_{21}$
decyldecylphosphonic acid

HDEHP

phosphoric acid bis(2-ethylhexyl) ester
$HO-P(=O)[O-CH_2-CH(C_2H_5)-C_4H_9]_2$
di(ethylhexyl)phosphoric acid

HDEP

phosphoric acid diethyl ester
$HO-P(=O)(O-C_2H_5)_2$
diethylphosphoric acid

HDHoEP

phosphoric acid bis[(2-hexyloxy)ethyl] ester
$HO\text{-}P(=O)(O\text{-}CH_2CH_2\text{-}O\text{-}C_6H_{13})_2$
di[2-(n-hexyloxy)ethyl] phosphoric acid

HDHP

phosphoric acid dihexyl ester
$HO\text{-}P(=O)(O\text{-}C_6H_{13})_2$
di-n-hexylphosphoric acid

HDI

1,6-diisocyanato hexane
$OCN\text{-}(CH_2)_6\text{-}NCO$
hexamethylene-1,6-diisocyanate

HDIAP

phosphoric acid bis(3-methylbutyl) ester
$HO\text{-}P(=O)(O\text{-}C_5H_{11}\text{-}i)_2$
diisoamylphosphoric acid

HDIBP

phosphoric acid bis(2-methylpropyl) ester
$HO\text{-}P(=O)(O\text{-}C_4H_9\text{-}i)_2$
di-isobutylphosphoric acid

HDNP

phosphoric acid dinaphthalenyl ester
$HO\text{-}P(=O)(O\text{-}C_{10}H_7)_2$
dinaphthylphosphoric acid

HDNP

phosphoric acid dinonyl ester
$HO\text{-}P(=O)(O\text{-}C_9H_{19})_2$
dinonylphosphoric acid

HDOAA

arsonic acid dioctyl ester
$O=AsH(O\text{-}C_8H_{17})_2$
di-(n-octyl)arsonic acid

HDOP

phosphoric acid dioctyl ester
$HO\text{-}P(=O)(O\text{-}C_8H_{17})_2$
di-n-octylphosphoric acid

HDPA

phosphoric acid mono(heptadecyl) ester
$(HO)_2P(=O)\text{-}O\text{-}C_{17}H_{35}$
heptadecylphosphoric acid

HDPB

1,4-butanediylbis[(dihexyl)phosphine oxide]
$(C_6H_{13})_2P(=O)\text{-}CH_2CH_2\text{-}CH_2CH_2\text{-}P(=O)(C_6H_{13})_2$
bis-(di-n-hexylphosphinyl)butane

HD-pCl-PP

phosphoric acid bis(4-chlorophenyl) ester
$HO\text{-}P(=O)(O\text{-}C_6H_4\text{-}4\text{-}Cl)_2$
di-(p-chlorophenyl)phosphoric acid

Hdpdma

N,N'-diphenyl propanedithioic amide
$C_6H_5\text{-}NH\text{-}C(=S)\text{-}CH_2\text{-}C(=S)\text{-}NH\text{-}C_6H_5$
N,N'-diphenyl-dithiomalonamide

HDPE
1,2-ethanediylbis[(dihexyl)phosphine oxide]
$(C_6H_{13})_2P(=O)-CH_2CH_2-P(=O)(C_6H_{13})_2$
bis-(di-n-hexylphosphinyl)ethane

HDPM
methylenebis[(dihexyl)phosphine oxide]
$(C_6H_{13})_2P(=O)-CH_2-P(=O)(C_6H_{13})_2$
bis-(di-n-hexylphosphinyl)methane

Hdpm
2,2,6,6-tetramethyl 3,5-heptanedione
$t-C_4H_9-C(=O)-CH_2-C(=O)-C_4H_9-t$
dipivaloylmethane

HDPP
1,3-propanediylbis[(dihexyl)phosphine oxide]
$(C_6H_{13})_2P(=O)-CH_2CH_2CH_2-P(=O)(C_6H_{13})_2$
bis-(di-n-hexylphosphinyl)propane

HDPP
phosphoric acid diphenyl ester
$HO-P(=O)(O-C_6H_5)_2$
diphenylphosphoric acid

hdta
N,N'-(1,6-hexanediyl)bis[N-(carboxymethyl)glycine], ion (4-)
$[(OOC-CH_2)_2N-(CH_2)_6-N(CH_2-COO)_2]^{4-}$
hexamethylenediaminetetraacetate

HDTP
phosphoric acid bis(4-methylphenyl) ester
$HO-P(=O)(O-C_6H_4-4-CH_3)_2$
di-(p-tolyl)phosphoric acid

HEA
2-amino ethanol
$NH_2-CH_2-CH_2-OH$
ethanolamine

HEBA
2-hydroxy-2-ethyl butanoic acid
$(C_2H_5)_2C(OH)-COOH$

Hed
N-[2-{bis(carboxymethyl)amino}ethyl]-N-(2-hydroxyethyl) glycine
$HO-CH_2CH_2-N(CH_2-COOH)-CH_2CH_2-N(CH_2-COOH)_2$
N-hydroxyethylethylenediamine-N,N',N'-triacetic acid

hed3a
N-(carboxymethyl)-N-[2-{(carboxymethyl)(2-hydroxyethyl)amino}ethyl] glycine, ion(3-)
$[OOC-CH_2-N(CH_2CH_2-OH)-CH_2CH_2-N(CH_2-COO)_2]^{3-}$
N-hydroxyethylethylenediamine-N,N',N'-triacetate

HEDIEN
8-amino 3,6-diazaoctanol
$HO-CH_2CH_2-NH-CH_2CH_2-NH-CH_2CH_2-NH_2$
N-(2-hydroxyethyl)diethylenetriamine

HEDP
1-hydroxy ethylidenediphosphonic acid
$CH_3-C(OH)[P(=O)(OH)_2]_2$

HEDTA
N-[2-{bis(carboxymethyl)amino}ethyl]-N-(hydroxyethyl)glycine
$HOOC-CH_2-N(CH_2CH_2-OH)-CH_2CH_2-N(CH_2-COOH)_2$
N-hydroxyethyl ethylenediamine triacetate

158

HEDTE

N-[2-{bis(carboxymethyl)amino}ethyl]-N-(hydroxyethyl)glycine
HOOC-CH$_2$-N(CH$_2$CH$_2$-OH)-CH$_2$CH$_2$-N(CH$_2$-COOH)$_2$
N'-(2-Hydroxyethyl)ethylendiamin-N,N,N'-triessigsäure

HEH(ClMP)

chloromethylphosphonic acid mono(2-ethylhexyl) ester
Cl-CH$_2$-P(=O)(OH)-O-CH$_2$-CH(C$_2$H$_5$)-C$_4$H$_9$
2-ethylhexylhydrogenchloromethylphosphonic acid

HEH(EHP)

2-ethylhexylphosphonic acid mono(2-ethylhexyl) ester
C$_4$H$_9$-CH(C$_2$H$_5$)-CH$_2$-P(=O)(OH)-O-CH$_2$-CH(C$_2$H$_5$)-C$_4$H$_9$
2-ethylhexylhydrogen(2-ethylhexylphosphonic acid)

HEHΦP

phosphoric acid mono(2-ethylhexyl) monophenyl ester
HO-P(=O)(O-C$_6$H$_5$)-O-CH$_2$-CH(C$_2$H$_5$)-C$_4$H$_9$
2-ethylhexylphenyl-phosphoric acid

Hem

2-mercapto ethanol
HS-CH$_2$CH$_2$-OH
ß-hydroxyethylmercaptan

HEMPA

hexamethyl phosphoramide
O=P[N(CH$_3$)$_2$]$_3$

HEOD

3,4,5,6,9,9-hexachloro-1a,2,2a,3,6,6a,7,7a-octahydro-
2,7:3,6-dimethanonaphth[2,3-b]oxirene
3,4,5,6,9,9-Cl$_6$-C$_{12}$H$_8$O
hexachloro-epoxy-octahydro-dimethanonaphthalene

HEPES

2-[4-(2-hydroxyethyl)-1-piperazinyl] ethanesulfonic acid
4-(HO-CH$_2$CH$_2$)-1,4-N$_2$C$_4$H$_8$-1-CH$_2$CH$_2$-SO$_3$H

HEPPS

3-[4-(2-hydroxyethyl)-1-piperazinyl] propanesulfonic acid
HO-CH$_2$CH$_2$-4-(1,4-N$_2$C$_4$H$_8$)-1-CH$_2$CH$_2$CH$_2$-SO$_3$H

HEPPSO

ß-hydroxy-4-(2-hydroxyethyl) 1-piperazinepropanesulfonic acid
4-(HO-CH$_2$CH$_2$)-1,4-N$_2$C$_4$H$_8$-1-CH$_2$-CH(OH)-CH$_2$-SO$_3$H

HET

tetraphosphoric acid hexaethyl ester
(C$_2$H$_5$-O)$_2$P(=O)-O-[P(=O)(O-C$_2$H$_5$)-O]$_2$-P(=O)(O-C$_2$H$_5$)$_2$
hexaethyl tetraphosphate

HEXA

1,3,5,7-tetraazatricyclo[3.3.1.1^{3,7}]decane
[3.3.1.1^{3,7}]-1,3,5,7-N$_4$C$_6$H$_{12}$
hexamethylene tetramine

HexA

hexanoic acid
C$_5$H$_{11}$-COOH

HFAA

heptafluoro butanoic acid anhydride
C$_3$F$_7$-C(=O)-O-C(=O)-C$_3$F$_7$

hfac

1,1,1,5,5,5-hexafluoro 2,4-pentanedione, ion(1-)
[CF$_3$-C(=O)-CH=C(-O)-CF$_3$]$^-$
hexafluoroacetylacetonate

HFB hexafluorobut-2-yne
CF_3-CC-CF_3

HFBA heptafluoro butanoic acid
C_3F_7-COOH

HFBA perfluorobutanoic acid anhydride
C_3F_7-C(=O)-O-C(=O)-C_3F_7
heptafluorobutyric anhydride

hfc 3-(2,2,3,3,4,4,4-heptafluoro-1-oxobutyl)-1,7,7-trimethyl bicyclo[2.2.1]heptan-2-one
3-[C_3F_7-C(=O)]-1,7,7-$(CH_3)_3$-C_7H_6(=O)-2
3-(heptafluoropropyl-hydroxymethylene)-d-camphorate

HFCO ethyl-trans,trans-2,4-hexadienoate-iron-tricarbonyl
[(CH_3-CH=CH-CH=CH-COO-C_2H_5)Fe$(CO)_3$]

HFIP 1,1,1,3,3,3-hexafluoro 2-propanol
CF_3-CH(OH)-CF_3
hexafluoroisopropanol

hfod 1,1,1,2,2,3,3-heptafluoro-7,7-dimethyl 4,6-octanedione, ion(1-)
[C_3F_7-C(=O)-CH=C(-O)-C_4H_9-t]⁻
1,1,1,2,2,3,3-heptafluoro-7,7-dimethyl 4,6-octanedionate

HFPO 2,2,3-trifluoro-3-trifluoromethyl oxirane
3-CF_3-OC_2F_3
hexafluoro-propylene-epoxide

HFTBA perfluoro-N,N-dibutyl 1-butanamine
$(C_4F_9)_3$N
heptacosafluoro tri-N-butylamine

HHCP 1-hydroperoxy-1'-hydroxy dicyclohexylperoxide
1-HOO-c-C_6H_{10}-1-O-O-1'-c-C_6H_{10}-OH-1'

HHDN 1,2,3,4,10,10-hexachloro-1,4,4a,5,8,8a-hexahydro-
endo-exo-1,4:5,8-dimethanonaphthalene
1,2,3,4,10,10-Cl_6-$C_{12}H_8$
hexachlorohexahydro-dimethanonaphthalene

Hhfac 1,1,1,5,5,5-hexafluoro 2,4-pentanedione
CF_3-C(=O)-CH_2-C(=O)-CF_3
hexafluoroacetylacetone

Hhfod 1,1,1,2,2,3,3-heptafluoro-7,7-dimethyl 4,6-octanedione
C_3F_7-C(=O)-CH_2-C(=O)-C_4H_9-t

HHSNN 3-hydroxy-4-[(2-hydroxy-4-sulfo-1-naphthalenyl)azo] 2-naphthalenecarboxylic acid
3-HO-4-[2-HO-$C_{10}H_5$(SO_3H-4)-1-N=N]-$C_{10}H_5$-2-COOH

HIDA N-carboxymethyl-N-(2-hydroxyethyl) glycine
HO-CH_2CH_2-N(CH_2-COOH)$_2$
N-(2-hydroxyethyl)iminodiacetic acid

2-HIMDA

N-carboxymethyl-N-(2-hydroxyethyl) glycine
$HO\text{-}CH_2CH_2\text{-}N(CH_2\text{-}COOH)_2$
N-(2-hydroxyethyl)iminodiacetic acid

HIMDA

N-carboxymethyl-N-(2-hydroxyethyl) glycine
$HO\text{-}CH_2CH_2\text{-}N(CH_2\text{-}COOH)_2$
N-(2-hydroxyethyl)iminodiacetic acid

Himda

N-carboxymethyl-N-(2-hydroxyethyl) glycine
$HO\text{-}CH_2CH_2\text{-}N(CH_2\text{-}COOH)_2$
ß-hydroxyethyliminodiacetic acid

His

2-amino-3-(1H-imidazol-4-yl) propanoic acid
$1,3\text{-}N_2C_3H_3\text{-}4\text{-}CH_2\text{-}CH(NH_2)\text{-}COOH$
histidine

HM

1H-imidazol-4-ethanamine
$1,3\text{-}N_2C_3H_3\text{-}4\text{-}CH_2CH_2\text{-}NH_2$
histamine

H.M.C.B

4-chlorophenyl 2-hydroxy-4-methoxyphenyl methanone
$4\text{-}(CH_3\text{-}O)\text{-}2\text{-}HO\text{-}C_6H_3\text{-}C(=O)\text{-}C_6H_4\text{-}4\text{-}Cl$
2-hydroxy-4-methoxy-4'-chlorobenzophenone

HMD

1,6-hexanediamine
$NH_2\text{-}(CH_2)_6\text{-}NH_2$
hexamethylenediamine

HMDA

1,6-hexanediamine
$NH_2\text{-}(CH_2)_6\text{-}NH_2$
hexamethylenediamine

HMDS

1,1,1-trimethyl-N-(trimethylsilyl) silanamine
$(CH_3)_3Si\text{-}NH\text{-}Si(CH_3)_3$
1,1,1,3,3,3-hexamethyldisilazane

HMDSO

hexamethyl disiloxane
$(CH_3)_3Si\text{-}O\text{-}Si(CH_3)_3$

HMeH(Φ)P

phenylphosphonic acid mono(1-methylheptyl) ester
$C_6H_5\text{-}P(=O)(OH)\text{-}O\text{-}CH(CH_3)\text{-}C_6H_{13}$
1-methylheptyl-phenylphosphonic acid

HMF

5-hydroxymethyl furan-2-carboxaldehyde
$5\text{-}(HO\text{-}CH_2)\text{-}OC_4H_2\text{-}2\text{-}CHO$
5-hydroxymethyl-2-furfural

HMG

3-hydroxy-3-methyl pentanedioic acid
$HOOC\text{-}CH_2\text{-}C(CH_3)(OH)\text{-}CH_2\text{-}COOH$
3-hydroxy-3-methyl glutaric acid

HMM

N,N,N',N',N'',N''-hexakis(methoxymethyl) 1,3,5-triazine-2,4,6-triamine
$2,4,6\text{-}[(CH_3\text{-}O\text{-}CH_2)_2N]_3\text{-}1,3,5\text{-}N_3C_3$
hexakis-(methoxymethyl)-melamine

HMN 2,2,4,4,6,8,8-heptamethyl nonane
$(CH_3)_3C\text{-}CH_2\text{-}C(CH_3)_2\text{-}CH_2\text{-}CH(CH_3)\text{-}CH_2\text{-}C(CH_3)_3$

HMP mixture of poly[metaphosphoric acids]
$[(HPO_3)_6]_x$
hexametaphosphate

HMPA hexamethyl phosphoramide
$O=P[N(CH_3)_2]_3$

HMPT hexamethyl phosphoramide
$O=P[N(CH_3)_2]_3$
hexamethyl phosphoric acid triamide

HMT 1,3,5,7-tetraazatricyclo[3.3.1.1^{3,7}]decane
$[3.3.1.1^{3,7}]\text{-}1,3,5,7\text{-}N_4C_6H_{12}$
hexamethylene tetramine

HMTA 1,3,5,7-tetraazatricyclo[3.3.1.1^{3,7}]decane
$[3.3.1.1^{3,7}]\text{-}1,3,5,7\text{-}N_4C_6H_{12}$
hexamethylene tetramine

HMX 1,3,5,7-tetranitro octahydro-1,3,5,7-tetrazocine
$1,3,5,7\text{-}(NO_2)_4\text{-}1,3,5,7\text{-}N_4C_4H_8$
homocyclonite

HNAAP 4-[(2-hydroxy)-1-naphthalenylmethylenamino]-1,5-dimethyl-2-phenyl-
1,2-dihydro-3H-pyrazol-3-one
$4\text{-}(HO\text{-}2\text{-}C_{10}H_6\text{-}1\text{-}CH=N)\text{-}1,5\text{-}(CH_3)_2\text{-}2\text{-}C_6H_5\text{-}1,2\text{-}N_2C_3(=O)\text{-}3$
4-N-(2-hydroxy-1'-naphthylidene)-aminoantipyrine

HN-O(ClMP) chloromethylphosphonic acid monooctyl ester
$Cl\text{-}CH_2\text{-}P(=O)(OH)\text{-}O\text{-}C_8H_{17}$
n-octylhydrogenchloromethylphosphonic acid

HOAc acetic acid
$CH_3\text{-}COOH$

HOBT 1-hydroxy 1H-benzotriazole
$1,2,3\text{-}N_3C_6H_4\text{-}1\text{-}OH$

HO(Cl2MP) dichloromethylphosphonic acid monooctyl ester
$CHCl_2\text{-}P(=O)(OH)\text{-}O\text{-}C_8H_{17}$
n-octylhydrogendichloromethylphosphonic acid

HON 2-amino-5-hydroxy-4-oxo pentanoic acid
$HO\text{-}CH_2\text{-}C(=O)\text{-}CH_2\text{-}CH(NH_2)\text{-}COOH$

HONB 3a,4,7,7a-tetrahydro-2-hydroxy 4,7-methano-1H-isoindole-1,3(2H)-dione
$2\text{-}HO\text{-}2\text{-}NC_9H_8(=O)_2\text{-}1,3$
N-hydroxy-5-norbornene-2,3-dicarbonic acid imide

HO(OP) octylphosphonic acid monooctyl ester
C_8H_{17}-P(=O)(OH)-O-C_8H_{17}
n-octylhydrogen-n-octylphosphonate

HO(Φ)P phenylphosphonic acid monooctyl ester
C_6H_5-P(=O)(OH)-O-C_8H_{17}
n-octylhydrogenphenylphosphonate

HOSA hydroxylamine-O-sulfonic acid
NH_2-O-S(=O)$_2$-OH

Hox 5-quinazolinol
1,3-$N_2C_8H_5$-5-OH
5-hydroxyquinazoline

HPDTA N,N'-[(2-hydroxy)-1,3-propanediyl]bis[(N-carboxymethyl)glycine]
(HOOC-CH_2)$_2$N-CH_2-CH(OH)-CH_2-N(CH_2-COOH)$_2$
2-hydroxy-1,3-propanediamine-tetraacetic acid

HPMo 12-molybdophosphoric acid
$H_3[P(Mo_3O_{10})_4]$

HPPH 5-(4-hydroxyphenyl)-5-phenyl 2,4-imidazolidinedione
5-(HO-4-C_6H_4)-5-C_6H_5-1,3-$N_2C_3H_2$-(=O)$_2$-2,4
5-(4-hydroxyphenyl)-5-phenylhydantoin

HPT hexamethyl phosphoramide
O=P[N(CH_3)$_2$]$_3$
hexamethylphosphoric acid triamide

HPTS 4-methyl benzenesulfonic acid
CH_3-4-C_6H_4-SO_3H
p-toluenesulfonic acid

HPW 12-tungstophosphoric acid
$H_3[P(W_3O_{10})_4]$

H-Säure 4-amino-5-hydroxy 2,7-naphthalenedisulfonic acid
4-NH_2-5-HO-$C_{10}H_4$-(SO_3H)$_2$-2,7

HSIW 12-tungstosilicic acid
$H_4[Si(W_3O_{10})_4]$

5-HT 3-(2-aminoethyl) 5(1H)-indolol
5-HO-(1-NC_8H_5)-3-CH_2CH_2-NH_2
5-hydroxy tryptamine

HT 3-(2-aminoethyl) 5(1H)-indolol
5-HO-(1-NC_8H_5)-3-CH_2CH_2-NH_2
5-hydroxy tryptamine

HTDTA N,N'-(2-hydroxy-1,3-propanediyl)bis[N-(carboxymethyl)glycine]
(HOOC-CH_2)$_2$N-CH_2-CH(OH)-CH_2-N(CH_2-COOH)$_2$
1,3-diamino-2-propanol-N,N,N',N'-tetraacetic acid

Htfac

1,1,1-trifluoro 2,4-pentanedione
CF_3-C(=O)-CH_2-C(=O)-CH_3
trifluoroacetylacetone

HTFMS

trifluoro methanesulfonic acid
CF_3-SO_3H

Htftbd

4,4,4-trifluoro-1-(2-thienyl) butane-1,3-dione
CF_3-C(=O)-CH_2-C(=O)-2-SC_4H_3

HTMP

2,2,6,6-tetramethyl piperidine
2,2,6,6-$(CH_3)_4$-NC_5H_6

5-HTP

5-hydroxy tryptophan
1-NC_8H_5(OH-5)-3-CH_2-CH(NH_2)-COOH

HTP

2-amino-3-(5-hydroxy-3-indolyl) propanoic acid
5-HO-1-NC_8H_5-3-CH_2-CH(NH_2)-COOH
5-hydroxy tryptophan

HVA

4-hydroxy-3-methoxy benzeneacetic acid
4-HO-3-$(CH_3$-O)-C_6H_3-COOH
homovanillic acid

HXTA

N,N'-[2-hydroxy-5-methyl-1,3-phenylenebis(methylene)]bis-
[N-(carboxymethyl)glycine]
$(HOOC$-$CH_2)_2$N-CH_2-C_6H_2(OH-2)(CH_3-5)-3-CH_2-N(CH_2-COOH)$_2$

Hyl

2,6-diamino-5-hydroxy hexanoic acid
NH_2-CH_2-CH(OH)-CH_2CH_2-CH(NH_2)-COOH
δ-hydroxy-L-lysine

3Hyp

3-hydroxy pyrrolidine-2-carboxylic acid
3-HO-NC_4H_7-2-COOH
3-hydroxyproline

4Hyp

4-hydroxy pyrrolidine-2-carboxylic acid
4-HO-NC_4H_7-2-COOH
4-hydroxyproline

Hyp

4-hydroxy pyrrolidine-2-carboxylic acid
4-HO-NC_4H_7-2-COOH
hydroxyproline

I

1,9-dihydro-9-ß-D-ribofuranosyl-6H-purin-6-one
6-(O=)-(1,3,7,9-$N_4C_5H_3$-9)-1'-OC_4H_4[(OH)$_2$-2',3']-4'-CH_2-OH
inosine

I

2-amino-3-methyl pentanoic acid
C_2H_5-CH(CH_3)-CH(NH_2)-COOH
isoleucin

IAA

1H-indole-3-acetic acid
NC_8H_6-3-CH_2-COOH

IAc

iodo acetic acid
I-CH$_2$-COOH

1,5-I-AEDANS

5-[2-(iodoacetylamino)ethylamino] 1-naphthalenesulfonic acid
5-[I-CH$_2$-C(=O)-NH-CH$_2$CH$_2$-NH]-C$_{10}$H$_6$-1-SO$_3$H
N-iodoacetyl-5-ethyldiamine 1-naphthalenesulfonic acid

IBA

1H-indole-3-butanoic acid
NC$_8$H$_6$-3-CH$_2$CH$_2$CH$_2$-COOH

IBA

2-methyl propanol
i-C$_4$H$_9$-OH
isobutanol

IBD

2-methyl propanal
i-C$_3$H$_7$-CHO
isobutyraldehyde

IBDU

2-methylpropylidene urea
i-C$_3$H$_7$-CH=N-C(=O)-NH$_2$
isobutylidene urea

i-biq

2,2'-isoquinoline
2-[1-NC$_9$H$_6$-2-]-1-NC$_9$H$_6$

IBMX

1-methyl-3-(2-methylpropyl) 3,7-dihydro-1H-purine-2,6-dione
1-CH$_3$-3-(i-C$_4$H$_9$)-1,3,7,9-N$_4$C$_5$H$_2$-(=O)$_2$-2,6
3-isobutyl-1-methylxanthine

iBu

2-methyl propanoic acid
i-C$_3$H$_7$-COOH
isobutyric acid

IBVE

1-ethenyloxy-2-methyl propane
i-C$_4$H$_9$-O-CH=CH$_2$
isobutylvinylether

ida

N-(carboxymethyl) glycine, ion(2-)
[HN(CH$_2$-COO)$_2$]$^{2-}$
iminodiacetate

I-Di-Säure

2-amino-5-hydroxy 1,7-naphthalenedisulfonic acid
2-NH$_2$-5-HO-C$_{10}$H$_4$-(SO$_3$H)$_2$-1,7
2-Amino-5-hydroxy-1,7-naphthalindisulfonsäure

5'-IDP

inosine-5'-(trihydrogendiphosphate)
(O=)N$_4$C$_5$H$_3$-OC$_4$H$_4$(OH)$_2$-CH$_2$-O-P(=O)(OH)-O-P(=O)(OH)$_2$
inosine-5'-diphosphate

IDP

inosine-5'-(trihydrogendiphosphate)
(O=)N$_4$C$_5$H$_3$-OC$_4$H$_4$(OH)$_2$-CH$_2$-O-P(=O)(OH)-O-P(=O)(OH)$_2$
inosine-5'-diphosphate

IDS

2-(1,3-dihydro-3-oxo-5-sulfo-2H-indol-2-ylidene)-2,3-dihydro-3-oxo 1H-indole-
5-sulfonic acid, ion(2-)
$[\{5\text{-}O_3S\text{-}3\text{-}(O=)\text{-}1\text{-}NC_8H_4=2\text{-}\}_2]^{2-}$
indigodisulfonate

IDSA

N-(1,2-dicarboxyethyl) aspartic acid
$HOOC\text{-}CH_2\text{-}CH(COOH)\text{-}NH\text{-}CH(COOH)\text{-}CH_2\text{-}COOH$
iminodisuccinic acid

i-dtma

N,N-bis(2-aminoethyl) glycine, ion(1-)
$[(NH_2\text{-}CH_2CH_2)_2N\text{-}CH_2\text{-}COO]^-$

IDU

2'-deoxy-5-iodo uridine
$2,4\text{-}(O=)_2\text{-}N_2C_4H_2(I\text{-}5)\text{-}[2\text{-}OC_4H_5(OH\text{-}4)\text{-}5\text{-}CH_2\text{-}OH]\text{-}1$

IES

1H-indol-3-yl acetic acid
$1\text{-}NC_8H_6\text{-}3\text{-}CH_2\text{-}COOH$
3-Indolessigsäure

IIDQ

2-(2-methylpropoxy) 1(2H)-quinolinecarboxylic acid 2-methylpropyl ester
$2\text{-}(i\text{-}C_4H_9\text{-}O)\text{-}1\text{-}NC_9H_7\text{-}1\text{-}COO\text{-}C_4H_9\text{-}i$
1-isobutyloxycarbonyl-2-isobutyloxy-1,2-dihydroquinoline

IIH

pyridine-4-carboxylic acid 2-(1-methylethyl) hydrazide
$NC_5H_4\text{-}4\text{-}C(=O)\text{-}NH\text{-}NH\text{-}C_3H_7\text{-}i$
N^1-isonicotinyl-N^2-isopropyl-hydrazine

Ile

2-amino-3-methyl pentanoic acid
$C_2H_5\text{-}CH(CH_3)\text{-}CH(NH_2)\text{-}COOH$
isoleucine

Ileu

2-amino-3-methyl pentanoic acid
$C_2H_5\text{-}CH(CH_3)\text{-}CH(NH_2)\text{-}COOH$
isoleucine

Ileu

isoleucine, ion(1-)
$[C_2H_5\text{-}CH(CH_3)\text{-}CH(NH_2)\text{-}COO]^-$
isoleucinate

Iitc

1H-indole-1-carbothioic acid, ion(1-)
$[1\text{-}NC_8H_6\text{-}1\text{-}C(=O)\text{-}S]^-$
indolemonothiocarbamate

Im

1H-imidazole
$1,3\text{-}N_2C_3H_4$

Im2CO

1,1'-carbonylbis(1H-imidazole)
$(1,3\text{-}N_2C_3H_3\text{-}1)_2C=O$

Imda

N-(carboxymethyl) glycine
$HN(CH_2\text{-}COOH)_2$
iminodiacetic acid

166

Imdp

N-(2-carboxyethyl) ß-alanine
$HN(CH_2CH_2\text{-}COOH)_2$
iminodipropionic acid

2-IMDPT

N-(imidazol-2-ylmethyl)-N'-[3-(imidazol-2-ylmethylamino)propyl]-
1,3-propanediamine
$(1,3\text{-}N_2C_3H_3)\text{-}2\text{-}CH_2\text{-}(NH\text{-}CH_2CH_2CH_2)_2\text{-}NH\text{-}CH_2\text{-}2\text{-}(1,3\text{-}N_2C_3H_3)$
1,11-bis(imidazol-2-yl)-2,6,10-triazaundecane

4-IMDPT

N-(imidazol-4-ylmethyl)-N'-[3-(imidazol-4-ylmethylamino)propyl]
1,3-propanediamine
$(1,3\text{-}N_2C_3H_3)\text{-}4\text{-}CH_2\text{-}NH\text{-}(CH_2CH_2CH_2\text{-}NH)_2\text{-}CH_2\text{-}4\text{-}(1,3\text{-}N_2C_3H_3)$
1,11-bis(imidazol-4-yl)-2,6,10-triazaundecane

5'-IMP

inosine-5'-(dihydrogenmonophosphate)
$(O=)N_4C_5H_3\text{-}OC_4H_4(OH)_2\text{-}CH_2\text{-}O\text{-}P(=O)(OH)_2$
inosine-5'-monophosphate

IMP

inosine-5'-(dihydrogenmonophosphate)
$(O=)N_4C_5H_3\text{-}OC_4H_4(OH)_2\text{-}CH_2\text{-}O\text{-}P(=O)(OH)_2$
inosine-5'-monophosphate

Impa

N-(carboxymethyl) ß-alanine
$HOOC\text{-}CH_2\text{-}NH\text{-}CH_2CH_2\text{-}COOH$
iminopropionicacetic acid

INH

pyridine-4-carboxylic acid hydrazide
$NC_5H_4\text{-}4\text{-}C(=O)\text{-}NH\text{-}NH_2$
isonicotinic hydrazide

Ino

1,9-dihydro-9-ß-D-ribofuranosyl-6H-purin-6-one
$6\text{-}(O=)\text{-}(1,3,7,9\text{-}N_4C_5H_3\text{-}9)\text{-}1'\text{-}OC_4H_4[(OH)_2\text{-}2',3']\text{-}4'\text{-}CH_2\text{-}OH$
inosine

INPC

N-phenyl carbamic acid 1-methylethyl ester
$C_6H_5\text{-}NH\text{-}COO\text{-}C_3H_7\text{-}i$
isopropyl-N-phenylcarbamate

INPEA

ß-hydroxy-N-[(1-methyl)ethyl]-4-nitrobenzeneethanamine
$i\text{-}C_3H_7\text{-}NH\text{-}CH_2\text{-}CH(OH)\text{-}C_6H_4\text{-}4\text{-}NO_2$
2-isopropylamino-1-(4-nitrophenyl) ethanol

INS

6-[(4-methylphenyl)amino] 2-naphthalenesulfonic acid, ion (1-)
$[6\text{-}(CH_3\text{-}4\text{-}C_6H_4\text{-}NH)\text{-}C_{10}H_6\text{-}2\text{-}SO_3]^-$
6-[(4-methylphenyl)amino] 2-naphthalenesulfonate

INSH

pyridine-4-carboxylic acid 2-[(2-hydroxyphenyl)methylene] hydrazide
$NC_5H_4\text{-}4\text{-}C(=O)\text{-}NH\text{-}N=CH\text{-}C_6H_4\text{-}2\text{-}OH$
o-hydroxybenzal-isonicotinoyl-hydrazine

INT

2-(4-iodophenyl)-3-(4-nitrophenyl)-5-phenyl 2H-tetrazolium chloride
$[2\text{-}(I\text{-}4\text{-}C_6H_4)\text{-}3\text{-}(NO_2\text{-}4\text{-}C_6H_4)\text{-}5\text{-}C_6H_5\text{-}1,2,3,4\text{-}N_4C]\ Cl$

Iox isoxazole
$1,2\text{-}ONC_3H_3$

IP 3,5,5-trimethyl cyclohex-2-enone
$3,5,5\text{-}(CH_3)_3\text{-}c\text{-}C_6H_5(=O)\text{-}1$
isophorone

Ip 1-methylethylidene-
$(CH_3)_2C=$
isopropylidene-

IPA 1,3-benzenedicarboxylic acid
$1,3\text{-}(HOOC)_2\text{-}C_6H_4$
isophthalic acid

IPa 1-methyl ethanamine
$i\text{-}C_3H_7\text{-}NH_2$
isopropylamine

IPAA 5-aminomethyl-3,3,5-trimethyl cyclohexanol
$5\text{-}(NH_2\text{-}CH_2)\text{-}3,3,5\text{-}(CH_3)_3\text{-}c\text{-}C_6H_7\text{-}1\text{-}OH$

ipae 2-[bis(1-methylethyl)amino] ethanol
$HO\text{-}CH_2CH_2\text{-}N(C_3H_7\text{-}i)_2$
diisopropylaminoethanol

IPC 2-chloro propane
$(CH_3)_2CH\text{-}Cl$
isopropylchloride

IPC N-phenyl carbamic acid 1-methylethyl ester
$C_6H_5\text{-}NH\text{-}COO\text{-}C_3H_7\text{-}i$
isopropyl-N-phenylcarbamate

Ipc2BCl chlorobis(2,6,6-trimethylbicyclo[3.1.1]hept-3-yl)borane
$[2,6,6\text{-}(CH_3)_3\text{-}[3.1.1]\text{-}C_7H_8\text{-}3]_2BCl$
diisopinocampheylboronchloride

IPD 5-aminomethyl-3,3,5-trimethyl cyclohexanamine
$5\text{-}(NH_2\text{-}CH_2)\text{-}3,3,5\text{-}(CH_3)_3\text{-}c\text{-}C_6H_7\text{-}1\text{-}NH_2$
isophorone diamine

IPDI 5-isocyanato-1-isocyanatomethyl-1,3,3-trimethylcyclohexane
$5\text{-}(O=C=N)\text{-}1\text{-}(O=C=N\text{-}CH_2)\text{-}1,3,3\text{-}(CH_3)_3\text{-}c\text{-}C_6H_7$
isophorone-diisocyanate

IPG 2-(1-methylethoxy) ethanol
$i\text{-}C_3H_7\text{-}O\text{-}CH_2CH_2\text{-}OH$
isopropyl-glycol

iPhA 1,3-benzenedicarboxylic acid
$1,3\text{-}(HOOC)_2\text{-}C_6H_4$
isophthalic acid

168

IPN
1,3,3-trimethyl-5-oxo cyclohexanecarbonitrile
1,3,3-$(CH_3)_3$-5-(O=)-c-C_6H_6-1-CN
isophorone-nitrile

IPOTMS
trimethyl[(1-methylethenyl)oxy] silane
$(CH_3)_3$Si-O-C(CH_3)=CH_2
isopropenyloxy-trimethyl silane

IPP
peroxydicarbonic acid bis(1-methylethyl) ester
i-C_3H_7-O-C(=O)-O-O-C(=O)-O-C_3H_7-i
isopropyl-percarbonate

IPPC
N-phenyl carbamic acid 1-methylethyl ester
C_6H_5-NH-COO-C_3H_7-i
isopropyl-N-phenylcarbamate

IPTD
4-amino-N-[5-(1-methylethyl)-1,3,4-thiadiazol-2-yl]benzenesulfonamide
5-(i-C_3H_7)-1,3,4-SN_2C_2-[NH-S(=O)$_2$-C_6H_4-4-NH_2]-2
sulfa-5-isopropyl-1,3,4-thiadiazole

IPTG
1-[(1-methylethyl)thio] ß-D-galactopyranoside
2,3,4-$(HO)_3$-OC_5H_5[$(CH_2$-OH)-5]-1-S-C_3H_7-i
isopropyl-ß-D-1-thiogalactopyranoside

iptz
1-(1-methyl)ethyl 1H-tetrazole
1-(i-C_3H_7)-N_4CH
1-isopropyl tetrazole

2IPy
2-iodo pyridine
2-I-NC_5H_4

I-Säure
7-amino-4-hydroxy 2-naphthalenesulfonic acid
7-NH_2-4-HO-$C_{10}H_5$-2-SO_3H

iso-APPA
phenylphosphonic acid mono(3-methylbutyl) ester
C_6H_5-P(=O)(OH)-O-C_5H_{11}-i
iso-amyl phenylphosphonate

α-Ist
2-hydroxy-(1-methylethyl) 2,4,6-cycloheptatrien-1-one
(i-C_3H_7)-2-HO-C_7H_4(=O)-1
α-isopropyltropolone

ß-Ist
3-hydroxy-(1-methylethyl) 2,4,6-cycloheptatrien-1-one
(i-C_3H_7)-3-HO-C_7H_4(=O)-1
ß-isopropyltropolone

ISTSC
2-(1,2-dihydro-2-oxo-3H-indol-3-ylidene) hydrazinecarbothiamide
1-NC_8H_5[(=O)-2][=N-NH-C(=S)-NH_2]-3
isatin thiosemicarbazone

5'-ITP
inosine-5'-(tetrahydrogentriphosphate)
(O=)$N_4C_5H_3$-OC_4H_4(OH)$_2$-CH_2-O-[P(=O)(OH)-O]$_2$-P(=O)(OH)$_2$
inosine-5'-triphosphate

ITS

2-(1,3-dihydro-3-oxo-5-sulfo-2H-indol-2-ylidene)-2,3-dihydro-3-oxo 1H-indole-5,7-disulfonic acid, ion(3-)

$[2\text{-}\{5\text{-}O_3S\text{-}3\text{-}(O=)\text{-}1\text{-}NC_8H_4=2\}\text{-}1\text{-}NC_8H_3(=O)\text{-}3\text{-}(SO_3)_2\text{-}5,7]^{3-}$

indigotrisulfonate

IZT

2,3-dihydro-1H-imidazole-2-thione

$1,3\text{-}N_2C_3H_4(=S)\text{-}2$

imidazoline-2-thione

1,5-J-AEDANS

5-[2-(iodoacetylamino)ethylamino] 1-naphthalenesulfonic acid

$5\text{-}[I\text{-}CH_2\text{-}C(=O)\text{-}NH\text{-}CH_2CH_2\text{-}NH]\text{-}C_{10}H_6\text{-}1\text{-}SO_3H$

N-Jodoacetyl-5-ethyldiamin-1-naphthalinsulfonsäure

1,8-J-AEDANS

8-[2-(iodoacetylamino)ethylamino] 1-naphthalenesulfonic acid

$8\text{-}[I\text{-}CH_2\text{-}C(=O)\text{-}NH\text{-}CH_2CH_2\text{-}NH]\text{-}C_{10}H_6\text{-}1\text{-}SO_3H$

N-Jodoacetyl-8-ethyldiamin-1-naphthalinsulfonsäure

J-Säure

7-amino-4-hydroxy 2-naphthalenesulfonic acid

$7\text{-}NH_2\text{-}4\text{-}HO\text{-}C_{10}H_5\text{-}2\text{-}SO_3H$

K

L-2,6-diamino hexanoic acid

$NH_2\text{-}(CH_2)_4\text{-}CH(NH_2)\text{-}COOH$

L-lysine

KDDP

potassium dideuterophosphate

$K\,[D_2PO_4]$

Kaliumdideuterophosphat

KDP

potassium dihydrogen phosphate

$K\,[H_2PO_4]$

Kaliumdihydrogenphosphat

α-KG

2-oxo pentanedioic acid

$HOOC\text{-}CH_2CH_2\text{-}C(=O)\text{-}COOH$

α-ketoglutarate

K-Säure

4-amino-5-hydroxy 1,7-naphthalenedisulfonic acid

$4\text{-}NH_2\text{-}5\text{-}HO\text{-}C_{10}H_4\text{-}(SO_3H)_2\text{-}1,7$

4-Amino-5-hydroxy-1,7-naphthalindisulfonsäure

KTpCPB

potassium tetrakis(4-chlorophenyl)borate

$K\,[B(C_6H_4\text{-}4\text{-}Cl)_4]$

Kalium-tetrakis(p-chlorphenyl)borat

L

2-amino-4-methyl pentanoic acid

$i\text{-}C_4H_9\text{-}CH(NH_2)\text{-}COOH$

leucin

LABS

linear alkylbenzene sulfonates

$[CH_3\text{-}(CH_2)_n\text{-}C_6H_4\text{-}SO_3]^+$

Lac

2-hydroxy propanoic acid

$HO\text{-}CH(CH_3)\text{-}COOH$

lactic acid

L-Ala(P)

R-(1-aminoethyl) phosphonic acid
$CH_3-CH(NH_2)-P(=O)(OH)_2$
L(-)-1-aminoethyl phosphonic acid

L-Arg-MCA

2-amino-5-[(aminoiminomethyl)amino]-N-(4-methyl-2-oxo-2H-1-benzopyran-7-yl)-pentanamide
$7-[NH_2-C(=NH)NH-(CH_2)_3-CH(NH_2)C(O)NH]-1-OC_9H_4(=O)-2-CH_3-4$
L-arginine-4-methylcoumaryl-7-amide

LAS

linear alkylbenzene sulfonates
$[CH_3-(CH_2)_n-C_6H_4-SO_3]^+$

L-BAPA

5-[(aminoiminomethyl)amino]-2-(benzoylamino)-N-(4-nitrophenyl) (S)-pentanamide
$NH_2-C(=NH)NH-CH_2CH_2CH_2-CH[NH-C(=O)C_6H_5]C(=O)NH-C_6H_4-4-NO_2$
Nα-benzoyl-L-arginine-p-nitroanilide

lbpa

6-methyl-N,N-bis(2-pyridylmethyl) 2-pyridinemethanamine
$6-CH_3-NC_5H_3-2-CH_2-N(CH_2-2-C_5H_4N)_2$
2,6-lutidinyl-bis(2-picolinyl) amine

LCP

liquid crystal polymer

LDA

lithium diisopropylamide
$LiN[CH(CH_3)_2]_2$

L-Dab

L-2,4-diamino butanoic acid
$NH_2-CH_2CH_2-CH(NH_2)-COOH$

LDAO

N,N-dimethyl 1-dodecanamine N-oxide
$(CH_3)_2N(O)-C_{12}H_{25}$
lauryldimethylamine oxide

L-DOPA

3-hydroxy L-tyrosine
$3,4-(HO)_2-C_6H_3-CH_2-CH(NH_2)-COOH$
3-(3,4-dihydroxyphenyl) L-alanine

Leu

2-amino-4-methyl pentanoic acid
$i-C_4H_9-CH(NH_2)-COOH$
leucine

Leu-MCA

(S)-2-amino-4-methyl-N-(4-methyl-2-oxo-2H-1-benzopyran-7-yl) pentanamide
$4-CH_3-2-(O=)-1-OC_9H_4-7-NH-C(=O)-CH(NH_2)-C_4H_9-i$
L-leucine-4-methyl-7-cumarinylamide

LIAH

lithium tetrahydridoaluminate
$Li[AlH_4]$
lithium-aluminium-hydride

LIS

2-hydroxy-3,5-diiodo benzoic acid, monolithium salt
$Li\ [3,5-I_2-2-HO-C_6H_2-COO]$
lithium 3,5-diiodo-salicylate

LR

2,4-bis(4-methoxyphenyl)-1,3,2,4-dithiaphosphetane-2,4-disulfide
2,4-[4-(CH$_3$-O)-C$_6$H$_4$]$_2$-1,3,2,4-S$_2$P$_2$(=S)$_2$-2,4
Lawesson reagent

L-Säure

5-hydroxy 1-naphthalenesulfonic acid
5-HO-C$_{10}$H$_6$-SO$_3$H-1
5-Hydroxy-1-naphthalinsulfonsäure

LSD

N,N-diethyl-7-methyl 4,6,6a,7,8,9-hexahydro-indolo[4,3-fg]quinoline-9-carboxamide
9-[(C$_2$H$_5$)$_2$N-C(=O)]-7-CH$_3$-4,7-N$_2$C$_{14}$H$_{13}$
lysergic diethylamide

l-sdda

N,N'-(1,2-diphenyl-1,2-ethanediyl)bis(glycine), ion (2-)
[OOC-CH$_2$-NH-CH(C$_6$H$_5$)-CH(C$_6$H$_5$)-NH-CH$_2$-COO]$^{2-}$
l-stilbenediamine-N,N'-diacetate

ltpen

N-[(6-methyl)-2-pyridylmethyl]-N,N',N'-tris(2-pyridylmethyl) 1,2-ethanediamine
6-CH$_3$-NC$_5$H$_3$-2-CH$_2$-N(CH$_2$-2-NC$_5$H$_4$)-CH$_2$CH$_2$-N(CH$_2$-2-NC$_5$H$_4$)$_2$
2,6-lutidinyl-tris(2-picolinyl)ethylenediamine

Lys

L-2,6-diamino hexanoic acid
NH$_2$-(CH$_2$)$_4$-CH(NH$_2$)-COOH
L-lysine

Lys(OH)

2,6-diamino-5-hydroxy hexanoic acid
NH$_2$-CH$_2$-CH(OH)-CH$_2$CH$_2$-CH(NH$_2$)-COOH
δ-hydroxy-L-lysine

M

2-amino-4-methylthio butanoic acid
CH$_3$-S-CH$_2$CH$_2$-CH(NH$_2$)-COOH
methionine

MA

2,5-dihydro 2,5-furandione
OC$_4$H$_2$(=O)$_2$-2,5
maleic anhydride

Ma

methanamine
CH$_3$-NH$_2$

mAaBA

3-(acetylamino) benzoic acid
3-[CH$_3$-C(=O)-NH]-C$_6$H$_4$-COOH
m-acetamidobenzoic acid

mAcBA

3-acetyl benzoic acid
3-[CH$_3$-C(=O)]-C$_6$H$_4$-COOH
m-acetylbenzoic acid

macr

N-methyl acridinium
[10-CH$_3$-10-NC$_{13}$H$_9$]$^+$

MAEPII

3,7,13,17-tetraethyl-2,8,12,18-tetramethyl-5-azaporphine, ion(2-)
[(C$_2$H$_5$)$_4$-(CH$_3$)$_4$-5,21,22,23,24-N$_5$C$_{19}$H$_3$]$^{2-}$
monoazaetioporphyrine

MAEPIV   2,8,13,17-tetraethyl-3,7,12,18-tetramethyl-5-azaporphine, ion(2-)
$[(C_2H_5)_4\text{-}(CH_3)_4\text{-}5,21,22,23,24\text{-}N_5C_{19}H_3]^{2-}$
monoazaetioporphyrine

Mal   1,3-propanedioic acid
$HOOC\text{-}CH_2\text{-}COOH$
malonic acid

mal   1,3-propanedioic acid, ion(2-)
$[OOC\text{-}CH_2\text{-}COO]^{2-}$
malonate

MAM-acetat   (methyl-ONN-azoxy)-methanol acetate (ester)
$CH_3\text{-}COO\text{-}CH_2\text{-}N{=}N(O)\text{-}CH_3$
Methylazoxymethanolacetat

Man   D-mannose
$OCH\text{-}CH(OH)\text{-}CH(OH)\text{-}CH(OH)\text{-}CH(OH)\text{-}CH_2\text{-}OH$

Maneb   manganese N,N'-1,2-ethanediylbis(dithiocarbamate)
$Mn\ [S\text{-}C({=}S)\text{-}NH\text{-}CH_2CH_2\text{-}NH\text{-}C({=}S)\text{-}S]$
manganese ethylene-bis(dithiocarbamate)

MAP   6α-methyl-17α-acetoxy-4-pregnene-3,20-dione
$6,10,13\text{-}(CH_3)_3\text{-}17\text{-}[CH_3\text{-}C({=}O)]\text{-}17\text{-}(CH_3\text{-}COO)\text{-}C_{17}H_{19}({=}O)\text{-}3$

maP   1-(3-hydroxyphenyl) ethanone
$CH_3\text{-}C({=}O)\text{-}C_6H_4\text{-}3\text{-}OH$
m-acetylphenol

MAPA   N-methyl 1,3-propanediamine
$CH_3\text{-}NH\text{-}CH_2CH_2CH_2\text{-}NH_2$
3-(methylamino)-propylamine

MAPO   1,1',1''-phosphinylidynetris[2-methylaziridine]
$[2\text{-}CH_3\text{-}NC_2H_3\text{-}1]_3P{=}O$
tris[1-(2-methyl)azirinidyl] phosphine oxide

MAPS   1,1',1''-phosphinothioylidynetris[2-methylaziridine]
$[2\text{-}CH_3\text{-}NC_2H_3\text{-}1]_3P{=}S$
tris[1-(2-methyl)aziridinyl] phosphine sulfide

MAQ-Br   2-bromomethyl 9,10-anthracenedione
$2\text{-}BrCH_2\text{-}C_{14}H_7({=}O)_2\text{-}9,10$
2-bromomethyl-anthraquinone

MASME   2-methyl 2-propenoic acid methyl ester
$CH_2{=}C(CH_3)\text{-}COO\text{-}CH_3$
methyl methacrylate

mat   N-methyl 2-thiazolamine
$2\text{-}(CH_3\text{-}NH)\text{-}1,3\text{-}SNC_3H_2$
2-(N-methylamino) thiazole

mAxBA 3-acetyloxy benzoic acid
$3\text{-}(CH_3\text{-}COO)\text{-}C_6H_4\text{-}COOH$
m-acetoxybenzoic acid

MB bromo methane
$CH_3\text{-}Br$
methyl bromide

MB15C5 15-methyl 2,3,5,6,8,9,11,12-octahydro-1,4,7,10,13-benzopentaoxacyclopentadecin
$[\text{-}O\text{-}\{1,2\text{-}C_6H_3(CH_3\text{-}4)\}\text{-}O\text{-}(CH_2CH_2\text{-}O)_3\text{-}CH_2CH_2\text{-}]$
methylbenzo-15-crown-5

MB18C6 18-methyl 2,3,5,6,8,9,11,12,14,15-decahydro-1,4,7,10,13,16-benzohexaoxacyclooctadecin
$[\text{-}O\text{-}\{1,2\text{-}C_6H_3(CH_3\text{-}4)\}\text{-}O\text{-}(CH_2CH_2\text{-}O)_4\text{-}CH_2CH_2\text{-}]$
methylbenzo-18-crown-6

MBA 2-chloro-N-(2-chloroethyl)-N-methyl ethanamine
$CH_3\text{-}N(CH_2CH_2\text{-}Cl)_2$
methyl-bis-(ß-chloroethyl)-amine

mBa 3-bromo benzenamine
$3\text{-}Br\text{-}C_6H_4\text{-}NH_2$
m-bromoaniline

MBBA 4-butyl-N-[4-(methoxy)phenylmethylidene] benzenimine
$4\text{-}(CH_3\text{-}O)\text{-}C_6H_4\text{-}CH{=}N\text{-}C_6H_4\text{-}4\text{-}C_4H_9$
N-(4-methoxy benzylidene)-4-butylaniline

mBBA 3-bromo benzoic acid
$3\text{-}Br\text{-}C_6H_4\text{-}COOH$
m-bromo benzoic acid

MBD N-[(4-methoxyphenyl)methyl]-7-nitro 4-benzofurazanamine
$4\text{-}(4\text{-}CH_3O\text{-}C_6H_4\text{-}CH_2\text{-}NH)\text{-}7\text{-}NO_2\text{-}2,1,3\text{-}ON_2C_6H_2$
4-(methoxybenzylamino)-7-nitro-2,1,3-benzoxadiazole

MBE 2-methyl 3-butene-2-ol
$CH_2{=}CH\text{-}C(CH_3)_2\text{-}OH$

MBF 2,3,3a,4,5,6,7,7a-octahydro-7,8,8-trimethyl-4,7-methanobenzofuran-2-yl
$7,8,8\text{-}(CH_3)_3\text{-}1\text{-}OC_9H_{10}\text{-}2\text{-}$

Mbf 2,3,3a,4,5,6,7,7a-octahydro-7,8,8-trimethyl-4,7-methanobenzofuran-2-yl
$7,8,8\text{-}(CH_3)_3\text{-}1\text{-}OC_9H_{10}\text{-}2\text{-}$

MBHA 4-[amino(4-methylphenyl)methyl]phenyl-
$4\text{-}[CH_3\text{-}4\text{-}C_6H_4\text{-}CH(NH_2)]\text{-}C_6H_4\text{-}$
4-methyl-benzhydrylamine

MBI 2-methyl 3-butyne-2-ol
$H\text{-}CC\text{-}C(CH_3)_2\text{-}OH$

MBP
phosphoric acid monobutyl ester
$(HO)_2P(=O)\text{-}O\text{-}C_4H_9$
monobutylphosphate

MeH(Φ)P
phenylphosphonic acid mono(1-methylheptyl) ester, ion(1-)
$[C_6H_5\text{-}P(=O)(\text{-}O)\text{-}O\text{-}CH(CH_3)\text{-}C_6H_{13}]^-$
(1-methylheptyl)phenylphosphonate

mBP
3-bromo phenol
$3\text{-}Br\text{-}C_6H_4\text{-}OH$
m-bromophenol

MBPA
phosphoric acid monobutyl ester
$(HO)_2P(=O)\text{-}O\text{-}C_4H_9$
mono-n-butylphosphoric acid

mbpa
α-methyl-N,N-bis(2-pyridylmethyl)2-pyridinemethanamine
$NC_5H_4\text{-}2\text{-}CH(CH_3)\text{-}N(CH_2\text{-}2\text{-}NC_5H_4)_2$
α-methyl-N,N-bis(2-picolinyl) 2-picolinamine

mBPIP
3-bromo-4-(4-hydroxyphenylimino)2,5-cyclohexadien-1-one
$3\text{-}Br\text{-}4\text{-}[HO\text{-}4\text{-}C_6H_4\text{-}N=]\text{-}C_6H_3(=O)$
m-bromophenol-indophenol

235MBQ
2,3,5-trimethyl 2,5-cyclohexadiene-1,4-dione
$2,3,5\text{-}(CH_3)_3\text{-}C_6H(=O)_2\text{-}1,4$
2,3,5-trimethyl-1,4-benzoquinone

MBS
1-[3-{((2,5-dioxo-1-pyrrolidinyl)oxy)carbonyl}phenyl]1H-pyrrole-2,5-dione
$1\text{-}[2,5\text{-}(O=)_2\text{-}NC_4H_4\text{-}1\text{-}O\text{-}C(=O)\text{-}3\text{-}C_6H_4]\text{-}NC_4H_2(=O)_2\text{-}2,5$
3-maleimido-benzoic acid-N-hydroxysuccinimide ester

MBT
benzothiazole-2-thiol
$1,3\text{-}SNC_7H_4\text{-}2\text{-}SH$
2-mercapto benzothiazole

MBTFA
N-methylbis(trifluoroacetamide)
$[CF_3\text{-}C(=O)]_2N\text{-}CH_3$

MBTH
3-methyl 2,3-dihydro-2-benzothiazolone hydrazone
$3\text{-}CH_3\text{-}1,3\text{-}SNC_7H_4(=N\text{-}NH_2)\text{-}2$
3-methyl-2-benzothiazolinone hydrazone

MBTS
2,2'-dithiobis(benzothiazole)
$(1,3\text{-}SNC_7H_4\text{-}2\text{-}S\text{-})_2$
2-mercapto benzothiazole disulfide

MC
methyl-cellulose

mC
3-methyl phenol
$3\text{-}CH_3\text{-}C_6H_4\text{-}OH$
m-cresol

mCa

3-chloro benzenamine
3-Cl-C_6H_4-NH_2
m-chloroaniline

mCBA

3-chloro benzoic acid
3-Cl-C_6H_4-COOH
m-chloro benzoic acid

m-Chlor-CCP

[(3-chlorophenyl)hydrazono] propanedinitrile
3-Cl-C_6H_4-NH-N=C$(CN)_2$

Mcin

4-methyl 8-cinnolinol
4-CH_3-1,2-$N_2C_8H_4$-8-OH

Mcma

glycine methyl ester
NH_2-CH_2-COO-CH_3
methoxycarbonylmethylamine

mCNa

3-amino benzonitrile
3-NH_2-C_6H_4-CN
m-cyanoaniline

mCNBA

3-cyano benzoic acid
3-NC-C_6H_4-COOH
m-cyano benzoic acid

mCNP

3-hydroxy benzonitrile
3-HO-C_6H_4-CN
m-cyano phenol

MCP

(4-chloro-2-methylphenoxy) acetic acid
4-Cl-2-CH_3-C_6H_3-O-CH_2-COOH
2-methyl-4-chloro-phenoxy acetic acid

MCP

calcium hydrogenphosphate
Ca [HPO_4]
monocalcium phosphate

mCP

3-chloro phenol
3-Cl-C_6H_4-OH
m-chlorophenol

MCPA

(4-chloro-2-methylphenoxy) acetic acid
4-Cl-2-CH_3-C_6H_3-O-CH_2-COOH
2-methyl-4-chloro-phenoxy acetic acid

MCPB

4-(2-methyl-4-chlorophenoxy) butanoic acid
2-CH_3-4-Cl-C_6H_3-O-$CH_2CH_2CH_2$-COOH

MCPBA

3-chloro peroxybenzoic acid
Cl-3-C_6H_4-C(=O)-OO-H
m-chloro peroxybenzoic acid

m-CPBA 3-chloro peroxybenzoic acid
$Cl-3-C_6H_4-C(=O)-OO-H$
m-chloro peroxybenzoic acid

MCPP 2-(4-chloro-2-methylphenoxy) propanoic acid
$4-Cl-2-CH_3-C_6H_3-O-CH(CH_3)-COOH$

MDA 4-(1-amino-1-methyl)ethyl-1-methyl 1-cyclohexanamine
$4-[NH_2-C(CH_3)_2]-1-CH_3-c-C_6H_9-1-NH_2$
1,8-p-menthane diamine

MDB 1,3-benzodioxole-5,6-diamine
$5,6-(NH_2)_2-1,3-O_2C_7H_4$
4,5-methylenedioxy-1,2-benzenediamine

mddda N,N'-(1-methyl-1,3-propanediyl)bis[N-(2-aminoethyl)glycine], ion(2-)
$[OOC-CH_2-N(C_2H_4-NH_2)C_2H_4-CH(CH_3)N(C_2H_4-NH_2)CH_2-COO]^{2-}$
4-methyl-1,9-diamino-3,7-diazanonane-3,7-diacetate

MDEA N-methyl amino-2,2'-diethanol
$CH_3-N(CH_2CH_2-OH)_2$
methyl-diethanolamine

MDEB N-dodecyl-ß-hydroxy-N,N,α-trimethylbenzenethanaminium bromide
$[C_6H_5-CH(OH)-CH(CH_3)-N(CH_3)_2-C_{12}H_{25}]$ Br
N-dodecyl-N-methylephedrinium bromide

MDG 2-(2-methoxyethoxy) ethanol
$CH_3-O-CH_2CH_2-O-CH_2CH_2-OH$
methyl-diglycol

MDI 4,4'-methylenebis[(isocyanato)benzene]
$O=C=N-C_6H_4-4-CH_2-4'-C_6H_4-N=C=O$
4,4'-methylenedi(phenylisocyanate)

MDI diisocyanato methane
$O=C=N-CH_2-N=C=O$
methane-di-isocyanate

MDLA N-dodecyl-N-methyl 1-dodecanamine
$(C_{12}H_{25})_2N-CH_3$
methyl-dilaurylamine

MDN cis-2-butenedinitrile
$NC-CH=CH-CN$
malodinitrile

MDOA N-methyl-N-octyl 1-octanamine
$(C_8H_{17})_2N-CH_3$
methyl-dioctylamine

MDP methylenediphosphonic acid
$(HO)_2P(=O)-CH_2-P(=O)(OH)_2$

MDPF 2-methoxy-2,4-diphenyl 3(2H)-furanone
$2\text{-}(CH_3\text{-}O)\text{-}2,4\text{-}(C_6H_5)_2\text{-}OC_4H(=O)\text{-}3$

Me methyl-
$CH_3\text{-}$

Me2[15]aneN2O3 7,13-dimethyl 1,4,10-trioxa-7,13-diazacyclopentadecane
$[\text{-}O\text{-}CH_2CH_2\text{-}\{O\text{-}CH_2CH_2\text{-}N(CH_3)\text{-}CH_2CH_2\}_2\text{-}]$

ME2EN N,N-dimethyl 1,2-ethanediamine
$(CH_3)_2N\text{-}CH_2CH_2\text{-}NH_2$

Me2-salen 2,2'-[1,2-ethanediylbis(nitriloethylidyne)]bis(phenol)
$HO\text{-}C_6H_4\text{-}2\text{-}C(CH_3)=N\text{-}CH_2CH_2\text{-}N=C(CH_3)\text{-}2\text{-}C_6H_4\text{-}OH$
N,N'-bis(α-methylsalicylidene)ethylenediamine

Me3[12]aneN3 2,2,4-trimethyl 1,5,9-triazacyclododecane
$[\text{-}NH\text{-}C(CH_3)_2\text{-}CH_2\text{-}CH(CH_3)\text{-}NH\text{-}CH_2CH_2CH_2\text{-}NH\text{-}CH_2CH_2CH_2\text{-}]$

Me3[9]aneN3 1,4,7-trimethyl-2,3,4,5,6,7,8,9-octahydro1H-1,4,7-triazonine
$[\text{-}N(CH_3)\text{-}CH_2CH_2\text{-}N(CH_3)\text{-}CH_2CH_2\text{-}N(CH_3)\text{-}CH_2CH_2\text{-}]$
1,4,7-trimethyl 1,4,7-triazacyclononane

Me4[12]eneN3 2,4,4,9-tetramethyl 1,5,9-triazacyclododec-1-ene
$[\text{-}N=C(CH_3)\text{-}CH_2\text{-}C(CH_3)_2\text{-}NH\text{-}CH_2CH_2CH_2\text{-}N(CH_3)\text{-}CH_2CH_2CH_2\text{-}]$

ME4DIEN N'-[2-(dimethylamino)ethyl]-N,N-dimethyl 1,2-ethanediamine
$(CH_3)_2N\text{-}CH_2CH_2\text{-}NH\text{-}CH_2CH_2\text{-}N(CH_3)_2$
N,N,N',N'-tetramethyl-diethylene triamine

ME6TREN N,N-bis[2-(dimethylamino)ethyl]-N',N'-dimethyl 1,2-ethanediamine
$N[CH_2CH_2\text{-}N(CH_3)_2]_3$
2,2',2''-tris(N,N-dimethylamino)-triethylamine

2Mea 2-amino ethanethiol
$NH_2\text{-}CH_2CH_2\text{-}SH$
2-mercaptoethylamine

MEA 2-amino ethanol
$NH_2\text{-}CH_2CH_2\text{-}OH$
monoethanolamine

MEA 2-amino ethanethiol
$NH_2\text{-}CH_2CH_2\text{-}SH$
ß-mercapto ethylamine

MeBl 3,7-bis(dimethylamino)phenothiazin-5-ium chloride
$[3,7\text{-}\{(CH_3)_2N\}_2\text{-}5,10\text{-}SNC_{12}H_6]\ Cl$
methylene blue

MECAM N,N',N''-[1,3,5-benzenetriyltris(methylene)]tris(2,3-dihydroxy benzamide)
$1,3,5\text{-}[2,3\text{-}(HO)_2\text{-}C_6H_3\text{-}C(=O)\text{-}NH\text{-}CH_2]_3\text{-}C_6H_3$
1,3,5-tris[[(2,3-dihydroxybenzoyl)amino]methyl]benzene

MeCN

acetonitrile
CH_3-CN
methylcyanide

1-MeCYT

4-amino-1-methyl 1H-pyrimidine-2-one
1-CH_3-4-NH_2-1,3-$N_2C_4H_2$(=O)-2
1-methylcytosine

med3a

N-(carboxymethyl)-N-[2-{(carboxymethyl)(methyl)amino}ethyl] glycine, ion(3-)
[OOC-CH_2-N(CH_3)-CH_2CH_2-N(CH_2-COO)$_2$]$^{3-}$
N-methylethylenediamine-N,N',N'-triacetate

medds

N-methyl-N,N'-(1,2-ethanediyl)bis(aspartic acid)ion (4-)
[OOC-CH_2-CH(COO)-N(CH_3)-CH_2CH_2-NH-CH(COO)-CH_2-COO]$^{4-}$
N-methylethylenediamine-N,N'-disuccinate

MeDPA

N-methyl-N-(2-pyridylmethyl) 2-pyridinemethanamine
(NC_5H_4-2-CH_2)$_2$N-CH_3
N-methyl-bis(2-pyridylmethyl)amine

MEEN

N-methyl 1,2-ethanediamine
CH_3-NH-CH_2CH_2-NH_2

MEEN

N,N'-dimethyl 1,2-ethanediylbis(2-aminoethanethiol)
HS-CH_2CH_2-N(CH_3)-CH_2CH_2-N(CH_3)-CH_2CH_2-SH

MEG

1,2-ethanediol
HO-CH_2CH_2-OH
monoethyleneglycol

MEGA-10

1-deoxy-1-[methyl(1-oxodecyl)amino] D-glucitol
C_9H_{19}-C(=O)-N(CH_3)-CH_2-[CH(OH)]$_4$-CH_2-OH
N-decanoyl-N-methyl glucamide

MEGA-8

1-deoxy-1-[methyl(1-oxooctyl)amino] D-glucitol
C_7H_{15}-C(=O)-N(CH_3)-CH_2-[CH(OH)]$_4$-CH_2-OH
N-octanoyl-N-methyl glucamide

MEGA-9

1-deoxy-1-[methyl(1-oxononyl)amino] D-glucitol
C_8H_{17}-C(=O)-N(CH_3)-CH_2-[CH(OH)]$_4$-CH_2-OH
N-nonanoyl-N-methyl glucamide

MeGly

N-methyl glycine
CH_3-NH-CH_2-COOH

MEHDPO

methylenebis[bis(2-ethylhexyl)phosphine] dioxide
[C_4H_9-CH(C_2H_5)-CH_2]$_2$P(=O)-CH_2-P(=O)[CH_2-CH(C_2H_5)-C_4H_9]$_2$

MEHP

phosphoric acid mono(2-ethylhexyl) ester, ion(2-)
[(O-)$_2$P(=O)-O-CH_2-CH(C_2H_5)-C_4H_9]$^{2-}$
mono(2-ethylhexyl)phosphate

MeH(Φ)P
phenylphosphonic acid mono(1-methylheptyl) ester, ion(1-)
$[C_6H_5\text{-}P(=O)(\text{-}O)\text{-}O\text{-}CH(CH_3)\text{-}C_6H_{13}]^-$
(1-methylheptyl)phenylphosphonate

7-MeHYP
6-hydroxy-7-methyl 1H-purine
$6\text{-}HO\text{-}7\text{-}CH_3\text{-}1,3,7,9\text{-}N_4C_5H_2$
7-methylhypoxanthine

MEI
4-(2-isocyanoethyl) morpholine
$4\text{-}(CN\text{-}CH_2CH_2)\text{-}1,4\text{-}ONC_4H_8$
2-morpholinoethylisocyanide

MEIC
3-ethyl-1-methyl imidazolium chloride
$[3\text{-}C_2H_5\text{-}1\text{-}CH_3\text{-}1,3\text{-}N_2C_3H_3]\ Cl$
1-methyl-3-ethyl imidazolium chloride

MeIle
2-methylamino-3-methyl pentanoic acid
$C_2H_5\text{-}CH(CH_3)\text{-}CH(NH\text{-}CH_3)\text{-}COOH$
N-methyl isoleucine

1-MeIMID
1-methyl 1,3-diazole
$1\text{-}CH_3\text{-}1,3\text{-}N_2C_3H_3$
1-methyl-imidazole

MeISTSC
2-(1,2-dihydro-1-methyl-2-oxo-3H-indol-3-ylidene)hydrazinecarbothiamide
$1\text{-}NC_8H_4(CH_3\text{-}1)[(=O)\text{-}2][=N\text{-}NH\text{-}C(=S)\text{-}NH_2]\text{-}3$
1-methyl isatin thiosemicarbazone

MEK
2-butanone
$CH_3\text{-}C(=O)\text{-}C_2H_5$
methyl ethyl ketone

MEKP
2-butanone, peroxide
$HO\text{-}O\text{-}C(C_2H_5)(CH_3)\text{-}O\text{-}O\text{-}C(CH_3)(C_2H_5)\text{-}O\text{-}OH$
methylethylketone peroxide

MelA
benzenehexacarboxylic acid
$(HOOC)_6\text{-}C_6$
mellitic acid

MEM-chlorid
1-(chloromethoxy)-2-methoxy ethane
$CH_3\text{-}O\text{-}CH_2CH_2\text{-}O\text{-}CH_2\text{-}Cl$
(2-Methoxyethoxy)methylchlorid

men
N-methyl 1,2-ethanediamine
$CH_3\text{-}NH\text{-}CH_2CH_2\text{-}NH_2$
N-methylethylenediamine

MENOsar
1-methyl-8-nitro-3,6,10,13,16,19-hexaazabicyclo[6.6.6]eicosane
$CH_3\text{-}C(CH_2\text{-}NH\text{-}CH_2CH_2\text{-}NH\text{-}CH_2)_3C\text{-}NO_2$

MeOH
methanol
$CH_3\text{-}OH$

180

MEP

5-ethyl-2-methyl pyridine
5-C$_2$H$_5$-2-CH$_3$-NC$_5$H$_3$
2-methyl-5-ethyl pyridine

MEP

phosphorothioic acid O,O-dimethyl-O-(3-methyl-4-nitro-phenyl) ester
S=P(O-CH$_3$)$_2$-O-C$_6$H$_3$(CH$_3$-3)-NO$_2$-4
O,O-dimethyl-O-(3-methyl-4-nitrophenyl)phosphorothionate

MePhs

phosphoric acid methyl ester
(HO)$_2$P(=O)-O-CH$_3$
methyl phosphate

2-MePIPDTC

2-methyl piperidine-1-carbodithioic acid, ion(1-)
[2-CH$_3$-NC$_5$H$_9$-1-CS$_2$]$^-$
2-methyl-piperidine-dithiocarbamate

3-MePIPDTC

3-methyl piperidine-1-carbodithioic acid, ion(1-)
[3-CH$_3$-NC$_5$H$_9$-1-CS$_2$]$^-$
3-methyl-piperidine-dithiocarbamate

4-MePIPDTC

4-methyl piperidine-1-carbodithioic acid, ion(1-)
[4-CH$_3$-NC$_5$H$_9$-1-CS$_2$]$^-$
4-methyl-piperidine-dithiocarbamate

MEPN

N,N'-dimethyl-1,3-propanediylbis(2-aminoethanethiol)
HS-CH$_2$CH$_2$-N(CH$_3$)-CH$_2$CH$_2$CH$_2$-N(CH$_3$)-CH$_2$CH$_2$-SH
N,N'-dimethyl-N,N'-bis(2-mercaptoethyl)-1,3-propanediamine

MePVTSC

2-[2-(aminothioxomethyl)hydrazono] propanoic acid methyl ester
CH$_3$-OC(=O)-C(CH$_3$)=N-NH-C(=S)-NH$_2$
methyl pyruvate thiosemicarbazone

Me-py

N-methyl pyridinium
[NC$_5$H$_5$-1-CH$_3$]$^+$

(mepy)2pytren

N,N-bis[2-{((6-methyl-2-pyridyl)methylene)amino}ethyl]-N'-(2-pyridylmethylene)
1,2-ethanediamine
2-C$_5$H$_4$-CH=N-CH$_2$CH$_2$-N(CH$_2$CH$_2$-N=CH-2-NC$_5$H$_3$-6-CH$_3$)$_2$

(mepy)3tren

N'-[(6-methyl-2-pyridyl)methylene]-N,N-bis[2-{((6-methyl-2-
pyridyl)methylene)amino}ethyl] 1,2-ethanediamine
N(CH$_2$CH$_2$-N=CH-2-NC$_5$H$_3$-6-CH$_3$)$_3$

(mepy)(py)2tren

N'-[(6-methyl-2-pyridyl)methylene]-N,N-bis[2-{(2-pyridylmethylene)amino}ethyl]-
1,2-ethanediamine
6-CH$_3$-NC$_5$H$_3$-2-CH=N-CH$_2$CH$_2$-N(CH$_2$CH$_2$-N=CH-2-NC$_5$H$_4$)$_2$

MEQUIN

2-methyl 8-quinolinol
2-CH$_3$-1-NC$_9$H$_5$-OH-8
2-methyl-8-hydroxyquinoline

MES

2-(4-morpholinyl) ethanesulfonic acid
1,4-ONC$_4$H$_8$-4-CH$_2$CH$_2$-SO$_3$H

Mesa

2-mercapto ethanesulfonic acid
$HS-CH_2CH_2-SO_3H$

Met

2-amino-4-methylthio butanoic acid
$CH_3-S-CH_2CH_2-CH(NH_2)-COOH$
methionine

α-Met

2-hydroxy-methyl 2,4,6-cycloheptatrien-1-one
$CH_3-2-HO-C_7H_4(=O)-1$
α-methyltropolone

ß-Met

3-hydroxy-methyl 2,4,6-cycloheptatrien-1-one
$CH_3-3-HO-C_7H_4(=O)-1$
ß-methyltropolone

2-MeTHF

2-methyl tetrahydrofuran
$2-CH_3-OC_4H_7$

Methyl-DAST

trifluoro(N-methylmethanaminato) sulfur
$(CH_3)_2N-SF_3$
(dimethylamino)sulfurtrifluoride

Methyl-GAG

2,2'-(1-methyl-1,2-ethanediylidene)bis(hydrazinecarboximidamide)
$NH_2-C(=NH)-NH-N=C(CH_3)-CH=N-NH-C(=NH)-NH_2$
methylglyoxal-bis-(guanylhydrazone)

Methyl-L-DOPA

3-hydroxy-α-methyl L-tyrosine
$3,4-(HO)_2-C_6H_3-CH_2-C(CH_3)(NH_2)-COOH$
3-(3,4-dihydroxyphenyl)-2-methyl L-alanine

4-MeTZ

4-methyl thiazole
$1,3-SNC_3H_2(CH_3)-4$

MeVal

2-methylamino-3-methyl butanoic acid
$i-C_3H_7-CH(NH-CH_3)-COOH$
N-methyl valine

mExa

3-ethoxy benzenamine
$3-(C_2H_5-O)-C_6H_4-NH_2$
m-ethoxyaniline

MF

formic acid methyl ester
$HCOO-CH_3$
methylformate

MFA

trisammonium 12-molybdophosphate
$[NH_4]_3\ [P(Mo_3O_{10})_4]$

mFa

3-fluoro benzenamine
$3-F-C_6H_4-NH_2$
m-fluoroaniline

mFBA 3-fluoro benzoic acid
$3\text{-F-}C_6H_4\text{-COOH}$
m-fluoro benzoic acid

MFK 12-molybdophosphoric acid
$H_3[P(Mo_3O_{10})_4]$

mFmP 3-hydroxy benzaldehyde
$3\text{-HO-}C_6H_4\text{-CHO}$
m-formylphenol

mFP 3-fluoro phenol
$3\text{-F-}C_6H_4\text{-OH}$
m-fluorophenol

MG 2-methoxy ethanol
$CH_3\text{-O-}CH_2CH_2\text{-OH}$
methylglycol

MGN 2-methylene pentanedinitrile
$NC\text{-}CH_2CH_2\text{-C(=}CH_2)\text{-CN}$
2-methylene glutaric dinitrile

MH 1,2,3,6-tetrahydro-3,6-pyridazinedione
$1,2\text{-}N_2C_4H_4(=O)_2\text{-3,6}$
maleic hydrazide

MHBI 4-hydroxy benzenecarboximidic acid methyl ester
$4\text{-HO-}C_6H_4\text{-C(=NH)-O-}CH_3$
methyl-4-hydroxy-benzimidate

MHDPO methylenebis[(dihexyl)phosphine oxide]
$(C_6H_{13})_2P(=O)\text{-}CH_2\text{-P(=O)(}C_6H_{13})_2$
methylene-bis(di-n-hexylphosphine oxide)

MHPG 1-(4-hydroxy-3-methoxyphenyl) 1,2-ethanediol
$4\text{-HO-3-(}CH_3\text{-O)-}C_6H_3\text{-CH(OH)-}CH_2\text{-OH}$
3-methoxy-4-hydroxyphenylethyleneglycol

m-HPPH 5-(3-hydroxyphenyl)-5-phenyl 2,4-imidazolidinedione
$5\text{-(HO-3-}C_6H_4)\text{-5-}C_6H_5\text{-1,3-}N_2C_3H_2\text{-(=O)}_2\text{-2,4}$
5-(3-hydroxyphenyl)-5-phenylhydantoin

mIa 3-iodo benzenamine
$3\text{-I-}C_6H_4\text{-NH}_2$
m-iodoaniline

mIBA 3-iodo benzoic acid
$3\text{-I-}C_6H_4\text{-COOH}$
m-iodobenzoic acid

MIBK 4-methyl-2-pentanone
$i\text{-}C_4H_9\text{-C(=O)-}CH_3$
methylisobutylketone

MIP	1,4-bis(1-methyl-2-imidazolyl)-phthalazine $1,4-[1,3-N_2C_3H_2(CH_3-1)-2-]_2-2,3-N_2C_8H_4$
mIP	3-iodo phenol $3-I-C_6H_4-OH$ *m-iodophenol*
MITC	isothiocyanato methane $CH_3-N=C=S$ *methylisothiocyanate*
MIX	1-methyl-3-(2-methylpropyl) 3,7-dihydro-1H-purine-2,6-dione $1-CH_3-3-(i-C_4H_9)-1,3,7,9-N_4C_5H_2-(=O)_2-2,6$ *3-isobutyl-1-methylxanthine*
MJT	3-iodo tyrosin $4-HO-3-I-C_6H_3-CH_2-CH(NH_2)-COOH$ *Monojodtyrosin*
MK	kalium-metaphosphate-polymer $[K(PO_3)]_n$
MlcA	cis-2-butenedioic acid $HOOC-CH=CH-COOH$ *maleic acid*
Mln	propanedinitrile $NC-CH_2-CN$ *malononitrile*
MM	methanethiol CH_3-SH *methyl mercaptan*
MMA	2-methyl 2-propenoic acid methyl ester $CH_2=C(CH_3)-COO-CH_3$ *methyl methacrylate*
mMa	3-methyl benzenamine $3-CH_3-C_6H_4-NH_2$ *m-methylaniline*
mMBA	3-methyl benzoic acid $3-CH_3-C_6H_4-COOH$ *m-methyl benzoic acid*
MMC	methoxy(methylcarbonato-O)-magnesium $CH_3-O-Mg-O-C(=O)-O-CH_3$ *methoxymagnesium-methylcarbonate*
MMH	methyl hydrazine $CH_3-NH-NH_2$ *monomethylhydrazine*

mMP 3-methoxy phenol
CH_3-O-3-C_6H_4-OH
m-methoxy phenol

MMPD 4-methoxy-1,3-benzenediamine
4-(CH_3-O)-1,3-$(NH_2)_2$-C_6H_3

MMPO phosphoric acid monomethyl ester
$(HO)_2$P(=O)-O-CH_3
monomethyl phosphate

MMPP 2-carboxy benzenecarboperoxoic acid, magnesium salt(2:1)
Mg [OOC-2-C_6H_4-C(=O)-OO-H]$_2$
magnesium-monoperoxyphthalate

MMS RS-(3-amino-3-carboxy-propyl)dimethyl sulfonium chloride
[$(CH_3)_2$S-CH_2CH_2-CH(NH_2)-COOH] Cl
DL-methylmethioninsulfonium chloride

mMSa 3-methylthio benzenamine
CH_3-S-3-C_6H_4-NH_2
m-methylthio-aniline

mMSfa 3-methylsulfonyl benzenamine
NH_2-C_6H_4-3-S(=O)$_2$-CH_3
m-methylsulfonylaniline

mMSP 3-methylthio phenol
CH_3-S-3-C_6H_4-OH
m-methylthio-phenol

mMsP 3-(methylsulfonyl) phenol
CH_3-S(=O)$_2$-3-C_6H_4-OH
m-methylsulfonyl-phenol

MMT 1-(chlorodiphenylmethyl)-4-methoxy benzene
$(C_6H_5)_2$CCl-C_6H_4-4-O-CH_3
4-methoxytriphenylmethylchloride

MMTS methanesulfonothioic acid S-methyl ester
CH_3-S(=O)$_2$-S-CH_3
S-methyl-methanethiosulfate

MMTS (methylsulfinyl) (methylthio) methane
CH_3-S(=O)-CH_2-S-CH_3
methyl-methylmercaptomethyl-sulfoxide

mMxA 3-methoxy benzenamine
CH_3-O-3-C_6H_4-NH_2
m-methoxyaniline

mMxBa 3-methoxy benzoic acid
CH_3-O-3-C_6H_4-COOH
m-methoxy-benzoic acid

mMxCa 3-amino benzoic acid methyl ester
$3\text{-}NH_2\text{-}C_6H_4\text{-}COO\text{-}CH_3$
m-methoxycarbonylaniline

MNB 3-methyl-3-nitroso butan-2-one
$(CH_3)_2C(N=O)\text{-}C(=O)\text{-}CH_3$
2-methyl-2-nitroso butan-3-one

m-NBAAP 1,5-dimethyl-4-[(3-nitro)phenylmethylenamino]-2-phenyl 1,2-dihydro-3H-pyrazol-3-one
$1,5\text{-}(CH_3)_2\text{-}4\text{-}(NO_2\text{-}3\text{-}C_6H_4\text{-}CH=N)\text{-}2\text{-}C_6H_5\text{-}1,2\text{-}N_2C_3(=O)\text{-}3$
4-N-(3'-nitrobenzylidene)-aminoantipyrine

MNDDA N-decyl-N-methyl 1-decanamine
$CH_3\text{-}N(C_{10}H_{21})_2$
methyl-n-didecylamine

MNG mono sodium L-glutamate
$Na\,[OOC\text{-}CH_2CH_2\text{-}CH(NH_2)\text{-}COOH]$
Mononatrium-L-glutamat

MNNG N-methyl-N'-nitro-N-nitroso guanidine
$ON\text{-}N(CH_3)\text{-}C(NH_2)=N\text{-}NO_2$

mNOa 3-nitro benzenamine
$3\text{-}NO_2\text{-}C_6H_4\text{-}NH_2$
m-nitroaniline

mNOBA 3-nitro benzoic acid
$3\text{-}NO_2\text{-}C_6H_4\text{-}COOH$
m-nitrobenzoic acid

mNOP 3-nitro phenol
$3\text{-}NO_2\text{-}C_6H_4\text{-}OH$
m-nitrophenol

MNP 2-methyl-2-nitroso propane
$(CH_3)_3C\text{-}N=O$

mnt cis-1,2-dithiolo 2-butenedinitrile
$NC\text{-}C(SH)=C(SH)\text{-}CN$
maleodinitrile dithiol

mnt cis-2,3-dimercapto butanedinitrile, ion(2-)
$[S\text{-}C(CN)=C(CN)\text{-}S]^{2-}$
maleonitrile dithiolate

MNT-Cl 1-chloro-2-nitro-4-trifluoromethyl benzene
$2\text{-}NO_2\text{-}4\text{-}CF_3\text{-}C_6H_3\text{-}Cl$
4-chloro-3-nitrobenzotrifluoride

MOABP [phenyl(phenylamino)methyl]phosphonic acid monooctyl ester
$C_6H_5\text{-}CH(NH\text{-}C_6H_5)\text{-}P(=O)(OH)\text{-}O\text{-}C_8H_{17}$
monooctyl-α-anilinobenzylphosphonate

MOCABP
2-[[[{hydroxy(octyloxy)phosphinyl}phenylmethyl]amino]benzoic acid
HOOC-C$_6$H$_4$-2-NH-CH(C$_6$H$_5$)-P(=O)(OH)-O-C$_8$H$_{17}$
monooctyl-α-(2-carboxyanilino)benzylphosphonate

mOHBA
3-hydroxy benzoic acid
3-HO-C$_6$H$_4$-COOH
m-hydroxy benzoic acid

MOM
methoxymethyl-
CH$_3$-O-CH$_2$-

8-MOP
9-methoxy 7H-furo[3,2-g][1]benzopyran-7-one
9-(CH$_3$-O)-1,8-O$_2$C$_{11}$H$_5$-(=O)-7
8-methoxypsoralen

MOP
phosphoric acid monooctyl ester, ion(2-)
(O-)$_2$P(=O)-O-C$_8$H$_{17}$
mono-n-octylphosphate

MOPAP
phosphoric acid mono[4-(1,1,3,3-tetramethylbutyl)phenyl] ester
(HO)$_2$P(=O)-O-C$_6$H$_4$-4-O-C(CH$_3$)$_2$-CH$_2$-C(CH$_3$)$_3$

MOPEG
1-(4-hydroxy-3-methoxyphenyl) 1,2-ethanediol
4-HO-3-(CH$_3$-O)-C$_6$H$_3$-CH(OH)-CH$_2$-OH
3-methoxy-4-hydroxyphenylethyleneglycol

MOΦP
phosphoric acid mono[4-(1,1,3,3-tetramethylbutyl)phenyl] ester, ion(2-)
[(O-)$_2$P(=O)-O-C$_6$H$_4$-4-O-C(CH$_3$)$_2$-CH$_2$-C(CH$_3$)$_3$]$^{2-}$
mono[p-(iso-octyl)phenyl]phosphate

MOPS
3-(4-morpholinyl) 1-propanesulfonic acid
1,4-ONC$_4$H$_8$-4-CH$_2$CH$_2$CH$_2$-SO$_3$H

MOPSO
ß-hydroxy 4-morpholinepropanesulfonic acid
1,4-ONC$_4$H$_8$-4-CH$_2$-CH(OH)-CH$_2$-SO$_3$H
3-(4-morpholinyl)-2-hydroxy propanesulfonic acid

Mormtc
4-morpholinecarbothioic acid, ion(1-)
[1,4-ONC$_4$H$_8$-4-C(=O)-S]$^-$
morpholinemonothiocarbamate

Morpho-CDI
4-[2-{(cylohexylcarbonimidoyl)amino}ethyl]-4-methyl-morpholinium salt with
4-methyl benzenesulfonic acid
[4-(c-C$_6$H$_{11}$-N=C=N-C$_2$H$_4$)-4-CH$_3$-1,4-ONC$_4$H$_8$][4-CH$_3$-C$_6$H$_4$-SO$_3$]
cyclohexyl-2-(4-methyl-morpholino)ethylcarbodiimide-tosylate

6-MP
1H-purine-6-thiol
1,3,7,9-N$_4$C$_5$H$_3$-6-SH
6-mercaptopurine

2MPa
2-mercapto propanoic acid
HS-CH(CH$_3$)-COOH

MPA 12-molybdophosphoric acid
$H_3[P(Mo_3O_{10})_4]$

MPADP N,α-dimethyl-N-diphenylphosphinobenzenemethanamine
C_6H_5-CH(CH_3)-N(CH_3)-P(C_6H_5)_2
methyl(1-phenylethyl)amino-diphenylphosphine

mpaz N-methyl phenazinium
$[5\text{-}CH_3\text{-}5,10\text{-}N_2C_{12}H_8]^+$

MPC 5-methyl pyrazole-3-carboxylic acid
5-CH_3-1,2-N_2C_3H_2-3-COOH

MPD methylphosphonous dichloride
CH_3-PCl_2

MPD 2-methyl 1,5-pentanediamine
NH_2-CH_2CH_2CH_2-CH(CH_3)-CH_2-NH_2
2-methyl-pentamethylene-diamine

1,3-mpdta N,N'-[1-methyl-1,3-propanediyl]bis[N-(carboxymethyl)glycine], ion(4-)
$[(OOC\text{-}CH_2)_2N\text{-}CH_2CH_2\text{-}CH(CH_3)\text{-}N(CH_2\text{-}COO)_2]^{4-}$
1,3-methylpropylenediamine-N,N,N',N'-tetraacetate

MPEMA 2-ethyl-2-(4-methylphenyl) propanediamide
NH_2-C(=O)-C(C_2H_5)(C_6H_4-4-CH_3)-C(=O)-NH_2
2-(4-Methylphenyl)-2-ethyl-malonsäureamid

mPhA [1,1'-biphenyl]-3-amine
C_6H_5-C_6H_4-3-NH_2
m-phenylaniline

mPhDA 1,3-benzenediamine
1,3-(NH_2)_2-C_6H_4
m-phenylenediamine

MphI morpholine
1,4-ONC_4H_9

mPhP [1,1'-biphenyl]-3-ol
C_6H_5-C_6H_4-3-OH
m-phenylphenol

MPK 1-phenyl ethanone
CH_3-C(=O)-C_6H_5
methyl-phenyl-ketone

MPP phosphorothioic acid O,O-dimethyl-O-[3-methyl-4-(methylthio)phenyl] ester
S=P(O-CH_3)_2-O-C_6H_3(CH_3-3)-4-S-CH_3
O,O-dimethyl-O-(4-methylthio-3-methylphenyl) thiophosphate

MPPH 5-(4-methylphenyl)-5-phenyl 2,4-imidazolidinedione
5-(4-CH_3-C_6H_4)-5-C_6H_5-1,3-N_2C_3H_2-(=O)_2-2,4
5-(p-methylphenyl)-5-phenylhydantoin

MPS 3-mercapto 1-propanesulfonic acid
$HS\text{-}CH_2CH_2CH_2\text{-}SO_3H$

MPTA α-methoxy-α-trifluoromethylbenzeneacetic acid
$C_6H_5\text{-}C(CF_3)(O\text{-}CH_3)\text{-}COOH$
α-methoxy-α-phenyl-trifluoropropanoic acid

MPTD methylphosphonothioic dichloride
$S{=}PCl_2CH_3$

MPTP 1,2,3,6-tetrahydro-1-methyl-4-phenyl pyridine
$1\text{-}CH_3\text{-}4\text{-}C_6H_5\text{-}NC_5H_7$

mPxBA 3-phenoxy benzoic acid
$3\text{-}(C_6H_5\text{-}O)\text{-}C_6H_4\text{-}COOH$
m-phenoxybenzoic acid

2MPy 2-methyl pyridine
$2\text{-}CH_3\text{-}NC_5H_4$

3MPy 3-methyl pyridine
$3\text{-}CH_3\text{-}NC_5H_4$

4MPy 4-methyl pyridine
$4\text{-}CH_3\text{-}NC_5H_4$

mpy N-methyl pyridinium
$[CH_3\text{-}1\text{-}NC_5H_5]^+$

MSA N-methyl-N-(trimethylsilyl) acetamide
$(CH_3)_3Si\text{-}N(CH_3)\text{-}C({=}O)\text{-}CH_3$

MSA 2,5-dihydro 2,5-furandione
$OC_4H_2({=}O)_2\text{-}2,5$
Maleinsäureanhydrid

MSAc methylthio acetic acid
$CH_3\text{-}S\text{-}CH_2\text{-}COOH$

M-Säure 8-amino-4-hydroxy 2-naphthalenesulfonic acid
$8\text{-}NH_2\text{-}4\text{-}HO\text{-}C_{10}H_5\text{-}2\text{-}SO_3H$

MsCl methanesulfonyl chloride
$CH_3\text{-}S({=}O)_2\text{-}Cl$
mesylchloride

2,7-MSDTPY 2,7-bis(methylseleno) [1]benzothiopyrano[6,5,4-def][1]benzothiopyran
$2,7\text{-}(CH_3\text{-}Se)_2\text{-}1,6\text{-}S_2C_{14}H_6$
2,7-bis(methylseleno)-1,6-dithiapyrene

MSG mono sodium L-glutamate
$Na\,[OOC\text{-}CH_2CH_2\text{-}CH(NH_2)\text{-}COOH]$

MSH

2,4,6-trimethyl benzenesulfonic acid hydrazide
2,4,6-$(CH_3)_3$-C_6H_2-$S(=O)_2$-NH-NH_2
2-mesitylenesulfonic acid hydrazide

MSHFBA

2,2,3,3,4,4,4-heptafluoro-N-methyl-N-(trimethylsilyl)butanamide
C_3F_7-$C(=O)$-$N(CH_3)$-$Si(CH_3)_3$
N-methyl-N-trimethylsilyl-heptafluorobutyramide

mSmBA

3-aminosulfonyl benzoic acid
3-[NH_2-$S(=O)_2$]-C_6H_4-COOH
m-sulfamyl benzoic acid

MSNT

3-nitro-1-[(2,4,6-trimethylphenyl)sulfonyl] 1H-1,2,4-triazole
3-NO_2-1-[2,4,6-$(CH_3)_3$-C_6H_2-SO_2]-1,2,4-N_3C_2H
1-(mesitylenesulfonyl)-3-nitro-1-H-1,2,4-triazole

MSO

4-methyl 3-penten-2-one
CH_3-$C(=O)$-CH=C$(CH_3)_2$
mesityloxide

MSOAc

methylsulfonyl acetic acid
CH_3-$S(=O)_2$-CH_2-COOH

MsOR

methanesulfonic acid ester
CH_3-$S(=O)_2$-O-R
mesylate

MST

1-[(2,4,6-trimethylphenyl)sulfonyl] 1H-1,2,4-triazole
1-[2,4,6-$(CH_3)_3$-C_6H_2-$S(=O)_2$]-1,2,4-$N_3C_2H_2$
1-(mesitylene-2-sulfonyl)-1H-1,2,4-triazole

MSTFA

N-methyl-N-(trimethylsilyl) trifluoroacetamide
CF_3-$C(=O)$-$N(CH_3)$-$Si(CH_3)_3$

α-MT

α-methyltyrosine
4-HO-C_6H_4-CH_2-$C(CH_3)(NH_2)$-COOH

MTBD

1,3,4,6,7,8-hexahydro-1-methyl 2H-pyrimido[1,2-a]pyrimidine
1-CH_3-1,5,9-$N_3C_7H_{12}$
7-methyl-1,5,7-triazabicyclo[4.4.0]dec-5-ene

MTBE

2-methoxy-2-methyl propane
t-C_4H_9-O-CH_3
tert.-butyl-methyl-ether

MTBSTFA

N-[(1,1-dimethylethyl)dimethylsilyl]-2,2,2-trifluoro-N-methyl acetamide
t-C_4H_9-$Si(CH_3)_2$-$N(CH_3)$-$C(=O)$-CF_3
N-(tert.-butyltrimethylsilyl)-N-methyltrifluoro acetamide

MTC

2,3-diphenyl-5-methyl-2H-tetrazolium chloride
[2,3-$(C_6H_5)_2$-5-CH_3-1,2,3,4-N_4C] Cl

MTC N-methyl thiocarbamic acid O-ethyl ester
CH_3-NH-C(=S)-O-C_2H_5
N-methyl-O-ethylthiocarbamate

2,7-MTDTPY 2,7-bis(methylthio) [1]benzothiopyrano[6,5,4-def][1]benzothiopyran
2,7-$(CH_3$-S$)_2$-1,6-$S_2C_{14}H_6$
2,7-bis(methylthio)-1,6-dithiapyrene

3,8-MTDTPY 3,8-bis(methylthio) [1]benzothiopyrano[6,5,4-def][1]benzothiopyran
3,8-$(CH_3$-S$)_2$-1,6-$S_2C_{14}H_6$
3,8-bis(methylthio)-1,6-dithiapyrene

mTFMa 3-trifluoromethyl benzenamine
3-CF_3-C_6H_4-NH_2
m-trifluoromethylaniline

mtmsap 6-methyl-N-trimethylsilyl 2-pyridinamine
2-$[(CH_3)_3$Si-NH]-C_5H_3N-6-CH_3
6-methyl-2-trimethylsilylamino-pyridine

MtOH mannitol
HO-CH_2-CH(OH)-CH(OH)-CH(OH)-CH(OH)-CH_2-OH

MTP methyl triphenoxy phosphonium
$[CH_3$-P(O-$C_6H_5)_3]^+$

MTPA α-methoxy-α-(trifluoromethyl)benzeneacetic acid
C_6H_5-C(O-CH_3)(CF_3)-COOH
α-methoxy-α-(trifluoromethyl)-phenylacetic acid

MTPA-Cl α-methoxy-α-(trifluoromethyl)benzeneacetyl chloride
C_6H_5-C(O-CH_3)(CF_3)-C(=O)-Cl
methoxy-(trifluoromethyl)-phenylacetic acid chloride

MTPI methyl triphenoxy phosphonium iodide
$[CH_3$-P(O-$C_6H_5)_3]$ I

MTT 3-(4,5-dimethyl-2-thiazolyl)-2,5-diphenyl 2H-tetrazolium bromide
$[3$-{4,5-$(CH_3)_2$-1,3-SNC_3-2}-2,5-$(C_6H_5)_2$-1,2,3,4-N_4C] Br
methylthiazolyldiphenyl-tetrazolium-bromide

MTU 6-methyl-2-thioxo 4-pyrimidinone
6-CH_3-2-(S=)-1,3-$N_2C_4H_3$(=O)-4
methyl-thiouracil

MTX N-[4-{((2,4-diamino-6-pteridinyl)methyl)methylamino}benzoyl] glutamic acid
$(NH_2)_2$-N_4C_6H-CH_2-N(CH_3)-C_6H_4-C(=O)NH-CH(COOH)-CH_2CH_2-COOH
methotrexate

mtz 1-methyl 1H-tetrazole
1-CH_3-N_4CH

4-MU

7-hydroxy-4-methyl 2H-1-benzopyran-2-one
$7\text{-HO-4-CH}_3\text{-1-OC}_9\text{H}_4(=O)\text{-2}$
4-methylumbelliferone

MUCO

2,4-hexadienedioic acid diethyl ester
$C_2H_5\text{-O-C}(=O)\text{-CH=CH-CH=CH-COO-}C_2H_5$
diethylmuconate

MVC

chloro ethene
$Cl\text{-CH=CH}_2$
Monomeres Vinylchlorid

MVP

5-ethenyl-2-methyl pyridine
$5\text{-(CH}_2\text{=CH)-2-CH}_3\text{-NC}_5H_3$
2-methyl-5-vinyl-pyridine

MxAc

methoxy acetic acid
$CH_3\text{-O-CH}_2\text{-COOH}$

MXDA

3-aminomethyl benzenemethanamine
$1,3\text{-(NH}_2\text{-CH}_2)_2\text{-C}_6H_4$
meta-Xylylendiamin

Mxea

methoxy ethanamine
$CH_3\text{-O-CH}_2CH_2\text{-NH}_2$

2Mxp

2-methoxy pyridine
$2\text{-(CH}_3\text{-O)-NC}_5H_4$

3Mxp

3-methoxy pyridine
$3\text{-(CH}_3\text{-O)-NC}_5H_4$

4Mxp

4-methoxy pyridine
$4\text{-(CH}_3\text{-O)-NC}_5H_4$

Mz

4-(methoxy)phenylazophenylmethyloxycarbonyl-
$4\text{-(CH}_3\text{-O)-C}_6H_4\text{-N=N-C}_6H_4\text{-CH}_2\text{-O-C}(=O)\text{-}$
p-methoxyphenylazobenzyloxycarbonyl-

N

2,4-diamino-4-oxo butanoic acid
$HOOC\text{-CH(NH}_2)\text{-CH}_2\text{-C}(=O)NH_2$
asparagine

N20C6

1,3,4,6,7,9,10,12,13,15,16,18-hexadecahydro-naphtho
[2,3-r][1,4,7,10,13,16]hexaoxacycloeicosin
$[\text{-O-CH}_2\text{-(2,3-C}_{10}H_6)\text{-CH}_2\text{-O-(CH}_2CH_2\text{-O)}_4\text{-CH}_2CH_2\text{-]}$
naphtho-20-crown-6

NA

pyridine-3-carboxamide
$3\text{-[NH}_2\text{-C}(=O)]\text{-NC}_5H_4$
nicotinamide

Na5DTPA
pentasodium aminobis(2-ethylamino)-N,N,N',N',N''-pentacetate
$Na_5[(OOC\text{-}CH_2)_2N\text{-}CH_2CH_2\text{-}N(CH_2\text{-}COO)\text{-}CH_2CH_2\text{-}N(CH_2\text{-}COO)_2]$
pentasodium diethylenetriaminepentaacetic acid

NAA
1-naphthaleneacetic acid
$C_{10}H_7\text{-}1\text{-}CH_2\text{-}COOH$

Nabam
sodium N,N-dimethyldithiocarbamate
$Na\ [(CH_3)_2N\text{-}C(=S)S]$

NaBS
benzenesulfonic acid, sodium salt
$Na\ [C_6H_5\text{-}SO_3]$
sodium benzenesulfonate

Nac
nitro acetic acid
$O_2N\text{-}CH_2\text{-}COOH$

NAcGu
N-acetyl guanidine
$CH_3\text{-}C(=O)\text{-}NH\text{-}C(=NH)\text{-}NH_2$

NaCHS
cyclohexanesulfonic acid, sodium salt
$Na\ [c\text{-}C_6H_{11}\text{-}SO_3]$
sodium cyclohexanesulfonate

NAD
adenosine 5'-(trihydrogendiphosphate)-5'-5'-ester with 3-(aminocarbonyl)-1-
ribofuranosylpyridinium hydroxide
$[C_{10}H_{12}N_5O_4\text{-}\{P(O)(OH)\text{-}O\}_2\text{-}CH_2\text{-}OC_4H_4(OH)_2\text{-}NC_5H_4\text{-}C(O)NH_2]OH$
nicotinamide adenine dinucleotide

nad
4-[(2-amino-1-hydroxy)ethyl] benzene-1,2-diol
$1,2\text{-}(HO)_2\text{-}C_6H_3\text{-}[CH(OH)\text{-}CH_2\text{-}NH_2]\text{-}4$
noradrenaline

NADH
adenosine 5'-(trihydrogendiphosphate)-5'-5'-ester with 3-(aminocarbonyl)-1-
ribofuranosyl-1,4-dihydropyridine
$C_{10}H_{12}N_5O_4\text{-}[P(=O)(OH)\text{-}O]_2\text{-}CH_2\text{-}OC_4H_4(OH)_2\text{-}NC_5H_5\text{-}C(=O)NH_2$
nicotinamide adenine dinucleotide (reduced)

NADH2
adenosine 5'-(trihydrogendiphosphate)-5'-5'-ester with 3-(aminocarbonyl)-1-
ribofuranosyl-1,4-dihydropyridine
$C_{10}H_{12}N_5O_4\text{-}[P(=O)(OH)\text{-}O]_2\text{-}CH_2\text{-}OC_4H_4(OH)_2\text{-}NC_5H_5\text{-}C(=O)NH_2$
nicotinamide adenine dinucleotide (reduced)

NADP
nicotinamide adenine dinucleotide phosphate
$[C_{10}H_{13}N_5O_6P\text{-}O(PO_3H)_2\text{-}CH_2\text{-}OC_4H_4(OH)_2\text{-}NC_5H_4\text{-}C(O)NH_2]OH$

NAM
1-(9-acridinyl) 1H-pyrrole-2,5-dione
$1\text{-}(10\text{-}NC_{13}H_8\text{-}9\text{-})\text{-}NC_4H_2(=O)_2\text{-}2,5$
N-(9-acridinyl)-maleimide

NANA
5-acetylamino-2,4-dihydroxy-6-(1,2,3-trihydroxypropyl)-3,4,5,6-tetrahydro-2H-
pyrane-2-carboxylic acid
$[CH_3\text{-}C(=O)NH]\text{-}(HO)_2\text{-}[HO\text{-}CH_2\text{-}CH(OH)\text{-}CH(OH)]\text{-}OC_5H_5\text{-}COOH$
N-acetyl neuraminic acid

NAP

2-/3-amino-4-nitro phenol
2-/3-(NH_2)-4-(NO_2)-C_6H_3-OH
4-nitro amino phenol

NAPA

N-(4-hydroxyphenyl) acetamide
CH_3-C(=O)-NH-4-C_6H_4-OH
N-acetyl-p-aminophenol

NAPAP

N-(4-hydroxyphenyl) acetamide
CH_3-C(=O)-NH-4-C_6H_4-OH
N-acetyl-p-aminophenol

NAPE

phosphoric acid mono[2-(acylamino)ethyl] mono[3-(alkanylcarboxy)-
2-(alkenylcarboxy)propyl] ester
R-COO-CH_2-CH[O-C(=O)-R]-CH_2-OP(=O)(OH)-O-CH_2CH_2-NH-C(=O)R
N-acyl phosphatidyl ethanolamine

n-APPA

phenylphosphonic acid monopentyl ester
C_6H_5-P(=O)(OH)-O-C_5H_{11}
n-amyl phenylphosphonate

NBA

N-bromo acetamide
CH_3-C(=O)-NH-Br

NBA

butanol
C_4H_9-OH
n-butylalcohol

nBA

2-propenoic acid butyl ester
CH_2=CH-COO-C_4H_9
n-butylacrylate

NBD

butanal
C_3H_7-CHO
n-butyraldehyde

NBD-Chlorid

7-chloro-4-nitro benzofurazan
2,1,3-$ON_2C_6H_2$(Cl-7)-NO_2-4
4-Nitro-2,1,3-benzoxadiazolchlorid

NBD-Cl

7-chloro-4-nitro benzofurazan
2,1,3-$ON_2C_6H_2$(Cl-7)-NO_2-4
7-chloro-4-nitro 2,1,3-benzoxadiazole

NBD-F

7-fluoro-4-nitro benzofurazan
2,1,3-$ON_2C_6H_2$(F-7)-NO_2-4
7-fluoro-4-nitro 2,1,3-benzoxadiazole

NBDI

N,N'-bis(1-methylethyl) carbamimidic acid (4-nitrophenyl)methyl ester
i-C_3H_7-N=C(NH-C_3H_7-i)-O-CH_2-C_6H_4-4-NO_2
N,N'-diisopropyl-O-(4-nitrobenzene)-isourea

194

NBDMO

3-bromo-4,4-dimethyl 2-oxazolidinone
3-Br-4,4-$(CH_3)_2$-1,3-$ONC_3H_2(=O)$-2
N-bromo-4,4-dimethyl-2-oxazolidinone

NBHA

N-heptadecyl benzenemethanamine
C_6H_5-CH_2-NH-$C_{17}H_{35}$
N-benzylheptadecylamine

NBMPR

6-[{(4-nitrophenyl)methyl}thio]-9-ß-D-ribofuranosyl 9H-purine
$(HO)_2$-$(HO-CH_2)$-OC_4H_4-$N_4C_5H_2$-S-CH_2-C_6H_4-NO_2
6-(4-nitrobenzylmercapto)-purin-9-ß-D-ribofuranoside

N-BPHA

N-hydroxy-N-phenyl benzenemethanamine
C_6H_5-CH_2-N(OH)-C_6H_5
N-benzyl-N-phenylhydroxylamine

NBS

1-bromo 2,5-pyrrolidinedione
1-Br-$NC_4H_4(=O)_2$-2,5
N-bromosuccinimide

NBT

3,3'-[3,3'-dimethoxy-(1,1'-biphenyl)-4,4'-diyl]bis[2-(3-nitrophenyl)-5-phenyl-
2H-tetrazolium] dichloride
$[\{NO_2$-C_6H_4-$N_4C(C_6H_5)$-$C_6H_3(O$-$CH_3)$-$\}_2]$ Cl_2
4-nitro-blue-tetrazolium

NBTGR

6-[{(4-nitrophenyl)methyl}thio]-9-ß-D-ribofuranosyl 9H-purin-2-amine
NO_2-C_6H_4-CH_2-S-$N_4C_5H(NH_2)$-$OC_4H_4(OH)_2$-CH_2-OH
S-(4-nitrobenzyl)-6-thioguanine-ribofuranoside

NC

nitro cellulose

NCS

1-chloro 2,5-pyrrolidinedione
1-Cl-$NC_4H_4(=O)_2$-2,5
N-chloro-succinimide

NCSA

sulfuryl chloride isocyanate
O=C=N-SO_2-Cl
N-carbonylsulfamoylchloride

ND

1,2,4,5-tetramethyl-3-nitroso benzene
1,2,4,5-$(CH_3)_4$-3-(O=N)-C_6H
Nitrosoduren

ND

N-nitroso 2,2'-aminodiethanol
$(HO$-$CH_2CH_2)_2$N-N=O
N-nitroso diethanol amine

Ndap

N,N-bis(carboxymethyl) ß-alanine
HOOC-CH_2CH_2-N(CH_2-COOH)$_2$
nitrilodiaceticpropionic acid

NDBA

N-butyl-N-nitroso 1-butanamine
$(C_4H_9)_2$N-N=O
N-nitroso dibutylamine

NDBP

phosphoric acid dibutyl ester
$HO-P(=O)(O-C_4H_9)_2$
di-n-butylphosphate

NDEA

N-ethyl-N-nitroso ethanamine
$(C_2H_5)_2N-N=O$
N-nitroso diethylamine

NDELA

N-nitroso 2,2'-aminodiethanol
$(HO-CH_2CH_2)_2N-N=O$
N-nitroso diethanol amine

NDGA

4,4'-(2,3-dimethyl-1,4-butanediyl)bis(1,2-benzenediol)
$[1,2-(HO)_2-C_6H_3-4-CH_2-CH(CH_3)-]_2$
nordihydroguaiaretic acid

NDOA

2-amino-5,9-dimethyl-N-nitroso 4,8-decadien-1-ol
$(CH_3)_2C=CH-CH_2CH_2-C(CH_3)=CH-CH_2-CH(NH-N=O)-CH_2-OH$
N-nitroso-2-(3',7'-dimethyl-2',6'-octadienyl)-2-aminoethanol

NDOP

phosphoric acid dioctyl ester
$HO-P(=O)(O-C_8H_{17})_2$
di-n-octylphosphate

NDot

N,N-diethyl benzenamine
$2-CH_3-C_6H_4-N(C_2H_5)_2$
N-diethyl-o-toluidine

NDP

1-(4-nitrobenzyl)-4-(4-diethylaminophenylazo)pyridinium
$[4-\{(C_2H_5)_2N-4-C_6H_4-N=N\}-1-\{4-(NO_2)-C_6H_4-CH_2\}-NC_5H_4]^+$

NDPA

N-nitroso-N-propyl 1-propanamine
$(C_3H_7)_2N-N=O$
N-nitroso dipropylamine

Ndpa

N-(2-carboxyethyl)-N-(carboxymethyl) -alanine
$HOOC-CH_2-N(CH_2CH_2-COOH)_2$
nitrilodipropionicacetic acid

NDPP

4-[{4-(diethylamino)phenyl}azo]-1-[(4-nitrophenyl)methyl] pyridinium bromide
$[4-(C_2H_5)_2N-C_6H_4-N=N-4-NC_5H_4-1-CH_2-C_6H_4-4-NO_2]$ Br

n-DPPA

phenylphosphonic acid monodecyl ester
$C_6H_5-P(=O)(OH)-O-C_{10}H_{21}$
n-decyl phenylphosphonate

Nea

N-ethyl benzenamine
$C_6H_5-NH-C_2H_5$
N-ethylaniline

Neal

N,N-diethyl benzenamine
$C_6H_5-N(C_2H_5)_2$
N-diethyl aniline

NEI
1-(1-isocyanatoethyl) naphthalene
1-[O=C=N-CH(CH$_3$)]-C$_{10}$H$_7$
1-(1-naphthyl)-ethylisocyanate

NEM
1-ethyl 1H-pyrrole-2,5-dione
1-C$_2$H$_5$-1-NC$_4$H$_2$(=O)$_2$-2,5
N-ethyl maleimide

NEPIS
2-ethyl-5-(3-sulfophenyl) isoxazolium hydroxide, innersalt
2-C$_2$H$_5$-1,2-ONC$_3$H$_2$-5-C$_6$H$_4$(SO$_3$-3)
N-ethyl-5-phenylisoxazolium-3'-sulfonate

NFZ
2-[(5-nitro-2-furanyl)methylene] hydrazinecarboxamide
5-NO$_2$-OC$_4$H$_2$-2-CH=N-NH-C(=O)-NH$_2$
5-nitro-2-furfurolsemicarbazone

NGH2
N-hydroxy-2-hydroxyimino-N'-(4-nitrophenyl)ethanimidamide
HO-N=CH-C(NH-OH)=N-C$_6$H$_4$-4-NO$_2$
p-nitrophenylaminoglyoxime

NGu
N-methyl guanidine
CH$_3$-NH-C(=NH)-NH$_2$

NHPMo
trisammonium 12-molybdophosphate
[NH$_4$]$_3$ [P(Mo$_3$O$_{10}$)$_4$]
ammonium 12-molybdatophosphate

NHPW
trisammonium 12-tungstophosphate
[NH$_4$]$_3$ [P(W$_3$O$_{10}$)$_4$]
ammonium 12-tungstatophosphate

NHS-Biotin
[3aS-(...)]-1-[{5-(hexahydro-2-oxo-1H-thieno[3,4-d]imidazol-4-yl)-1-oxopentyl}oxy]-2,5-pyrrolidinedione
2-(O=)-1,3,5-N$_2$SC$_5$H$_7$-4-CH$_2$CH$_2$-CH$_2$CH$_2$-COO-1-NC$_4$H$_4$(=O)$_2$-2,5
(+)-Biotin-N-hydroxysuccinimidester

NHSiW
tetraammonium 12-tungstosilicate
[NH$_4$]$_4$ [Si(W$_3$O$_{10}$)$_4$]
ammonium 12-tungstatosilicate

NiPAl
N-(1-methylethyl) benzenamine
C$_6$H$_5$-NH-C$_3$H$_7$-i
N-isopropylaniline

Nir
1-(1'-ribosyl)-1,4-dihydropyridine-3-carboxamide
1-[HO-CH$_2$-4'-OC$_4$H$_4${(OH)$_2$-2,3}-1']-NC$_5$H$_5$-3-C(=O)-NH$_2$
nicotinamide-ribose

Nitroso-PSAP
3-[(3-hydroxy-4-nitrosophenyl)propylamino] 1-propanesulfonic acid
3-HO-4-NO-C$_6$H$_3$-N(C$_3$H$_7$)-CH$_2$CH$_2$CH$_2$-SO$_3$H
2-nitroso-5-(N-propyl-3-sulfopropylamino)-phenol

NM
nitro methane
NO$_2$-CH$_3$

NM
1,3,5-trimethyl-2-nitroso benzene
$1,3,5\text{-}(CH_3)_3\text{-}2\text{-}(O=N)\text{-}C_6H_2$
nitrosomesitylene

NMA
N-methyl acridinium
$[10\text{-}CH_3\text{-}10\text{-}NC_{13}H_9]^+$

NMA
3a,4,7,7a-tetrahydro-4-methyl 4,7-methanoisobenzofuran-1,3-dione
$4\text{-}CH_3\text{-}2\text{-}OC_9H_7(=O)_2\text{-}1,3$
nadic methyl anhydride

Nmal
N,N-dimethyl benzenamine
$C_6H_5\text{-}N(CH_3)_2$
N-dimethylaniline

NMDA
N-methyl D-aspartic acid
$HOOC\text{-}CH(NH\text{-}CH_3)\text{-}CH_2\text{-}COOH,$

NMDPP
5-methyl-2-(1-methyl)ethylcyclohexyl diphenylphosphine
$5\text{-}CH_3\text{-}2\text{-}(i\text{-}C_3H_7)\text{-}c\text{-}C_6H_9\text{-}1\text{-}P(C_6H_5)_2$
neomenthyldiphenylphosphine

N-Me-trdtra
N-(carboxymethyl)-N-[3-{(carboxymethyl)(methyl)amino}propyl] glycine, ion(3-)
$[OOC\text{-}CH_2\text{-}N(CH_3)\text{-}CH_2CH_2CH_2\text{-}N(CH_2\text{-}COO)_2]^{3-}$
N-methyl-trimethylenediamine-N,N',N'-triacetate

NMIZT
1-methyl 2,3-dihydro-1H-imidazole-2-thione
$1\text{-}CH_3\text{-}1,3\text{-}N_2C_3H_3(=S)\text{-}2$
N-methylimidazoline-2-thione

NMM
4-methyl morpholine
$4\text{-}CH_3\text{-}1,4\text{-}ONC_4H_8$
N-methylmorpholine

ß-NMN
3-(aminocarbonyl)-1-(5-O-phosphono-ß-D-ribofuranosyl) pyridinium hydroxide, inner salt
$3\text{-}[H_2N\text{-}C(=O)]\text{-}NC_5H_4\text{-}1\text{-}OC_4H_4\text{-}2,3\text{-}(OH)_2\text{-}4\text{-}CH_2\text{-}O\text{-}P(=O)(OH)\text{-}O$
ß-nicotinamide-mononucleotide

NMOR
N-nitroso morpholine
$1\text{-}(O=N)\text{-}1,4\text{-}ONC_4H_8$

NMot
N,N,2-trimethyl benzenamine
$2\text{-}CH_3\text{-}C_6H_4\text{-}N(CH_3)_2$
N-dimethyl-o-toluidine

NMP
N-methyl phenazinium
$[5\text{-}CH_3\text{-}5,10\text{-}N_2C_{12}H_8]^+$

NMP
1-methyl 2-pyrrolidone
$1\text{-}CH_3\text{-}NC_4H_6(=O)\text{-}2$
N-methylpyrrolidone

NMPip N-methyl piperidine
$1\text{-}CH_3\text{-}NC_5H_{10}$

NMPld N-methyl pyrrolidine
$1\text{-}CH_3\text{-}NC_4H_8$

NMtAl N-methyl benzenamine
$C_6H_5\text{-}NH\text{-}CH_3$
N-methylaniline

NNGu N,N-dimethyl guanidine
$(CH_3)_2N\text{-}C(=NH)\text{-}NH_2$

NN'Gu N,N'-dimethyl guanidine
$CH_3\text{-}NH\text{-}C(=NH)\text{-}NH\text{-}CH_3$

NO2-acac 3-nitro 2,4-pentanedione, ion(1-)
$[CH_3\text{-}C(\text{-}O)=C(NO_2)\text{-}C(=O)\text{-}CH_3]^-$
nitro-acetylacetonate

NOA 1-octanamine
$C_8H_{17}\text{-}NH_2$
n-octylamine

NOAc 2-nitro acetic acid
$O_2N\text{-}CH_2\text{-}COOH$

NOAS bis(1-octanaminium) sulfate
$[C_8H_{17}\text{-}NH_3]_2\ [SO_4]$
n-octylaminesulfate

nOcA octanoic acid
$C_7H_{15}\text{-}COOH$
n-octanoic acid

NOET nitro ethane
$CH_3\text{-}CH_2\text{-}NO_2$

NOM nitro methane
$CH_3\text{-}NO_2$

n-OPPA phenylphosphonic acid monooctyl ester
$C_6H_5\text{-}P(=O)(OH)\text{-}O\text{-}C_8H_{17}$
n-octyl phenylphosphonate

NORPHOS trans-bicyclo[2.2.1]hept-5-en-2,3-diylbis(diphenylphosphine)
$2,3\text{-}[(C_6H_5)_2P]_2\text{-}[2.2.1]\text{-}C_7H_8$

NOsartacn 9-nitro-1,4,7,11,14,19-hexaazatricyclo[7.7.4.2^{4,14}]docosane
$9\text{-}NO_2\text{-}1,4,7,11,14,19\text{-}N_6C_{16}H_{33}$

1Np 1-naphthalenol
$C_{10}H_7\text{-}1\text{-}OH$

2NP 2-nitro propane
$(CH_3)_2CH-NO_2$

2Np 2-naphthalenol
$C_{10}H_7-2-OH$

NP 2,2-bis[(nitrooxy)methyl] 1,3-propanediol dinitrate(ester)
$C(CH_2-O-NO_2)_4$
nitro-pentaerythritol

NPA 2-(1-naphthylaminocarbonyl) benzoic acid
$2-[C_{10}H_7-1-NH-C(=O)]-C_6H_4-COOH$
N-(1-naphthyl)-phthalaminic acid

nPa 1-propanamine
$C_3H_7-NH_2$
n-propylamine

1NpAm 1-naphthalenamine
$C_{10}H_7-1-NH_2$

2NpAm 2-naphthalenamine
$C_{10}H_7-2-NH_2$

NPBH N-hydroxy-N-phenyl benzamide
$C_6H_5-C(=O)-N(OH)-C_6H_5$
N-phenyl-N-benzoyl hydroxylamine

NPDPP phosphoric acid 4-nitrophenyl diphenyl ester
$4-NO_2-C_6H_4-O-P(=O)(O-C_6H_5)_2$
p-nitrophenyl diphenyl phosphate

NPIP N-nitroso piperidine
$1-(O=N)-NC_5H_{10}$

α-NPO 2-(1-naphthalenyl)-5-phenyl oxazole
$2-(C_{10}H_7-1-)-5-C_6H_5-1,3-ONC_3H$

N-propsal 2-[(N-propyl)nitrilomethylidyne] phenol
$C_3H_7-N=CH-2-C_6H_4-OH$
N-propyl-salicylidenamine

Nps 2-nitrophenylthio-
$2-NO_2-C_6H_4-S-$
o-nitrophenylsulfenyl-

NPS-Cl 2-nitro benzenesulfenyl chloride
$2-NO_2-C_6H_4-S-Cl$
2-nitrophenyl sulfenyl chloride

1NptA 1-naphthalenecarboxylic acid
$C_{10}H_7-1-COOH$
1-naphthoic acid

2NptA
2-naphthalenecarboxylic acid
$C_{10}H_7$-2-COOH
2-naphthoic acid

NPYR
N-nitroso pyrrolidine
1-(O=N)-NC_4H_8

12NQ
1,2-dihydro 1,2-naphthalenedione
$C_{10}H_6(=O)_2$-1,2
1,2-naphthoquinone

14NQ
1,4-dihydro 1,4-naphthalenedione
$C_{10}H_6(=O)_2$-1,4
1,4-naphthoquinone

NTA
N,N-bis(carboxymethyl) glycine, ion(3-)
$[N(CH_2-COO)_3]^{3-}$
nitrilotriacetate

NTA
N,N-bis(carboxymethyl) glycine
$N(CH_2-COOH)_3$
nitrilotriacetic acid

Nta
N,N-bis(carboxymethyl) glycine
$N(CH_2-COOH)_3$
nitrilotriacetic acid

nta
N,N-bis(carboxymethyl) glycine, ion(3-)
$[N(CH_2-COO)_3]^{3-}$
nitrilotriacetate

NTB
2-methyl-2-nitroso propane
$O=N-C(CH_3)_3$
nitroso-tert.-butane

Ntba
N-(1,1-dimethylethyl) benzenamine
$C_6H_5-NH-C_4H_9$-t
N-tert.-butylaniline

NTBT
N,N-bis(2-benzothiazolylmethyl) 2-benzothiazolemethanamine
$[(1,3-SNC_7H_4)-2-CH_2]_3N$
nitrilotris(methylene-2-benzothiazole)

NTC
3,3'-[(1,1'-biphenyl)-4,4'-diyl]bis[(2,5-diphenyl)-2H-tetrazolium] dichloride
$[(C_6H_5)_2-N_4C-C_6H_4-C_6H_4-N_4C-(C_6H_5)_2]$ Cl_2
neotetrazolium chloride

NTCB
2-nitro-5-thiocyanato benzoic acid
2-NO_2-5-NCS-C_6H_3-COOH

NTE
N,N-bis(carboxymethyl) glycine
$N(CH_2-COOH)_3$
Nitrilotriessigsäure

NTMP

nitrilotris(methylphosphonic acid)
$N[CH_2-P(=O)(OH)_2]_3$

NTP

nitrilotris(methylphosphonic acid)
$N[CH_2-P(=O)(OH)_2]_3$

Ntp

N,N-bis(2-carboxyethyl) ß-alanine
$N(CH_2CH_2-COOH)_3$
nitrilotripropionic acid

NTPP

pentasodium triphosphate
$Na_5[(O-)_2P(=O)-O-P(=O)(-O)-O-P(=O)(-O)_2]$
sodium-tripolyphosphate

Ntrm

nitramide
O_2N-NH_2

NuRd

3-amino-2-methyl-7-dimethylamino phenazine hydrogenchloride
$[3-NH_2-2-CH_3-7-(CH_3)_2N-5,10-N_2C_{12}H_6]$ Cl
neutral red

Nva

2-amino pentanoic acid
$C_3H_7-CH(NH_2)-COOH$
norvaline

nVlA

pentanoic acid
C_4H_9-COOH
n-valeric acid

NW-Säure

4-hydroxy 1-naphthalenesulfonic acid
$4-HO-C_{10}H_6-1-SO_3H$
Nevile-Winther-Säure

Oa

1-octanamine
$C_8H_{17}-NH_2$

oAaBA

2-acetylamino benzoic acid
$2-[CH_3-C(=O)-NH]-C_6H_4-COOH$
o-acetamidobenzoic acid

OAc

acetoxy-
CH_3-COO-

OAc

acetic acid, ion(1-)
$[CH_3-COO]^-$
acetate

oAcBA

2-acetyl benzoic acid
$2-[CH_3-C(=O)]-C_6H_4-COOH$
o-acetylbenzoic acid

oAxBA

2-acetyloxy benzoic acid
$2-(CH_3-COO)-C_6H_4-COOH$
o-acetoxybenzoic acid

OB

4,4'-oxybis(benzenesulfonic acid hydrazide)
$[NH_2\text{-}NH\text{-}S(=O)_2\text{-}C_6H_4\text{-}4\text{-}]_2O$

oBa

2-bromo benzenamine
$2\text{-}Br\text{-}C_6H_4\text{-}NH_2$
o-bromoaniline

oBBa

2-bromo benzoic acid
$2\text{-}Br\text{-}C_6H_4\text{-}COOH$
o-bromobenzoic acid

oBP

2-bromo phenol
$2\text{-}Br\text{-}C_6H_4\text{-}OH$
o-bromophenol

oC

2-methyl phenol
$2\text{-}CH_3\text{-}C_6H_4\text{-}OH$
o-cresol

oCa

2-chloro benzenamine
$2\text{-}Cl\text{-}C_6H_4\text{-}NH_2$
o-chloroaniline

oCBA

2-chloro benzoic acid
$2\text{-}Cl\text{-}C_6H_4\text{-}COOH$
o-chlorobenzoic acid

oCP

2-chloro phenol
$2\text{-}Cl\text{-}C_6H_4\text{-}OH$
o-chlorophenol

o-CPHAAA

2-[{2-oxo-1-(phenylaminocarbonyl)propyl}azo] benzoic acid
$C_6H_5\text{-}NH\text{-}C(=O)\text{-}CH[C(=O)\text{-}CH_3]\text{-}N=N\text{-}2\text{-}C_6H_4\text{-}COOH$
o-carboxyphenylhydrazo-acetoacetanilide

oCPIP

2-chloro-4-(4-hydroxyphenylimino)2,5-cyclohexadien-1-one
$2\text{-}Cl\text{-}4\text{-}[HO\text{-}4\text{-}C_6H_4\text{-}N=]\text{-}C_6H_3(=O)$
o-chlorophenol-indophenol

OCPT

3-chloro-4-methyl benzenamine
$3\text{-}Cl\text{-}4\text{-}CH_3\text{-}C_6H_3\text{-}NH_2$
2-chloro-p-amino toluene

18oda

1,8-octanediamine
$NH_2\text{-}(CH_2)_8\text{-}NH_2$

ODA

3,3'-dimethoxy [1,1'-biphenyl]-4,4'-diamine
$[\text{-}C_6H_3\text{-}(O\text{-}CH_3)\text{-}3\text{-}NH_2\text{-}4]_2$
o-dianisidine

ODEPA

4-[bis(1-aziridinyl)phosphinyl] morpholine
$4\text{-}[(NC_2H_4\text{-}1)_2P(=O)]\text{-}1,4\text{-}ONC_4H_8$

ODPN
3,3'-oxydipropionitrile
$NC\text{-}CH_2CH_2\text{-}O\text{-}CH_2CH_2\text{-}CN$

OEDF
1-hydroxy ethylidenediphosphonic acid
$CH_3\text{-}C(OH)[P(=O)(OH)_2]_2$

OEP
2,3,7,8,12,13,17,18-octaethylporphine
$2,3,7,8,12,13,17,18\text{-}(C_2H_5)_8\text{-}N_4C_{20}H_6$

OEP
2,3,7,8,12,13,17,18-octaethylporphine, ion(2-)
$[2,3,7,8,12,13,17,18\text{-}(C_2H_5)_8\text{-}N_4C_{20}H_4]^{2-}$
2,3,7,8,12,13,17,18-octaethylporphinate

OET
1,2,4,5,6,7,8,8-octachloro-2,3,3a,4,7,7a-hexahydro 4,7-methano-1H-indene
$1,2,4,5,6,7,8,8\text{-}Cl_8\text{-}C_{10}H_6$
octachloro-endomethylene-tetrahydro-indan

oExA
2-ethoxy benzenamine
$2\text{-}(C_2H_5\text{-}O)\text{-}C_6H_4\text{-}NH_2$
o-ethoxyaniline

oFa
2-fluoro benzenamine
$2\text{-}F\text{-}C_6H_4\text{-}NH_2$
o-fluoroaniline

oFBA
2-fluoro benzoic acid
$2\text{-}F\text{-}C_6H_4\text{-}COOH$
o-fluorobenzoic acid

oFmP
2-hydroxy benzenecarboxaldehyde
$2\text{-}HO\text{-}C_6H_4\text{-}CHO$
o-formylphenol

oFP
2-fluoro phenol
$2\text{-}F\text{-}C_6H_4\text{-}OH$
o-fluorophenol

OH14BQ
2-hydroxy 2,5-cyclohexadiene-1,4-dione
$2\text{-}HO\text{-}C_6H_3(=O)_2\text{-}1,4$
hydroxy-1,4-benzoquinone

OHAc
hydroxy acetic acid
$HO\text{-}CH_2\text{-}COOH$

OHClBQ
3,6-dichloro-2,5-dihydroxy 2,5-cyclohexadiene-1,4-dione
$3,6\text{-}Cl_2\text{-}2,5\text{-}(HO)_2\text{-}C_6(=O)_2\text{-}1,4$
2,5-dihydroxy-3,6-dichloro-1,4-benzoquinone

2OHQ
2-quinolinol
$1\text{-}NC_9H_6\text{-}2\text{-}OH$
2-hydroxyquinoline

3OHQ

3-quinolinol
$1\text{-}NC_9H_6\text{-}3\text{-}OH$
3-hydroxyquinoline

4OHQ

4-quinolinol
$1\text{-}NC_9H_6\text{-}4\text{-}OH$
4-hydroxyquinoline

5OHQ

5-quinolinol
$1\text{-}NC_9H_6\text{-}5\text{-}OH$
5-hydroxyquinoline

6OHQ

6-quinolinol
$1\text{-}NC_9H_6\text{-}6\text{-}OH$
6-hydroxyquinoline

7OHQ

7-quinolinol
$1\text{-}NC_9H_6\text{-}7\text{-}OH$
7-hydroxyquinoline

oIa

2-iodo benzenamine
$2\text{-}I\text{-}C_6H_4\text{-}NH_2$
o-iodoaniline

oIBA

2-iodo benzoic acid
$2\text{-}I\text{-}C_6H_4\text{-}COOH$
o-iodobenzoic acid

oIP

2-iodo phenol
$2\text{-}I\text{-}C_6H_4\text{-}OH$
o-iodophenol

oMa

2-methyl benzenamine
$2\text{-}CH_3\text{-}C_6H_4\text{-}NH_2$
o-methylaniline

oMBA

2-methyl benzoic acid
$2\text{-}CH_3\text{-}C_6H_4\text{-}COOH$
o-methylbenzoic acid

OMH-1

sodium diethyldihydro aluminate(1-)
$Na\,[(C_2H_5)_2AlH_2]$

OMI

carbamimidic acid methyl ester
$HN\!=\!C(NH_2)\text{-}O\text{-}CH_3$
O-methyl-iso-urea

OMiU

carbamimidic acid methyl ester
$HN\!=\!C(NH_2)\text{-}O\text{-}CH_3$
O-methyl-iso-urea

OMP

2,3,7,8,12,13,17,18-octamethylporphine, ion(2-)
$[2,3,7,8,12,13,17,18\text{-}(CH_3)_8\text{-}N_4C_{20}H_4]^{2-}$
2,3,7,8,12,13,17,18-octamethylporphinate

OMP	4-carboxy uridine-5'-(dihydrogenmonophosphate) $(O=)_2$-$N_2C_4H_2(COOH)$-$OC_4H_4(OH)_2$-CH_2-O-$P(=O)(OH)_2$ *orotidine-5'-monophosphate*
oMP	2-methoxy phenol 2-$(CH_3$-$O)$-C_6H_4-OH *o-methoxyphenol*
ompa	octamethyl diphosphoramide $[(CH_3)_2N]_2P(=O)$-O-$P(=O)[N(CH_3)_2]_2$ *octamethyl pyrophosphoramide*
OMPHA	octamethyl diphosphoramide $[(CH_3)_2N]_2P(=O)$-O-$P(=O)[N(CH_3)_2]_2$ *octamethyl pyrophosphoramide*
OMU	N'-cyclooctyl-N,N-dimethyl urea c-C_8H_{15}-NH-$C(=O)$-$N(CH_3)_2$
oMxA	2-methoxy benzenamine 2-$(CH_3$-$O)$-C_6H_4-NH_2 *o-methoxyaniline*
oMxBA	2-methoxy benzoic acid 2-$(CH_3$-$O)$-C_6H_4-$COOH$ *o-methoxybenzoic acid*
oMxCa	2-amino benzoic acid methyl ester 2-NH_2-C_6H_4-COO-CH_3 *o-methoxycarbonylaniline*
o-NBAAP	1,5-dimethyl-4-[(2-nitro)phenylmethylenamino]-2-phenyl1,2-dihydro-3H-pyrazol-3-one $1,5$-$(CH_3)_2$-4-$(NO_2$-2-C_6H_4-$CH=N)$-2-C_6H_5-$1,2$-$N_2C_3(=O)$-3 *4-N-(o'-nitrobenzylidene)-aminoantipyrine*
oNOa	2-nitro benzenamine 2-O_2N-C_6H_4-NH_2 *o-nitroaniline*
oNOBA	2-nitro benzoic acid 2-O_2N-C_6H_4-$COOH$ *o-nitrobenzoic acid*
oNOP	2-nitro phenol 2-O_2N-C_6H_4-OH *o-nitrophenol*
ONP	2-nitro phenol 2-NO_2-C_6H_4-OH *o-nitrophenol*

o-NPOE

1-octyloxy-2-nitro benzene
$2\text{-}NO_2\text{-}C_6H_4\text{-}O\text{-}C_8H_{17}$
(o-nitrophenyl)octylether

OPA

1,2-benzenedicarboxaldehyde
$1,2\text{-}[HC(=O)]_2\text{-}C_6H_4$
o-phthalaldehyde

OPD

1,2-benzenediamine
$C_6H_4\text{-}1,2\text{-}(NH_2)_2$
o-phenylene diamine

o,p'-DDD

1-chloro-2-[2,2-dichloro-1-(4-chlorophenyl)ethyl]benzene
$2\text{-}[CHCl_2\text{-}CH(C_6H_4\text{-}4\text{-}Cl)]\text{-}C_6H_4\text{-}Cl$
2,4'-dichloro-.alpha.-(dichloromethyl)-diphenylmethane

o,p'-DDE

1,1-dichloro-2-(2-chlorophenyl)-2-(4-chlorophenyl)ethene
$Cl_2C=C(C_6H_4\text{-}2\text{-}Cl)\text{-}C_6H_4\text{-}4\text{-}Cl$
o,p'-dichlorodiphenyl dichloroethene

o,p'-DDT

1-chloro-2-[2,2,2-trichloro-1-(4-chlorophenyl)ethyl]benzene
$2\text{-}[CCl_3\text{-}CH(C_6H_4\text{-}2\text{-}Cl)]\text{-}C_6H_4\text{-}Cl$
2,4'-dichloro-α-(trichloromethyl)-diphenylmethane

opdp

1,2-phenylenebis(diphenylphosphine)
$1,2\text{-}[(C_6H_5)_2P]_2\text{-}C_6H_4$
o-phenylenebis(diphenylphosphine)

oPhA

1,2-benzenedicarboxylic acid
$1,2\text{-}(HOOC)_2\text{-}C_6H_4$
o-phthalic acid

oPha

[1,1'-biphenyl]-2-amine
$C_6H_5\text{-}C_6H_4\text{-}2\text{-}NH_2$
o-phenylaniline

oPhBA

[1,1'-biphenyl]-2-carboxylic acid
$C_6H_5\text{-}C_6H_4\text{-}2\text{-}COOH$
o-phenylbenzoic acid

oPhDA

1,2-benzenediamine
$1,2\text{-}(NH_2)_2\text{-}C_6H_4$
o-phenylenediamine

oPhP

[1,1'-biphenyl]-2-ol
$C_6H_5\text{-}C_6H_4\text{-}2\text{-}OH$
o-phenylphenol

OPP

2,3,7,8,12,13,17,18-octapropylporphine, ion(2-)
$[2,3,7,8,12,13,17,18\text{-}(C_3H_7)_8\text{-}N_4C_{20}H_4]^{2-}$
2,3,7,8,12,13,17,18-octapropylporphinate

OPPA

diphosphoric acid monooctyl ester
$(HO)_2P(=O)-O-P(=O)(OH)-O-C_8H_{17}$
octylpyrophosphoric acid

OPr

propanoic acid, ion(1-)
$[C_2H_5-COO]^-$
propionate

OPSA

N,N'-diethyl 4-morpholinylphosphonothioic diamide
$1,4-ONC_4H_8-[P(=S)(NH-C_2H_5)_2]-4$

OPTA

1,2-benzenedicarboxaldehyde
$C_6H_4-(CHO)_2-1,2$
o-phthaldialdehyde

oPxBA

2-phenoxy benzoic acid
$2-(C_6H_5-O)-C_6H_4-COOH$
o-phenoxybenzoic acid

Orn

2,5-diamino pentanoic acid
$NH_2-CH_2CH_2CH_2-CH(NH_2)-COOH$
ornithine

OT

3,3'-dimethyl [1,1'-biphenyl]-4,4'-diamine
$[-C_6H_3-(CH_3)-3-NH_2-4]_2$
o-tolidine

OTGH2

N-hydroxy-2-hydroxyimino-N'-(2-methylphenyl) ethanimidamide
$HO-N=CH-C(NH-OH)=N-C_6H_4-2-CH_3$
o-tolylaminoglyoxime

OTOP

trioctyl phosphine oxide
$(C_8H_{17})_3P=O$
tri-n-octyl phosphine oxide

Ox

ethanedioic acid
$HOOC-COOH$
oxalic acid

ox

ethanedioic acid, ion(2-)
$[OOC-COO]^{2-}$
oxalate

Oxa-2

2,2'-[1,2-ethanediylbis(oxy)] bis(ethanamine)
$NH_2-CH_2CH_2-O-CH_2CH_2-O-CH_2CH_2-NH_2$
3,6-dioxaoctane-1,8-diamine

Oxa-4

3,6,9,12-tetraoxatetradecane-1,14-diamine
$NH_2-CH_2-(CH_2-O-CH_2)_4-CH_2-NH_2$

Oxa-6

3,6,9,12,15,18-hexaoxaeicosane-1,20-diamine
$NH_2-CH_2-(CH_2-O-CH_2)_6-CH_2-NH_2$

OxAc 2-oxo butanedioic acid
HOOC-C(=O)-CH$_2$-COOH
oxaloacetic acid

Oxac 2-oxo butanedioic acid ester
R-OOC-C(=O)-CH$_2$-COO-R
oxalacetate

Oxin 8-quinolinol
1-NC$_9$H$_6$-8-OH
8-hydroxyquinoline

P pyrrolidine-2-carboxylic acid
NC$_4$H$_8$-2-COOH
proline

P 2 S 2-(hydroxyiminomethyl)-1-methylpyridiniummethanesulfonate
[1-CH$_3$-NC$_5$H$_4$-2-CH=N-OH] [CH$_3$-SO$_3$]
pralidoximmethanesulfonate

P3 phenylphosphinidenebis[1,1-propanediyl-(diphenyl)phosphine]
C$_6$H$_5$-P[CH(C$_2$H$_5$)-P(C$_6$H$_5$)$_2$]$_2$
bis[1-(diphenylphosphino)propyl] phenyl phosphine

P3C [2-((diphenylphosphino)methyl)-2-methyl-1,3-propanediyl]bis[diphenylphosphine]
CH$_3$-C[CH$_2$-P(C$_6$H$_5$)$_2$]$_3$

P3FE poly(1,1,2-trifluoro-1,2-ethanediyl)
[-CF$_2$-CHF-]$_n$
polytrifluoroethylene

P4 1,1,4,7,10,10-hexaphenyl-1,4,7,10-tetraphosphadecane
(C$_6$H$_5$)$_2$P-CH$_2$CH$_2$-P(C$_6$H$_5$)-CH$_2$CH$_2$-P(C$_6$H$_5$)-CH$_2$CH$_2$-P(C$_6$H$_5$)$_2$

P4a 4-pyridinecarboxaldehyde
NC$_5$H$_4$-4-CHO
pyridine-4-aldehyde

P5HQ 1-propyl 5-quinolinol
1-C$_3$H$_7$-5-HO-1-NC$_9$H$_5$
1-propyl-5-hydroxy quinoline

P6HQ 1-propyl 6-quinolinol
1-C$_3$H$_7$-6-HO-1-NC$_9$H$_5$
1-propyl-6-hydroxy quinoline

PA polyamides
[-NH-R-C(=O)-]$_n$ or [-NH-R-NH-C(=O)-R-C(=O)-]$_n$

PAA poly(1-carboxy-1,2-ethanediyl)
[-CH(COOH)-CH$_2$-]$_n$
polyacrylic acid

pAaBA

4-(acetylamino) benzoic acid
4-[CH$_3$-C(=O)-NH]-C$_6$H$_4$-COOH
p-acetamidobenzoic acid

PAB

4-amino benzoic acid
4-NH$_2$-C$_6$H$_4$-COOH
p-amino benzoic acid

PABA

4-amino benzoic acid
4-NH$_2$-C$_6$H$_4$-COOH
p-amino benzoic acid

pabd

3,5-dimethyl-N-[3,5-dimethyl-1H-pyrazol-1-ylmethyl]-N-phenyl 1H-pryrazole-
1-methanamine
[3,5-(CH$_3$)$_2$-1,2-N$_2$C$_3$H-1-CH$_2$]$_2$N-C$_6$H$_5$

PABS

4-amino benzoic acid
4-NH$_2$-C$_6$H$_4$-COOH
p-Aminobenzoesäure

pAcBA

4-acetyl benzoic acid
4-[CH$_3$-C(=O)]-C$_6$H$_4$-COOH
p-acetylbenzoic acid

PACOPA

2-[{(phenylamino)carbonyl}oxy] propanoic acid
C$_6$H$_5$-NH-COO-CH(CH$_3$)-COOH

PADA

2-(5-bromo-2-pyridylazo)-5-diethylamino phenol
2-(5-Br-NC$_5$H$_3$-2-N=N)-5-(C$_2$H$_5$)$_2$N-C$_6$H$_3$-OH

PADAP

2-(2-pyridylazo)-5-diethylamino phenol
2-(NC$_5$H$_4$-2-N=N)-5-(C$_2$H$_5$)$_2$N-C$_6$H$_3$-OH

PAF

7-(acetyloxy)-4-hydroxy-N,N,N-trimethyl-3,5,9-trioxa-4-phosphapentacosan-
1-aminium hydroxide 4-oxide innersalt
C$_{16}$H$_{33}$-O-CH$_2$-CH[OC(=O)CH$_3$]CH$_2$-O-P(=O)(-O)O-CH$_2$CH$_2$-N(CH$_3$)$_3$
platelet activating factor

PAH

N-[4-(amino)phenylcarbonyl] glycine
4-NH$_2$-C$_6$H$_4$-C(=O)-NH-CH$_2$-COOH
p-amino hippuric acid

PAL

3-hydroxy-2-methyl-5-[(phosphonooxy)methyl] 4-pyridinecarboxaldehyde
3-HO-2-CH$_3$-4-(O=CH)-NC$_5$H-5-CH$_2$-O-P(=O)(OH)$_2$
Pyridoxalphosphat

2-PAM

2-(hydroxyiminomethyl)-1-methyl pyridinium iodide
[1-CH$_3$-NC$_5$H$_4$-2-CH=N-OH] I
2-pyridine-2-aldoxime-N-methyl-iodide

PAM

2-(hydroxyiminomethyl)-1-methyl pyridinium iodide
[1-CH$_3$-NC$_5$H$_4$-2-CH=N-OH] I
pyridine-2-aldoxime-N-methyl-iodide

210

PAM 4-aminomethyl-6-methyl-5-phosphonooxy 3-pyridinemethanol
$4\text{-}(NH_2\text{-}CH_2)\text{-}6\text{-}CH_3\text{-}5\text{-}[(HO)_2P(=O)\text{-}O]\text{-}NC_5H\text{-}3\text{-}CH_2\text{-}OH$
pyridoxamine phosphate

PAMBA 4-aminomethyl benzoic acid
$4\text{-}(NH_2\text{-}CH_2)\text{-}C_6H_4\text{-}COOH$
p-amino-methyl benzoic acid

2-PAM-chlorid 2-(hydroxyiminomethyl)-1-methyl pyridinium chloride
$[1\text{-}CH_3\text{-}NC_5H_4\text{-}2\text{-}CH{=}N\text{-}OH]\ Cl$
2-pyridine-2-aldoxime-N-methyl-chloride

PAMSA 4-(2-aminoethyl)-2-hydroxy benzoic acid
$4\text{-}(NH_2\text{-}CH_2CH_2)\text{-}2\text{-}HO\text{-}C_6H_3\text{-}COOH$
p-aminoethyl-salicylic acid

PAN 1-(2-pyridylazo) 2-naphthalenol
$NC_5H_4\text{-}2\text{-}N{=}N\text{-}1\text{-}C_{10}H_6\text{-}2\text{-}OH$
1-(2-pyridinazo)-2-naphthol

PAN N-phenyl 1-naphthalenamine
$C_6H_5\text{-}NH\text{-}1\text{-}C_{10}H_7$
N-phenyl-α-naphthylamine

PAN peroxyacetic acid anhydride with nitric acid
$CH_3\text{-}C(=O)\text{-}O\text{-}O\text{-}NO_2$
peroxyacetylnitrate

PAN 1,3-isobenzofurandione
$2\text{-}OC_8H_4(=O)_2\text{-}1,3$
phthalic anhydride

PAN poly[(1-cyano)-1,2-ethanediyl]
$[\text{-}CH(CN)\text{-}CH_2\text{-}]_n$
polyacrylonitrile

PAP N,N'-bis(2-pyridyl) 1,4-phthalazinediamine
$2,3\text{-}N_2C_8H_4\text{-}(NH\text{-}2\text{-}NC_5H_4)_2\text{-}1,4$
1,4-bis(2-pyridylamino)phthalazine

paP 1-(4-hydroxyphenyl) ethanone
$CH_3\text{-}C(=O)\text{-}C_6H_4\text{-}4\text{-}OH$
p-acetylphenol

PAP4ME N,N'-bis[(4-methyl)-2-pyridyl] 1,4-phthalazinediamine
$2,3\text{-}N_2C_8H_4\text{-}[NH\text{-}2\text{-}NC_5H_3(CH_3\text{-}4)]_2\text{-}1,4$

p-APMSF [4-(aminoiminomethyl)phenyl] methanesulfonyl fluoride
$4\text{-}[NH_2\text{-}C(=NH)]\text{-}C_6H_4\text{-}CH_2\text{-}SO_2\text{-}F$
(p-amidinophenyl)methylsulfonylfluoride

PAPP 1-(4-aminophenyl) 1-propanone
$C_2H_5\text{-}C(=O)\text{-}C_6H_4\text{-}4\text{-}NH_2$
p-Amino-propiophenon

PAPS

3'-adenylic acid 5'-(dihydrogenphosphate)-5'-monoanhydride with sulfuric acid
$(NH_2)N_4C_5H_2$-$OC_4H_4(OH)[OP(O)(OH)_2]$-CH_2-$OP(O)(OH)$-O-SO_3H
3'-phospho-adenosine-5'-phosphosulfate

PAR

4-(2-pyridylazo) 1,3-benzenediol
4-$(NC_5H_4$-2-N=N$)$-C_6H_3-$(OH)_2$-1,3
4-(2-pyridylazo)-resorcinol

PAS

4-amino-2-hydroxy benzoic acid
4-NH_2-2-HO-C_6H_3-COOH
p-amino salicylic acid

PAT

phosphoramidothioic acid
$(HO)_2P(=S)$-NH_2

PAT

1-phenyl 5(1H)-tetrazolamine
1-C_6H_5-N_4C-5-NH_2
1-phenyl-5-amino tetrazole

2PATSC

2-(pyridylmethylidene) hydrazinecarbothiamide
NC_5H_4-2-CH=N-NH-C(=S)-NH_2
2-pyridinaldehyde thiosemicarbazone

pAxBA

4-acetyloxy benzoic acid
4-$(CH_3$-COO$)$-C_6H_4-COOH
p-acetoxybenzoic acid

PB

poly(1-butene-1,4-diyl)
$[-CH_2$-CH=CH-CH_2-$]_n$
polybutadiene

PB

poly(1-ethyl-1,2-ethanediyl)
$[-CH(C_2H_5)$-CH_2-$]_n$
polybutylene

pBa

4-bromo benzenamine
4-Br-C_6H_4-NH_2
p-bromoaniline

PBAH

polycyclic benzenoid aromatic hydrocarbons

pBBA

4-bromo benzoic acid
4-Br-C_6H_4-COOH
p-bromobenzoic acid

PBBO

6-phenyl-2-[(1,1'-biphenyl)-4-yl] benzoxazole
6-C_6H_5-2-$(C_6H_5$-C_6H_4-4)-1,3-ONC_7H_3

PBD

2-[(1,1'-biphenyl)-4-yl]-5-phenyl 1,3,4-oxadiazole
2-$(C_6H_5$-C_6H_4-4-)-5-C_6H_5-1,3,4-ON_2C_2
5-phenyl-2-(4-biphenyl)-1,3,4-oxadiazole

PBI   poly(2,5-benzimidazolediyl)
$[-2-(1,3-N_2C_7H_4)-5-]_n$
polybenzimidazoles

PBN   N-phenyl 2-naphthalenamine
$C_6H_5-NH-2-C_{10}H_7$
N-phenyl-ß-naphthyl amine

PBN   N-(1,1-dimethyl)ethyl benzenemethanimine N-oxide
$C_6H_5-CH=N(O)-C_4H_9-t$
phenyl-N-tert.-butyl-nitrone

PBO   5-phenyl-2-[(1,1'-biphenyl)-4-yl] oxazole
$5-C_6H_5-2-(C_6H_5-C_6H_4-4)-1,3-ONC_3H$

PBO   5-[2-(2-butoxyethoxy)ethoxymethyl]-6-propyl1,3-benzodioxole
$6-C_3H_7-1,3-O_2C_7H_4-5-CH_2-O-CH_2CH_2-O-CH_2CH_2-O-C_4H_9$
piperonyl butoxide

pBP   4-bromo phenol
$4-Br-C_6H_4-OH$
p-bromophenol

PBT   poly(oxy-1,4-butanediyloxycarbonyl-1,4-phenylenecarbonyl-)
$[-O-CH_2CH_2-CH_2CH_2-O-C(=O)-1,4-C_6H_4-C(=O)-]_n$
polybutylene-(1,4)-terephthalate

PBZ   N',N'-dimethyl-N-phenylmethyl-N-(2-pyridyl) 1,2-ethanediamine
$2-NC_5H_4-N(CH_2-C_6H_5)-CH_2CH_2-N(CH_3)_2$
pyribenzamine

PC   poly(alkanediyloxycarboxy)
$[-R-O-COO-]_n$
polycarbonates

PC   poly(2-chloro-1-butene-1,4-diyl)
$[-CH=CCl-CH_2CH_2-]_n$
polychloroprene

PC   4-methyl 1,3-dioxolan-2-one
$4-(CH_3)-1,3-O_2C_3H_3(=O)-2$
propylene carbonate

pC   4-methyl phenol
$4-CH_3-C_6H_4-OH$
p-cresol

PCA   5-oxo-2-pyrrolidine carboxylic acid
$5-(O=)NC_4H_6-2-COOH$
pyrrolidone carboxylic acid

pCa   4-chloro aniline
$4-Cl-C_6H_4-NH_2$
p-chloroaniline

PCB   polychlorinated biphenyls
$(C_6H_{5-x}Cl_x)\text{-}(C_6H_{5-y}Cl_y)$

pCBA   4-chloro benzoic acid
$4\text{-}Cl\text{-}C_6H_4\text{-}COOH$
p-chlorobenzoic acid

PCC   pyridinium trioxochlorochromate
$[C_5H_5NH]\,[CrO_3Cl]$
pyridinium chloro chromate

PcCo $[29H,31H\text{-phthalocyaninato}(2\text{-})\text{-}N^{29},N^{30},N^{31},N^{32}]$cobalt
$[Co(N_8C_{32}H_{16})]$

PCMB   (4-carboxyphenyl)hydroxy mercury, monosodium salt
$Na\,[HO\text{-}Hg\text{-}4\text{-}C_6H_4\text{-}COO]$
sodium p-chloromercuribenzoate

pCMBS   chloro(4-sulfophenyl) mercury, sodium salt
$Na\,[Cl\text{-}Hg\text{-}C_6H_4\text{-}4\text{-}SO_3]$
p-chloromercuri benzenesulfonic acid

pCNa   4-amino benzonitrile
$4\text{-}NH_2\text{-}C_6H_4\text{-}CN$
p-cyanoaniline

PCNB   pentachloro-nitro benzene
$C_6Cl_5\text{-}NO_2$

pCNBA   4-cyano benzoic acid
$4\text{-}NC\text{-}C_6H_4\text{-}COOH$
p-cyanobenzoic acid

pCNP   4-hydroxy benzonitrile
$4\text{-}HO\text{-}C_6H_4\text{-}CN$
p-cyanophenol

PCOT   5-chloro-2-methyl benzenamine
$5\text{-}Cl\text{-}2\text{-}CH_3\text{-}C_6H_3\text{-}NH_2$
p-chloro-o-amino toluene

PCP   pentachloro phenol
$C_6Cl_5\text{-}OH$

pCP   4-chloro phenol
$4\text{-}Cl\text{-}C_6H_4\text{-}OH$
p-chlorophenol

PCPA   4-chloro phenylalanine
$4\text{-}Cl\text{-}C_6H_4\text{-}CH_2\text{-}CH(NH_2)\text{-}COOH$
p-chlorophenylalanine

PCPBS　benzenesulfonic acid 4-chlorophenyl ester
C_6H_5-S(=O)$_2$-O-C_6H_4-Cl-4
para-chlorophenyl-benzenesulfonic ester

PCTFE　poly[(1-chloro-1,2,2-trifluoro)-1,2-ethanediyl]
[-CFCl-CF$_2$-]$_n$
polychlorotrifluoroethylene

PD　1,3-propanediamine
NH_2-$CH_2CH_2CH_2$-NH_2

pd3a　N-(carboxymethyl)-N-[2-{(carboxymethyl)amino}propyl]glycine, ion(3-)
[OOC-CH_2-NH-CH(CH_3)-CH_2-N(CH_2-COO)$_2$]$^{3-}$
1,2-propylenediaminetriacetate

13Pda　1,3-propanediamine
NH_2-$CH_2CH_2CH_2$-NH_2

PDA　1,2-propanediamine
NH_2-CH(CH_3)-CH_2-NH_2
propylenediamine

PDA　1,4-benzenediamine
1,4-(NH_2)$_2$-C_6H_4
p-phenylene diamine

PDAT　phosphorodiamidothioic acid
HO-P(=S)(NH_2)$_2$

PDB　1,4-dichloro benzene
1,4-Cl_2-C_6H_4
p-dichlorobenzene

PDC　pyridinium dichromate
[c-C_5H_6N]$_2$ [Cr_2O_7]

p-DCP　phosphoric acid bis(methylphenyl) ester
HO-P(=O)(O-C_6H_4-CH_3)$_2$
dicresylphosphate

PDEA　phenylamino-2,2'-diethanol
C_6H_5-N(CH_2CH_2-OH)$_2$
phenyl diethanolamine

PDEAS　8,11-dioxo-4-phenyl 1,7-dioxa-4-azacycloundecane
8,11-(O=)$_2$-4-C_6H_5-1,7,4-$O_2NC_8H_{12}$
phenyl diethanolamine succinate

PDM　perchlorodiphenylmethyl- (radical)
(C_6Cl_5)$_2$CCl

pdma　1,2-phenylenebis(dimethylarsine)
1,2-[(CH_3)$_2$As]$_2$-C_6H_4

PDMEA phosphoric acid mono[2-(dimethylamino)ethyl] ester
$(CH_3)_2N\text{-}CH_2CH_2\text{-}O\text{-}P(=O)(OH)_2$

pdmp 1,2-phenylenebis(dimethylphosphine)
$1,2\text{-}[(CH_3)_2P]_2\text{-}C_6H_4$

Pd-PEI-ghosts Palladium / poly(1-imino-1,2-ethanediyl)
$Pd\,/\,[\text{-}C(=NH)\text{-}CH_2\text{-}]_n$
Palladium on poly(ethylenimine) (catalyst)

2-PDS 2,2'-dithiobis(pyridine)
$NC_5H_4\text{-}2\text{-}SS\text{-}2'\text{-}NC_5H_4$
di-(2-pyridyl)-disulfide

PDT 5,6-diphenyl-3-(2-pyridinyl) 1,2,4-triazine
$3\text{-}(NC_5H_4\text{-}2)\text{-}5,6\text{-}(C_6H_5)_2\text{-}1,2,4\text{-}N_3C_3$
3-(2-pyridinyl)-5,6-diphenyl-1,2,4-triazine

1,3-pdta N,N'-(1,3-propanediyl)bis[N-(carboxymethyl)glycine], ion(4-)
$[(OOC\text{-}CH_2)_2N\text{-}CH_2CH_2CH_2\text{-}N(CH_2\text{-}COO)_2]^{4-}$
1,3-propanediamine-N,N,N',N'-tetraacetate

pdta N,N'-(1-methyl-1,2-ethanediyl)bis[N-(carboxymethyl)glycine], ion(4-)
$[(OOC\text{-}CH_2)_2N\text{-}CH(CH_3)\text{-}CH_2\text{-}N(CH_2\text{-}COO)_2]^{4-}$
1,2-propanediaminetetraacetate

PE 2,2-bis(hydroxymethyl) 1,3-propanediol
$C(CH_2\text{-}OH)_4$
pentaerythritol

PE phosphoric acid mono(2-aminoethyl) mono[3-(alkanylcarboxy)-
2-(alkenylcarboxy)propyl] ester
$R\text{-}COO\text{-}CH_2\text{-}CH[O\text{-}C(=O)\text{-}R]\text{-}CH_2\text{-}OP(=O)(OH)\text{-}O\text{-}CH_2CH_2\text{-}NH_2$
phosphatidyl ethanolamine

PE polyethane
$[\text{-}CH_2CH_2\text{-}]_n$
polyethylene

2-pea α-methyl 2-pyridinemethanamine
$NC_5H_4\text{-}2\text{-}CH(CH_3)\text{-}NH_2$
1-(2-pyridyl) ethanamine

PEA phosphoric acid mono(2-aminoethyl) mono[3-(alkanylcarboxy)-
2-(alkenylcarboxy)propyl] ester
$R\text{-}COO\text{-}CH_2\text{-}CH[O\text{-}C(=O)\text{-}R]\text{-}CH_2\text{-}OP(=O)(OH)\text{-}O\text{-}CH_2CH_2\text{-}NH_2$
phosphatidyl ethanolamine

PEB 2-phosphonooxy 2-propenoic acid
$(HO)_2P(=O)\text{-}O\text{-}C(=CH_2)\text{-}COOH$
Phosphoenolbrenztraubensäure

PEBC   N-butyl-N-ethyl thiocarbamic acid S-propyl ester
C_3H_7-S-C(=O)-N(C_2H_5)-C_4H_9
S-propyl-N-ethyl-N-butyl-monothiocarbamate

4-PEC   S-[2-(4-pyridinyl)-ethyl]-L-cysteine
NC_5H_4-4-CH_2CH_2-S-CH_2-CH(NH_2)-COOH

PEDODSDTF   2-[1,3-diselenolo[4,5-b]pyrazin-2-ylidene]-5,6-dihydro1,3-dithiolo[4,5-b][1,4]dioxin
2-(1,3,4,7-$Se_2N_2C_5H_2$-2-)=(7,4,1,3-$O_2S_2C_5H_4$)
pyrazino-ethylenedioxodiselenadithiafulvalene

PEEA   N-ethyl-N-phenyl-2-amino ethanol
C_6H_5-N(C_2H_5)-CH_2CH_2-OH
N-phenyl-N-ethyl ethanolamine

PEEKK   poly(oxy-1,4-phenyleneoxy-1,4-phenylenecarbonyl-1,4-phenylenecarbonyl-
1,4-phenylene)
[-{O-(1,4-C_6H_4)}$_2$-{C(=O)-(1,4-C_6H_4)}$_2$-]$_n$
poly-ether-ether-ketone-ketone

PEG   poly(oxy-1,2-ethanediyl)
[-O-CH_2CH_2-]$_n$
polyethylene glycol

PEHA   3,6,9,12-tetraaza-1,14-tetradecanediamine
NH_2-(CH_2CH_2-NH)$_4$-CH_2CH_2-NH_2
penta ethylene hexamine

PEI   poly(1,2-ethanediylimino)
[-CH_2CH_2-NH-]$_n$
polyethylenimine

PEK   poly(oxy-1,4-phenylenecarbonyl-1,4-phenylene)
[-O-(1,4-C_6H_4)-C(=O)-(1,4-C_6H_4)-]$_n$
polyetherketone

PEMA   2-ethyl-2-phenyl propanediamide
NH_2-C(=O)-C(C_2H_5)(C_6H_5)-C(=O)-NH_2
2-phenyl-2-ethyl-malonamide

PEMM   phosphoric acid mono[2-(dimethylamino)ethyl] mono[3-(alkanylcarboxy)-
2-(alkenylcarboxy)propyl] ester
R-COO-CH_2-CH[O-C(=O)-R]-CH_2-OP(=O)(OH)-O-CH_2CH_2-N(CH_3)$_2$
dimethyl phosphatidyl ethanolamine

2PeoA   trans-2-pentenoic acid
C_2H_5-CH=CH-COOH

3PeoA   trans-3-pentenoic acid
CH_3-CH=CH-CH_2-COOH

PEOC-Cl   [2-{(chloroformyl)oxy}ethyl]triphenyl phosphoniumchloride
[(C_6H_5)$_3$P-CH_2CH_2-O-C(=O)-Cl] Cl
2-triphenylphosphonioethyl chloroformate chloride

4-PEP

2-amino-3-methyl-3-[2-(4-pyridyl)ethylthio] butanoic acid
NC_5H_4-4-CH_2CH_2-S-$C(CH_3)_2$-CH(NH_2)-COOH
S-[2-(4-pyridyl)ethyl]-DL-penicillamine

PEP

2-phosphonooxy 2-propenoic acid
$(HO)_2P(=O)$-O-C(=CH_2)-COOH
phosphoenol pyruvate

PEPEOA

N,N-bis[2-(diphenylphosphino)ethyl] 2-diphenylphosphinyl ethanamine
$(C_6H_5)_2P(=O)$-CH_2CH_2-N[CH_2CH_2-P($C_6H_5)_2]_2$

PER

peroxydisulfuric acid, diammonium salt
$[NH_4]_2$ $[O_3S$-OO-$SO_3]$
diammonium peroxydisulfate

PER

tetrachlorethene
CCl_2=CCl_2
perchloroethylene

PES

poly(oxy-1,4-phenylenesulfonyl-1,4-phenylene)
$[-O-(1,4-C_6H_4)-S(=O)_2-(1,4-C_6H_4)-]_n$
polyethersulfone

PET

poly(oxy-1,2-ethanediyloxycarbonyl-1,4-phenylenecarbonyl)
$[-O-CH_2CH_2-O-C(=O)-1,4-C_6H_4-C(=O)-]_n$
polyethyleneterephthalate

PETN

2,2-bis[(nitrooxy)methyl] 1,3-propanediol dinitrate(ester)
$C(CH_2$-O-$NO_2)_4$
pentaerythritol tetranitrate

PETP

poly(oxy-1,2-ethanediyloxycarbonyl-1,4-phenylenecarbonyl)
$[-O-CH_2CH_2-O-C(=O)-1,4-C_6H_4-C(=O)-]_n$
polyethylene terephthalates

pExA

4-ethoxy benzenamine
4-$(C_2H_5$-O)-C_6H_4-NH_2
p-ethoxyaniline

PFA

perfluoroalkoxy-
CF_3-$(CF_2)_n$-O-

pFA

4-fluoro benzenamine
4-F-C_6H_4-NH_2
p-fluoroaniline

pFBA

4-fluoro benzoic acid
4-F-C_6H_4-COOH
p-fluorobenzoic acid

PFBHA

O-[(pentafluorophenyl)methyl] hydroxylamine
C_6F_5-CH_2-O-NH_2
O-(pentafluorobenzyl)-hydroxylamine

PFK perfluoro kerosene (mixture of several highfluorinated hydrocarbons)

pFmP 4-hydroxy benzaldehyde
$4\text{-}HO\text{-}C_6H_4\text{-}CHO$
p-formylphenol

pFP 4-fluoro phenol
$4\text{-}F\text{-}C_6H_4\text{-}OH$
p-fluorophenol

PFPA pentafluoro propanoic acid anhydride
$C_2F_5\text{-}C(=O)\text{-}O\text{-}C(=O)\text{-}C_2F_5$

PFPP phosphoric acid tris(2,2,3,3,3-pentafluoropropyl) ester
$O=P(O\text{-}CH_2\text{-}C_2F_5)_3$
tris(2,2,3,3,3-pentafluoropropyl)phosphate

PFTBA perfluoro-N,N-dibutyl 1-butanamine
$(C_4F_9)_3N$
perfluoro-tri-N-butylamine

PFTP pentafluoro benzenethiol
$C_6F_5\text{-}SH$
pentafluoro thiophenol

2-PG 3-hydroxy-2-phosphonooxy propanoic acid
$HO\text{-}CH_2\text{-}CH(COOH)\text{-}O\text{-}P(=O)(OH)_2$
D-2-phosphoglyceric acid

3-PG 2-hydroxy-3-phosphono propanoic acid
$O=P(OH)_2\text{-}O\text{-}CH_2\text{-}CH(OH)\text{-}COOH$
3-phosphoglycerate

6-PG 2,3,4,5-tetrahydroxy-6-phosphonooxy hexanoic acid
$(HO)_2P(=O)O\text{-}CH_2\text{-}CH(OH)\text{-}CH(OH)\text{-}CH(OH)\text{-}CH(OH)\text{-}COOH$
6-phosphogluconate

PGA 2-[4-(2-amino-4-hydroxy-6-pteridinylmethylamino)phenylcarbamoyl] pentanedioic acid
$NH_2\text{-}N_4C_6H(OH)\text{-}CH_2\text{-}NH\text{-}C_6H_4\text{-}C(=O)NH\text{-}CH(COOH)\text{-}CH_2CH_2\text{-}COOH$
pteroyl-glutamic acid

PGA1 (13E,15S)-15-hydroxy-9-oxo prosta-10,13-dien-1-oic acid
$C_5H_{11}\text{-}CH(OH)\text{-}CH=CH\text{-}C_5H_4(=O)\text{-}(CH_2)_6\text{-}COOH$
prostaglandin A1

PGA2 (15Z,13E,15S)-15-hydroxy-9-oxo prosta-5,10,13-trien-1-oic acid
$C_5H_{11}\text{-}CH(OH)\text{-}CH=CH\text{-}C_5H_4(=O)\text{-}CH_2\text{-}CH=CH\text{-}CH_2CH_2CH_2\text{-}COOH$
prostaglandin A2

PGB1 (13E,15S)-15-hydroxy-9-oxo prosta-8(12),13-dien-1-oic acid
$C_5H_{11}\text{-}CH(OH)\text{-}CH=CH\text{-}C_5H_4(=O)\text{-}(CH_2)_6\text{-}COOH$
prostaglandin B1

PGB2

(5Z,13E,15S)-15-hydroxy-9-oxo prosta-5,8(12),13-trien-1-oic acid
C_5H_{11}-CH(OH)-CH=CH-C_5H_4(=O)-CH_2-CH=CH-$CH_2CH_2CH_2$-COOH
prostaglandin B2

PGD2

(5Z,9α,13E,15S)-9,15-dihydroxy-11-oxoprosta-5,13-dien-1-oic acid
C_5H_{11}-CH(OH)-CH=CH-C_5H_5(OH)(=O)-CH_2-CH=CH-$CH_2CH_2CH_2$-COOH
prostaglandin D2

PGE1

(11α,13E,15S)-11,15-dihydroxy-9-oxoprost-13-en-1-oic acid
C_5H_{11}-CH(OH)-CH=CH-C_5H_5(OH)(=O)-$(CH_2)_6$-COOH
prostaglandin E1

PGE2

(5Z,11α,13E,15S)-11,15-dihydroxy-9-oxoprosta-5,13-dien-1-oic acid
C_5H_{11}-CH(OH)-CH=CH-C_5H_5(OH)(=O)-CH_2-CH=CH-$CH_2CH_2CH_2$-COOH
prostaglandin E2

PGF1α

(9α,11α,13E,15S)-9,11,15-trihydroxyprost-13-en-1-oic acid
C_5H_{11}-CH(OH)-CH=CH-C_5H_6(OH)$_2$-$(CH_2)_6$-COOH
prostaglandin F1α

PGF2α

(5Z,9α,11α,13E,15S)-9,11,15-trihydroxyprosta-5,13-dien-1-oic acid
C_5H_{11}-CH(OH)CH=CH-C_5H_6(OH)$_2$-CH_2-CH=CH-$(CH_2)_3$-COOH
prostaglandin F2α

PGI2

(9α,11α,13E,15S)-6,9-epoxy-11,15-dihydroxyprosta-5,13-dien-1-oic acid
C_5H_{11}-CH(OH)-CH=CH-OC_7H_8(OH)=CH-$CH_2CH_2CH_2$-COOH
prostaglandin I2

PgOH

2-propyn-1-ol
HCC-CH_2-OH
propargyl alcohol

PGS

2-hydroxy-3-phosphono propanoic acid
O=P(OH)$_2$-O-CH_2-CH(OH)-COOH
Phosphoglycerinsäure

Ph

1,10-phenanthroline
1,10-$N_2C_{12}H_8$

Ph

phenyl-
C_6H_5-

Ph3[12]aneAs3

1,5,9-triphenyl 1,5,9-triarsacyclododecane
[-{As(C_6H_5)-$CH_2CH_2CH_2$}$_3$-]

PhAc

phenyl acetic acid
C_6H_5-CH_2-COOH

PHB

(R)-3-hydroxy butanoic acid, homopolymer
[-O-CH(CH$_3$)-CH_2-C(=O)-]$_n$
poly(3-hydroxy butyric acid)

PHB

4-hydroxy benzoic acid
$4\text{-HO-}C_6H_4\text{-COOH}$
p-hydroxybenzoic acid

PHBE

4-hydroxy benzoic acid ester
$4\text{-HO-}C_6H_4\text{-COO-R}$
p-hydroxybenzoic ester

Phe

α-amino benzenepropanoic acid
$C_6H_5\text{-}CH_2\text{-CH(}NH_2\text{)-COOH}$
phenylalanine

phen

1,10-phenanthroline
$1,10\text{-}N_2C_{12}H_8$

Phenyl-PAS

4-amino-2-hydroxy benzoic acid phenyl ester
$4\text{-}NH_2\text{-}2\text{-HO-}C_6H_3\text{-COO-}C_6H_5$
phenyl-p-amino-salicylate

4-phenyl-TAD

4-phenyl-Δ^1-1,2,4-triazoline-3,5-dione
$4\text{-}C_6H_5\text{-}1,2,4\text{-}N_3C_2\text{(=O)}_2\text{-}3,5$

Phnz

phenazine
$5,10\text{-}N_2C_{12}H_8$

PhPhA

phenylphosphonic acid
$C_6H_5\text{-P(=O)(OH)}_2$

phpy

2-phenyl pyridine
$2\text{-}C_6H_5\text{-}NC_5H_4$

PhSH

thiophenol
$C_6H_5\text{-SH}$
phenylmercaptan

PhT

1,2-benzenedicarboxylic acid
$1,2\text{-(HOOC)}_2\text{-}C_6H_4$
phthalic acid

Pht

1,2-phenylenedicarbonyl-
$\text{-C(=O)-}C_6H_4\text{-}2\text{-C(=O)-}$
phthalyl-

Phz

phthalazine
$2,3\text{-}N_2C_8H_6$

PI

poly(1-methyl-1-butene-1,4-diyl)
$[\text{-C(}CH_3\text{)=CH-}CH_2CH_2\text{-}]_n$
1,4-polyisoprene

PI

phosphoric acid mono[3-(alkanylcarboxy)-2-(alkenylcarboxy)propyl]-
mono(pentahydroxycyclohexyl) ester
$R\text{-COO-}CH_2\text{-CH[O-C(=O)-R]-}CH_2\text{-OP(=O)(OH)-O-}C_6H_6\text{(OH)}_5$
phosphatidyl inositol

pIa 4-iodo benzenamine
$4\text{-I-}C_6H_4\text{-}NH_2$
p-iodoaniline

PIB poly[(1,1-dimethyl)-1,2-ethanediyl]
$[\text{-}C(CH_3)_2\text{-}CH_2\text{-}]_n$
polyisobutylenes

pIBA 4-iodo benzoic acid
$4\text{-I-}C_6H_4\text{-}COOH$
p-iodobenzoic acid

2-pic 2-pyridinemethanamine
$NC_5H_4\text{-2-}CH_2\text{-}NH_2$
2-picolinylamine

PIC 2,4,6-trinitro phenol
$2,4,6\text{-}(NO_2)_3\text{-}C_6H_2\text{-}OH$
picrinic acid

PIDA N-(phosphonomethyl)iminodiacetic acid
$(HO)_2P(=O)\text{-}CH_2\text{-}N(CH_2\text{-}COOH)_2$

PIH (1-methyl-2-phenyl)ethyl hydrazine
$C_6H_5\text{-}CH_2\text{-}CH(CH_3)\text{-}NH\text{-}NH_2$
ß-phenyl-isopropylhydrazine

Pip piperidine
NC_5H_{11}

pIP 4-iodo phenol
$4\text{-I-}C_6H_4\text{-}OH$
p-iodophenol

PIPES 1,4-piperazinediethanesulfonic acid
$1,4\text{-}N_2C_4H_8\text{-}(CH_2CH_2\text{-}SO_3H)_2\text{-}1,4$

Pipmtc piperidine-1-carbothioic acid, ion(1-)
$[NC_5H_{10}\text{-1-}C(=O)\text{-}S]^-$
piperidinemonothiocarbamate

Pipz piperazine
$1,4\text{-}N_2C_4H_{10}$

PITC isothiocyanato benzene
$C_6H_5\text{-}N=C=S$
phenyl isothiocyanate

PKE dicarbonic acid diethyl ester
$C_2H_5\text{-}O\text{-}C(=O)\text{-}O\text{-}C(=O)\text{-}O\text{-}C_2H_5$
Pyrokohlensäurediethylester

Pld pyrrolidine
NC_4H_9

PLZT polycrystalline lead zirconium titanate
$(Pb,Zr)TiO_3$

PMA trisammonium 12-molybdophosphate
$[NH_4]_3\,[P(Mo_3O_{10})_4]$
ammonium phosphomolybdate

PMA (acetato-O)phenyl mercury
$C_6H_5\text{-}Hg\text{-}O\text{-}C(=O)\text{-}CH_3$
phenyl-mercury-acetate

PMA 12-molybdophosphoric acid
$H_3[P(Mo_3O_{10})_4]$
phosphomolybdic acid

PMA 1,2,4,5-benzenetetracarboxylic acid
$1,2,4,5\text{-}(HOOC)_4\text{-}C_6H_2$
pyromellitic acid

pMa 4-methyl benzenamine
$4\text{-}CH_3\text{-}C_6H_4\text{-}NH_2$
p-methylaniline

pMBA 4-methyl benzoic acid
$4\text{-}CH_3\text{-}C_6H_4\text{-}COOH$
p-methylbenzoic acid

p-MBAAP 1,5-dimethyl-4-[(4-methyl)phenylmethylenamino]-2-phenyl 1,2-dihydro-
3H-pyrazol-3-one
$1,5\text{-}(CH_3)_2\text{-}4\text{-}(CH_3\text{-}4\text{-}C_6H_4\text{-}CH=N)\text{-}2\text{-}C_6H_5\text{-}1,2\text{-}N_2C_3(=O)\text{-}3$
4-N-(4'-methylbenzylidene)-aminoantipyrine

pMCP 4-hydroxy benzoic acid methyl ester
$4\text{-}HO\text{-}C_6H_4\text{-}COO\text{-}CH_3$
p-methoxycarbonylphenol

PMDA 5,7-dihydro-1H,3H-benzo[1,2-c:4,5-c']difuran-1,3,5,7-tetraone
$2,6\text{-}O_2C_{10}H_2(=O)_4\text{-}1,3,5,7$
pyromellitic acid dianhydride

PMDBD 1,2,3,4,4a,5,6,7-octahydro-2,2,4a,7,7-pentamethyl 1,8-naphthyridine
$2,2,4a,7,7\text{-}(CH_3)_5\text{-}1,8\text{-}N_2C_8H_9$
3,3,6,9,9-pentamethyl-2,10-diazabicyclo[4.4.0]dec-1-ene

PMDTA N,N,N'-trimethyl-N'-(2-dimethylaminoethyl) 1,2-ethanediamine
$(CH_3)_2N\text{-}CH_2CH_2\text{-}N(CH_3)\text{-}CH_2CH_2\text{-}N(CH_3)_2$
pentamethyl diethylene triamine

pmdta N,N'-(1,5-pentanediyl)bis[N-(carboxymethyl)glycine], ion (4-)
$[(OOC\text{-}CH_2)_2N\text{-}(CH_2)_5\text{-}N(CH_2\text{-}COO)_2]^{4-}$
pentamethylenediaminetetraacetate

PMHS

poly[oxy(methylsilylene)]
$(CH_3)_3Si-[O-SiH(CH_3)]_x-O-Si(CH_3)_3$
polymethylhydrogensiloxane

PMI

poly(imino-1,3-phenyleneiminocarbonyl-1,3-phenylene-carbonyl)
$[-NH-(1,3-C_6H_4)-NH-C(=O)-(1,3-C_6H_4)-C(=O)-]_n$
poly-meta-phenyleneisophthalamide

PMMA

poly(1-methoxycarbonyl-1-methyl-1,2-ethanediyl)
$[-C(CH_3)(COO-CH_3)-CH_2-]_n$
poly(methyl methacrylate)

PMN

1,2,3,4,5-pentamethyl-6-nitroso benzene
$1,2,3,4,5-(CH_3)_5-6-(O=N)-C_6$

PMP

1,2,2,6,6-pentamethyl piperidine
$1,2,2,6,6-(CH_3)_5-NC_5H_6$

PMP

phosphorodithioic acid O,O-dimethyl S-(1,3-dioxo-2,3-dihydro-1H-isoindol-2-yl-methyl) ester
$1,3-(O=)_2-2-NC_8H_4-[CH_2-S-P(=S)(O-CH_3)_2]-2$
O,O-dimethyl S-(phthalimidomethyl)-phosphorodithionate

pMP

4-methoxy phenol
$4-(CH_3-O)-C_6H_4-OH$
p-methoxyphenol

PMPPOH

5-methyl-4-(1-oxopropyl)-2-phenyl 2,4-dihydro-3H-pyrazol-3-one
$5-CH_3-4-[C_2H_5-C(=O)]-2-C_6H_5-1,2-N_2C_3H(=O)-3$
4-propionyl-3-methyl-1-phenyl 2-pyrazoline-5-one

PMPS

poly[sulfonyl-(1-methyl-1-propyl-1,2-ethanediyl)]
$[-CH_2-C(CH_3)(C_3H_7)-S(=O)_2-]_n$
poly(2-methyl-1-pentene sulfone)

PMS

5-methyl-phenazinium methylsulfate
$[5-CH_3-5,10-N_2C_{12}H_8] [O_3S-O-CH_3]$

PMSF

benzenemethanesulfonyl fluoride
$C_6H_5-CH_2-S(=O)_2-F$
phenylmethanesulfonyl-fluoride

pMSfa

4-(methylsulfonyl) benzenamine
$4-[CH_3-S(=O)_2]-C_6H_4-NH_2$
p-methylsulfonylaniline

pMSP

4-(methylthio) phenol
$4-(CH_3-S)-C_6H_4-OH$
p-methylthiophenol

pMsP

4-(methylsulfonyl) phenol
$4-[CH_3-S(=O)_2]-C_6H_4-OH$
p-methylsulfonylphenol

pMTa   4-(methylthio) phenol
4-(CH_3-S)-C_6H_4-NH_2
p-methylthioaniline

pMxA   4-methoxy benzenamine
4-(CH_3-O)-C_6H_4-NH_2
p-methoxyaniline

pMxBA   4-methoxy benzoic acid
4-(CH_3-O)-C_6H_4-COOH
p-methoxybenzoic acid

pMxCa   4-amino benzoic acid methyl ester
4-NH_2-C_6H_4-COO-CH_3
p-methoxycarbonylaniline

1,2-PN   1,2-propanediamine
NH_2-CH_2-CH(CH_3)-NH_2

1,3-PN   1,3-propanediamine
NH_2-$CH_2CH_2CH_2$-NH_2

Pn   1-methyl 1,2-ethanediamine
NH_2-CH(CH_3)-CH_2-NH_2
propylene diamine

pn   1-methyl 1,2-ethanediamine
NH_2-CH(CH_3)-CH_2-NH_2
propylene diamine

PNA   pentose nucleic acid

PNBA   O-[(4-nitrophenyl)methyl] hydroxylamine
4-NO_2-C_6H_4-CH_2-O-NH_2
p-nitrobenzyloxyamine

PNBPA   4-nitro-N-propyl benzenemethanamine
C_3H_7-NH-CH_2-C_6H_4-4-NO_2
p-nitrobenzyl-N-n-propylamine

PNBS   3-nitro benzenesulfonic acid, compound with pyridine
[NC_5H_6] [3-NO_2-C_6H_4-SO_3]
pyridinium 3-nitro-benzenesulfonate

p-NBST   1-[(4-nitrophenyl)sulfonyl] 1H-1,2,4-triazole
1-[NO_2-4-C_6H_4-S(=O)$_2$]-1,2,4-$N_3C_2H_2$
1-[(p-nitro)benzenesulfonyl]-1H-1,2,4-triazole

pNOa   4-nitro benzenamine
4-O_2N-C_6H_4-NH_2
p-nitroaniline

pNOBA
4-nitro benzoic acid
$4\text{-}O_2N\text{-}C_6H_4\text{-}COOH$
p-nitrobenzoic acid

pNOP
4-nitro phenol
$4\text{-}O_2N\text{-}C_6H_4\text{-}OH$
p-nitrophenol

PNPDPP
phosphoric acid 4-nitrophenyl diphenyl ester
$4\text{-}NO_2\text{-}C_6H_4\text{-}O\text{-}P(=O)(O\text{-}C_6H_5)_2$
p-nitrophenyl diphenyl phosphate

pNPGB
4-[(aminoiminomethyl)amino] benzoic acid 4-nitrophenyl ester
$4\text{-}[NH_2\text{-}C(=NH)\text{-}NH]\text{-}C_6H_4\text{-}COO\text{-}C_6H_4\text{-}4\text{-}NO_2$
p-nitrophenyl-p-guanidino-benzoate

PNPP
phosphoric acid mono(4-nitrophenyl) ester
$(HO)_2P(=O)\text{-}O\text{-}C_6H_4\text{-}4\text{-}NO_2$
p-nitrophenyl phosphate

PO
polyolefine

POC
4-methyl-2,6,7-trioxa-1-phosphabicyclo[2.2.2]octane
$4\text{-}CH_3\text{-}[2.2.2]\text{-}2,6,7,1\text{-}O_3PC_4H_6$

Poc
cyclopentyloxycarbonyl-
$c\text{-}C_5H_9\text{-}O\text{-}C(=O)\text{-}$

pOHBA
4-hydroxy benzoic acid
$4\text{-}HO\text{-}C_6H_4\text{-}COOH$
p-hydroxybenzoic acid

POM
poly(alkyl-oxymethylene)
$[\text{-}O\text{-}CHR\text{-}]_n$
poly(oxymethylene)

POM-Cl
2,2-dimethyl propanoic acid chloromethyl ester
$t\text{-}C_4H_9\text{-}COO\text{-}CH_2\text{-}Cl$
pivaloyloxymethylchloride

POPOP
2,2'-(1,4-phenylene)bis(5-phenyl-oxazole)
$1,4\text{-}[5\text{-}C_6H_5\text{-}1,3\text{-}ONC_3H\text{-}2\text{-}]_2\text{-}C_6H_4$
phenyl-oxazolyl-phenyl-oxazolyl-phenyl

POPSO
ß,ß'-dihydroxy 1,4-piperazinedipropanesulfonic acid
$1,4\text{-}N_2C_4H_8\text{-}1,4\text{-}[CH_2\text{-}CH(OH)\text{-}CH_2\text{-}SO_3H]_2$

PP
phosphoric acid bis(2-ethylhexyl) ester
$HO\text{-}P(=O)[O\text{-}CH_2\text{-}CH(C_2H_5)\text{-}C_4H_9]_2$

PP
poly(1-methyl-1,2-ethanediyl)
$[\text{-}CH(CH_3)\text{-}CH_2\text{-}]$
polypropylene

PP
diphosphate
$[O_3P\text{-}O\text{-}PO_3]^{4-}$
pyrophosphate

PP3
2,2',2''-phosphinidynetris[ethyl(diphenyl)phosphine]
$[(C_6H_5)_2P\text{-}CH_2CH_2]_3P$

PPA
polyphosphoric acid
$(HO)_2P(=O)\text{-}[O\text{-}P(=O)(OH)]_x\text{-}O\text{-}P(=O)(OH)_2$

ppa
N'-(2-pyridylmethyl) 2-pyridinecarboximidamide
$NC_5H_4\text{-}2\text{-}C(NH_2)=N\text{-}CH_2\text{-}2\text{-}NC_5H_4$

PPB
1,1'-(1,3-butadiene-1,4-diyl)bis benzene
$C_6H_5\text{-}CH=CH\text{-}CH=CH\text{-}C_6H_5$
1,4-diphenyl-1,3-butadiene

PPD
2,5-diphenyl-1,3,4-oxadiazole
$2,5\text{-}(C_6H_5)_2\text{-}1,3,4\text{-}ON_2C_2$

PPD
3,6-bis(1-pyrazolyl) pyridazine
$3,6\text{-}(1,2\text{-}N_2C_3H_3\text{-}1\text{-})_2\text{-}1,2\text{-}N_2C_4H_2$

PPDA
phosphorodiamidic acid phenyl ester
$O=P(NH_2)_2\text{-}O\text{-}C_6H_5$
phenyl phosphoro diamidate

PPDC
dichlorophosphoric acid methyl ester
$C_6H_5\text{-}O\text{-}P(=O)Cl_2$
phenylphosphorodichloridate

p,p'-DDD
2,2-dichloroethylidenebis[(4-chloro)benzene]
$CHCl_2\text{-}CH(C_6H_4\text{-}4\text{-}Cl)_2$
p,p'-dichlorodiphenyl dichloro ethane

p,p'-DDE
[(2,2-dichloro)ethene-1,1-diyl]bis[(4-chloro)benzene]
$Cl_2C=C(C_6H_4\text{-}4\text{-}Cl)_2$
p,p'-dichlorodiphenyl dichloroethene

p,p'-DDT
1,1'-(2,2,2-trichloroethylidene)bis[(4-chloro)benzene]
$CCl_3\text{-}CH(C_6H_4\text{-}4\text{-}Cl)_2$
p,p'-dichlorodiphenyl-1,1,1-trichloroethane

PPE
poly(phosphoric acid) ester
$[\text{-}O\text{-}P(=O)(O\text{-}R)\text{-}]_x$
polyphosphate ester

PPG
poly(oxy-1-methyl-1,2-ethanediyl)
$H\text{-}[O\text{-}CH(CH_3)\text{-}CH_2]_n\text{-}OH$
polypropyleneglycol

pPhA
[1,1'-biphenyl]-4-amine
$C_6H_5\text{-}C_6H_4\text{-}4\text{-}NH_2$
p-phenylaniline

pPhDA

1,4-benzenediamine
1,4-$(NH_2)_2$-C_6H_4
p-phenylenediamine

pPhP

[1,1'-biphenyl]-4-ol
C_6H_5-C_6H_4-4-OH
p-phenylphenol

PPL

1-phenyl 1H-phosphole
C_6H_5-1-PC_4H_4

PpIA

2-propynoic acid
HCC-COOH
propiolic acid

PPM

(2S-cis)-4-(diphenylphosphino)-2-[(diphenylphosphino)methyl] pyrrolidine
$(C_6H_5)_2$P-CH_2-2-NC_4H_7-4-P$(C_6H_5)_2$

PPN

triphenyl[(triphenylphosphoranylidene)amino]phosphonium
$[(C_6H_5)_3P=N=P(C_6H_5)_3]^+$
bis(triphenylphosphine)iminium

PPO

(4-ethenylphenyl)diphenyl phosphine oxide
4-$(CH_2=CH)$-C_6H_4-P(=O)$(C_6H_5)_2$
diphenyl-p-vinylphenylphosphine oxide

PPO

2,5-diphenyl oxazole
2,5-$(C_6H_5)_2$-1,3-ONC_3H
phenyl-phenyl-oxazole

PPO

poly(oxy-1-methyl-1,2-ethanediyl)
$[-O-CH(CH_3)-CH_2-]_n$
polypropyleneoxide

PPO

poly(oxy-1,4-phenylene)
$[O-1,4-C_6H_4-]_n$
poly(phenylene oxides)

PPS

1-(3-sulfopropyl)-pyridinium hydroxide, inner salt
NC_5H_5-1-$CH_2CH_2CH_2$-SO_3
3-(1-pyridino)-1-propanesulfonate

PPS

poly(thio-1,4-phenylene)
$[-S-(1,4-C_6H_4)-]_n$
polyphenylenesulfide

PPSE

polyphosphoric acid trimethylsilyl ester
$[-P(=O)\{O-Si(CH_3)_3\}-O-]_n$

PPT

4-phenyl-1-(phenylamino)-2(1H)-pyrimidinethione, ion(1-)
$[4-C_6H_5$-1-$(C_6H_5$-N-)-1,3-$N_2C_4H_2(=S)$-2]$^-$

PPTA

poly(imino-1,4-phenyleneiminocarbonyl-1,4-phenylene-carbonyl)
$[-NH-(1,4-C_6H_4)-NH-C(=O)-(1,4-C_6H_4)-C(=O)-]_n$
poly-para-phenyleneterephthalamide

PPT-H

4-phenyl-1-(phenylamino) 2(1H)-pyrimidinethione
$4-C_6H_5-1-(C_6H_5-NH)-1,3-N_2C_4H_2(=S)-2$

PPTS

4-methyl benzenesulfonic acid, compound with pyridine
$[NC_5H_6] [4-CH_3-C_6H_4-SO_3]$
pyridinium p-toluene sulfonate

pPxBA

4-phenoxy benzoic acid
$4-(C_6H_5-O)-C_6H_4-COOH$
p-phenoxybenzoic acid

4-PPy

4-phenyl pyridine
$4-C_6H_5-C_5H_4N$

PQQ

4,5-dihydro-4,5-dioxo 1H-pyrrolo[2,3-f]quinoline-2,7,9-tricarboxylic acid
$4,5-(O=)_2-1,6-N_2C_{11}H_3-2,7,9-(COOH)_3$
pyrroloquinolinequinone-tricarboxylic acid

pquin

2-(2'-pyridyl)quinoline
$2-(NC_5H_4-2-)-1-NC_9H_6$

PR

3,3-bis(4-hydroxyphenyl)-1,2(3H)-benzoxathiole 2,2-dioxide
$3,3-(HO-4-C_6H_4)_2-2,1-OSC_7H_4(=O)_2-1,1$
phenol red

Pr

propanoic acid
C_2H_5-COOH

Pr

propyl-
C_3H_7-

Pr2C

1H-pyrrole-2-carboxylic acid
$NC_4H_4-2-COOH$

Prazepam

7-chloro-1-(cyclopropylmethyl)-1,3-dihydro-5-phenyl 2H-1,4-benzodiazepin-2-one
$7-Cl-1-(c-C_3H_5-CH_2)-5-C_6H_5-1,4-N_2C_9H_5(=O)-2$

PreH2

3,9-dimethyl-2,10-undecanedione dioxime
$HO-N=C(CH_3)-C(CH_3)=N-CH_2CH_2CH_2-N=C(CH_3)-C(CH_3)=N-OH$

pren

N,N'-(1,2-ethanediyl)bis(pyrrolidine-2-carboxylic acid)
$HOOC-2-NC_4H_7-1-CH_2CH_2-1-NC_4H_7-2-COOH$

pren

N,N'-(1,2-ethanediyl)bis(pyrrolidine-2-carboxylic acid), ion(2-)
$[OOC-2-NC_4H_7-1-CH_2CH_2-1'-NC_4H_7-2-COO]^{2-}$

Pr(fod)3

praseodymium tris(6,6,7,7,8,8,8-heptafluoro-2,2-dimethyl-3,5-octanedionate)
$Pr[C_3F_7-C(=O)-CH=C(-O)-C_4H_9-t]_3$
praseodymium(III)heptafluoro-2,2-dimethyl-3,5-octanedionate

PRO 5-(3-methylaminopropyl) 5H-dibenzo[a,d]cycloheptene
5-(CH_3-NH-$CH_2CH_2CH_2$)-$C_{15}H_{13}$
protriptyline

Pro pyrrolidine-2-carboxylic acid
NC_4H_8-2-COOH
proline

pro proline, ion(1-)
[NC_4H_8-2-COO]⁻
prolinate

Pro(OH) 4-hydroxy pyrrolidine-2-carboxylic acid
4-HO-NC_4H_7-2-COOH
hydroxyproline

PROPHOS 1-methyl-1,2-ethanediylbis(diphenylphosphine)
$(C_6H_5)_2$P-CH(CH_3)-CH_2-P$(C_6H_5)_2$

PS poly(1-phenyl-1,2-ethanediyl)
[-CH_2-CH(C_6H_5)-]$_n$
polystyrene

PSA 4-ethenyl-N,N-dimethyl benzenesulfonamide
4-(CH_2=CH)-C_6H_4-S(=O)$_2$-N(CH_3)$_2$

PSA 1H,3H-isobenzofuran-1,3-dione
2-OC_8H_4(=O)$_2$-1,3
Phthalsäureanhydrid

PS-Cl 2-pyridine sulfenic chloride
NC_5H_4-2-S-Cl

pSfBA 4-sulfo benzoic acid
4-HO_3S-C_6H_4-COOH
p-sulfobenzoic acid

Psfn 3,7-diamino-5-phenyl phenazinium chloride
[3,7-(NH_2)$_2$-5-C_6H_5-5,10-$N_2C_{12}H_6$] Cl
phenosafranine

pSfP 4-hydroxy benzenesulfonic acid
4-HO-C_6H_4-SO_3H
p-sulfophenol

pSmBA 4-aminosulfonyl benzoic acid
4-[NH_2-S(=O)$_2$]-C_6H_4-COOH
p-sulfamylbenzoic acid

PSO 1-ethenyl-4-(methylsulfinyl) benzene
1-(CH_2=CH)-4-[CH_3-S(=O)]-C_6H_4
methyl-p-vinylphenyl sulfoxide

PSO

poly(oxy-1-phenyl-1,2-ethanediyl)
$[-O-CH(C_6H_5)-CH_2-]_n$
poly(styrene oxide)

PSO2

1-ethenyl-4-(methylsulfonyl) benzene
$1-(CH_2=CH)-4-[CH_3-S(=O)_2]-C_6H_4$
methyl-p-vinylphenyl sulfone

PSP

3,3-bis(4-hydroxyphenyl)-1,2(3H)-benzoxathiole 2,2-dioxide
$3,3-(HO-4-C_6H_4)_2-2,1-OSC_7H_4(=O)_2-2,2$
phenolsulfonphthalein

PST

N-[4-phenyl-2-thioxo-1(2H)pyrimidinyl] benzenesulfonamide, ion(1-)
$[4-C_6H_5-2-(S=)-1,3-N_2C_4H_2-1-N-S(=O)_2-C_6H_5]^-$
N-[4-phenyl-2-thioxo-1(2H)pyrimidinyl] benzenesulfonamidato

PST-H

N-[4-phenyl-2-thioxo-1(2H)pyrimidinyl] benzenesulfonamide
$C_6H_5-S(=O)_2-NH-1-1,3-N_2C_4H_2(C_6H_5-4)(=S)-2$

PSU

poly[oxy-1,4-phenylenesulfonyl-1,4-phenyleneoxy-1,4-phenylene
(1-methylethylidene)-1,4-phenylene]
$[-O-C_6H_4-S(=O)_2-C_6H_4-O-C_6H_4-C(CH_3)_2-C_6H_4-]_n$
polysulfone

PT

poly(thiophenediyl)
$[-SC_4H_2-]_n$
polythiophene

PTA

1,1,1-trifluoro-5,5-dimethyl 2,4-hexanedione
$t-C_4H_9-C(=O)-CH_2-C(=O)-CF_3$
pivaloyltrifluoroacetone

PTB

phosphoric acid tributyl ester
$(C_4H_9-O)_3P=O$

PTBBA

4-(1,1-dimethylethyl) benzoic acid
$t-C_4H_9-4-C_6H_4-COOH$
p-tert.-butyl-benzoic acid

PTC

isothiocyanato benzene
C_6H_5-NCS
phenyl isothiocyanate

PTC

phenylaminothioxomethyl-
$C_6H_5-NH-C(=S)-$
phenylthiocarbamoyl-

PTC

phenyl thiourea
$C_6H_5-NH-C(=S)-NH_2$
phenyl-thiocarbamide

PTF

poly(tetrafluoro-1,2-ethanediyl)
$[-CF_2-CF_2-]_n$
polytetrafluoroethylene

PTFE poly(tetrafluoro-1,2-ethanediyl)
$[-CF_2-CF_2-]_n$
polytetrafluoroethylene

pTFMa 4-trifluoromethyl benzenamine
$4-CF_3-C_6H_4-NH_2$
p-trifluoromethylaniline

PTGA see: THF = Tetrahydrofolsäure (but tripeptide instead of monopeptide)
pteroyl triglutamic acid

PTGH2 N-hydroxy-2-hydroxyimino-N'-(4-methylphenyl)-ethanimidamide
$HO-N=CH-C(NH-OH)=N-C_6H_4-4-CH_3$
p-tolylaminoglyoxime

PTM perchlorotriphenylmethyl-
$(C_6Cl_5)_3C-$

PTMO 1,1,1-trimethoxy butane
$C_3H_7-C(O-CH_3)_3$
n-propyl trimethoxy methane

Ptn 1,2,3-propanetriamine
$NH_2-CH_2-CH(NH_2)-CH_2-NH_2$

ptn 2,4-pentanediamine
$NH_2-CH(CH_3)-CH_2-CH(CH_3)-NH_2$

1,5-ptnta N,N'-(1,5-pentanediyl)bis[N-(carboxymethyl)glycine], ion (4-)
$[(OOC-CH_2)_2N-(CH_2)_5-N(CH_2-COO)_2]^{4-}$
1,5-pentanediaminetetraacetate

2,4-ptnta N,N'-[1,3-dimethyl-1,3-propanediyl]bis[N-(carboxymethyl)glycine], ion(4-)
$[(OOC-CH_2)_2N-CH(CH_3)-CH_2-CH(CH_3)-N(CH_2-COO)_2]^{4-}$
2,4-pentanediaminetetraacetate

PTP 3,6-bis(2-pyridylthio) pyridazine
$3,6-[(NC_5H_4-2)-S]_2-1,2-N_2C_4H_2$

PTPI 2-(4-methylphenyl)pyridine methanimine
$2-(CH_3-4-C_6H_4)-NC_5H_3-CH=NH$
2-p-tolyl-pyridinecarboxaldimine

1-PTS 2-phenyl hydrazinecarbothiamide
$C_6H_5-NH-NH-C(=S)NH_2$
1-phenyl-thiosemicarbazone

4-PTS N-phenyl hydrazinecarbothiamide
$NH_2-NH-C(=S)-NH-C_6H_5$
4-phenyl-thiosemicarbazide

PTS 4-methyl benzenesulfonic acid, ion(1-)
$[4-CH_3-C_6H_4-SO_3]^-$
p-toluene sulfonate

PTSA 4-methyl benzenesulfonic acid
CH_3-4-C_6H_4-SO_3H
p-toluenesulfonic acid

PTSI 4-methyl benzenesulfonyl isocyanate
CH_3-4-C_6H_4-$S(=O)_2$-NCO
p-toluene sulfonyl isocyanate

pTSIA 4-methyl benzenesulfinic acid
4-CH_3-C_6H_4-$S(=O)$-OH
p-toluenesulfinic acid

PTT poly[2,5-bis(2-thienyl)-3,4-thiophenediyl]
[-3-SC_4{(2-SC_4H_3)$_2$-2,5}-4-]$_n$
poly(terthiophene)

PTZ phenothiazine
5,10-$SNC_{12}H_9$

ptz 1-propyl 1H-tetrazole
1-C_3H_7-N_4CH

PUR 1H-purine
1,3,7,9-$N_4C_5H_4$

PUR polyurethanes

PVA poly(1-hydroxy-1,2-ethanediyl)
[-CH(OH)-CH_2-]$_n$
poly(vinyl alcohol)

PVA+ poly(2-alkyl-1,3-dioxane-4,6-diyl)
[-4-{1,3-$O_2C_4H_5$(R-2)}-6-]$_n$
poly(vinyl acetale)

PVAA poly(2-alkyl-1,3-dioxane-4,6-diyl)
[-4-{1,3-$O_2C_4H_5$(R-2)}-6-]$_n$
poly(vinyl acetale)

PVAC poly(1-acetyloxy-1,2-ethanediyl)
[-CH{O-C(=O)CH_3}-CH_2-]$_n$
poly(vinyl acetate)

PVAL poly(1-hydroxy-1,2-ethanediyl)
[-CH(OH)-CH_2-]$_n$
poly(vinyl alcohol)

PVATSC 2-[2-(aminothioxomethyl)hydrazono] propanoic acid
HOOC-C(CH_3)=N-NH-C(=S)-NH_2
pyruvic acid thiosemicarbazone

PVB poly(1-bromo-1,2-ethanediyl)
[-CHBr-CH_2-]$_n$
poly(vinyl bromide)

PVB   poly(2-propyl-1,3-dioxane-4,6-diyl)
$[-4-\{1,3-O_2C_4H_5(C_3H_7-2)\}-6-]_n$
poly(vinyl butyral)

PVC   poly(1-chloro-1,2-ethanediyl)
$[-CHCl-CH_2-]_n$
poly(vinyl chloride)

PVC+   chlorinated poly(vinyl chloride)
$[-CHCl-CH_{1-x}Cl_x-]_n$

PVCC   chlorinated poly(vinyl chloride)
$[-CHCl-CH_{1-x}Cl_x-]_n$

PVD   poly(1,1-difluoro-1,2-ethanediyl)
$[-CF_2-CH_2-]_n$
poly(vinylidene fluoride)

PVDC   poly(1,1-dichloro-1,2-ethanediyl)
$[-CCl_2-CH_2-]_n$
poly(vinylidene dichloride)

PVDF   poly(1,1-difluoro-1,2-ethanediyl)
$[-CF_2-CH_2-]_n$
poly(vinylidene difluoride)

PVF   poly(1-fluoro-1,2-ethanediyl)
$[-CHF-CH_2-]_n$
poly(vinyl fluoride)

PVF   poly(1,3-dioxane-4,6-diyl)
$[-4-(1,3-O_2C_4H_6)-6-]_n$
poly(vinyl formal)

PVFM   poly(1,3-dioxane-4,6-diyl)
$[-4-(1,3-O_2C_4H_6)-6-]_n$
poly(vinyl formal)

PVFO   poly(1,3-dioxane-4,6-diyl)
$[-4-(1,3-O_2C_4H_6)-6-]_n$
poly(vinyl formal)

PVI   poly[1-(imidazolyl)-1,2-ethanediyl]
$[-CH(1,3-N_2C_3H_3)-CH_2-]_n$
poly(vinyl imidazole)

PVK   poly[9(9H)-carbazolyl-1,2-ethanediyl]
$[-CH\{9-(9-NC_{12}H_8)\}-CH_2-]_n$
Poly(vinylkarbazol)

PVP   poly[1-(4-pyridyl)-1,2-ethanediyl]
$[-CH(4-C_5H_4N)-CH_2-]_n$
poly(4-vinyl pyridine)

PVP poly[1-(1-oxopropoxy)-1,2-ethanediyl]
$[-CH\{O-C(=O)C_2H_5\}-CH_2-]_n$
poly(vinyl propionate)

PVP poly[1-(2-oxo-1-pyrrolidinyl)-1,2-ethanediyl]
$[-CH\{-1-NC_4H_6(=O)-2\}-CH_2-]_n$
poly(vinyl pyrrolidone)

PVPCC poly[1-(4-pyridyl)-1,2-ethanediyl], compound with chlorochromic acid
$[-CH(4-C_5H_5N)-CH_2-]_n\ [Cl-CrO_3]_n$
poly(4-vinylpyridinium-chlorochromate)

PVPDC chromic acid, compound with poly(4-pyridinyl-1,2-ethanediyl) (1:2)
$[-CH(4-C_5H_5N)-CH_2-]_{2n}\ [Cr_2O_7]_n$
poly(4-vinylpyridinium-dichromate)

PVPHP poly[1-(4-pyridyl)-1,2-ethanediyl], compound with hydrogen tribromide
$[-CH(4-C_5H_5N)-CH_2-]_n\ [Br_3]_n$
poly(4-vinylpyridine-hydrogentribromide)

PVP-J 1-ethenyl-2-pyrrolidinone homopolymer compound with iodine
$[-CH\{1-NC_4H_6(=O)-2\}-CH_2-]_n \cdot (I_2)_m$
Polyvinylpyrrolidon-Jod-Komplex

PVSK poly(potassium 1-sulfato-1,2-ethanediyl)
$\{[K]\ [-CH(O-SO_3)-CH_2-]\}_n$
Poly(vinylsulfat)-Kaliumsalz

PWA trisammonium 12-tungstophosphate
$[NH_4]_3\ [P(W_3O_{10})_4]$
ammonium phosphotungstate

PXBDE N,N'-(1,4-phenylenedimethylene) bis[N-(2-aminoethyl)-1,2-ethanediamine]
$(NH_2-CH_2CH_2)_2N-CH_2-C_6H_4-4-CH_2-N(CH_2CH_2-NH_2)_2$
p-xylenebis(diaminoethyl)amine

Py pyridine
NC_5H_5

PY2 bis[2-(2-pyridyl)ethyl] amine
$(NC_5H_4-2-CH_2-CH_2)_2NH$

Py2C pyridine-2-carboxylic acid
$NC_5H_4-2-COOH$

Py3C pyridine-3-carboxylic acid
$NC_5H_4-3-COOH$

(py)3tach N,N,N-(1,3,5-cyclohexanetriyl) tris(2-pyridinemethanimine)
$1,3,5-(NC_5H_4-2-CH=N)_3-c-C_6H_9$
1,3,5-tris(pyridine-2-carboxaldimino)cyclohexane

(py)3tren N'-(2-pyridylmethylene)-N,N-bis[2-{(2-pyridyl-methylene)amino}ethyl]-1,2-ethanediamine
$N(CH_2CH_2-N=CH-2-NC_5H_4)_3$

Py4C pyridine-4-carboxylic acid
$NC_5H_4-4-COOH$

pyaz 4-[{2-(hexahydro-5,5,7-trimethyl-1H-1,4-diazepin-1-yl)ethyl}amino]-4-methyl-2-pentanol
$5,7,7-(CH_3)_3-1,4-N_2C_5H_8-1-CH_2CH_2-NH-C(CH_3)_2-CH_2-CH(OH)CH_3$

pyben 2-(2-pyridyl) benzimidazole
$2-(NC_5H_4-2-)-1,3-N_2C_7H_5$

PYD pyridazine
$1,2-N_2C_4H_4$

pydca pyridine-2,6-dicarboxylic acid, ion(2-)
$[NC_5H_3-(COO)_2-2,6]^{2-}$
pyridine-2,6-dicarboxylate

PYDIEN N-(2-pyridinylmethyl)-N'-[2-{(2-pyridinylmethyl)amino}ethyl] 1,2-ethanediamine
$NC_5H_4-2-CH_2-NH-CH_2CH_2-NH-CH_2CH_2-NH-CH_2-2-NC_5H_4$

PYDIPY 1-(2-pyridyl)-3,5-dimethyl-pyrazole
$1-(NC_5H_4-2)-1,2-N_2C_3H-(CH_3)_2-3,5$

PYDPT N-(2-pyridinylmethyl)-N'-[3-{(2-pyridinylmethyl)amino}propyl] 1,3-propanediamine
$NC_5H_4-2-CH_2-NH-CH_2CH_2CH_2-NH-CH_2CH_2CH_2-NH-CH_2-2-NC_5H_4$

Pydz pyridazine
$1,2-N_2C_4H_4$

pyim 2-(2-pyridyl) imidazole
$2-(NC_5H_4-2-)-1,3-N_2C_3H_3$

PYM pyrimidine
$1,3-N_2C_4H_4$

Pymd pyrimidine
$1,3-N_2C_4H_4$

PYMI 2-pyridinemethanimine
$HN=CH-2-NC_5H_4$

PYNAPY 2-(2-pyridyl) 1,8-naphthyridine
$2-(C_5H_4N-2)-1,8-N_2C_8H_5$

PyNO pyridine-N-oxide
$1-(O=)NC_5H_5$

pyo pyridine-N-oxide
$1-(O=)NC_5H_5$

PYR pyrazine
$1,4$-$N_2C_4H_4$

Pyr pyridine
NC_5H_5

Pyr pyrrolidine
NC_4H_9

Pyrmtc pyrrolidine-1-carbothioic acid, ion(1-)
$[NC_4H_8$-1-$C(=O)$-$S]^-$
pyrrolidinemonothiocarbamate

Pyrphos 3,4-bis(diphenylphosphino) pyrrolidine
$3,4$-$[(C_6H_5)_2P]_2$-NC_4H_7

3-PYR-PY 3-(pyrrol-1-ylmethyl)-pyridine
3-$(C_4H_4N$-1-$CH_2)$-C_5H_4N

Pyrr pyrrole
NC_4H_5

PYSAL 2-[N-(2-pyridyl)nitrilomethylidyne] phenol
HO-C_6H_4-2-$(CH=N$-$2'$-$C_5H_4N)$
N-(2-pyridyl)salicylaldimine

PYTHIA 2-methyl-2-(2-pyridyl)-1,3-thiazolidine-4-carboxylic acid methyl ester
2-CH_3-2-$(NC_5H_4$-$2)$-$1,3$-SNC_3H_4-4-COO-CH_3
2-methyl-2-(2-pyridyl)-4-carbomethoxy-1,3-thiazolidine

pythiaz 2,5-bis(2-pyridyl) thiazole
$2,5$-$(NC_5H_4$-$2)_2$-$1,3$-SNC_3H

PYZ pyrazine
$1,4$-$N_2C_4H_4$

PYZC pyrazinecarboxylic acid, ion(1-)
$[1,4$-$N_2C_4H_3$-2-$COO]^-$
pyrazinecarboxylate

Pyzl pyrazole
$1,2$-$N_2C_3H_4$

Pyzn pyrazine
$1,4$-$N_2C_4H_4$

PZ pyrazine
$1,4$-$N_2C_4H_4$

PZ pyrazole
$1,2$-$N_2C_3H_4$

Pz

4-(phenylazo)phenylmethyloxycarbonyl-
4-(C_6H_5-N=N)-C_6H_4-CH_2-O-C(=O)-
p-phenylazobenzyloxycarbonyl-

PZA

2-pyrazinecarboxamide
1,4-$N_2C_4H_3$-2-C(=O)-NH_2
pyrazinamide

PZL

pyrazole
1,2-$N_2C_3H_4$

Q

2,5-diamino-5-oxo pentanoic acid
NH_2-C(=O)-CH_2CH_2-CH(NH_2)-COOH
glutamine

Q

1-aza-bicyclo[2.2.2]octane
HC(-CH_2CH_2-)$_3$N
quinuclidine

Q

2,5-oxo-3,6-cyclohexadienylacetyl-
2,5-(O=)$_2C_6H_3$-CH_2-C(=O)-
(2,5-benzoquinoyl)acetyl-

QAS

tris(2-phenylarsino-phenyl) arsine
[2-(C_6H_5-AsH)-C_6H_4]$_3$As

8QATSC

2-(quinolinyl-8-methylidene) hydrazinecarbothiamide
1-NC_9H_6-[CH=N-NH-C(=S)-NH_2]-8
8-quinolinaldehyde thiosemicarbazone

QH2

2,5-dihydroxyphenylacetyl-
2,5-(HO)$_2$-C_6H_3-CH_2-C(=O)-

Qn

quinoline
1-NC_9H_7

Qnxl

quinoxaline
1,4-$N_2C_8H_6$

QP

tris[(2-diphenylphosphino)phenyl] phosphine
[(C_6H_5)$_2$P-2-C_6H_4]$_3$P

QSNT

3-nitro-1-(8-quinolinylsulfonyl) 1H-1,2,4-triazole
1-[1-NC_9H_6-8-S(=O)$_2$]-3-NO_2-1,2,4-N_3C_2H
1-(8-quinolinesulfonyl)-3-nitro-1H-1,2,4-triazole

Quat

quaternary ammonium compounds
[NR_4]$^+$

QUIBEC

(8α,9R)-9-hydroxy-6'-methoxy-1-phenylmethylcinchonanium chloride
[CH_3-O-NC_9H_5-CH(OH)-[2.2.2]-1-NC_7H_{11}(CH=CH_2)-CH_2-C_6H_5] Cl
N-benzyl-chininium chloride

238

quin quinoline-2-carboxylic acid, ion(1-)
$[1\text{-}NC_9H_6\text{-}2\text{-}COO]^-$
quinaldinate

Quin-2 N-[2-{(8-(bis(carboxymethyl)amino)-6-methoxy-2-quinolinyl)methoxy}-4-
methylphenyl]-N-carboxymethyl glycine
$(HOOC\text{-}CH_2)_2N\text{-}NC_9H_4(O\text{-}CH_3)\text{-}CH_2\text{-}O\text{-}C_6H_3(CH_3)\text{-}N(CH_2\text{-}COOH)_2$

R rare earth metals (in magnetic materials)
Sc, Y, La, Ce,Pr,Nd,Pm,Sm,Eu,Gd, Tb,Dy,Ho,Er,Tm,Yb,Lu

R 2-amino-5-carbamimidoylamino pentanoic acid
$NH_2\text{-}C(=NH)NH\text{-}CH_2CH_2CH_2\text{-}CH(NH_2)\text{-}COOH$
arginine

R 17934 5-(2-thenoyl) 2-benzimidazolecarbamic acid methyl ester
$5\text{-}[SC_4H_3\text{-}2\text{-}C(=O)]\text{-}1,3\text{-}N_2C_7H_4\text{-}2\text{-}NH\text{-}COO\text{-}CH_3$

R-5-P D-ribofuranose-5-(dihydrogen phosphate)
$1,2,3\text{-}(HO)_3\text{-}OC_4H_4\text{-}4\text{-}CH_2\text{-}OP(=O)(OH)_2$
ribose-5-phosphate

RAMP (R)-1-amino-2-(methoxymethyl) pyrrolidine
$1\text{-}NH_2\text{-}2\text{-}(CH_3\text{-}O\text{-}CH_2)\text{-}NC_4H_7$

RAP 1,2-benzenedicarboxylic acid, monorubidium salt
$Rb\,[OOC\text{-}C_6H_4\text{-}2\text{-}COOH]$
rubidium acid phthalate

RDX hexahydro-1,3,5-trinitro-1,3,5-triazine
$1,3,5\text{-}(NO_2)_3\text{-}1,3,5\text{-}N_3C_3H_6$

REE rare earth elements
Sc, Y, La, Ce,Pr,Nd,Pm,Sm,Eu,Gd, Tb,Dy,Ho,Er,Tm,Yb,Lu

RE(FHD)3 rare earth tris(1,1,1,5,5,6,6,7,7,7-decafluoro-2,4-heptanedionate)
$RE[CF_3\text{-}C(=O)\text{-}CH=C(\text{-}O)\text{-}C_3F_7]_3$
rare earth tris(decafluoroheptanedionate)

REM rare earth metals
Sc, Y, La, Ce,Pr,Nd,Pm,Sm,Eu,Gd, Tb,Dy,Ho,Er,Tm,Yb,Lu

RG-Säure 5-hydroxy 2,7-naphthalenedisulfonic acid
$5\text{-}HO\text{-}C_{10}H_5\text{-}(SO_3H)_2\text{-}2,7$

Rib D-ribose
$HO\text{-}CH_2\text{-}CH(OH)\text{-}CH(OH)\text{-}CH(OH)\text{-}CHO$

RNA ribonucleic acids

RNS ribonucleic acids
Ribonukleinsäuren

RR-Säure 3-amino-5-hydroxy 2,7-naphthalenedisulfonic acid
$3\text{-}NH_2\text{-}5\text{-}HO\text{-}C_{10}H_4\text{-}(SO_3H)_2\text{-}2,7$

2 R-Säure 3-amino-5-hydroxy 2,7-naphthalenedisulfonic acid
$3\text{-}NH_2\text{-}5\text{-}HO\text{-}C_{10}H_4\text{-}(SO_3H)_2\text{-}2,7$

R-Säure 3-hydroxy 2,7-naphthalenedisulfonic acid
$3\text{-}HO\text{-}C_{10}H_5\text{-}(SO_3H)_2\text{-}2,7$

R-SALT disodium 3-hydroxy-2,7-naphthalenedisulfonate
$Na_2\,[3\text{-}HO\text{-}C_{10}H_5\text{-}(SO_3)_2\text{-}2,7]$

Rsl 1,3-benzenediol
$1,3\text{-}(HO)_2\text{-}C_6H_4$
resorcinol

rT 5-methyl-1-ß-D-ribofuranosyl-2,4(1H,3H)-pyrimidinedione
$1\text{-}[5\text{-}CH_3\text{-}2,4\text{-}(O{=})_2\text{-}1,3\text{-}N_2C_4H_2\text{-}1]OC_4H_4[(OH)_2\text{-}2,3]\text{-}4\text{-}CH_2\text{-}OH$
D-ribosylthymine

rThd 5-methyl-1-ß-D-ribofuranosyl-2,4(1H,3H)-pyrimidinedione
$1\text{-}[5\text{-}CH_3\text{-}2,4\text{-}(O{=})_2\text{-}1,3\text{-}N_2C_4H_2\text{-}1]OC_4H_4[(OH)_2\text{-}2,3]\text{-}4\text{-}CH_2\text{-}OH$
D-ribosylthymine

Ru 5 P D-erythro-2-pentulose-5-(dihydrogen phosphate)
$2,3,4\text{-}(HO)_3\text{-}OC_4H_4\text{-}4\text{-}CH_2\text{-}O\text{-}P({=}O)(OH)_2$
D-ribulose-5-phosphate

RuDP D-erythro-2-pentulose-1,5-bis(dihydrogen phosphate)
$(HO)_2P({=}O)\text{-}O\text{-}CH_2\text{-}C({=}O)\text{-}CH(OH)\text{-}CH(OH)\text{-}CH_2\text{-}O\text{-}P({=}O)(OH)_2$
D-ribulose-1,5-diphosphate

Rul D-erythro-2-pentulose
$2,3,4\text{-}(HO)_3\text{-}OC_4H_4\text{-}4\text{-}CH_2\text{-}OH$
D-ribulose

RUMP D-erythro-2-pentulose-5-(dihydrogen phosphate)
$2,3,4\text{-}(HO)_3\text{-}OC_4H_4\text{-}4\text{-}CH_2\text{-}O\text{-}P({=}O)(OH)_2$
ribulose-monophosphate

S 2-amino-3-hydroxy propanoic acid
$HO\text{-}CH_2\text{-}CH(NH_2)\text{-}COOH$
serine

SAA tetrahydrofuran-2,5-dione
$2,5\text{-}(O{=})_2\text{-}C_4H_4O$
succinic anhydride

Saa N-carboxymethyl-N-(2-sulfophenyl) glycine
$2\text{-}HO_3S\text{-}C_6H_4\text{-}N(CH_2\text{-}COOH)_2$
2-sulfoaniline-N,N-diacetic acid

SACSAC

2,4-pentanedithione
$CH_3-C(=S)-CH_2-C(=S)-CH_3$
dithioacetylacetone

1,2,4-Säure

4-amino-3-hydroxy 1-naphthalenesulfonic acid
$4-NH_2-3-HO-C_{10}H_5-SO_3H-1$
1-Amino-2-naphthol-4-sulfonsäure

δ-Säure

4-hydroxy 1,5-naphthalenedisulfonic acid
$4-HO-C_{10}H_5-(SO_3H)_2-1,5$
4-Hydroxy-1,5-naphthalindisulfonsäure

δ-Säure

7-amino 2-naphthalenesulfonic acid
$7-NH_2-C_{10}H_6-SO_3H-2$
7-Amino-2-naphthalinsulfonsäure

ε-Säure

8-hydroxy 1,6-naphthalenedisulfonic acid
$8-HO-C_{10}H_5-(SO_3H)_2-1,6$
8-Hydroxy-1,6-naphthalindisulfonsäure

γ-Säure

6-amino-4-hydroxy 2-naphthalenesulfonic acid
$6-NH_2-4-HO-C_{10}H_5-SO_3H-2$
6-Amino-4-hydroxy-2-naphthalinsulfonsäure

SAF

3,7-diamino-2,8-dimethyl-5-phenyl phenazinium
$3,7-(NH_2)_2-2,8-(CH_3)_2-5-C_6H_5-5,10-N_2C_{12}H_4$
tolusafranine

SafT

3,7-diamino-2,8-dimethyl-5-phenyl phenazinium chloride
$[3,7-(NH_2)_2-2,8-(CH_3)_2-5-C_6H_5-5,10-N_2C_{12}H_4]$ Cl
safranine T

SAGH2

N'-(4-aminosulfonyl)-N-hydroxy-2-hydroxyiminoethanimidamide
$HO-N=CH-C(NH-OH)=N-C_6H_4-4-SO_2-NH_2$
p-sulfonamidophenylaminoglyoxime

SAL

1,2,3,4-tetrahydro-6,7-dihydroxy-1-methyl isochinolinium bromide
$[6,7-(HO)_2-1-CH_3-2-NC_9H_9]$ Br
salsolinol hydrobromide

Sal

2-hydroxy benzoic acid
$2-HO-C_6H_4-COOH$
salicylic acid

SAL2EN

2,2'-[1,2-ethanediylbis(nitrilomethylidyne)]bisphenol
$HO-C_6H_4-2-CH=N-CH_2CH_2-N=CH-2-C_6H_4-OH$
N,N'-bis(salicylidene)ethylenediamine

SAL2PHEN

2,2'-[1,2-phenylenebis(nitrilomethylidyne)]bisphenol
$1,2-(HO-C_6H_4-2-CH=N-)_2C_6H_4$
N,N'-bis(salicylidene)-o-phenylenediamine

SAL2PROP

2,2'-[1,3-propanediylbis(nitrilomethylidyne)]bisphenol
HO-C$_6$H$_4$-2-CH=N-CH$_2$CH$_2$CH$_2$-N=CH-2-C$_6$H$_4$-OH
N,N'-bis(salicylidene)propylenediamine

(sal)3tach

2,2',2''-[1,3,5-cyclohexanetriyltris(nitrilomethylidyne)] trisphenol, ion(3-)
[c-C$_6$H$_9$-(N=CH-2-C$_6$H$_4$-O)$_3$-1,3,5]$^{3-}$

SalBzen

2-(phenylmethylamino)ethylnitrilomethylidyne phenol
HO-C$_6$H$_4$-2-CH=N-CH$_2$CH$_2$-NH-CH$_2$-C$_6$H$_5$
N-salicylidene-N'-benzyl-ethylenediamine

Sald

2-hydroxy benzaldehyde
2-HO-C$_6$H$_4$-CHO
salicylaldehyde

SALDIEN

2,2'-aminobis(2,1-ethanediylnitrilomethylidyne)bisphenol
HO-C$_6$H$_4$-2-CH=N-CH$_2$CH$_2$-NH-CH$_2$CH$_2$-N=CH-2-C$_6$H$_4$-OH
bis(salicylidene)diethylene triamine

saldmphen

2,2'-[4,5-dimethyl-1,2-phenylenebis(nitrilomethylidyne)] bisphenol, ion(2-)
[1,2-{O-C$_6$H$_4$-2-CH=N}$_2$-C$_6$H$_2$-(CH$_3$)$_2$-4,5]$^{2-}$
N,N'-bis(salicylidene)-4,5-dimethylphenylenediamine dianion

SalEen

2-[2-(ethylamino)ethylnitrilomethylidyne] phenol
HO-C$_6$H$_4$-2-CH=N-CH$_2$CH$_2$-NH-C$_2$H$_5$
N-salicylidene-N'-ethyl-ethylenediamine

salen

2,2'-[1,2-ethanediylbis(nitrilomethylidyne)]bisphenol, ion(2-)
[O-C$_6$H$_4$-2-CH=N-CH$_2$CH$_2$-N=CH-2-C$_6$H$_4$-O]$^{2-}$
N,N'-bis(salicylidene)ethylenediamine dianion

SALGLY

N-(2-hydroxyphenylmethylidene) glycine
HO-2-C$_6$H$_4$-CH=N-CH$_2$-COOH
salicylidene glycine

Salmeen

2-[(methylamino)ethylinitrilomethylidyne] phenol
HO-C$_6$H$_4$-2-CH=N-CH$_2$CH$_2$-NH-CH$_3$
N-salicylidene-N'-methyl-ethylenediamine

salmphen

2,2'-[4-methyl-1,2-phenylenebis(nitrilomethylidyne)]bisphenol, ion(2-)
[1,2-(O-C$_6$H$_4$-2-CH=N)$_2$-C$_6$H$_3$-4-CH$_3$]$^{2-}$
N,N'-bis(salicylidene)-4-methylphenylenediamine dianion

SALOPH

2,2'-[1,2-phenylenebis(nitrilomethylidyne)]bisphenol
1,2-(HO-C$_6$H$_4$-2-CH=N)$_2$-C$_6$H$_4$
N,N'-bis(salicylidene)-o-phenylenediamine

SALPA

2-[N-(3-hydroxypropyl)nitrilomethylidyne] phenol
HO-C$_6$H$_4$-CH=N-CH$_2$CH$_2$CH$_2$-OH
N-(3-hydroxypropyl)salicylaldimine

salpd

2,2'-[1,3-propanediylbis(nitrilomethylidyne)]bisphenol, ion(2-)
[O-C$_6$H$_4$-2-CH=N-CH$_2$CH$_2$CH$_2$-N=CH-2-C$_6$H$_4$-O]$^{2-}$
N,N'-bis(salicylidene)propylenediamine dianion

salphen

2,2'-[1,2-phenylenebis(nitrilomethylidyne)]bisphenol, ion(2-)
$[1,2-(O-C_6H_4-2-CH=N)_2-C_6H_4]^{2-}$
N,N'-bis(salicylidene)-o-phenylenediamine anion

salpn

2,2'-[1-methyl-1,2-ethanediylbis(nitrilomethylidyne)]bisphenol, ion(2-)
$[O-C_6H_4-2-CH=N-CH(CH_3)-CH_2-N=CH-2-C_6H_4-O]^{2-}$
N,N'-bis(salicylidene)propylenediamine anion

SALTN

2,2'-[1,3-propanediylbis(nitrilomethylidyne)]bisphenol
$HO-C_6H_4-2-CH=N-CH_2CH_2CH_2-N=CH-2-C_6H_4-OH$
N,N'-bis(salicylidene)-trimethylenediamine

SALTSC

2-[(2-hydroxyphenyl)methylidene] hydrazinecarbothiamide
$HO-2-C_6H_4-CH=N-NH-C(=S)-NH_2$
salicylaldehyde thiosemicarbazone

SAM

5'-[(3-amino-3-carboxypropyl)methylsulfonio]-5'-deoxyadenosine chloride
$[(NH_2)N_4C_5H_2-OC_4H_4(OH)_2-CH_2-S(CH_3)CH_2CH_2-CH(NH_2)-COOH]$ Cl
S-(5'-adenosyl)-L-methionine-chloride

SAMP

(S)-1-amino-2-(methoxymethyl) pyrrolidine
$1-NH_2-2-(CH_3-O-CH_2)-NC_4H_7$

sapyal

2-pyridinecarboxaldehyde (2-hydroxyphenyl)methylenehydrazone
$2-(NC_5H_4-2-CH=N-N=CH)-C_6H_4-OH$
salicyl(2-pyridyl)aldazine

Sar

N-methyl glycine
$CH_3-NH-CH_2-COOH$
sarcosine

sar

3,6,10,13,16,19-hexaazabicyclo[6.6.6]eicosane
$HC(-CH_2-NH-CH_2CH_2-NH-CH_2-)_3CH$
sarcophagine

SAS

sodium alkyl sulfate
$Na [R-O-SO_3]$

SAS

straight alkanesulfonates
$[CH_3-(CH_2)_n-SO_3]^{1-}$
straight alkyl sulfonates

SAS

4-oxo butanoic acid
$HOOC-CH_2CH_2-CHO$
succine-aldehyde acid

SAT

sodium ammonium thiosulfate
$Na [NH_4] [O_3S=S]$

SATT

2,2'-[2,5,8,11-tetraaza 1,11-dodecadiene-1,12-diyl]bis(phenol)
$[-CH_2-NH-CH_2CH_2-N=CH-2-C_6H_4-OH]_2$
bis(salicylaldehyde)triethylenetetramine

SBB 1,3-diphenyl-3-thioxo 1-propanone
C_6H_5-C(=S)-CH_2-C(=O)-C_6H_5
monothiobis(benzoylmethane)

SBH sodium tetrahydridoborate
Na [BH_4]
sodium boronehydride

Sccm 2,5-pyrrolidinedione
NC_4H_5(=O)$_2$-2,5
succinimide

SCNAc thiocyanato acetic acid
NCS-CH_2-COOH

SCN-acac 3-thiocyanato 2,4-pentanedione, ion(1-)
[CH_3-C(-O)=C(SCN)-C(=O)-CH_3]⁻
thiocyano-acetylacetonate

SCP sodium cellulose phosphate

SCPS 3,6-bis[(5-chloro-2-hydroxy-3-sulfophenyl)azo]-4,5-dihydroxy 2,7-naphthalenedisulfonic acid
[Cl-HO-HO_3S-C_6H_2-N=N]$_2$-(HO)$_2$-$C_{10}H_2$-(SO_3H)$_2$
sulfochloro phenol S

SDA N-[(aminocarbonyl)amino]-N-(carboxymethyl) glycine
NH_2-C(=O)-NH-N(CH_2-COOH)$_2$
semicarbazide diacetic acid

SDBM 1,3-diphenyl-3-thioxo 1-propanone
C_6H_5-C(=S)-CH_2-C(=O)-C_6H_5
monothiodibenzoylmethane

SDMA sodium dihydrobis(2-methoxyethanolato-O,O') aluminate (1-)
Na [H_2Al(O-CH_2CH_2-O-CH_3)$_2$]
sodium-dihydrido-bis(2-methoxyethoxy)-aluminate

SDMH 1,2-dimethyl hydrazine
CH_3-NH-NH-CH_3
symmetric dimethyl hydrazine

SDN butanedinitrile
NC-CH_2CH_2-CN
succino-dinitrile

SDP 4,4'-sulfonylbisphenol
(O=)$_2$S(4-C_6H_4-OH)$_2$
4,4'-sulfonyl diphenol

SDP D-altro-2-heptulose-1,7-bis(dihydrogen phosphate)
(HO)$_2$P(=O)-O-CH_2-C(=O)-[CH(OH)]$_4$-CH_2-O-P(=O)(OH)$_2$
sedoheptulose-1,7-diphosphate

sDPGu

N,N'-diphenyl guanidine
C_6H_5-NH-C(=NH)-NH-C_6H_5
sym-diphenylguanidine

SDS

sodium dodecyl sulfate
Na [$C_{12}H_{25}$-O-SO_3]

SdS

sodium decyl sulfate
Na [$C_{10}H_{21}$-O-SO_3]

sdta

N,N'-(1,2-diphenyl-1,2-ethanediyl)bis [N-(carboxymethyl)glycine], ion(4-)
[(OOC-CH_2)$_2$N-CH(C_6H_5)-CH(C_6H_5)-N(CH_2-COO)$_2$]$^{4-}$
stilbenediaminetetraacetate

SE

rare earth metals
Sc, Y, La, Ce,Pr,Nd,Pm,Sm,Eu,Gd, Tb,Dy,Ho,Er,Tm,Yb,Lu
Seltenerdmetalle

SEM-chlorid

[(2-chloromethoxy)ethyl]trimethyl silane
(CH_3)$_3$Si-$CH_2$$CH_2$-O-$CH_2$-Cl
Trimethylsilyl-ethoxymethyl-chlorid

sen

N,N'-bis(2-aminoethyl)-2-[(2-aminoethyl)aminomethyl]-2-methyl 1,3-propanediamine
CH_3-C(CH_2-NH-$CH_2$$CH_2$-$NH_2$)$_3$

sep

1,3,6,8,10,13,16,19-octaazabicyclo[6.6.6]eicosane
N(-CH_2-NH-$CH_2$$CH_2$-NH-$CH_2$-)$_3$N
sepulchrate

Ser

2-amino-3-hydroxy propanoic acid
HO-CH_2-CH(NH_2)-COOH
serine

SEX

sodium ethyl xanthate
Na [S-C(=S)-O-C_2H_5]

SFA

synthetic fatty acids

SHA

N,2-dihydroxy benzamide
HO-2-C_6H_4-C(=O)-NH-OH
salicylhydroxamic acid

SHBED

disodium 1,2-ethanediylbis[(2-hydroxy-5-sulfo)phenylmethylamino]-N,N'-diacetate
Na$_2$ [{2-HO-5-HO_3S-C_6H_3-CH_2-N(CH_2-COO)CH_2-}$_2$]
N,N'-bis(2-hydroxy-5-sulfobenzyl)diaminoethane-diacetate

SHH

saturated high-boiling hydrocarbons

SHS

sodium hexadecyl sulfate
Na [$C_{16}H_{33}$-O-SO_3]

5-SIM
5-sulfo 1,3-benzenedicarboxylic acid dimethyl ester
$1,3-[CH_3-O-C(=O)]_2-C_6H_3-5-SO_3H$
dimethyl-5-sulfo-isophthalate

SITS
5-(acetylamino)-2-[2-(4-isothiocyanato-2-sulfophenyl)ethenyl] benzenesulfonic acid
$5-[CH_3-C(=O)-NH]-2-[HO_3S-2-C_6H_3(NCS-4)-CH=CH]-C_6H_3-SO_3H$
4-acetamido-4'-isothiocyanato-stilbene-2,2'-disulfonic acid

SLS
sodium dodecyl sulfate
$Na\ [C_{12}H_{25}-O-SO_3]$
sodium lauryl sulfate

SMCC
4-[(2,5-dioxo-2,5-dihydropyrrol-1-yl)methyl] 1-cyclohexanecarboxylic acid
2,5-dioxo-1-pyrrolidinyl ester
$4-[2,5-(O=)_2-NC_4H_2-1-CH_2]-C_6H_{10}-COO-[-1-NC_4H_4(=O)_2-2,5]$
N-succinimidyl-4-(maleimidomethyl cyclohexane)-1-carboxylate

SMDPT
methyliminobis[3,1-propanediyliminomethyl-2-phenol]
$[HO-C_6H_4-2-CH=N-CH_2CH_2CH_2]_2N-CH_3$
bis[3-(salicylideneamino)propyl]methylamine

SMIFA
α-(methoxyimino) 2-furanacetic acid
$OC_4H_3-2-C(=N-O-CH_3)-COOH$
syn-2-methoxy-imino-2-(2-furyl)-acetic acid

SMIT
carbamimidothioic acid methyl ester
$NH_2-C(=NH)-S-CH_3$
S-methyl-iso-urea

SMM
dimethylsulfide
CH_3-S-CH_3

SMON
8-hydroxyquinoline
$1-NC_{10}H_6-8-OH$

SMP
S(-)-2-(methoxymethyl)-pyrrolidine
$CH_3-O-CH_2-2-NC_4H_8$

SMP
methylthio benzene
$CH_3-S-C_6H_5$
methyl phenyl sulfide

SMP
D-altro-2-heptulose-7-(dihydrogen phosphate)
$HO-CH_2-C(=O)-[CH(OH)]_4-CH_2-O-P(=O)(OH)_2$
sedoheptulose-7-monophosphate

SMPB
1-[1-oxo-4-{4-(2,5-dioxo-1-pyrrolidinyl)phenyl}propoxy] 2,5-pyrrolidinedione
$4-[2,5-(O=)_2-NC_4H_2-1]-C_6H_4-CH_2CH_2CH_2-COO-1-NC_4H_4(=O)_2-2,5$
succinimidyl-4-(p-maleinimidophenyl)-butyrate

SNA
2-(methylthio) ethanamine
$CH_3-S-CH_2-CH_2-NH_2$

SNAZOXS

8-hydroxy-7-[(4-sulfo-1-naphthalenyl)azo] 5-quinolinesulfonic acid
7-[HO$_3$S-4-C$_{10}$H$_6$-1-N=N]-1-NC$_9$H$_4$(OH-8)-(SO$_3$H)-5
7-(4-sulfo-1-naphthylazo) 8-hydroxyquinoline-5-sulfonic acid

SNB

2-(phenylmethylthio) ethanamine
C$_6$H$_5$-CH$_2$-S-CH$_2$CH$_2$-NH$_2$

SNC

2-(phenylthio) ethanamine
C$_6$H$_5$-S-CH$_2$CH$_2$-NH$_2$

SND

8-(methylthio) quinoline
8-(CH$_3$-S)-1-NC$_9$H$_6$

SNE

8-quinolinethiol
1-NC$_9$H$_6$-8-SH

SNO

2-(methylsulfinyl) ethanamine
CH$_3$-S(=O)-CH$_2$CH$_2$-NH$_2$

SNPA

4-nitrophenyl acetic acid 2,5-dioxo-1-pyrrolidinyl ester
4-NO$_2$-C$_6$H$_4$-CH$_2$-COO-1-NC$_4$H$_4$(=O)$_2$-2,5
N-succinimidyl-p-nitrophenyl acetate

SNTA

N,N-bis(carboxymethyl) glycine, trisodium salt
Na$_3$ [N(CH$_2$-COO)$_3$]
sodium nitrilotriacetate

SOA

1,3,4,6-tetra-O-acetyl-ß-D-fructofuranosyl α-D-glucopyranoside tetraacetate
OC$_4$H$_3$(OOC-CH$_3$)$_2$(CH$_2$-OOC-CH$_3$)$_2$-O-OC$_5$H$_5$(OOC-CH$_3$)$_3$CH$_2$-OOCCH$_3$
saccharose octaacetate

SP

benzenethiol
C$_6$H$_5$-SH
thiophenol

SP2C

thiophene-2-carboxylic acid
SC$_4$H$_3$-2-COOH

SP3C

thiophene-3-carboxylic acid
SC$_4$H$_3$-3-COOH

SPA

solid phosphoric acid
H$_3$PO$_4$

SPADNS

3-(4-sulfophenylazo)-4,5-dihydroxy 2,7-naphthalenedisulfonic acid
3-(HO$_3$S-4-C$_6$H$_4$-N=N)-4,5-(HO)$_2$-C$_{10}$H$_3$-(SO$_3$H)$_2$-2,7
Sulfophenylazodihydroxynaphthalindisulfonsäure

SPDP

3-(2-pyridyldithio) propanoic acid 2,5-dioxo-1-pyrrolidinyl ester
2-NC$_5$H$_4$-S-S-CH$_2$CH$_2$-COO-1-NC$_4$H$_4$(=O)$_2$-2,5
N-succinimidyl-3-(2-pyridyl dithio)-propionate

SPQ
6-methoxy-1-(3-sulfopropyl) quinolinium hydroxide, inner salt
$6\text{-}CH_3\text{-}O\text{-}1\text{-}NC_9H_6\text{-}1\text{-}CH_2CH_2CH_2\text{-}SO_3$
6-methoxy-N-(3-sulfopropyl) quinolinium

2SQ
quinoline-2-thiol
$1\text{-}NC_9H_6\text{-}2\text{-}SH$
2-mercaptoquinoline

3SQ
quinoline-3-thiol
$1\text{-}NC_9H_6\text{-}3\text{-}SH$
3-mercaptoquinoline

4SQ
quinoline-4-thiol
$1\text{-}NC_9H_6\text{-}4\text{-}SH$
4-mercaptoquinoline

SQU
3,4-dihydroxy-3-cyclobutene-1,2-dione
$3,4\text{-}(HO)_2\text{-}C_4\text{-}(=O)_2\text{-}1,2$
squaric acid

SSA
2-hydroxy-5-sulfo benzoic acid
$2\text{-}HO\text{-}5\text{-}HO_3S\text{-}C_6H_3\text{-}COOH$
5-sulfosalicylic acid

S-Säure
4-amino-5-hydroxy 1-naphthalenesulfonic acid
$4\text{-}NH_2\text{-}5\text{-}HO\text{-}C_{10}H_5\text{-}1\text{-}SO_3H$

SSald
3-formyl-4-hydroxy benzenesulfonic acid
$3\text{-}OCH\text{-}C_6H_3(OH\text{-}4)\text{-}SO_3H$
sulfosalicylaldehyde

SSB
1-pyrrolidinecarbodithioic acid, ion(1-)
$[C_4H_8N\text{-}1\text{-}CS_2]^-$
1-pyrrolidinecarbodithioate

SSE
N,N-diethyl dithiocarbamic acid, ion(1-)
$[(C_2H_5)_2N\text{-}CS_2]^-$
N,N-diethyl dithiocarbamate

SS-eddiv
N,N'-(1,2-ethanediyl) bis(valine), ion(2-)
$[OOC\text{-}CH(C_3H_7\text{-}i)\text{-}NH\text{-}CH_2CH_2\text{-}NH\text{-}CH(C_3H_7\text{-}i)\text{-}COO]^{2-}$
S,S-ethylenediamine-N,N'-di-α-isovalerate

SS-eddp
N,N'-(1,2-ethanediyl) bis(alanine), ion(2-)
$[OOC\text{-}CH(CH_3)\text{-}NH\text{-}CH_2CH_2\text{-}NH\text{-}CH(CH_3)\text{-}COO]^{2-}$
S,S-ethylenediamine-N,N'-di-α-propionate

SSM
N,N-dimethyl dithiocarbamic acid, ion(1-)
$[(CH_3)_2N\text{-}CS_2]^-$
N,N-dimethyl dithiocarbamate

SSO
carbonodithioic acid O-ethyl ester, ion(1-)
$[C_2H_5\text{-}O\text{-}CS_2]^-$
ethylxanthate

SSP 1,2-bis(octadecanoyl) hexadecanoic acid
$C_{17}H_{35}$-C(=O)-CH_2-CH[C(=O)-$C_{17}H_{35}$]-$(CH_2)_{13}$-COOH
1,2-distearoyl palmitin

SSS 4-ethenyl benzenesulfonic acid, sodium salt
Na [CH_2=CH-4-C_6H_4-SO_3]
sodium 1,4-styrene sulfonate

SS-Säure 4-amino-5-hydroxy 1,3-naphthalenedisulfonic acid
4-NH_2-5-HO-$C_{10}H_4$-$(SO_3H)_2$-1,3

St ethenyl benzene
CH_2=CH-C_6H_5
styrene

STAT N-(4-methylphenyl)-2-[{(4-methylphenyl)sulfonyl}amino]benzenecarbothiamide, ion(1-)
[2-{CH_3-4-C_6H_4-S(=O)$_2$-N=}C_6H_4=C(-S)-NH-C_6H_4-4-CH_3]⁻

STAT-H N-(4-methylphenyl)-2-[{(4-methylphenyl)sulfonyl}amino]benzenecarbothiamide
2-[CH_3-4-C_6H_4-S(=O)$_2$-NH]-C_6H_4-C(=S)-NH-C_6H_4-4-CH_3

STB sodium trimethyl hydrido borate
Na [HB(CH_3)$_3$]
sodium trimethyl boronhydride

STC 2-hydroxy 1,2,3-propanetricarboxylic acid, trisodium salt
Na_3 [(OOC-CH_2)$_2$C(OH)-COO]
sodium hydroxy tricarboxylate

stien 1,2-diphenyl 1,2-ethanediamine
C_6H_5-CH(NH_2)-CH(NH_2)-C_6H_5
stilbenediamine

STP 2,5-dimethoxy-4,α-dimethyl benzenethanamine
4-CH_3-2,5-(CH_3-O)$_2$-C_6H_2-CH_2-CH(CH_3)-NH_2
"serenity, tranquility, peace"

STPP sodium tripolyphosphate
Na_5 [O_2P(=O)-O-P(=O)(-O)-O-P(=O)O_2]

STS sodium tetradecyl sulfate
Na [$C_{14}H_{29}$-O-SO_3]

Sty ethenyl benzene
CH_2=CH-C_6H_5
styrene

Suc butanedioic acid
HOOC-$CH_2$$CH_2$-COOH
succinic acid

Sulfo-C-Säure

7-amino 1,3,5-naphthalenetrisulfonic acid

$7\text{-}NH_2\text{-}C_{10}H_4\text{-}(SO_3H)_3\text{-}1,3,5$

7-Amino-1,3,5-naphthalintrisulfonsäure

Sulfo-NHS

1-hydroxy-2,5-dioxo 3-pyrrolidinesulfonic acid

$1\text{-}HO\text{-}2,5\text{-}(O=)_2\text{-}NC_4H_3\text{-}3\text{-}SO_3H$

sulfo-N-hydroxysuccinimide

2,4,5-T

2,4,5-trichlorophenoxy acetic acid

$2,4,5\text{-}Cl_3\text{-}C_6H_2\text{-}O\text{-}CH_2\text{-}COOH$

T

5-methyl-1-ß-D-ribofuranosyl-2,4-(1H,3H)-pyrimidinedione

$1\text{-}[5\text{-}CH_3\text{-}2,4\text{-}(O=)_2\text{-}1,3\text{-}N_2C_4H_2\text{-}1]OC_4H_4[(OH)_2\text{-}2,3]\text{-}4\text{-}CH_2\text{-}OH$

D-ribosylthymine

T

2-amino-3-hydroxy butanoic acid

$CH_3\text{-}CH(OH)\text{-}CH(NH_2)\text{-}COOH$

threonine

T

1-(2-deoxy-ß-D-erythro-pentofuranosyl)-5-methyl 2,4-(1H,3H)-pyrimidinedione

$1\text{-}[5\text{-}CH_3\text{-}2,4\text{-}(O=)_2\text{-}1,3\text{-}N_2C_4H_2\text{-}1]\text{-}OC_4H_5(OH\text{-}3)\text{-}4\text{-}CH_2\text{-}OH$

thymidine

T

5-methyl 1H,3H-2,4-pyrimidinedione

$5\text{-}CH_3\text{-}2,4\text{-}(O=)_2\text{-}1,3\text{-}N_2C_4H_3$

thymine

T

methyl benzene

$C_6H_5\text{-}CH_3$

toluene

T-Solvent

tetrahydro-2-[(tetrahydro-2-furanyl)methoxy] 2H-pyran

$2\text{-}(OC_4H_7\text{-}2\text{-}CH_2\text{-}O)\text{-}OC_5H_9$

α-T

2-methyl-1,3,5-trinitro benzene

$2\text{-}CH_3\text{-}1,3,5\text{-}(O_2N)_3\text{-}C_6H_2$

T2

O-(4-hydroxyphenyl)-3,5-diiodo L-tyrosine

$HOOC\text{-}CH(NH_2)\text{-}CH_2\text{-}C_6H_2(I_2\text{-}3,5)\text{-}4\text{-}O\text{-}C_6H_4\text{-}4'\text{-}OH$

diiodothyronine

T3

O-(4-hydroxy-3-iodophenyl)-3,5-diiodo L-tyrosine

$HOOC\text{-}CH(NH_2)\text{-}CH_2\text{-}C_6H_2(I_2\text{-}3,5)\text{-}4\text{-}O\text{-}C_6H_3(I\text{-}3')\text{-}4'\text{-}OH$

triiodothyronine

T4

hexahydro-1,3,5-trinitro-1,3,5-triazine

$1,3,5\text{-}(NO_2)_3\text{-}1,3,5\text{-}N_3C_3H_6$

T4

O-(4-hydroxy-3,5-diiodophenyl)-3,5-diiodo L-tyrosine

$HOOC\text{-}CH(NH_2)\text{-}CH_2\text{-}C_6H_2(I_2\text{-}3,5)\text{-}4\text{-}O\text{-}C_6H_2(I_2\text{-}3',5')\text{-}4'\text{-}OH$

3,3',5,5'-tetraiodothyronine

TA

tungstic acid

H_2WO_4

TA

2,3-dihydroxy butanedioic acid
HOOC-CH(OH)-CH(OH)-COOH
tartaric acid

TA

1-(2-thienyl) 1,3-butanedione
SC_4H_3-2-C(=O)-CH_2-C(=O)-CH_3
thenoylacetone

TAA

trialkylamines
NR_3

TAA

ethanethioamide
CH_3-C(=S)-NH_2
thioacetamide

TAA

N,N-dipentyl 1-pentanamine
$(C_5H_{11})_3N$
triamyl amine

TAA

4-methoxy-N,N-bis(4-methoxyphenyl) benzenamine
$(CH_3$-O-4-$C_6H_4)_3N$
trianisyl amine

TAAB

tetrabenzo[b,f,j,n][1,5,9,13]tetraazacyclohexadecine
[-N=CH-C_6H_4-N=CH-C_6H_4-N=CH-C_6H_4-N=CH-C_6H_4-]

TAAC

N,N,N-trialkyl 1-alkanaminum
$[NR_4]^+$
tetraalkyl ammonium cation

TAB

teflonized acetylene black

TABD

1,2,3,4,4a,5,6,7,8,8a-decahydropyrazino[2,3-b]pyrazine
[-CH(-NH-CH_2CH_2-NH-)$_2$CH-]
2,5,7,10-tetraazabicyclo[4.4.0]decane

TABN

1,3,5,7-tetraazabicyclo[3.3.1]nonane
[-CH_2-N(-CH_2-NH-CH_2-)$_2$N-]

TAC

2,4,6-tris(2-propenyloxy)-1,3,5-triazine
2,4,6-(CH_2=CH-CH_2-O-)$_3$-1,3,5-N_3C_3
triallyl cyanurate

TACD

decahydro-1,4,7-triazecine
[-NH-CH_2CH_2-NH-CH_2CH_2-NH-$CH_2CH_2CH_2$-]
1,4,7-triazacyclodecane

TACE

2-chloro-1,4-bis(methoxyphenyl)-3-(methoxyphenyl-methyl) 2-butene
$(CH_3$-O-C_6H_4-$CH_2)_2$C=CCl-CH_2-C_6H_4-O-CH_3
tris-anisyl-chloroethylene

TACH

hexahydro-1,3,5-triazine
1,3,5-$N_3C_3H_9$
1,3,5-triazacyclohexane

tach
cis,cis-1,3,5-cyclohexanetriamine
$1,3,5\text{-}(NH_2)_3\text{-}C_6H_9$
cis,cis-1,3,5-triamino cyclohexane

TAcM
3-acetyl 2,4-pentanedione
$HC[C(=O)\text{-}CH_3]_3$
triacetylmethane

tacn
2,3,4,5,6,7,8,9-octahydro-1H-1,4,7-triazonine
$[\text{-}NH\text{-}CH_2CH_2\text{-}NH\text{-}CH_2CH_2\text{-}NH\text{-}CH_2CH_2\text{-}]$
1,4,7-triazacyclononane

TACPD
1,4,8,12-tetraazacyclopentadecane
$[\text{-}NH\text{-}CH_2CH_2\text{-}NH\text{-}CH_2CH_2CH_2\text{-}NH\text{-}CH_2CH_2CH_2\text{-}NH\text{-}CH_2CH_2CH_2\text{-}]$

TACTD
1,4,8,11-tetraazacyclotetradecane
$[\text{-}NH\text{-}CH_2CH_2\text{-}NH\text{-}CH_2CH_2CH_2\text{-}NH\text{-}CH_2CH_2\text{-}NH\text{-}CH_2CH_2CH_2\text{-}]$

1-3 TADAB
4-(2-thiazolyl-azo) 1,3-benzenediamine
$4\text{-}(1,3\text{-}SNC_3H_2\text{-}2\text{-}N=N)\text{-}C_6H_3\text{-}(NH_2)_2\text{-}1,3$
4-(2-thiazolyl-azo) 1,3-diaminobenzene

taetacn
2,3,4,5,6,7,8,9-octahydro-1H-1,4,7-triazonine-1,4,7-tris(ethanamine)
$1,4,7\text{-}(NH_2\text{-}CH_2CH_2)_3\text{-}1,4,7\text{-}N_3C_6H_{12}$
1,4,7-tris(2-aminoethyl)-1,4,7-triazacyclononane

TAFO
trialkyl phosphine oxide
$R_3P=O$

TAM
4-methoxy-2-(thiazolyl-2-azo) phenol
$4\text{-}CH_3O\text{-}2\text{-}[(1,3\text{-}SNC_3H_2)\text{-}2\text{-}N=N]\text{-}C_6H_3\text{-}OH$
2-(thiazolyl-2-azo)-4-methoxy phenol

TAMA
N-methyl benzenaminium trifluoroacetate
$[C_6H_5\text{-}NH_2\text{-}CH_3]\ [CF_3\text{-}COO]$
N-methylanilinium trifluoroacetate

TAMAC
1,3-dioxo 1,3-dihydroisobenzofuran-5-carboxylic acid
$1,3\text{-}(O=)_2\text{-}5\text{-}HOOC\text{-}2\text{-}OC_8H_3$
trimellitic anhydride monoacid

TAMDP
methylenediphosphonic acid tetrapentyl ester
$(C_5H_{11}\text{-}O)_2P(=O)\text{-}CH_2\text{-}P(=O)(O\text{-}C_5H_{11})_2$
tetraamyl methylenediphosphonate

TAME
2-aminomethyl-2-methyl 1,3-propanediamine
$(NH_2\text{-}CH_2)_3C\text{-}CH_3$
1,1,1-tris(aminomethyl)ethane

TAME
5-carbamimidoylamino-2-(4-methylphenylsulfonylamino)pentanoic acid methylester
$NH_2\text{-}C(=NH)NH\text{-}CH_2CH_2CH_2\text{-}CH(COO\text{-}CH_3)\text{-}NH\text{-}S(=O)_2\text{-}C_6H_4\text{-}4\text{-}CH_3$
N-α-p-tosyl-L-arginine methyl ester

TAMM tetrakis(acetyl)-μ4-methanetetrayltetra mercury
$[CH_3\text{-}C(=O)\text{-}Hg]_4C$
tetrakis(acetylmercuri) methane

TAN 2-(2-hydroxy-1-naphthylazo) thiazole
$2\text{-}(2\text{-}HO\text{-}C_{10}H_6\text{-}1\text{-}N=N)\text{-}1,3\text{-}SNC_3H_2$
1-(2-thiazolylazo)-2-naphthol

TAP 1,4,7,10-pyrazino[2,3-f]quinoxaline
$1,4,7,10\text{-}N_4C_{10}H_6$
1,4,5,8-tetraazaphenanthrene

TAP 2,3,5,6-pyridinetetramine
$2,3,5,6\text{-}(NH_2)_4\text{-}NC_5H$
2,3,5,6-tetraminopyridine

TAP 2,3,6-pyridinetriamine
$2,3,6\text{-}(NH_2)_3\text{-}NC_5H_2$
2,3,6-triaminopyridine

TAP tetraazaporphine, ion(2-)
$[N_8C_{16}H_8]^{2-}$
tetraazaporphinate

TAP phosphoric acid tripentyl ester
$(C_5H_{11}\text{-}O)_3P=O$
triamylphosphate

TAP 1,2-benzenedicarboxylic acid mono[2-[2-{2-(methylcarboxy)ethoxy}ethoxy]ethyl]-ester
$CH_3\text{-}COO\text{-}CH_2CH_2\text{-}O\text{-}CH_2CH_2\text{-}O\text{-}CH_2CH_2\text{-}O\text{-}C(=O)\text{-}2\text{-}C_6H_4\text{-}COOH$
triglycol-acetate-phthalate

TAPA 2-(2,4,5,7-tetranitro-9-fluorenylidene-aminoxy) propanoic acid
$2,4,5,7\text{-}(O_2N)_4\text{-}(C_{13}H_4\text{-}9)=N\text{-}O\text{-}CH(CH_3)\text{-}COOH$
tetranitro-fluorenylidene-aminoxy propionic acid

TAPH2 tetraazaporphine
$N_8C_{16}H_{10}$

TAPO trialkyl phosphine oxide
$R_3P=O$

TAPS 3-[tris(hydroxymethyl)methylamino] 1-propanesulfonic acid
$(HO\text{-}CH_2)_3C\text{-}NH\text{-}CH_2CH_2CH_2\text{-}SO_3H$

TAPSO 2-hydroxy-3-[{2-hydroxy-1,1-bis(hydroxymethyl)ethyl}amino]-1-propanesulfonic acid
$(HO\text{-}CH_2)_3C\text{-}NH\text{-}CH_2\text{-}CH(OH)\text{-}CH_2\text{-}SO_3H$
tris(hydroxymethyl)methyl-amino-hydroxy-propanesulfonic acid

tapt 1,4,7,10-pyrazino[2,3-f]quinoxaline
$1,4,7,10\text{-}N_4C_{10}H_6$
1,4,5,8-tetraazaphenanthrene

taptacn

2,3,4,5,6,7,8,9-octahydro-1H-1,4,7-triazonine-1,4,7-tripropanamine
1,4,7-(NH$_2$-CH$_2$CH$_2$CH$_2$)$_3$-1,4,7-N$_3$C$_6$H$_{12}$
1,4,7-tris(3-aminopropyl)-1,4,7-triazacyclononane

TAR

4-(2-thiazolylazo) 1,3-benzenediol
4-[(1,3-SNC$_3$H$_2$)-2-N=N]-C$_6$H$_3$-(OH)$_2$-1,3
4-(2-thiazolylazo) resorcine

TAR

2,3-dihydroxy butanedioic acid, ion(2-)
[OOC-CH(OH)-CH(OH)-COO]$^{2-}$
tartrate

Tart

2,3-dihydroxy butanedioic acid
HOOC-CH(OH)-CH(OH)-COOH
tartaric acid

tart

2,3-dihydroxy butanedioic acid, ion(2-)
[OOC-CH(OH)-CH(OH)-COO]$^{2-}$
tartrate

TAS

tris(dimethylamino)sulfonium
[{(CH$_3$)$_2$N}$_3$S]$^+$

TASF

tris(dimethylamino)sulfonium difluorotrimethylsilicate
[{(CH$_3$)$_2$N}$_3$S]$^+$ [(CH$_3$)$_3$SiF$_2$]$^-$
tris(dimethylamino)sulfonium "fluoride"

TASfluoride

tris(dimethylamino)sulfonium difluorotrimethylsilicate
[{(CH$_3$)$_2$N}$_3$S]$^+$ [(CH$_3$)$_3$SiF$_2$]$^-$
tris(dimethylamino)sulfonium "fluoride"

TATB

tetraphenylarsonium tetraphenylborate
[As(C$_6$H$_5$)$_4$] [B(C$_6$H$_5$)$_4$]

Tate

N,N-bis(2-aminoethyl) 1,2-ethanediamine
N(CH$_2$CH$_2$-NH$_2$)$_3$
triaminotriethylamine

TATM

1,2,4-benzenetricarboxylic acid tris(2-propenyl) ester
1,2,4-[CH$_2$=CH-CH$_2$-OC(=O)]$_3$-C$_6$H$_3$
triallyl trimellitate

2,4,5-TB

4-(2,4,5-trichlorophenoxy) butanoic acid
2,4,5-Cl$_3$-C$_6$H$_2$-O-CH$_2$CH$_2$CH$_2$-COOH

TB

3,3-bis[4-hydroxy-2-methyl-5-(1-methylethyl)phenyl]-3H-1,2-benzoxathiole-1,1-dioxide
3,3-[4-HO-2-CH$_3$-5-(i-C$_3$H$_7$)-C$_6$H$_2$]-1,1-(O=)$_2$-1,2-SOC$_7$H$_4$
thymol blue

TB

phosphoric acid tributyl ester
(C$_4$H$_9$-O)$_3$P=O
tributyl phosphate

TB12BQ   3,4,5,6-tetrabromo 3,5-cyclohexadiene-1,4-dione
$3,4,5,6\text{-}Br_4\text{-}C_6(=O)_2\text{-}1,2$
tetrabromo-1,2-benzoquinone

2tBa   2-(1,1-dimethylethyl) benzenamine
$2\text{-}(t\text{-}C_4H_9)\text{-}C_6H_4\text{-}NH_2$
2-tert.-butylaniline

2,3,6-TBA   2,3,6-trichloro benzoic acid
$2,3,6\text{-}Cl_3\text{-}C_6H_2\text{-}COOH$

TBA   2,3,6-trichloro benzoic acid
$2,3,6\text{-}Cl_3\text{-}C_6H_2\text{-}COOH$

TBA   N-(1,1-dimethylethyl) propenamide
$t\text{-}C_4H_9\text{-}NH\text{-}C(=O)CH=CH_2$
N-tert.-butyl acrylamide

TBA   N,N,N-tributyl 1-butanaminium
$[(C_4H_9)_4N]^+$
tetra-n-butyl ammonium

TBA   hexahydropyrimidine-2-thione-4,6-dione
$2\text{-}(S=)\text{-}4,6\text{-}(O=)_2\text{-}1,3\text{-}N_2C_4H_4$
thiobarbituric acid

TBA   N-phenyl benzenethioamide
$C_6H_5\text{-}C(=S)NH\text{-}C_6H_5$
thiobenzanilide

TBA   N,N-bis(phenylmethyl) benzenemethanamine
$(C_6H_5\text{-}CH_2)_3N$
tribenzyl amine

TBA   1,3,5-tribromo 2-methoxy benzene
$1,3,5\text{-}Br_3\text{-}2\text{-}C_6H_2\text{-}O\text{-}CH_3$
tribromo anisole

TBA   N,N-dibutyl 1-butanamine
$(C_4H_9)_3N$
tributyl amine

tBA   2-propenoic acid 1,2-dimethylethyl ester
$CH_2=CH\text{-}COO\text{-}C_4H_9\text{-}t$
tert.-butylacrylate

tBa   (1,1-dimethylethyl) benzenamine
$t\text{-}C_4H_9\text{-}C_6H_4\text{-}NH_2$
tert.-butylaniline

TBAB   N,N,N-tributyl 1-butanaminium bromide
$[(C_4H_9)_4N]\ Br$
tetrabutyl ammonium bromide

TBABF4   N,N,N-tributyl 1-butanaminium tetrafluoroborate
$[(C_4H_9)_4N]$ $[BF_4]$
tetrabutyl ammonium tetrafluoroborate

TBABr3   N,N,N-tributyl 1-butanaminium tribromide
$[(C_4H_9)_4N]$ $[Br_3]$
tetrabutyl ammonium tribromide

TBAC   N,N,N-tributyl 1-butanaminium cyanotrihydridoborate
$[(C_4H_9)_4N]$ $[BH_3\text{-}CN]$
tetrabutylammonium-cyanoboronhydride

TBACC   N,N,N-tributyl 1-butanaminium chlorotrioxochromate(1-)
$[(C_4H_9)_4N]$ $[Cl\text{-}CrO_3]$
tetrabutylammonium chlorochromate

TBADC   N,N,N-tributyl-1-butanaminium, salt with chromic acid
$[(C_4H_9)_4N]_2$ $[Cr_2O_7]$
tetrabutylammonium dichromate

TBAF   N,N,N-tributyl 1-butanaminium fluoride
$[(C_4H_9)_4N]$ F
tetrabutyl ammonium fluoride

TBAFP   N,N,N-tributyl 1-butanaminium hexafluorophosphate
$[(C_4H_9)_4N]$ $[PF_6]$
tetrabutyl ammonium hexafluorophosphate

TBAH   N,N,N-tributyl 1-butanaminium hydroxide
$[(C_4H_9)_4N]$ $[OH]$
tetrabutyl ammonium hydroxide

TBAHFP   N,N,N-tributyl 1-butanaminium hexafluorophosphate
$[(C_4H_9)_4N]$ $[PF_6]$
tetrabutyl ammonium hexafluorophosphate

TBAHS   N,N,N-tributyl 1-butanaminium hydrogensulfate
$[(C_4H_9)_4N]$ $[HO\text{-}SO_3]$
tetrabutyl ammonium hydrogensulfate

TBAN   N,N,N-tributyl 1-butanaminium nitrate
$[(C_4H_9)_4N]$ $[NO_3]$
tetrabutyl ammonium nitrate

TBAP   N,N,N-tributyl 1-butanaminium perchlorate
$[(C_4H_9)_4N]$ $[ClO_4]$
tetrabutyl ammonium perchlorate

TBAS   N,N,N-tributyl 1-butanaminium 2,5-pyrrolidinedione, ion
$[(C_4H_9)_4N]$ $[NC_4H_4\text{-}2,5\text{-}(O)_2]$
tetrabutyl ammonium succinimide

TBB
1,1-dimethylethyl benzene
$t\text{-}C_4H_9\text{-}C_6H_5$
tert.-butyl benzene

TBBA
N-(1,1-dimethylethyl) benzenemethanamine
$C_6H_5\text{-}CH_2\text{-}NH\text{-}C_4H_9\text{-}t$
tert.-butyl benzylamine

TBBDP
1,4-butanediyldiphosphonic acid tetrabutyl ester
$(C_4H_9\text{-}O)_2P(=O)\text{-}CH_2CH_2\text{-}CH_2CH_2\text{-}P(=O)(O\text{-}C_4H_9)_2$
tetrabutyl butylenediphosphonate

TBD
1,3,4,6,7,8-hexahydro 2H-pyrimido[1,2-a]pyrimidine
$1,5,9\text{-}N_3C_7H_{13}$
1,5,7-triazabicyclo[4.4.0]dec-5-ene

TBDA
adduct of 1,1,2-trimethylpropyl borane and N,N-diethylbenzenamine
$(CH_3)_2CH\text{-}C(CH_3)_2\text{-}BH_2 \cdot (C_2H_5)_2N\text{-}C_6H_5$
tert.-hexylborane-N,N-diethylaniline

TBDB18C6
5,6,8,9,11,12,14,15-octahydro-1,4,12,14-tetrakis(1,1-dimethylethyl)-dibenzo[b,k][1,4,7,10,13,16]hexaoxacyclooctadecin
$[\text{-}\{O\text{-}C_6H_2(C_4H_9\text{-}t)_2\text{-}O\text{-}CH_2CH_2\text{-}O\text{-}CH_2CH_2\}_2\text{-}]$
tetra-t-butyldibenzo-18-crown-6

TBDC
bis(N,N,N-tributyl-1-butanaminium) dichromate
$[(C_4H_9)_4N]_2 \, [Cr_2O_7]$
bis(tetrabutyl ammonium) dichromate

TBDMS
dimethyl-1,1-dimethylethyl-silyl-
$t\text{-}C_4H_9\text{-}Si(CH_3)_2\text{-}$
tert.-butyl dimethyl silyl-

TBDMSCl
chloro-dimethyl-1,1-dimethylethyl silane
$t\text{-}C_4H_9\text{-}Si(CH_3)_2Cl$
tert.-butyl dimethyl silyl chloride

TBDMSIM
1-[dimethyl-(1,1-dimethylethyl)-silyl] imidazole
$1\text{-}[t\text{-}C_4H_9\text{-}Si(CH_3)_2]\text{-}1,3\text{-}N_2C_3H_3$
1-(tert.-butyl dimethyl silyl)-imidazole

TBDMSTF
trifluoro methanesulfonic acid dimethyl-(1,1-dimethylethyl)-silyl ester
$t\text{-}C_4H_9\text{-}Si(CH_3)_2\text{-}O\text{-}S(=O)_2\text{-}CF_3$
tert.-butyl dimethyl silyl trifluoromethane sulfonate

TBDMS-triflat
trifluoro methanesulfonic acid dimethyl-(1,1-dimethylethyl)-silyl ester
$t\text{-}C_4H_9\text{-}Si(CH_3)_2\text{-}O\text{-}S(=O)_2\text{-}CF_3$
tert.-butyl dimethyl silyl trifluoromethane sulfonate

TBE
1,1,2,2-tetrabromo ethane
$CH_2Br_2\text{-}CH_2Br_2$

TBEDP 1,2-ethanediyldiphosphonic acid tetrabutyl ester
$(C_4H_9-O)_2P(=O)-CH_2CH_2-P(=O)(O-C_4H_9)_2$
tetrabutyl ethylenediphosphonate

TBEP phosphoric acid tris[2-(butoxy)ethyl] ester
$(C_4H_9-O-CH_2CH_2-O)_3P=O$
tri(butyletherethyl)phosphate

TBF phosphoric acid tributyl ester
$(C_4H_9-O)_3P=O$

TBF N-1,1-dimethylethyl formamide
$HC(=O)-NH-C_4H_9-t$
N-tert.-butyl formamide

TBHC hypochloric acid 1,1-dimethylethyl ester
$t-C_4H_9-O-Cl$
tert.-butyl hypochlorite

TBHP 1,1-dimethylethyl hydroperoxide
$t-C_4H_9-O-OH$
tert.-butyl hydroperoxide

TBHPA hypophosphoric acid tetrabutyl ester
$(C_4H_9-O)_2P(=O)-P(=O)(O-C_4H_9)_2$
tetrabutyl hypophosphoric acid

TBHQ 2-(1,1-dimethylethyl) 1,4-benzenediol
$2-(t-C_4H_9)-C_6H_3-(OH)_2-1,4$
tert.-butyl hydroquinone

TBMDP methylenediphosphonic acid tetrabutyl ester
$(C_4H_9-O)_2P(=O)-CH_2-P(=O)(O-C_4H_9)_2$
tetrabutyl methylenediphosphonate

TBME 1,1-dimethyl-1-methoxy ethane
$t-C_4H_9-O-CH_3$
tert.-butyl methyl ether

TBMP 1,1-dimethylethyl-4-methyl phenol
$2-(t-C_4H_9)-4-CH_3-C_6H_3-OH$
2-tert.-butyl-4-methyl phenol

TBMPSIBr bromo(1,1-dimethylethyl)methoxyphenyl silane
$t-C_4H_9-SiBr(C_6H_5)-O-CH_3$
tert.-butyl-methoxy-phenylbromosilane

TBN 1,3,5-tris(1,1-dimethylethyl)-2-nitroso benzene
$1,3,5-(t-C_4H_9)_3-2-(O=N)-C_6H_2$
2,4,6-tri-tert.-butyl-nitrosobenzene

TBO 3-(trimethylsilyloxy)-3-butene-2-one
$(CH_3)_3Si-O-C(=CH_2)-C(=O)CH_3$

TBP

29H,31H-tetrabenzo[b,g,l,q]porphine
$N_4C_{36}H_{22}$

TBP

2,2'-thiobis(4,6-dichlorophenol)
$HO-C_6H_2(Cl_2-4,6)-2-S-2'-C_6H_2(Cl_2-4',6')-OH$

TBP

2-(1,1-dimethylethyl) phenol
$2-(t-C_4H_9)-C_6H_4-OH$
2-tert.-butyl phenol

TBP

phosphoric acid tributyl ester
$(C_4H_9-O)_3P=O$
tri-n-butyl phosphate$

tbp

phosphoric acid tributyl ester
$(C_4H_9-O)_3P=O$
tri-n-butyl phosphate

TBPO

tributyl phosphine oxide
$(C_4H_9)_3P=O$

tBPy

2-(1,1-dimethylethyl) pyridine
$2-(t-C_4H_9)-NC_5H_4$
2-tert.-butylpyridine

TBS

2-hydroxy benzoic acid [4-(1,1-dimethylethyl)phenyl] ester
$t-C_4H_9-4-C_6H_4-O-C(=O)-C_6H_4-2-OH$
4-tert.-butylphenol salicylate

TBS

dimethyl-1,1-dimethylethyl-silyl-
$t-C_4H_9-Si(CH_3)_2-$
tert.-butyl dimethyl silyl-

TBS

sodium iso-dodecyl-benzenesulfonates (several isomeres)
$Na\ [SO_3-C_6H_4-C_{12}H_{25}]$
tetrapropylenebenzenesulfonates

TBS

3,5-dibromo-N-(4-bromophenyl)-2-hydroxy benzamide
$3,5-Br_2-C_6H_2(OH-2)-C(=O)-NH-C_6H_4-4-Br$
tribromsalan

TBSCl

chloro-dimethyl-1,1-dimethylethyl silane
$t-C_4H_9-Si(CH_3)_2Cl$
tert.-butyl dimethyl silyl chloride

TBTD

N,N,N',N'-tetrabutyl 1,2-dithiobis(methanethioamide)
$(C_4H_9)_2N-C(=S)-S-S-C(=S)-N(C_4H_9)_2$
N,N,N',N'-tetrabutyl thiuram disulfide

TBTH

tributyl stannane
$(C_4H_9)_3SnH$
tri-n-butyl-tin hydride

TBTO

1,6,11-trioxacyclopentadecane
$[-O-(CH_2)_4-O-(CH_2)_4-O-(CH_2)_4-]$
tributyl trioxide

TBTO

hexabutyl distannoxane
$(C_4H_9)_3Sn-O-Sn(C_4H_9)_3$
tributyltinoxide

TBTU

N,N,N'-tributyl thiourea
$C_4H_9-NH-C(=S)-N(C_4H_9)_2$

TBTU

(1H-benzotriazol-1-yloxy)bis(dimethylamino) methylium tetrafluoroborate
$[1,2,3-N_3C_6H_4-1-O-C\{-N(CH_3)_2\}=N(CH_3)_2]\ [BF_4]$
benzotriazol-1-yl-N-tetramethyl-uronium tetrafluoroborate

t-BUMEOC

1-[3,5-bis(1,1-dimethylethyl)phenyl]-1-methylethoxy-carbonyl-
$3,5-(t-C_4H_9)_2-C_6H_3-C(CH_3)_2-OC(=O)-$
1-(3,5-di-tert.-butylphenyl)-1-methylethoxycarbonyl-

TBUP

tributyl phosphine
$(C_4H_9)_3P$

TC12BQ

3,4,5,6-tetrachloro 3,5-cyclohexadiene-1,4-dione
$3,4,5,6-Cl_4-C_6(=O)_2-1,2$
tetrachloro-1,2-benzoquinone

TCA

trichloro acetic acid
CCl_3-COOH

TCA

sodium trichloroacetate
$Na\ [CCl_3-COO]$

TCA

2,4,6-trichloro-1-methoxy benzene
$2,4,6-Cl_3-C_6H_2-O-CH_3$
2,4,6-trichloroanisole

TCA

phosphoric acid mono(2,2,2-trichloroethyl) ester
$(HO)_2P(=O)-O-CH_2-CCl_3$
Trichloräthylphosphat

TCB

trichlorobenzene
$Cl_3-C_6H_3$

TCBI

N,2,6-trichloro-4-benzoquinone imine
$(O=)C_6H_2(Cl_2-2,6)=NCl-4$

TCBOC-chlorid

carbonochloridic acid 2,2,2-trichloro-1,1-dimethyl-ethyl ester
$Cl-COO-C(CH_3)_2-CCl_3$
Trichlor-tert.butoxy-carbonylchlorid

TCBQ

2,3,5,6-tetrachloro 1,4-benzoquinone
$2,3,5,6-Cl_4-C_6-(=O)_2-1,4$
p-tetrachlorobenzoquinone

TCC

N-(3,4-dichlorophenyl)-N'-(4-chlorophenyl) urea
$4\text{-Cl-}C_6H_4\text{-NH-C}(=O)\text{-NH-}C_6H_3\text{-}3,4\text{-Cl}_2$
triclocarban

TCCH

tetrachloro cyclohexane
$Cl_4\text{-c-}C_6H_8$

TCDD

tetrachlorodibenzo[b,e][1,4]dioxin
$Cl_4\text{-}5,10\text{-}O_2C_{12}H_4$
tetrachlorodibenzo-p-dioxin

TCDF

tetrachloro dibenzofuran
$Cl_4\text{-}5\text{-}OC_{12}H_4$

TCDNB

1,2,4-trichloro-3,5-dinitro benzene
$1,2,4\text{-Cl}_3\text{-}C_6H(NO_2)_2\text{-}3,5$
trichloro dinitro benzene

TCE

2,2,2-trichloro ethanol
$CCl_3\text{-}CH_2\text{-OH}$

TCE

2,2,2-trichloroethyl-
$Cl_3C\text{-}CH_2\text{-}$

TCE

trichloro ethene
$CHCl{=}CCl_2$

TCEF

phosphoric acid mono(2,2,2-trichloroethyl) ester
$CCl_3\text{-}CH_2\text{-O-P}(=O)(OH)_2$

tcetacn

2,3,4,5,6,7,8,9-octahydro-1H-1,4,7-triazonine-1,4,7-tris(propanenitrile)
$1,4,7\text{-}(NC\text{-}CH_2CH_2)_3\text{-}1,4,7\text{-}N_3C_6H_{12}$
1,4,7-tris(2-cyanoethyl)-1,4,7-triazacyclononane

TCF

phosphoric acid tris(methylphenyl) ester
$(CH_3\text{-}C_6H_4\text{-O})_3P{=}O$

TCHP

phosphoric acid tris(cyclohexyl) ester
$(c\text{-}C_6H_{11}\text{-O})_3P{=}O$
tris(cyclohexyl) phosphate

TcHPO

tris(cyclohexyl) phosphine oxide
$(c\text{-}C_6H_{11})_3P{=}O$

TCHQ-DE

1,4-dialkoxy-2,3,5,6-tetrachloro benzene
$1,4\text{-}(R\text{-O})_2C_6\text{-}Cl_4$
tetrachloro hydroquinone dialkyl ether

TCl

1,4-benzenedicarbonyl dichloride
$1,4\text{-}[Cl\text{-}C(=O)]_2\text{-}C_6H_4$
terephthaloyl chloride

tcl	hexahydro 2H-azepine-2-thione $2\text{-}(S=)\text{-}NC_6H_{11}$ *ω-thiocaprolactame*
TClAc	trichloro acetic acid $CCl_3\text{-}COOH$
TCN	tetrachloro naphthalene $Cl_4\text{-}C_{10}H_4$
TCNA	1,2,4,5-tetrachloro-3-methoxy-6-nitro benzene $1,2,4,5\text{-}Cl_4\text{-}3\text{-}(CH_3\text{-}O)\text{-}6\text{-}NO_2\text{-}C_6$ *2,3,5,6-tetrachloro-4-nitroanisol*
tCnA	(Z)-3-phenyl 2-propenoic acid $C_6H_5\text{-}CH\text{=}CH\text{-}COOH$ *trans-cinnamic acid*
TCNB	1,2,4,5-tetrachloro 3-nitrobenzene $1,2,4,5\text{-}Cl_4\text{-}C_6H\text{-}NO_2\text{-}3$
T.C.N.B	benzenetetracarbonitrile $C_6H_2\text{-}(CN)_4$ *tetracyano benzene*
TCNE	ethenetetracarbonitrile $(NC)_2C\text{=}C(CN)_2$ *tetracyano ethylene*
T.C.N.E.	ethenetetracarbonitrile $(NC)_2C\text{=}C(CN)_2$ *tetracyano ethylene*
TCNEO	oxiranetetracarbonitrile $2,2,3,3\text{-}(NC)_4\text{-}OC_2$ *tetracyano ethylene oxide*
T.C.N.P	tetracyano pyridine $NC_5H\text{-}(CN)_4$
TCNQ	2,2'-[2,5-cyclohexadiene-1,4-diylidene]bis(propanedinitrile) $1,4\text{-}[(NC)_2C\text{=}]_2\text{-}C_6H_4$ *7,7,8,8-tetracyano-p-quinodimethane*
T.C.N.Q.	2,2'-[2,5-cyclohexadiene-1,4-diylidene]bis(propanedinitrile) $1,4\text{-}[(NC)_2C\text{=}]_2\text{-}C_6H_4$ *7,7,8,8-tetracyano-p-quinodimethane*
TCP	trichloro phenol $Cl_3\text{-}C_6H_2\text{-}OH$
TCP	phosphoric acid tris(methylphenyl) ester $(CH_3\text{-}C_6H_4\text{-}O)_3P\text{=}O$ *tricresyl phosphate*

TCPE

2-(2,4,5-trichlorophenoxy) ethanol
$2,4,5-Cl_3-C_6H_2-O-CH_2CH_2-OH$

TCPO

2-trichloromethyl oxirane
$2-CCl_3-OC_2H_3$
3,3,3-trichloro propylene oxide

TCPO

ethanedioic acid bis(2,4,6-trichlorophenyl) ester
$2,4,6-Cl_3-C_6H_2-O-C(=O)-COO-C_6H_2-2,4,6-Cl_3$
bis(2,4,6-trichlorophenyl) oxalate

2,4,5-TCPPA

2-(2,4,5-trichlorophenoxy) propanoic acid
$2,4,5-Cl_3-C_6H_2-O-CH(CH_3)-COOH$

TCPPA

2-(2,4,5-trichlorophenoxy) propanoic acid
$2,4,5-Cl_3-C_6H_2-O-CH(CH_3)-COOH$

TCQD

2,2'-[2,5-cyclohexadiene-1,4-diylidene]bis(propanedinitrile)
$1,4-[(NC)_2C=]_2-C_6H_4$
tetracyanoquinodimethane

TCSA

3,5-dichloro-N-(3,4-dichlorophenyl)-2-hydroxybenzamide
$2-HO-3,5-Cl_2-C_6H_2-C(=O)-NH-C_6H_3-Cl_2-3,4$
3,3',4',5-tetrachlorosalicylanilide

tcta

2,3,4,5,6,7,8,9-octahydro-1H-1,4,7-triazonine-1,4,7-triacetic acid, ion(3-)
$[1,4,7-N_3C_6H_{12}-(CH_2-COO)_3-1,4,7]^{3-}$
1,4,7-triazacyclononane-1,4,7-triyl-2,2',2''-tris(acetate)

TCTFB

1,1,2,2-tetrachloro-3,3,4,4-tetrafluoro cyclobutane
$1,1,2,2-Cl_4-c-C_4-3,3,4,4-F_4$

TCTFC

1,1,2-trichloro-2,3,3-trifluoro cyclobutane
$1,1,2-Cl_3-2,3,3-F_3-c-C_4H_2$

TCTNB

1,3,5-trichloro-2,4,6-trinitro benzene
$1,3,5-Cl_3-C_6-(NO_2)_3-2,4,6$

TDA

2,2'-thiodiacetic acid
$HOOC-CH_2-S-CH_2-COOH$

TDA

tridecanol
$C_{13}H_{27}-OH$
tridecyl alcohol

TDA

1-tridecanamine
$C_{13}H_{27}-NH_2$
tridecyl amine

TDA

N,N-didecyl 1-decanamine
$(C_{10}H_{21})_3N$
trisdecylamine

TDA-1

2-(2-methoxyethoxy)-N,N-bis[2-(2-methoxyethoxy)ethyl]ethanamine
$N(CH_2CH_2\text{-}O\text{-}CH_2CH_2\text{-}O\text{-}CH_3)_3$
tris(3,6-dioxaheptyl)-amine

TDAS

tris(dimethylamino) arsine
$[(CH_3)_2N]_3As$

TDBA

N,N-dimethyl-N-tetradecyl benzenemethanaminium
$[C_{14}H_{29}\text{-}N(CH_3)_2\text{-}CH_2\text{-}C_6H_5]^+$
tetradecyl dimethyl benzyl ammonium

tDBA

9,10-dibromo-2-(1,1-dimethylethyl) anthracene
$9,10\text{-}Br_2\text{-}2\text{-}(t\text{-}C_4H_9)\text{-}C_{14}H_7$
2-tert.-butyl-9,10-dibromo anthracene

TDBP

5,10,15,20-tetrakis[3,5-bis(1,1-dimethylethyl)phenyl]porphine, ion(2-)
$[5,10,15,20\text{-}\{3,5\text{-}(t\text{-}C_4H_9)_2\text{-}C_6H_3\}_4\text{-}N_4C_{20}H_8]^{2-}$
5,10,15,20-tetrakis(3,5-di-t-butylphenyl)porphinate

TDBTU

N,N,N',N'-tetramethyl-O-(3,4-dihydro-4-oxo-1,2,3-benzotriazin-3-yl)uronium
tetrafluoroborate
$[4\text{-}(O=)\text{-}1,2,3\text{-}N_3C_7H_4\text{-}3\text{-}O\text{-}C\{N(CH_3)_2\}=N(CH_3)_2]\,[BF_4]$

TDDA

acetic acid 9,12-tetradecadienyl ester
$CH_3\text{-}COO\text{-}(CH_2)_8\text{-}CH=CH\text{-}CH_2\text{-}CH=CH\text{-}CH_3$
9,12-tetradecadien-1-ol acetate

TDE

1,12-bis(2-oxiranyl) 2,5,8,11-tetraoxadodecane
$(OC_2H_3\text{-}2)\text{-}CH_2\text{-}O\text{-}C_2H_4\text{-}O\text{-}C_2H_4\text{-}O\text{-}C_2H_4\text{-}O\text{-}CH_2\text{-}(2'\text{-}OC_2H_3)$
2,2'-(2,5,8,11-tetraoxa-1,12-dodecanediyl)bisethylenoxide

TDE

2,2-dichloroethylidenebis[(4-chloro)benzene]
$CHCl_2\text{-}CH(C_6H_4\text{-}4\text{-}Cl)_2$
tetrachloro diphenyl ethane

TDHP

trans-2,6-dimethyl-3,6-dihydro-2H-pyran
$2,6\text{-}(CH_3)_2\text{-}OC_5H_6$

TDI

1,3-diisocyanato-4-methyl benzene
$1,3\text{-}(O=C=N)_2\text{-}C_6H_3\text{-}4\text{-}CH_3$
toluene-2,4-diisocyanate

TDI

1,3-diisocyanato-2-methyl benzene
$1,3\text{-}(O=C=N)_2\text{-}C_6H_3\text{-}2\text{-}CH_3$
toluene-2,6-diisocyanate

TDM

mixture of 1,1,3,3,5,5-hexamethyl-hexanethiol and 1,3,3-trimethyl-1-(2,2-
dimethylpropyl)-butanethiol
$t\text{-}C_4H_9\text{-}[CH_2\text{-}C(CH_3)_2]_2\text{-}SH\ /\ (t\text{-}C_4H_9\text{-}CH_2)_2C(CH_3)\text{-}SH$
tertiary dodecyl mercaptane

TDMAE

N-octamethyl ethenetetramine
$[(CH_3)_2N]_2C=C[N(CH_3)_2]_2$
tetrakis(dimethylamino) ethylene

TDP

tetradecyl phosphonium
$[C_{14}H_{29}-PH_3]^+$

TDP

thymidine-5'-(trihydrogendiphosphate)
$(CH_3)(O=)_2-N_2C_4H_2-OC_4H_5(OH)-CH_2-O-P(=O)(OH)-O-P(=O)(OH)_2$
thymidinediphosphates

TDP

hexamethyl phosphorous triamide
$[(CH_3)_2N]_3P$
tris(dimethylamino) phosphine

TDPA

phosphoric acid mono(tridecyl) ester
$C_{13}H_{27}-O-P(=O)(OH)_2$
tridecyl phosphoric acid

tdpo

hexamethyl phosphoramide
$O=P[N(CH_3)_2]_3$
tris(dimethylamino)phosphine oxide

TDS-Cl

chlorodimethyl (1,1,2-trimethylpropyl) silane
$i-C_3H_7-C(CH_3)_2-Si(CH_3)_2-Cl$
thexyldimethylsilylchloride

TDS-triflat

methanesulfonic acid trifluorodimethyl-(1,1,2-trimethylpropyl)silyl ester
$i-C_3H_7-C(CH_3)_2-Si(CH_3)_2-O-S(=O)_2-CF_3$
thexyldimethylsilyl-trifluoromethanesulfonate

tdta

N,N'-(1,4-butanediyl)bis[N-(carboxymethyl)glycine], ion (4-)
$[(OOC-CH_2)_2N-CH_2CH_2-CH_2CH_2-N(CH_2-COO)_2]^{4-}$
tetramethylenediaminetetraacetate

TEA

triethyl aluminum
$Al(C_2H_5)_3$

TEA

N,N,N-triethyl ethanaminium
$[(C_2H_5)_4N]^+$
tetraethyl ammonium

TEA

N,N,N-triethyl ethanaminium bromide
$[(C_2H_5)_4N]$ Br
tetraethyl ammonium bromide

TEA

2,2',2''-nitrilotris(ethanol)
$N(CH_2CH_2-OH)_3$
triethanolamine

Tea

N,N-diethyl ethanamine
$N(C_2H_5)_3$
triethylamine

TEAA

N,N-diethylethanaminium acetate
$[(C_2H_5)_3NH]$ $[CH_3-COO]$
triethylammonium acetate

TEAB

N,N,N-triethyl ethanaminium hydrogencarbonate
$[(C_2H_5)_4N]$ $[HCO_3]$
tetraethyl ammonium bicarbonate

TEAB

N,N,N-triethyl ethanaminium bromide
$[(C_2H_5)_4N]$ Br
tetraethyl ammonium bromide

TEAB

N,N,N-triethyl ethanaminium tetrahydroborate(1-)
$[(C_2H_5)_4N]$ $[BH_4]$
tetraethylammonium borohydride

TEABr

N,N,N-triethyl ethanaminium bromide
$[(C_2H_5)_4N]$ Br
tetraethyl ammonium bromide

TEAC

N,N,N-triethyl ethanaminium
$[(C_2H_5)_4N]^+$
tetraethyl ammonium cation

TEAF

N,N-diethyl ethanaminium formiate
$[(C_2H_5)_3NH]$ $[HCOO]$
triethylammonium formiate

TEAP

N,N,N-triethyl ethanaminium perchlorate
$[(C_2H_5)_4N]$ $[ClO_4]$
tetraethyl ammonium perchlorate

TEAP

phosphoric acid, compound with N,N-diethylethanamine(1:1)
$[(C_2H_5)_3NH]$ $[(HO)_2P(=O)(-O)]$
triethylammonium phosphate

TEAS

N,N,N-triethyl ethanaminium 2,5-pyrrolidinedione ion
$[(C_2H_5)_4N]$ $[NC_4H_4(=O)_2-2,5]$
tetraethyl ammonium succinimide

TEAT

N,N,N-triethyl ethanaminium tetrafluoroborate
$[(C_2H_5)_4N]$ $[BF_4]$
tetraethyl ammonium tetrafluoroborate

TEB

triethyl benzene
$(C_2H_5)_3-C_6H_3$

TEBA

N,N,N-triethyl benzenemethanaminium
$[(C_2H_5)_3N-CH_2-C_6H_5]^+$
triethyl benzyl ammonium

tebima

1-ethyl-N,N-bis[1-ethyl-1H-benzimidazol-2-ylmethyl] 1H-benzimidazole-2-methanamine
$(1-C_2H_5-1,3-N_2C_7H_4-2-CH_2)_3N$
tris-[2-(N-ethylbenzimidazolyl)methyl]-amine

TED 1,4-diazabicyclo[2.2.2]octane
$N(-CH_2-CH_2-)_3N$
triethylene diamine

TEDP diphosphorodithioic acid O-tetraethyl ester
$(C_2H_5-O)_2P(=S)-O-P(=S)(O-C_2H_5)_2$
O,O,O,O-tetraethyldithiophosphate

TEDTA N,N'-[thiobis(2,1-ethanediyl)]bis[N-(carboxymethyl)glycine]
$(HOOC-CH_2)_2N-CH_2CH_2-S-CH_2CH_2-N(CH_2-COOH)_2$
thiobis(ethylene)diaminetetraacetic acid

tedta N,N'-thiobis(2,1-ethanediyl)bis[N-(carboxymethyl)glycine], ion(4-)
$[(OOC-CH_2)_2N-CH_2CH_2-S-CH_2CH_2-N(CH_2-COO)_2]^{4-}$
thiobis(ethylene)diaminetetraacetate

TEED N,N,N',N'-tetraethyl 1,2-ethanediamine
$(C_2H_5)_2N-CH_2CH_2-N(C_2H_5)_2$

TEEN N,N,N',N'-tetraethyl 1,2-ethanediamine
$(C_2H_5)_2N-CH_2CH_2-N(C_2H_5)_2$

TEG 2,2'-[1,2-ethanediylbis(oxy)] bis(ethanol)
$HO-CH_2CH_2-O-CH_2CH_2-O-CH_2CH_2-OH$
triethylene glycol

TEGDA diacetic acid 1,2-ethanediylbis(oxy-2,1-ethanediyl) ester
$CH_3-COO-CH_2CH_2-O-CH_2CH_2-O-CH_2CH_2-OC(=O)-CH_3$
triethylene glycol diacetate

TEHP phosphoric acid tris(2-ethylhexyl) ester
$[C_4H_9-CH(C_2H_5)-CH_2-O]_3P=O$
tris(2-ethylhexyl) phosphate

TEHPO tris(2-ethylhexyl) phosphine oxide
$[C_4H_9-CH(C_2H_5)-CH_2]_3P=O$

TEL tetraethyl plumbane
$(C_2H_5)_4Pb$
tetraethyl lead

TEM triethoxymethane
$(C_2H_5-O)_3CH$

TEM 2,4,6-tris(1-aziridinyl)-1,3,5-triazine
$2,4,6-(NC_2H_4-1)_3-1,3,5-N_3C_3$
triethylene-melamine

TEMED N,N,N',N'-tetramethyl 1,2-ethanediamine
$(CH_3)_2N-CH_2CH_2-N(CH_3)_2$
N,N,N',N'-tetramethyl ethylene diamine

TEMPO 2,2,6,6-tetramethylpiperidine-N-oxide (radical)
$2,2,6,6-(CH_3)_4-NC_5H_6(O)-1$

Tempo 2,2,6,6-tetramethylpiperidine-N-oxide (radical)
$2,2,6,6\text{-}(CH_3)_4\text{-}NC_5H_6(O)\text{-}1$

TEOA N,N,N-trioctyl 1-octanaminium
$[(C_8H_{17})_4N]^+$
tetraoctyl ammonium

TEOA 2,2',2''-nitrilotris(ethanol)
$N(CH_2CH_2\text{-}OH)_3$
triethanolamine

TEOC-ONp carbonic acid 4-nitrophenyl 2-(trimethylsilyl)ethyl ester
$4\text{-}NO_2\text{-}C_6H_4\text{-}O\text{-}C(=O)\text{-}O\text{-}CH_2CH_2\text{-}Si(CH_3)_3$
2-trimethylsilylethyl-oxycarbonyl-p-nitrophenolate

T.E.P. diphosphoric acid tetraethyl ester
$(C_2H_5\text{-}O)_2P(=O)\text{-}O\text{-}P(=O)(O\text{-}C_2H_5)_2$
tetraethyl pyrophosphate

TEPA 3,6,9-triazaundecane-1,11-diamine
$NH_2\text{-}CH_2CH_2\text{-}NH\text{-}CH_2CH_2\text{-}NH\text{-}CH_2CH_2\text{-}NH\text{-}CH_2CH_2\text{-}NH_2$
tetraethylenepentamine

TEPA 1,1',1''-phosphinylidynetrisaziridine
$(NC_2H_4\text{-}1)_3P=O$
triethylenephosphoramide

TEPP diphosphoric acid tetraethyl ester
$(C_2H_5\text{-}O)_2P(=O)\text{-}O\text{-}P(=O)(O\text{-}C_2H_5)_2$
tetraethyl pyrophosphate

terpy 2,2':6',2''-terpyridine
$2,6\text{-}(NC_5H_4\text{-}2)_2\text{-}C_5H_3N$

tert.-BOC- 1,1-dimethylethoxycarbonyl-
$t\text{-}C_4H_9\text{-}O\text{-}C(=O)\text{-}$
t-butyloxycarbonyl-

TES 2-[tris(hydroxymethyl)methylamino] 1-ethanesulfonic acid
$(HO\text{-}CH_2)_3C\text{-}NH\text{-}CH_2CH_2\text{-}SO_3H$

TES triethyl silane
$(C_2H_5)_3SiH$

TES triethylsilyl-
$(C_2H_5)_3Si\text{-}$

TES N,N,N',N'-tetraethyl sulfuric diamide
$(C_2H_5)_2N\text{-}S(=O)_2\text{-}N(C_2H_5)_2$
N,N,N',N'-tetraethyl sulfamide

TESCl chlorotriethylsilane
$(C_2H_5)_3Si\text{-}Cl$
triethylsilylchloride

TES-triflat

trifluoro methanesulfonic acid triethylsilyl ester
CF_3-S(=O)$_2$-O-Si(C_2H_5)$_3$
triethylsilyl-trifluoromethanesulfonate

2,3,2-TET

3,7-diaza 1,9-nonanediamine
[NH_2-CH_2CH_2-NH-$CH_2CH_2CH_2$-NH-CH_2CH_2-NH_2]
1,4,8,11-tetraaza-undecane

TET

3,6-diazaoctane-1,8-diamine
NH_2-CH_2CH_2-NH-CH_2CH_2-NH-CH_2CH_2-NH_2
triethylene tetramine

TETA

1,4,8,11-tetraazacyclotetradecane-N,N',N'',N'''-tetraacetic acid
1,4,8,11-(HOOC-CH_2)$_4$-1,4,8,11-$N_4C_{10}H_{20}$
1,4,8,11-tetraazacyclotetradecane-N,N',N'',N'''-tetraacetate

Teta

3,6-diazaoctane-1,8-diamine
NH_2-CH_2CH_2-NH-CH_2CH_2-NH-CH_2CH_2-NH_2
triethylene tetramine

TETD

N,N,N',N'-tetraethyl 1,2-dithiobis(methanethioamide)
(C_2H_5)$_2$N-C(=S)-S-S-C(=S)-N(C_2H_5)$_2$
tetraethylthiuram disulfide

TETM

tetraethyl thiodicarbonic amide
(C_2H_5)$_2$N-C(=S)-S-C(=S)-N(C_2H_5)$_2$
tetraethyl thiuram monosulfide

TETN

triethylamine
(C_2H_5)$_3$N

TETRA

tetrachloro methane
CCl_4
Tetrachlorkohlenstoff

TETRA

2,2'-[oxybis(2,1-ethanediyloxy)] bis(ethanol)
HO-CH_2CH_2-O-CH_2CH_2-O-CH_2CH_2-O-CH_2CH_2-OH
tetraethyleneglycol

Tetrene

3,6,9-triazaundecane-1,11-diamine
NH_2-CH_2CH_2-NH-CH_2CH_2-NH-CH_2CH_2-NH-CH_2CH_2-NH_2
tetraethylene pentamine

Tetryl

N-methyl-N,2,4,6-tetranitro benzenamine
2,4,6-(NO_2)$_3$-C_6H_2-N(CH_3)-NO_2

TEU

N,N-diethyl carbamic diethyl amid
(C_2H_5)$_2$N-C(=O)-N(C_2H_5)$_2$
tetraethyl urea

Tf

4,4,4-trifluoro-1-(2-thiophenyl) 1,3-butanedione
SC_4H_3-2-C(=O)-CH_2-C(=O)-CF_3
2-thenoyltrifluoroacetone

Tf2O	trifluoro methanesulfonic acid anhydride $CF_3-S(=O)_2-O-S(=O)_2-CF_3$
TFA	trifluoroacetic acid CF_3-COOH
TFA	trifluoroacetyl- $CF_3-C(=O)-$
TFA	1,1,1-trifluoropentane-2,4-dione $CF_3-C(=O)-CH_2-C(=O)-CH_3$ *trifluoroacetylacetone*
Tfa	trifluoroacetyl- $CF_3-C(=O)-$
tfa	1,1,1-trifluoro 2,4-pentanedione, ion(1-) $[CF_3-C(=O)-CH=C(-O)-CH_3]^-$ *1,1,1-trifluoro 2,4-pentanedionate*
TFAA	trifluoro acetic anhydride $CF_3-C(=O)-O-C(=O)-CF_3$
TFAc	trifluoro acetic acid CF_3-COOH
tfac	1,1,1-trifluoro 2,4-pentanedione, ion(1-) $[CF_3-C(=O)-CH=C(-O)-CH_3]^-$ *1,1,1-trifluoroacetylacetonate*
TFACAC	1,1,1-trifluoropentane-2,4-dione $CF_3-C(=O)-CH_2-C(=O)-CH_3$ *1,1,1-trifluoroacetylacetone*
TFAI	trifluoroacetyl imidazole $CF_3-C(=O)-(1,3-N_2C_3H_3)$
TFAME	trifluoroacetic acid methyl ester $CF_3-COO-CH_3$
tfc	3-trifluoroacetyl-1,7,7-trimethyl bicyclo[2.2.1]heptan-2-one $3-[CF_3-C(=O)]-1,7,7-(CH_3)_3-C_7H_6(=O)-2$ *3-(trifluoromethyl-hydroxymethylene)-d-camphorate*
TFE	2,2,2-trifluoro ethanol CF_3-CH_2-OH
TFE	2,2,2-trifluoroethyl- CF_3-CH_2-
TFE	tetrafluoro ethene $CF_2=CF_2$

TFEO

tetrafluoro oxirane
OC_2F_4
tetrafluoroethylene-epoxide

TFEP

phosphoric acid tris(2,2,2-trifluoroethyl) ester
$(CF_3-CH_2-O)_3P=O$
tris(2,2,2-trifluoroethyl) phosphate

TFM

3-trifluoromethyl-4-nitro phenol
$3-CF_3-4-O_2N-C_6H_3-OH$

TFMC-Eu

tris[1,7,7-trimethyl-3-(trifluoroacetyl)-bicyclo[2.2.1]heptan-2-onato-O,O'] europium
$Eu[3-\{CF_3-C(-O)=\}-1,7,7-(CH_3)_3-C_7H_5(=O)-2]_3$
tris[3-(trifluoromethyl-hydroxymethylene)-d-camphorato]-Eu

TFMC-Pr

tris[1,7,7-trimethyl-3-(trifluoroacetyl)-bicyclo[2.2.1]heptan-2-onato-O,O'] praseodym
$Pr[3-\{CF_3-C(-O)=\}-1,7,7-(CH_3)_3-C_7H_5(=O)-2]_3$
tris[3-(trifluoromethyl-hydroxymethylene)-d-camphorato]-Pr

TFMS

trifluoromethanesulfonyl-
$CF_3-S(=O)_2-$

TFMS

trifluoro methanesulfonic acid, ion(1-)
$[CF_3-SO_3]^-$
trifluoro methanesulfonate

TfO

trifluoro methanesulfonic acid, ion(1-)
$[CF_3-SO_3]^-$
trifluoro methanesulfonate

TFOBr

trifluoroacetic acid anhydride with hypobromous acid
$CF_3-C(=O)O-Br$
trifluoroacetyl hypobromide

TFOH

trifluoro acetic acid
CF_3-COOH

TFOI

trifluoroacetic acid anhydride with hypoiodous acid
$CF_3-C(=O)O-I$
trifluoroacetyl hypoiodide

TFP

10-[3-(4-methyl-1-piperazinyl)propyl]-2-(trifluoromethyl)-10H-phenothiazine
$2-CF_3-10-[(4-CH_3)-1,4-N_2C_4H_8-1-CH_2CH_2CH_2]-5,10-SNC_{12}H_7$
trifluoperazine

TFTP2

2,3,4,5-tetrafluoro benzenethiol
$2,3,4,5-F_4-C_6H-SH$
2,3,4,5-tetrafluoro thiophenol

TFTP4

2,3,5,6-tetrafluoro benzenethiol
$2,3,5,6-F_4-C_6H-SH$
2,3,5,6-tetrafluoro-thiophenol

TG

2,2'-[1,2-ethanediylbis(oxy)] bis(ethanol)
$HO\text{-}CH_2CH_2\text{-}O\text{-}CH_2CH_2\text{-}O\text{-}CH_2CH_2\text{-}OH$
triethyleneglycol

TGa

mercapto acetic acid
$HS\text{-}CH_2\text{-}COOH$
thioglycolic acid

TGFO

trihexyl phosphine oxide
$(C_6H_{13})_3P{=}O$

TGMDA

N,N'-(methylenedi-4,1-phenylene)bis[N-(oxiranylmethyl)oxiranemethanamine]
$(OC_2H_3\text{-}2\text{-}CH_2)_2N\text{-}C_6H_4\text{-}4\text{-}CH_2\text{-}4'\text{-}C_6H_4\text{-}N(CH_2\text{-}2\text{-}OC_2H_3)_2$
tetraglycidyl-4,4'-methylene dianiline

TH

3,7-diamino phenothiazin-5-ium
$3,7\text{-}(NH_2)_2\text{-}5,10\text{-}SNC_{12}H_6$
thionine

THA

N,N-diheptyl 1-heptanamine
$(C_7H_{15})_3N$
triheptyl amine

THAB

N,N,N-trihexyl 1-hexanaminium benzoate
$[(C_6H_{13})_4N]\ [C_6H_5\text{-}COO]$
tetrahexylammonium benzoate

THAM

2-amino-2-(hydroxymethyl) 1,3-propanediol
$(HO\text{-}CH_2)_3C\text{-}NH_2$
tris(hydroxymethyl)aminomethane

THAN

tetraheptyl ammonium nitrate
$[(C_7H_{15})_4N]\ [NO_3]$

THBP

1-(2,4,5-trihydroxyphenyl) 1-butanone
$2,4,5\text{-}(HO)_3\text{-}C_6H_2\text{-}C({=}O)\text{-}C_3H_7\text{-}n$
2,4,5-trihydroxy butyrophenone

THC

6,6,9-trimethyl-3-pentyl 6a,7,8/10,10a-tetrahydro-6H-dibenzo[b,d]pyran-1-ol
$6,6,9\text{-}(CH_3)_3\text{-}3\text{-}(C_5H_{11})\text{-}5\text{-}OC_{13}H_9\text{-}1\text{-}OH$
tetrahydrocannabinols (two isomeres)

THCS

1-hydroxy-6,6,9-trimethyl-3-pentyl-6a,7,8,10a-tetrahydro-6H-dibenzo[b,d]pyran-2-carboxylic acid
$1\text{-}HO\text{-}6,6,9\text{-}(CH_3)_3\text{-}3\text{-}C_5H_{11}\text{-}5\text{-}OC_{13}H_8\text{-}2\text{-}COOH$
Tetrahydrocannabinolcarbonsäure

Thd

5-methyl-1-ß-D-ribofuranosyl-2,4(1H,3H)-pyrimidinedione
$1\text{-}[5\text{-}CH_3\text{-}2,4\text{-}(O{=})_2\text{-}1,3\text{-}N_2C_4H_2\text{-}1]OC_4H_4[(OH)_2\text{-}2,3]\text{-}4\text{-}CH_2\text{-}OH$
ribosyl-thymine

thd

2,2,6,6-tetramethyl 3,5-heptanedione
$t\text{-}C_4H_9\text{-}C({=}O)\text{-}CH_2\text{-}C({=}O)\text{-}C_4H_9\text{-}t$

thd

1,1,1-trifluoro 2,4-hexanedione, ion(1-)
$[CF_3-C(=O)-CH=C(-O)-C_2H_5]^-$
1,1,1-trifluoro 2,4-hexanedionate

THE

3α,17α,21-trihydroxy pregnane-11,20-dione
$10,13-(CH_3)_2-3,17-(HO)_2-17-[HO-CH_2-C(=O)]-C_{17}H_{21}(=O)-11$

THEED

1,2-ethanediylbis(2-aminodiethanol)
$(HO-CH_2CH_2)_2N-CH_2CH_2-N(CH_2CH_2-OH)_2$
tetrahydroxyethyl ethylene diamine

THEN

2,2',2'',2'''-(1,2-ethanediyldinitrilo)tetrakisethanol tetranitrate (ester)
$(O_2N-O-CH_2CH_2)_2N-CH_2CH_2-N(CH_2CH_2-O-NO_2)_2$
tetrahydroxyethyl-ethylenediamine-tetranitrate

THF

3α,11ß,17α,21-tetrahydroxy pregnane-20-one
$10,13-(CH_3)_2-3,11,17-(HO)_3-17-[HO-CH_2-C(=O)]-C_{17}H_{22}$

THF

tetrahydrofuran
OC_4H_8

THF

2-[4-(2-amino-4-hydroxy-5,6,7,8-tetrahydropteridin-6-ylmethylamino)phenyl-
carbamoyl] pentanedioic acid
$NH_2-N_4C_6H_5(OH)-CH_2-NH-C_6H_4-C(=O)NH-CH(COOH)-CH_2CH_2-COOH$
tetrahydrofolic acid

THFA

2-[4-(2-amino-4-hydroxy-6-pteridinylmethylamino)phenylcarbamoyl]-
pentanedioic acid
$NH_2-N_4C_6H_5(OH)-CH_2-NH-C_6H_4-C(=O)NH-CH(COOH)-CH_2CH_2-COOH$
tetrahydrofolic acid

THFA

2-tetrahydrofuranyl methanol
$2-(HO-CH_2)-OC_4H_7$
tetrahydrofurfuryl alcohol

THFC-Eu

tris[3-(2,2,3,3,4,4,4-heptafluoro-1-oxobutyl)-1,7,7-trimethyl bicyclo[2.2.1]heptan-
2-onato-O,O'] europium
$Eu[3-\{C_3F_7-C(-O)=\}-1,7,7-(CH_3)_3-C_7H_5(=O)-2]_3$
tris[3-(heptafluoropropyl-hydroxymethylene)-d-camphorato]-Eu

THI

1-methyl-1H-indole-3,4,5-triol
$1-CH_3-3,4,5-(HO)_3-(1-NC_8H_3)$
1-methyl-3,4,5-trihydroxy 1H-indole

THIB

2,3-dihydroxy-2-hydroxymethyl propanoic acid, ion(1-)
$[(HO-CH_2)_2C(OH)-COO]^-$
α,ß,ß'-trihydroxy-isobutyrate

THIOX

thiocarboxy formic acid, ion(2-)
$[S-C(=O)-C(=O)-O]^{2-}$
monothiooxalate

THIP

4,5,6,7-tetrahydroisoxazolo[5,4-d]-2H-3-pyrimidone
$1,2,5,7-ON_3C_5H_7(=O)-3$

THK ...ylidene hydrazinecarbothiamide
$R\text{-}CR\text{=}N\text{-}NH\text{-}CS\text{-}NH_2$
Thiosemikarbazon

THM trihalogeno methane
CHX_3

Tho 5-methyl-1-ß-D-ribofuranosyl-2,4(1H,3H)-pyrimidinedione
$1\text{-}[5\text{-}CH_3\text{-}2,4\text{-}(O\text{=})_2\text{-}1,3\text{-}N_2C_4H_2\text{-}1]OC_4H_4[(OH)_2\text{-}2,3]\text{-}4\text{-}CH_2\text{-}OH$
D-ribosylthymine

THP tetrahydropyran
OC_5H_{10}

THP 1-[(3,4-dihydroxyphenyl)methyl]-1,2,3,4-tetrahydro-6,7-isoquinolinediol
$1\text{-}[3,4\text{-}(HO)_2\text{-}C_6H_3\text{-}CH_2]\text{-}6,7\text{-}(HO)_2\text{-}(2\text{-}NC_9H_8)$
tetrahydro papaveroline

THP phosphoric acid trihexyl ester
$(C_6H_{13}\text{-}O)_3P\text{=}O$
trihexyl phosphate

Thp tetrahydro-2H-pyran-2-yl
$OC_5H_9\text{-}2\text{-}$

THPA cis-1,3,3a,4,7,7a-hexahydroisobenzofuran-1,3-dione
$2\text{-}OC_8H_8(\text{=}O)_2\text{-}1,3$
cis-1,2,3,6-tetrahydrophthalic anhydride

THPA N,N-diheptyl 1-heptanamine
$(C_7H_{15})_3N$
triheptyl amine

THPC tetrakis(hydroxymethyl) phosphonium chloride
$[(HO\text{-}CH_2)_4P]\ Cl$

THPED 1,2-ethanediylbis[amino-1,1'-bis(2-propanol)]
$[CH_3\text{-}CH(OH)\text{-}CH_2]_2N\text{-}CH_2CH_2\text{-}N[CH_2\text{-}CH(OH)\text{-}CH_3]_2$
N,N'-tetrakis(2-hydroxypropyl)-1,2-ethylenediamine

THPO trihexyl phosphine oxide
$(C_6H_{13})_3P\text{=}O$

thpy 2-(2-thienyl) pyridine
$2\text{-}(2\text{-}SC_4H_3)\text{-}NC_5H_4$

THQ 2,3,5,6-tetrahydroxy-1,4-benzoquinone
$2,3,5,6\text{-}(HO)_4\text{-}C_6(\text{=}O)_2\text{-}1,4$

Thr 2-amino-3-hydroxy butanoic acid
$CH_3\text{-}CH(OH)\text{-}CH(NH_2)\text{-}COOH$
threonine

THT

tetrahydrothiophene
SC_4H_8

THTFAC

1,1,1-trifluoro-4-(2-thienyl) 1,3-butanedione
SC_4H_3-2-C(=O)-CH_2-C(=O)-CF_3
2-thenoyltrifluoroacetone

THTMP

2,7,12,17-tetrahexyl-3,8,13,18-tetramethyl porphine
2,7,12,17-$(C_6H_{13})_4$-3,8,13,18-$(CH_3)_4$-$N_4C_{20}H_6$

THXA

N,N-dihexyl 1-hexanamine
$(C_6H_{13})_3N$
trihexyl amine

thz

thiazolidine
1,3-SNC_3H_7

Thzl

thiazole
1,3-SNC_3H_3

TIBA

2,3,5-triiodo benzoic acid
2,3,5-I_3-C_6H_2-COOH

TIBA

tris(2-methylpropyl) aluminum
(i-$C_4H_9)_3$Al
triisobutyl aluminum

TIBP

phosphoric acid tris(2-methylpropyl) ester
(i-C_4H_9-O)$_3$P=O
triisobutyl phosphate

TIM

2,3,9,10-tetramethyl 1,4,8,11-tetraazacyclotetradecane-1,3,8,10-tetraene
[-N=C(CH$_3$)C(CH$_3$)=N-CH$_2$CH$_2$CH$_2$-N=C(CH$_3$)C(CH$_3$)=N-CH$_2$CH$_2$CH$_2$-]

TINA

7-methyl-N,N-bis(7-methyloctyl) 1-octanamine
(i-$C_9H_{19})_3$N
tris(isononyl) amine

TIOA

6-methyl-N,N-bis(6-methylheptyl) 1-heptanamine
(i-$C_8H_{17})_3$N
tri(iso-octyl) amine

TIOPO

tris(6-methylheptyl) phosphine oxide
[(CH$_3$)$_2$CH-(CH$_2$)$_5$]$_3$P=O
tri(iso-octyl) phosphine oxide

TIOTM

1,2,4-benzenetricarboxylic acid tris(6-methylheptyl) ester
1,2,4-[(CH$_3$)$_2$CH-(CH$_2$)$_5$-O-C(=O)]$_3$-C_6H_3
tri(iso-octyl) trimellitate

TIPDSICl2

1,3-dichloro-1,1,3,3-tetrakis(1-methylethyl)disiloxane
(i-$C_3H_7)_2$SiCl-O-SiCl(C_3H_7-i)$_2$
1,3-dichloro-1,1,3,3-tetraisopropyl-disiloxane

TIPMA

4-methyl-1,1-bis(3-methylbutyl) 1-pentanamine
$(i\text{-}C_5H_{11})_3C\text{-}NH_2$
tri(isopentyl) methyl amine

TIPP

phosphoric acid tris(1-methylethyl) ester
$(i\text{-}C_3H_7\text{-}O)_3P{=}O$
tri(isopropyl) phosphate

TIPPO

tris(3-methylbutyl) phosphine oxide
$(i\text{-}C_5H_{11})_3P{=}O$
tri(isopentyl) phosphine oxide

TIPS-Cl

chlorotris(1-methylethyl) silane
$(i\text{-}C_3H_7)_3Si\text{-}Cl$
triisopropylsilylchloride

TIPS-triflat

trifluoro-methanesulfonic acid tris(1-methylethyl) ester
$(i\text{-}C_3H_7)_3Si\text{-}O\text{-}S({=}O)_2\text{-}CF_3$
triisopropylsilyl-trifluoromethanesulfonate

TIPT

2,4,6-tris(1-methylethyl) benzenethiol
$2,4,6\text{-}(i\text{-}C_3H_7)_3\text{-}C_6H_2\text{-}SH$
2,4,6-tri(isopropyl) thiophenol

TJBS

2,3,5-triiodo benzoic acid
$2,3,5\text{-}I_3\text{-}C_6H_2\text{-}COOH$
Trijodbenzoesäure

TKP

tripotassium phosphate
$K_3\,[PO_4]$
Trikaliumphosphat

TKP

phosphoric acid tris(methylphenyl) ester
$(CH_3\text{-}C_6H_4\text{-}O)_3P{=}O$
Trikresylphosphat

TKPP

tetrapotassium diphosphate
$K_4\,[O_3P\text{-}O\text{-}PO_3]$
Tetrakaliumpyrophosphat

TLA

2-mercaptopropanoic acid
$CH_3\text{-}CH(SH)\text{-}COOH$
thiolactic acid

TLA

N,N-bis(dodecyl) 1-dodecanamine
$(C_{12}H_{25})_3N$
trilauryl amine

TLAH2SO4

bis[N,N-bis(dodecyl)-1-dodecanaminium] sulfate
$[(C_{12}H_{25})_3NH]_2\,[SO_4]$
trilauryl ammonium sulfate

276

TLAHBr

N,N-bis(dodecyl)-1-dodecanaminium bromide
$[(C_{12}H_{25})_3NH]$ Br
trilauryl ammonium bromide

TLAHCl

N,N-bis(dodecyl) 1-dodecanaminium chloride
$[(C_{12}H_{25})_3NH]$ Cl
trilauryl ammonium chloride

TLAHI

N,N-bis(dodecyl) 1-dodecanaminium iodide
$[(C_{12}H_{25})_3NH]$ I
trilauryl ammonium iodide

TLAN

N,N-bis(dodecyl) 1-dodecanaminum nitrate
$[(C_{12}H_{25})_3NH]$ $[NO_3]$
trilauryl ammonium nitrate

TLAS

bis[N,N-bis(dodecyl)-1-dodecanaminium] sulfate
$[(C_{12}H_{25})_3NH]_2$ $[SO_4]$
trilaurylaminesulfate

TLASCN

N,N-bis(dodecyl) 1-dodecanaminium thiocyanate
$[(C_{12}H_{25})_3NH]$ [SCN]
trilauryl ammonium thiocyanate

TLCK

N-[5-amino-1-(chloroacetyl)pentyl]-4-methylbenzenesulfonamide
$Cl-CH_2-C(=O)-CH[NH-S(=O)_2-C_6H_4-4-CH_3]-CH_2CH_2-CH_2CH_2-NH_2$
N-α-tosyl-L-lysine-chlormethyl ketone

TLMAN

N,N-bis(dodecyl)-N-methyl 1-dodecanaminium nitrate
$[(C_{12}H_{25})_3N-CH_3]$ $[NO_3]$
trilauryl methyl ammonium nitrate

LMA(NO3)

N,N-bis(dodecyl)-N-methyl 1-dodecanaminium nitrate
$[(C_{12}H_{25})_3N-CH_3]$ $[NO_3]$
trilauryl methyl ammonium nitrate

TM

transition metal

TM12C4

tetramethyl 1,4,7,10-tetraoxacyclododecane (mixture of isomers)
$(CH_3)_4-1,4,7,10-N_4C_8H_{16}$
tetramethyl-12-crown-4

TM18C6

tetramethyl 1,4,7,10,13,16-hexaoxacyclooctadecane (mixture of isomers)
$(CH_3)_4-1,4,7,10,13,16-O_6C_{12}H_{20}$
tetramethyl-18-crown-6

TMA

2,2,4-trimethyl hexanedioic acid
$HOOC-C(CH_3)_2-CH_2-CH(CH_3)-CH_2-COOH$
2,2,4-trimethyl-adipic acid

TMA

2,4,4-trimethyl hexanedioic acid
$HOOC-CH(CH_3)-CH_2-C(CH_3)_2-CH_2-COOH$
2,4,4-trimethyl-adipic acid

TMA ß-methyl-3,4,5-trimethoxy benzeneethanamine
NH_2-$CH(CH_3)$-CH_2-$C_6H_2(O$-$CH_3)_3$-3,4,5
3,4,5-trimethoxy-amphetamine

TMA N,N,N-trimethyl methanaminium
$[N(CH_3)_4]^+$
tetramethyl ammonium

TMA 1,3-dihydro-1,3-dioxo isobenzofuran-5-carboxylic acid
2-$OC_8H_3(=O)_2$-$1,3$-$COOH$-5
trimellitic anhydride

TMA N,N-dimethyl methanamine
$N(CH_3)_3$
trimethyl amine

Tma N,N-dimethyl methanamine
$N(CH_3)_3$
trimethyl amine

TMA-3 ß-3,4,5-tetramethyl benzeneethanamine
NH_2-$CH(CH_3)$-CH_2-$C_6H_2(CH_3)_3$-3,4,5
trimethyl-amphetamine

TMAB N,N,N-trimethyl methanaminium bromide
$[N(CH_3)_4]$ Br
tetramethyl ammonium bromide

TMAB N,N,N-trimethyl-methanaminium tetrahydroborate(1-)
$[N(CH_3)_4]$ $[BH_4]$
tetramethylammonium borohydride

TMAC 5-chlorocarbonyl-1,3-dioxo 1,3-dihydroisobenzofuran
5-$ClC(=O)$-$1,3$-$(O=)_2$-$(2$-$OC_8H_3)$
trimellitic anhydride monoacid chloride

TMAc 2,2-dimethyl propanoic acid
t-C_4H_9-$COOH$
trimethylacetic acid

TMA-d9 perdeutero N,N-dimethyl methanamine
$(CD_3)_3N$
perdeuterotrimethyl amine

TMAH N,N,N-trimethyl methanaminium hydroxide
$[(CH_3)_4N]$ $[OH]$
tetramethyl ammonium hydroxide

TMAH N,N,N-trimethyl benzenaminium hydroxide
$[(CH_3)_3N$-$C_6H_5]$ $[OH]$
trimethyl anilinium hydroxide

TMAO
N,N-dimethyl methanamine N-oxide
$(CH_3)_3NO$
trimethylamine N-oxide

TMAT
2,4,6-tris[2-methylaziridine-1-yl]-1,3,5-triazine
$2,4,6-(CH_3-2-NC_2H_3-1-)_3-1,3,5-N_3C_3$

TMAT
N,N,N-trimethyl methanaminium tribromide
$[N(CH_3)_4] [Br_3]$
tetramethyl ammonium tribromide

TMB
2,4,6-trimethoxy boroxin
$2,4,6-(CH_3-O)_3-1,3,5,2,4,6-O_3B_3$

TMB
3,3',5,5'-tetramethyl [1,1'-biphenyl]-4,4'-diamine
$[4-NH_2-3,5-(CH_3)_2-C_6H_2-1-]_2$
3,3',5,5'-tetramethyl benzidine

TMB
N,N,N',N'-tetramethyl [1,1'-biphenyl]-4,4'-diamine
$(CH_3)_2N-4-C_6H_4-C_6H_4-4-N(CH_3)_2$
N,N,N',N'-tetramethyl benzidine

TMB
tris(2,4,6-trimethylphenyl) borane
$B[2,4,6-(CH_3)_3-C_6H_2]_3$
trimesitylborane

TMB
bromo trimethyl silane
$Br-Si(CH_3)_3$
trimethyl bromo silane

TMB-8
3,4,5-trimethoxybenzoic acid 8-(diethylamino)octyl ester
$3,4,5-(CH_3-O)_3-C_6H_2-COO-(CH_2)_8-N(C_2H_5)_2$

TMBA
3,4,5-trimethyl benzaldehyde
$3,4,5-(CH_3)_3-C_6H_2-CHO$

TMBA
trimethylborate/alcohol azeotrope
$(CH_3-O)_3B / C_2H_5-OH$

tmbma
1-methyl-N,N-bis(1-methyl-1H-benzimidazol-2-ylmethyl) 1H-benzimidazole-2-methanamine
$(1-CH_3-1,3-N_2C_7H_4-2-CH_2)_3N$
tris(1-methyl-benzimidazole-2-ylmethyl)amine

TMBO
2,4,6-trimethoxy boroxine
$[-O-B(O-CH_3)-O-B(O-CH_3)-O-B(O-CH_3)-]$

TMBS
bromo trimethyl silane
$Br-Si(CH_3)_3$
trimethyl bromo silane

TMBZPS
3-[(4'-amino-3,3'5,5'-tetramethyl[1,1'-biphenyl]-4-yl)amino] 1-propanesulfonic acid
$4-NH_2-3,5-(CH_3)_2-C_6H_2-C_6H_2-3,5-(CH_3)_2-4-NH-CH_2CH_2CH_2-SO_3H$
3,3',5,5'-tetramethyl-benzidine-propanesulfonic acid

14TMC 1,4,8,11-tetramethyl-1,4,8,11-tetraazacyclotetradecane
$[-N(CH_3)-C_2H_4-N(CH_3)-C_3H_6-N(CH_3)-C_2H_4-N(CH_3)-C_3H_6-]$

15TMC 1,4,8,12-tetramethyl-1,4,8,12-tetraazacyclopentadecane
$[-N(CH_3)-C_2H_4-N(CH_3)-C_3H_6-N(CH_3)-C_3H_6-N(CH_3)-C_3H_6-]$

16TMC 1,5,9,13-tetramethyl-1,5,9,13-tetraazacyclohexadecane
$[-\{N(CH_3)-CH_2CH_2CH_2\}_4-]$

TMC 1,4,8,11-tetramethyl-1,4,8,11-tetraazacyclotetradecane
$[-N(CH_3)-C_2H_4-N(CH_3)-C_3H_6-N(CH_3)-C_2H_4-N(CH_3)-C_3H_6-]$

TMC 3,3,5-trimethyl cyclohexanol
$3,3,5-(CH_3)_3-c-C_6H_8-OH$

TMC 7,8-dihydro-5,10,15,20-tetramethylporphine
$5,10,15,20-(CH_3)_4-21,22,23,24-N_4C_{20}H_{12}$

TMC 7,8-dihydro-5,10,15,20-tetramethyl porphine, ion(2-)
$[5,10,15,20-(CH_3)_4-21,22,23,24-N_4C_{20}H_{10}]^{2-}$
7,8-dihydro-5,10,15,20-tetramethylporphinate

TMC-amin 3,3,5-trimethyl cyclohexanamine
$3,3,5-(CH_3)_3-c-C_6H_8-NH_2$
3,3,5-Trimethylcyclohexylamin

TMC-ol 3,3,5-trimethyl cyclohexanol
$3,3,5-(CH_3)_3-c-C_6H_8-OH$

TMC-on 3,3,5-trimethyl cyclohexanone
$3,3,5-(CH_3)_3-c-C_6H_7(=O)$
3,3,5-Trimethylcyclohexanon

TMCS trimethyl chloro silane
$(CH_3)_3SiCl$

TMD 2,2,4-trimethyl 1,6-hexanediamine
$NH_2-CH_2-C(CH_3)_2-CH_2-CH(CH_3)-CH_2CH_2-NH_2$
2,2,4-trimethyl-hexamethylene diamine

TMD 2,4,4-trimethyl 1,6-hexanediamine
$NH_2-CH_2-CH(CH_3)-CH_2-C(CH_3)_2-CH_2-CH_2-NH_2$
2,4,4-trimethyl-hexamethylene diamine

TMD 1,3-propanediamine
$NH_2-CH_2CH_2CH_2-NH_2$
trimethylene diamine

tmd 1,4-butanediamine
$NH_2-CH_2CH_2-CH_2CH_2-NH_2$
tetramethylene diamine

tmdda	N,N'-(1,3-propanediyl) bis(glycine), ion(2-) $[OOC-CH_2-NH-CH_2CH_2CH_2-NH-CH_2-COO]^{2-}$ *trimethylenediamine-N,N'-diacetate*
TMDFP	difluoro trimethyl phosphorane $(CH_3)_3PF_2$ *trimethyl difluoro phosphine*
TMDI	1,6-diisocyanato-2,2,4-trimethyl hexane $OCN-CH_2-C(CH_3)_2-CH_2-CH(CH_3)-CH_2CH_2-NCO$ *2,2,4-trimethyl hexamethylene diisocyanate*
TMDI	1,6-diisocyanato-2,4,4-trimethyl hexane $OCN-CH_2-CH(CH_3)-CH_2-C(CH_3)_2-CH_2CH_2-NCO$ *2,4,4-trimethyl hexamethylene diisocyanate*
TMDP	1,3-propanediyl-4,4'-dipyridine $NC_5H_4-4-CH_2CH_2CH_2-4-C_5H_4N$ *4,4'-trimethylenedipyridine*
TMDS	1,1,3,3-tetramethyl disilazane $(CH_3)_2SiH-NH-SiH(CH_3)_2$
TMDTA	N,N'-(1,3-propanediyl)bis[N-(carboxymethyl)glycine] $(HOOC-CH_2)_2N-CH_2CH_2CH_2-N(CH_2-COOH)_2$ *trimethylenediaminetetraacetic acid*
tmdz	hexahydro-5,5,7-trimethyl 1H-1,4-diazepine $[-NH-CH_2CH_2-NH-C(CH_3)_2-CH_2-CH(CH_3)-]$
TME	2,3-dimethyl-2-butene $(CH_3)_2C=C(CH_3)_2$ *tetramethylethylene*
TME	2-hydroxymethyl-2-methyl 1,3-propanediol $CH_3-C(CH_2-OH)_3$ *trimethylolethane*
TMED	N,N,N',N'-tetramethyl 1,2-ethanediamine $(CH_3)_2N-CH_2CH_2-N(CH_3)_2$ *N,N,N',N'-tetramethyl ethylene diamine*
TMEDA	N,N,N',N'-tetramethyl 1,2-ethanediamine $(CH_3)_2N-CH_2CH_2-N(CH_3)_2$
TMEN	N,N,N',N'-tetramethyl 1,2-ethanediamine $(CH_3)_2N-CH_2CH_2-N(CH_3)_2$ *N,N,N',N'-tetramethyl ethylene diamine*
Tmen	1,3-propanediamine $NH_2-CH_2CH_2CH_2-NH_2$ *trimethylene diamine*

TMETD N'-ethyl-N,N,N'-trimethyl 1,2-dithiobis(methanethioamide)
$(CH_3)_2N-C(=S)-SS-C(=S)-N(CH_3)C_2H_5$
trimethyl ethyl thiuram disulfide

TMG methyl-1-thio-ß-D-galactopyranoside
$2,3,4-(HO)_3-5-(HO-CH_2)-1-(CH_3-S)-OC_5H_5$

tmhd 1,1,1-trifluoro-5-methyl 2,4-hexanedione, ion(1-)
$[CF_3-C(=O)-CH=C(-O)-C_3H_7-i]^-$
1,1,1-trifluoro-5-methyl 2,4-hexanedionate

tmhpd 1,1,1-trifluoro-6-methyl 2,4-heptanedione, ion(1-)
$[CF_3-C(=O)-CH=C(-O)-C_4H_9-i]^-$
1,1,1-trifluoro-6-methyl 2,4-heptanedionate

TMIC 1-[(isocyanomethyl)sulfonyl]-4-methyl benzene
$CH_3-4-C_6H_4-S(O)_2-CH_2-NC$
tosylmethylisocyanide

TMIS iodotrimethyl silane
$(CH_3)_3Si-I$
trimethyliodo silane

TMK bis[4-(dimethylamino)phenyl] methanethione
$(CH_3)_2N-4-C_6H_4-C(=S)-C_6H_4-4-N(CH_3)_2$
thio-Michler's-ketone

TML tetramethyl plumbane
$Pb(CH_3)_4$
tetramethyllead

TMM trimethylene methane
$(CH_2)_3C$ (radical)

TMMA N,N,N',N'-tetramethyl propanediamide
$(CH_3)_2N-C(=O)-CH_2-C(=O)-N(CH_3)_2$
N,N,N',N'-tetramethylmalonamide

TMN 2,2,4-trimethyl hexanedinitrile
$NC-C(CH_3)_2-CH_2-CH(CH_3)-CH_2-CN$
2,2,4-trimethyladipic dinitrile

TMN 2,4,4-trimethyl hexanedinitrile
$NC-CH(CH_3)-CH_2-C(CH_3)_2-CH_2-CN$
2,4,4-trimethyladipic dinitrile

TMNO N,N-dimethyl methanamine N-oxide
$(CH_3)_3NO$
trimethylamine-N-oxide

TMO transition metal oxide

TMO
N,N-dimethyl methanamine N-oxide
$(CH_3)_3NO$
trimethylamine-N-oxide

tmod
1,1,1-trifluoro-7-methyl 2,4-octanedione, ion(1-)
$[CF_3-C(=O)-CH=C(-O)-C_5H_{11}-i]^-$
1,1,1-trifluoro-7-methyl 2,4-octanedionate

tmorpo
tris(4-morpholinyl) phosphine oxide
$[1,4-ONC_4H_8-4-]_3P=O$

TMP
trimethyl phosphine
$(CH_3)_3P$

TMP
2,2,4-trimethyl pentane
$(CH_3)_3C-CH_2-CH(CH_3)_2$

TMP
2,2,6,6-tetramethyl piperidine
$2,2,6,6-(CH_3)_4-C_5H_7N$

TMP
trimethyl phenol
$(CH_3)_3-C_6H_2-OH$

TMP
5,10,15,20-tetrakis(2,4,6-trimethylphenyl) porphine, ion (2-)
$[5,10,15,20-\{2,4,6-(CH_3)_3C_6H_2\}_4-N_4C_{20}H_8]^{2-}$
5,10,15,20-tetramesityl porphinate

TMP
trisodium cyclotriphosphate
$Na_3[-O-P(=O)(-O)-O-P(=O)(-O)-O-P(=O)(-O)-]$
sodium trimetaphosphate

TMP
thymidine-5'-(dihydrogenmonophosphate)
$(CH_3)(O=)_2-N_2C_4H_2-OC_4H_5(OH)-CH_2-O-P(=O)(OH)_2$
thymidine-5'-monophosphate

TMP
phosphoric acid trimethyl ester
$(CH_3-O)_3P=O$
trimethyl phosphate

TMP
2-ethyl-2-hydroxymethyl 1,3-propanediol
$C_2H_5-C(CH_2-OH)_3$
trimethylol propane

tmp
2,2,6,6-tetramethyl-1-piperidinyl-
$2,2,6,6-(CH_3)_4-C_5H_6N-1-$

TMPA
N,N,N',N'-tetramethyl 1,3-propanediamine
$(CH_3)_2N-CH_2CH_2CH_2-N(CH_3)_2$

TMPD
2,2,4-trimethyl 1,3-pentanediol
$i-C_3H_7-CH(OH)-C(CH_3)_2-CH_2-OH$

TMPD

N,N,N',N'-tetramethyl 1,4-benzenediamine
$(CH_3)_2N-C_6H_4-4-N(CH_3)_2$
N,N,N',N'-tetramethyl phenylenediamine

TMPDA

N,N,N',N'-tetramethyl 1,4-benzenediamine
$(CH_3)_2N-C_6H_4-4-N(CH_3)_2$
N,N,N',N'-tetramethyl-p-phenylenediamine

TMPDE

2-ethyl-3-[(2-propenyl)oxy]-2-[(2-propenyl)oxymethyl] propanol
$C_2H_5-C(CH_2-OH)(CH_2-O-CH_2-CH=CH_2)_2$
trimethylolpropane-diallyl-ether

TMPO

trimethyl phosphine oxide
$(CH_3)_3P=O$

TMPP

5,10,15,20-tetrakis(methoxyphenyl) porphine
$5,10,15,20-(CH_3-O-C_6H_4)_4-N_4C_{20}H_{10}$

TMPyP

4,4',4'',4'''-(21H,23H-porphine-5,10,15,20-tetrayl)tetrakis(1-methyl-pyridinium), salt
with 4-methyl benzenesulfonic acid
$[5,10,15,20-(CH_3-1-NC_5H_4-4-)_4-N_4C_{20}H_{10}]$ $[CH_3-4-C_6H_4-SO_3]_4$
tetrakis(1-methyl-4-pyridinium)porphine tetratosylate

TMS

tetramethyl silane
$(CH_3)_4Si$

TMS

trimethyl silane
$(CH_3)_3SiH$

TMS

trimethylsilyl-
$(CH_3)_3Si-$

TMS

2,2,4-trimethyl hexanedioic acid
$HOOC-C(CH_3)_2-CH_2-CH(CH_3)-CH_2-COOH$
2,2,4-Trimethyladipinsäure

TMS

2,4,4-trimethyl hexanedioic acid
$HOOC-CH(CH_3)-CH_2-C(CH_3)_2-CH_2-COOH$
2,4,4-Trimethyladipinsäure

TMS

1,2,4-benzenetricarboxylic acid
$1,2,4-(HOOC)_3-C_6H_3$
Trimellithsäure

TMS

1,1-dioxo thietane
$1,1-(O=)_2SC_3H_6$
trimethylenesulfone

TMSA

1,1,1-trimethyl silanamine
$(CH_3)_3Si-NH_2$
trimethylsilyl amine

TMSAN

trimethylsilyl acetonitrile
$(CH_3)_3Si-CH_2-CN$

tmsaq

N-trimethylsilyl 8-quinolinamine
1-NC$_9$H$_6$-8-NH-Si(CH$_3$)$_3$
8-trimethylsilylamino-quinoline

TMSCN

trimethyl silanecarbonitrile
(CH$_3$)$_3$Si-CN

TMSDEA

N,N-diethyl trimethylsilanamine
(CH$_3$)$_3$Si-N(C$_2$H$_5$)$_2$
trimethylsilyl diethyl amine

TMSDMA

pentamethyl silanamine
(CH$_3$)$_3$Si-N(CH$_3$)$_2$
N-(trimethylsilyl)-dimethylamine

TMSI

trimethylsilyl imidazole
1-[(CH$_3$)$_3$Si]-1,3-N$_2$C$_3$H$_3$

TMSIM

trimethylsilyl imidazole
1-[(CH$_3$)$_3$Si]-1,3-N$_2$C$_3$H$_3$

TMSO

3-trimethylsilyl 2-oxazolidinone
3-(CH$_3$)$_3$Si-1,3-ONC$_3$H$_4$(=O)-2

TMSO

tetrahydrothiophene-S-oxide
1-(O=)SC$_4$H$_8$
tetramethylene sulfoxide

Tmta

N,N'-(1,3-propanediyl)bis[N-(carboxymethyl)glycine]
(HOOC-CH$_2$)$_2$N-CH$_2$CH$_2$CH$_2$-N(CH$_2$-COOH)$_2$
trimethylenediamine-N,N,N',N'-tetra acetic acid

TMTD

N,N,N',N'-tetramethyl 1,2-dithiobis(methanethioamide)
(CH$_3$)$_2$N-C(=S)-SS-C(=S)-N(CH$_3$)$_2$
tetramethyl thiuram disulfide

TMTFTH

trifluoromethyl-N,N,N-trimethyl benzenaminiumhydroxide
[(CH$_3$)$_3$N-C$_6$H$_4$-CF$_3$] [OH]
trimethyl-(α-trifluoro-tolyl)ammonium hydroxide

TMTM

tetramethyl thiodicarbonic amide
(CH$_3$)$_2$N-C(=S)-S-C(=S)-N(CH$_3$)$_2$
tetramethyl thiuram monosulfide

TMTP

5,10,15,20-tetrakis(3-methylphenyl) porphine, ion(2-)
[5,10,15,20-(CH$_3$-3-C$_6$H$_4$)$_4$N$_4$C$_{20}$H$_8$]$^{2-}$
tetra-m-tolyl-porphinate

TMTSF

4,4',5,5'-tetramethyl 2,2'-bi-1,3-diselenole
[4,5-(CH$_3$)$_2$-(1,3-Se$_2$C$_3$)-2-]=[-2-(1,3-Se$_2$C$_3$)(CH$_3$)$_2$-4,5]
tetramethyl tetraselenafulvalene

TMTT N,N,N',N'-tetramethyl-1,4-tetrathiobis(methanethioamide)
$(CH_3)_2N$-$C(=S)$-S-S-S-S-$C(=S)$-$N(CH_3)_2$
tetramethyl thiuram tetrasulfide

TMTTF 4,4',5,5'-tetramethyl 2,2'-bi-1,3-dithiole
$[4,5$-$(CH_3)_2$-$(1,3$-$S_2C_3)$-2-$]$=$[$-2-$(1,3$-$S_2C_3)(CH_3)_2$-$4,5]$
tetramethyl tetrathiafulvalene

TMTU N,N,N',N'-tetramethyl thiourea
$(CH_3)_2N$-$C(=S)$-$N(CH_3)_2$

TMU N,N,N',N'-tetramethyl amino methanamide
$(CH_3)_2N$-$C(=O)$-$N(CH_3)_2$
tetramethyl urea

TN 2-mercapto-N-(2-naphtalenyl) acetamide
$C_{10}H_7$-NH-$C(=O)$-CH_2-SH
thionalide

tn 1,3-propanediamine
NH_2-$CH_2CH_2CH_2$-NH_2
trimethylene diamine

TNA 2,4,6-trinitro benzenamine
$2,4,6$-$(NO_2)_3$-C_6H_2-NH_2
2,4,6-trinitroaniline

TNBA tributyl aluminum
$(C_4H_9)_3Al$
tri-n-butyl aluminum

TnBP phosphoric acid tributyl ester
$(C_4H_9$-$O)_3P=O$
tri-n-butyl phosphate

TNBS 2,4,6-trinitro benzenesulfonic acid
$2,4,6$-$(O_2N)_3$-C_6H_2-SO_3H

TNBT 3,3'-[3,3'-dimethoxy(1,1'-biphenyl)-4,4'-diyl]bis[2,5-bis(4-nitrophenyl)-
2H-tetrazolium] dichloride
$[2,5$-$(NO_2$-4-$C_6H_4)_2$-$1,2,3,4$-N_4C-3-$\{4$-$C_6H_3(O$-CH_3-$3)\}$-$]_2 Cl_2$
tetranitro bluetetrazolium chloride

TNF 2,4,7-trinitro-9-fluorenone
$2,4,7$-$(O_2N)_3$-$C_{13}H_5(=O)$-9

TNM tetranitromethane
$C(NO_2)_4$

TNOA N,N-dioctyl 1-octanamine
$N(C_8H_{17})_3$
tri-n-octyl amine

TNOBA

2,4,6-trinitro benzoic acid
2,4,6-$(O_2N)_3$-C_6H_2-COOH

ß-TNP

phosphoric acid trinaphthyl ester
$(C_{10}H_7$-$O)_3$P=O
trinaphthylphosphate

TNPA

tripropyl aluminum
$Al(C_3H_7)_3$
tri-n-propyl aluminum

TNPh

trinitro phenol
$(O_2N)_3$-C_6H_2-OH

2,6-TNS

6-(4-methylphenylamino) 2-naphthalenesulfonic acid
HO_3S-2-$C_{10}H_6$-6-(NH-C_6H_4-4-CH_3)
6-(p-toluidino)-2-naphthalenesulfonic acid

TNS

6-(4-methylphenylamino) 2-naphthalenesulfonic acid
HO_3S-2-$C_{10}H_6$-6-(NH-C_6H_4-4-CH_3)
6-(p-toluidino)-2-naphthalenesulfonic acid

TNT

2-methyl-1,3,5-trinitro benzene
2-CH_3-1,3,5-$(O_2N)_3$-C_6H_2
2,4,6-trinitrotoluene

TNTN

[1]benzothieno[2,3-b][1]benzothiophene
5,6-$S_2C_{14}H_8$

TOA

2-propenoic acid 1,1,3,3-tetramethylpropyl ester
CH_2=CH-C(=O)-NH-C($CH_3)_2$-CH_2-C($CH_3)_3$
tert.-octyl acrylamide

TOA

N,N-dioctyl 1-octanamine
$N(C_8H_{17})_3$
tri-n-octyl amine

TOAH2SO4

bis(N,N-dioctyl-1-octanaminium) sulfate
$[HN(C_8H_{17})_3]_2$ $[SO_4]$
trioctyl ammonium sulfate

TOAHBr

N,N-dioctyl 1-octanaminium bromide
$[HN(C_8H_{17})_3]$ Br
trioctyl ammonium bromide

TOAHCl

N,N-dioctyl 1-octanaminium chloride
$[HN(C_8H_{17})_3]$ Cl
trioctyl ammonium chloride

TOAHI

N,N-dioctyl 1-octanaminium iodide
$[HN(C_8H_{17})_3]$ I
trioctyl ammonium iodide

TOAHSCN N,N-dioctyl 1-octanaminium thiocyanate
$[HN(C_8H_{17})_3]$ [SCN]
trioctyl ammonium thiocyanate

TOBO 2-(4-methylphenyl) benzoxazole
$2\text{-}(CH_3\text{-}4\text{-}C_6H_4)\text{-}1,3\text{-}ONC_7H_4$
2-(p-tolyl)benzoxazole

TOCP phosphoric acid tris(2-methylphenyl) ester
$(CH_3\text{-}2\text{-}C_6H_4\text{-}O)_3P{=}O$
tri-o-cresyl phosphate

TOF phosphoric acid trioctyl ester
$(C_8H_{17}\text{-}O)_3P{=}O$

TOF phosphoric acid tris(2-ethylhexyl) ester
$[C_4H_9\text{-}CH(C_2H_5)\text{-}CH_2\text{-}O]_3P({=}O)$
tri(iso-octyl)phosphate

TOFO trioctyl phosphine oxide
$(C_8H_{17})_3P{=}O$

TOMP phosphinidynetris(methanol)
$P(CH_2\text{-}OH)_3$
tris(hydroxymethyl)phosphine

TOOS 3-[ethyl(3-methylphenyl)amino]-2-hydroxy 1-propanesulfonic acid
$CH_3\text{-}3\text{-}C_6H_4\text{-}N(C_2H_5)\text{-}CH_2\text{-}CH(OH)\text{-}CH_2\text{-}SO_3H$
3-(N-ethyl-m-toluidino)-2-hydroxy-propanesulfonic acid

TOP phosphoric acid tris(2-ethylhexyl) ester
$[C_4H_9\text{-}CH(C_2H_5)\text{-}CH_2\text{-}O]_3P({=}O)$
tri(iso-octyl)phosphate

TOPM 1,2,4,5-benzenetetracarboxylic acid tetrakis(2-ethylhexyl) ester
$1,2,4,5\text{-}[C_4H_9\text{-}CH(C_2H_5)\text{-}CH_2\text{-}O\text{-}C({=}O)]_4\text{-}C_6H_2$
tetra-(iso-octyl)-pyromellitate

TOPO trioctyl phosphine oxide
$(C_8H_{17})_3P{=}O$
tri-n-octyl phosphine oxide

TOPS 3-[ethyl(3-methylphenyl)amino] 1-propanesulfonic acid
$CH_3\text{-}3\text{-}C_6H_4\text{-}N(C_2H_5)\text{-}CH_2CH_2CH_2\text{-}SO_3H$
3-(N-ethyl-m-toluidino)-propanesulfonic acid

Tos [(4-methylphenyl)sulfonyl]-
$4\text{-}CH_3\text{-}C_6H_4\text{-}S({=}O)_2\text{-}$
toluenesulfonyl-

TOSMIC 1-[(isocyanomethyl)sulfonyl]-4-methyl benzene
$CH_3\text{-}4\text{-}C_6H_4\text{-}S(O)_2\text{-}CH_2\text{-}NC$
tosylmethyl isocyanide

TosMIC
1-[(isocyanomethyl)sulfonyl]-4-methyl benzene
CH_3-4-C_6H_4-$S(O)_2$-CH_2-NC
tosylmethyl isocyanide

TOTM
1,2,4-benzenetricarboxylic acid tris(2-ethylhexyl) ester
1,2,4-$[C_4H_9$-$CH(C_2H_5)$-CH_2-O-C(=O)$]_3$-C_6H_3
tri(iso-octyl)trimellitate

2,4,5-TP
2-(2,4,5-trichlorophenoxy) propanoic acid
2,4,5-Cl_3-C_6H_2-O-$CH(CH_3)$-COOH

TP
triphosphate
$[O_2P(=O)$-O-$P(=O)(-O)$-O-$P(=O)O_2]^{5-}$

TP
1,3-dihydro-3,3-bis[4-hydroxy-2-methyl-5-(1-methylethyl)phenyl]-
1-isobenzofuranone
3,3-$[4$-HO-2-CH_3-5-i-C_3H_7-$C_6H_2]_2$-2-OC_8H_4(=O)-1
thymolphthalein

TP
phosphoric acid triphenyl ester
$(C_6H_5$-O$)_3$P=O
triphenyl phosphate

TP
2,2',2''-phosphinidynetris[ethyl(diphenyl)phosphine]
$[(C_6H_5)_2$P-$CH_2CH_2]_3$P
tris[2-(diphenylphosphino)ethyl]phosphine

tp[10]aneN3
N,N',N''-tris(2-pyridylmethyl) decahydro-1,4,7-triazecine
1,4,7-$(NC_5H_4$-2-$CH_2)_3$-1,4,7-$N_3C_7H_{14}$
N,N',N''-tris(2-pyridylmethyl) 1,4,7-triazacyclodecane

TP18C6
tetraphenyl-1,4,7,10,13,16-hexaoxacyclooctadecane (mixture of isomers)
$(C_6H_5)_4$-1,4,7,10,13,16-$O_6C_{12}H_{20}$
tetraphenyl-18-crown-6

TPA
triphenyl arsine
$(C_6H_5)_3$As

TPA
tetraphenyl arsonium
$[As(C_6H_5)_4]^+$

TPA
1,4-benzene dicarboxylic acid
1,4-$(HOOC)_2$-C_6H_4
terephthalic acid

TPA
N,N,N-tripropyl 1-propanaminium
$[N(C_3H_7)_4]^+$
tetrapropyl ammonium

TPA
N,N-diphenyl benzenamine
$(C_6H_5)_3$N
triphenylamine

tpa N,N-bis(2-pyridylmethyl) 2-pyridinemethanamine
$(NC_5H_4-2-CH_2)_3N$
tris(2-picolinyl) amine

TPABF N,N,N-tripropyl 1-propanaminium tetrafluoroborate
$[N(C_3H_7)_4]\ [BF_4]$
tetrapropylammonium tetrafluoroborate

TPAO triphenyl arsine oxide
$(C_6H_5)_3As=O$

TPAsTPB tetraphenylarsonium tetraphenylborate
$[As(C_6H_5)_4]\ [B(C_6H_5)_4]$

TPB 1,1,4,4-tetraphenyl 1,3-butadiene
$(C_6H_5)_2C=CH-CH=C(C_6H_5)_2$

TPB tetraphenylborate
$[B(C_6H_5)_4]^-$

TPB N,N,N',N'-tetraphenyl [1,1'-biphenyl]-4,4'-diamine
$[(C_6H_5)_2N-4-C_6H_4-1-]_2$
tetraphenylbenzidine

tpbn N,N,N',N'-tetrakis(2-pyridylmethyl) 1,4-butanediamine
$(NC_5H_4-2-CH_2)_2N-CH_2CH_2-CH_2CH_2-N(CH_2-2-C_5H_4N)_2$

TPC 7,8-dihydro-5,10,15,20-tetraphenyl porphine, ion(2-)
$[5,10,15,20-(C_6H_5)_4-N_4C_{20}H_{10}]^{2-}$
7,8-dihydro-5,10,15,20-tetraphenylporphinate

TPCD tetraphenyl cyclopentadienone
$(O=)C_5(C_6H_5)_4-2,3,4,5$

tpchxn N,N,N',N'-tetrakis(2-pyridylmethyl)-1,2-cyclohexanediamine
$1,2-[(NC_5H_4-2-CH_2)_2N]_2-c-C_6H_{10}$

TPCK N-[3-chloro-2-oxo-1-(phenylmethyl)propyl]-4-methylbenzenesulfonamide
$CH_3-4-C_6H_4-SO_2-NH-CH(CH_2-C_6H_5)-C(=O)-CH_2-Cl$
tosyl-L-phenylalanine chloromethylketone

TPClPP 5,10,15,20-tetrakis(4-chlorophenyl) porphine, ion(2-)
$[5,10,15,20-(Cl-4-C_6H_4)_4-N_4C_{20}H_8]^{2-}$
5,10,15,20-tetrakis(p-chlorophenyl) porphinate

TPD [1,3]dithiolo[4,5-d]-1,3-dithiole-2,5-dione
$2,5-(O=)_2-1,3,4,6-S_4C_4$
1,3,4,6-tetrathiapentalene-2,5-dione

TPDMDS 1-methyl-N-(methyldiphenylsilyl)-1,1-diphenylsilanamine
$(C_6H_5)_2Si(CH_3)-NH-Si(CH_3)(C_6H_5)_2$
1,1,3,3-tetraphenyl-1,3-dimethyl disilazane

TPE
tetraphenyl ethene
$(C_6H_5)_2C=C(C_6H_5)_2$

TPE
transplutonium elements
Am,Cm, Bk,Cf,Es,Fm,Md,No,Lr, Unq,Unp,...

TPEA
N,N,N-tripentyl 1-pentanaminium halide
$[(C_5H_{11})_4N]$ [X]
tetrapentyl ammonium halide

TPEN
N,N,N',N'-tetrakis(2-pyridylmethyl) 1,2-ethanediamine
$(NC_5H_4-2-CH_2)_2N-CH_2CH_2-N(CH_2-2-C_5H_4N)_2$
N,N,N',N'-tetrakis(2-picolinyl)ethylenediamine

tpen
N,N,N',N'-tetrakis(2-pyridylmethyl) 1,2-ethanediamine
$(NC_5H_4-2-CH_2)_2N-CH_2CH_2-N(CH_2-2-C_5H_4N)_2$
N,N,N',N'-tetrakis(2-picolinyl)ethylenediamine

TPEP
N-ethyl-3-(trifluoromethyl)-α-methyl benzenethanamine
$3-CF_3-C_6H_4-CH_2-CH(CH_3)-NH-C_2H_5$
1-(3-trifluoromethylphenyl)-2-ethylamino-propane

TPF
phosphoric acid triphenyl ester
$(C_6H_5-O)_3P=O$

TPHA
1,4,7,10,13-pentaazatridecane 1,1,4,7,10,13,13-heptakis(acetic acid)
$(HOOC-CH_2)_2N-[CH_2CH_2-N(CH_2-COOH)]_3-CH_2CH_2-N(CH_2-COOH)_2$
tetraethylene pentamine heptaacetic acid

TPhA
1,4-benzenedicarboxylic acid
$1,4-(HOOC)_2-C_6H_4$
terephthalic acid

TPhP
phosphoric acid triphenyl ester
$(C_6H_5-O)_3P=O$
triphenyl phosphate

TPhPO
triphenyl phosphine oxide
$(C_6H_5)_3P=O$

TPIBC
2,3,7,8-tetrahydro-5,10,15,20-tetraphenyl porphine, ion (2-)
$[5,10,15,20-(C_6H_5)_4-N_4C_{20}H_{12}]^{2-}$
2,3,7,8-tetrahydro-5,10,15,20-tetraphenyl porphinate

TPIVPP
5,10,15,20-tetrakis[2-(1,1-dimethylethylcarbamoyl)phenyl] porphine
$[(CH_3)_3C-C(=O)NH-2-C_6H_4]_4-N_4C_{20}H_{10}$
5,10,15,20-tetrakis[o-(pivaloamido)phenyl] porphine

TPM
methylidynetris(benzene)
$(C_6H_5)_3CH$
triphenylmethane

tpm   1,1,1-trifluoro-5,5-dimethyl 2,4-hexanedione, ion(1-)
$[CF_3\text{-}C(=O)\text{-}CH=C(\text{-}O)\text{-}C_4H_9\text{-}t]^-$
1,1,1-trifluoro-5,5-dimethyl 2,4-hexanedionate

tpmbn   1,2-dimethyl-N,N,N',N'-tetrakis(2-pyridylmethyl) 1,2-ethanediamine
$(NC_5H_4\text{-}2\text{-}CH_2)_2N\text{-}CH(CH_3)\text{-}CH(CH_3)\text{-}N(CH_2\text{-}2\text{-}C_5H_4N)_2$
N,N,N',N'-tetrakis(2-pyridylmethyl) butane-2,3-diamine

TPMP   methyl triphenyl phosphonium
$[(C_6H_5)_3P\text{-}CH_3]^+$
triphenyl methyl phosphonium

TPN   nicotinamide adenine dinucleotide phosphate
$[C_{10}H_{13}N_5O_6P\text{-}O(PO_3H)_2\text{-}CH_2\text{-}OC_4H_4(OH)_2\text{-}NC_5H_4\text{-}C(O)NH_2]OH$
triphosphopyridiniumnucleotide

TPN   tetrahydrofuran-2-yloxy phenyl nitroxyl-radical
$OC_4H_7\text{-}2\text{-}O\text{-}N(O)\text{-}C_6H_5$ (radical)
α-tetrahydrofuranyloxy phenyl-nitroxide

TPNH   adenosine 5'-(trihydrogendiphosphate)-5'-5'-ester with 3-(aminocarbonyl)-
1-ribofuranosyl-1,4-dihydropyridine
$C_{10}H_{13}N_5O_6P\text{-}O\text{-}[P(=O)(OH)\text{-}O]_2\text{-}CH_2\text{-}OC_4H_4(OH)_2\text{-}NC_5H_5\text{-}C(O)NH_2$
triphospho-pyridine-nucleotide (reduced)

TPP   triphenyl phosphine
$(C_6H_5)_3P$

TPP   5,10,15,20-tetraphenyl porphine, ion(2-)
$[5,10,15,20\text{-}(C_6H_5)_4\text{-}N_4C_{20}H_8]^{2-}$
5,10,15,20-tetraphenyl porphinate

TPP   5,10,15,20-tetraphenyl porphine
$5,10,15,20\text{-}(C_6H_5)_4\text{-}N_4C_{20}H_{10}$
tetraphenylporphyrine

TPP   phosphoric acid triphenyl ester
$(C_6H_5\text{-}O)_3P=O$
triphenyl phosphate

TPP   phosphorous acid triphenyl ester
$(C_6H_5\text{-}O)_3P$
triphenyl-phosphite

TPPH2   5,10,15,20-tetraphenyl porphine
$5,10,15,20\text{-}(C_6H_5)_4\text{-}N_4C_{20}H_{10}$

tppme   [2-((diphenylphosphino)methyl)-2-methyl-1,3-propanediyl]bis[diphenylphosphine]
$CH_3\text{-}C[CH_2\text{-}P(C_6H_5)_2]_3$
1,1,1-tris(diphenylphosphinomethyl)ethane

tppn   1-methyl-N,N,N',N'-tetrakis(2-pyridylmethyl) 1,2-ethanediamine
$(NC_5H_4\text{-}2\text{-}CH_2)_2N\text{-}CH(CH_3)\text{-}CH_2\text{-}N(CH_2\text{-}2\text{-}C_5H_4N)_2$
N,N,N',N'-tetrakis(2-pyridylmethyl)propane-1,2-diamine

TPPO triphenyl phosphine oxide
$(C_6H_5)_3P{=}O$

TPPS 5,10,15,20-tetrakis(4-sulfophenyl) porphine, ion(6-)
$[5,10,15,20\text{-}(SO_3\text{-}4\text{-}C_6H_4)_4\text{-}N_4C_{20}H_8]^{6-}$
5,10,15,20-tetrakis-(p-sulfonatophenyl) porphinate

TPS triphenyl sulfonium chloride
$[(C_6H_5)_3S]\ Cl$

TPS 2,4,6-tris(1-methylethyl)benzenesulfonyl-
$2,4,6\text{-}(i\text{-}C_3H_7)_3\text{-}C_6H_2\text{-}S({=}O)_2\text{-}$
2,4,6-triisopropylbenzenesulfonyl-

TPS sodium iso-dodecyl-benzenesulfonates (several isomeres)
$Na\ [SO_3\text{-}C_6H_4\text{-}C_{12}H_{25}]$
tetrapropylenebenzenesulfonates

TPSA 1,1,1-triphenyl silanamine
$(C_6H_5)_3Si\text{-}NH_2$

TPSCl chlorotriphenyl silane
$(C_6H_5)_3Si\text{-}Cl$
triphenylsilylchloride

TPSH 2,4,6-tris(1-methylethyl) benzenesulfonic acid hydrazide
$2,4,6\text{-}(i\text{-}C_3H_7)_3\text{-}C_6H_2\text{-}S({=}O)_2\text{-}NH\text{-}NH_2$
2,4,6-triisopropyl benzenesulfonic acid hydrazide

TPSI 1-[{2,4,6-tris(1-methylethyl)phenyl}sulfonyl] 1H-imidazole
$1\text{-}[2,4,6\text{-}(C_3H_7\text{-}i)_3\text{-}C_6H_2\text{-}S({=}O)_2]\text{-}1,3\text{-}N_2C_3H_3$
N-(2,4,6-triisopropylbenzenensulfonyl)-imidazole

TPSNI 4-nitro-1-[{2,4,6-tris(1-methylethyl)phenyl}sulfonyl] 1H-imidazole
$1\text{-}[2,4,6\text{-}(i\text{-}C_3H_7)_3\text{-}C_6H_2\text{-}S({=}O)_2]\text{-}4\text{-}NO_2\text{-}1,3\text{-}N_2C_3H_2$
1-(2,4,6-triisopropylbenzenesulfonyl)-4-nitro-imidazole

TPSNT 3-nitro-1-[{2,4,6-tris(1-methylethyl)phenyl}sulfonyl] 1H-1,2,4-triazole
$1\text{-}[2,4,6\text{-}(i\text{-}C_3H_7)_3\text{-}C_6H_2\text{-}S({=}O)_2]\text{-}3\text{-}NO_2\text{-}1,2,4\text{-}N_3C_2H$
1-(triisopropylbenzenesulfonyl)-3-nitro-1H-1,2,4-triazole

TPST 1-[{2,4,6-tris(1-methylethyl)phenyl}sulfonyl] 1H-1,2,4-triazole
$1\text{-}[2,4,6\text{-}(i\text{-}C_3H_7)_3\text{-}C_6H_2\text{-}S({=}O)_2]\text{-}1,2,4\text{-}N_3C_2H_2$
1-(triisopropylbenzenesulfonyl)-1H-1,2,4-triazole

TPT 2,4,6-tris(2-pyridyl)-1,3,5-triazine
$2,4,6\text{-}(NC_5H_4\text{-}2)_3\text{-}1,3,5\text{-}N_3C_3$

tptan N,N',N''-tris(2-pyridylmethyl) 2,5,8-triazanonane
$CH_3\text{-}N(CH_2\text{-}2\text{-}C_5H_4N)\text{-}[CH_2CH_2\text{-}N(CH_2\text{-}2\text{-}C_5H_4N)]_2\text{-}CH_3$

tptcd N,N',N''-tris(2-pyridylmethyl)-1,5,9,triazacyclododecane
$1,5,9\text{-}(NC_5H_4\text{-}2\text{-}CH_2)_3\text{-}1,5,9\text{-}N_3C_9H_{18}$

tptcn N,N',N''-tris(2-pyridylmethyl)-2,3,4,5,6,7,8,9-octahydro-1H-1,4,7-triazonine
1,4,7-$(NC_5H_4$-2-$CH_2)_3$-1,4,7-$N_3C_6H_{12}$
N,N',N''-tris(2-pyridylmethyl)-1,4,7-triazacyclononane

TPTD N,N,N',N'-tetrakis(1-methylethyl) 1,2-dithio-bis(methanethioamide)
(i-$C_3H_7)_2$N-C(=S)-S-S-C(=S)-N(C_3H_7-i$)_2$
tetraisopropyl thiuram disulfide

TPTH benzenecarbothioic acid 1-phenyl-2-[(4-methylphenyl)sulfonyl] hydrazide, ion(1-) ·
[CH_3-4-C_6H_4-S(=O$)_2$-N-N(C_6H_5)-C(=S)-C_6H_5]⁻
N-p-toluenesulfonyl-N'-phenyl-thiobenzhydrazide

TPTH-H benzenecarbothioic acid 1-phenyl-2-[(4-methylphenyl)sulfonyl] hydrazide
CH_3-4-C_6H_4-S(=O$)_2$-NH-N(C_6H_5)-C(=S)-C_6H_5
N-p-toluenesulfonyl-N'-phenyl-thiobenzhydrazide

tptn N,N,N',N'-tetrakis(2-pyridylmethyl) 1,3-propanediamine
(NC_5H_4-2-$CH_2)_2$N-$CH_2CH_2CH_2$-N(CH_2-2-C_5H_4N$)_2$

TPTP tetrakis(4-methylphenyl) porphine, ion(2-)
[(CH_3-4-$C_6H_4)_4$-$N_4C_{20}H_8$]²⁻
tetra-p-tolyl porphinate

TPTU O-(1,2-dihydro-2-oxo-1-pyridyl)-N,N,N',N'-tetramethyl uronium tetrafluoroborate
[2-(O=)-NC_5H_4-1-O-C{N($CH_3)_2$}=N($CH_3)_2$] [BF_4]

TPTZ 2,3,5-triphenyl-2H-tetrazolium chloride
[2,3,5-($C_6H_5)_3$-1,2,3,4-N_4C] Cl

TPTZ 2,4,6-tris(2-pyridyl)-1,3,5-triazine
2,4,6-(NC_5H_4-2$)_3$-1,3,5-N_3C_3

TPXPP tetrakis(p-substituted phenyl) porphinate
[(R-4-$C_6H_4)_4$-$N_4C_{20}H_8$]²⁻

TPYEA N,N-bis[2-(1H-pyrazol-1-yl)ethyl]1H-pyrazol-1-ethanamine
(1,2-$N_2C_3H_3$-1-$CH_2CH_2)_3$N
tris[2-(1H-pyrazol-1-yl)ethyl]amine

trans-cypenphos trans-1,3-cyclopentadienediylbis(diphenylphosphine)
($C_6H_5)_2$P-c-C_5H_8-3-P(C_6H_5)

TRBDD tribromo dibenzo[b,e][1,4]dioxin
Br_3-5,10-$O_2C_{12}H_5$
tribromo-p-dibenzo dioxin

TRBDF tribromo dibenzofuran
Br_3-5-$OC_{12}H_5$

TRCBZ trichloro benzene
C_6H_3-Cl_3

TRCDF trichloro dibenzofuran
5-$OC_{12}H_5$-Cl_3

TRCDO

trichloro dibenzo[b,e][1,4]dioxin
$5,10-O_2C_{12}H_5-Cl_3$
trichloro p-dibenzodioxin

TRCP

trichloro phenol
$Cl_3-C_6H_2-OH$

trdta

N,N'-(1,3-propanediyl)bis[N-(carboxymethyl)glycine], ion (4-)
$[(OOC-CH_2)_2N-CH_2CH_2CH_2-N(CH_2-COO)_2]^{4-}$
trimethylenediaminetetraacetate

trdtra

N-(carboxymethyl)-N-[3-{(carboxymethyl)amino}propyl]glycine, ion(3-)
$[OOC-CH_2-NH-CH_2CH_2CH_2-N(CH_2-COO)_2]^{3-}$
trimethylenediamine-N,N,N'-triacetate

TREN

N,N-bis(2-aminoethyl) 1,2-ethanediamine
$(NH_2-CH_2CH_2)_3N$
tris(2-aminoethyl) amine

tren

N,N-bis(2-aminoethyl) 1,2-ethanediamine
$(NH_2-CH_2CH_2)_3N$
tris(2-aminoethyl) amine

Tri

trichloro ethene
$CHCl=CCl_2$
trichloro ethylene

tri

tribenzo[b,f,j][1,5,9]triazacyclododecine
$5,11,17-N_3C_{21}H_{15}$

TRICINE

N-[tris(hydroxymethyl)methyl] glycine
$(HO-CH_2)_3C-NH-CH_2-COOH$

trien

3,6-diazaoctane-1,8-diamine
$NH_2-CH_2CH_2-NH-CH_2CH_2-NH-CH_2CH_2-NH_2$
triethylene tetramine

Triglym

2,5,8,11-tetraoxadodecane
$CH_3-O-CH_2CH_2-O-CH_2CH_2-O-CH_2CH_2-O-CH_3$
triethylene glycol dimethyl ether

TRILO

N,N-bis(carboxymethyl) glycine
$N(CH_2-COOH)_3$
nitrilotriacetic acid

TRIMCAM

N,N',N''-(1,3,5-benzenetriyl) tris[2-(2,3-dihydroxy-phenyl) ethanamide]
$1,3,5-[2,3-(HO)_2-C_6H_3-CH_2-C(=O)-NH]_3-C_6H_3$
1,3,5-tris[{(2,3-dihydroxyphenyl)methyl}carbamoyl]benzene

trimpsi

[(1,1-dimethylethyl)silylidynetris(methylene)]tris(dimethylphosphine)
$t-C_4H_9-Si[CH_2-P(CH_3)_2]_3$
tris(dimethylphosphinomethyl)-butylsilane

TRIPHOS

[2-((diphenylphosphino)methyl)-2-methyl-1,3-propanediyl]bis[diphenylphosphine]
$CH_3-C[CH_2-P(C_6H_5)_2]_3$
1,1,1-tris(diphenylphosphinomethyl)ethane

TRIS

2-amino-2-(hydroxymethyl) 1,3-propanediol
$(HO-CH_2)_3C-NH_2$
tris(hydroxymethyl)aminomethane

Tris

2-amino-2-(hydroxymethyl) 1,3-propanediol
$(HO-CH_2)_3C-NH_2$
tris(hydroxymethyl)aminomethane

Tritan

methylidynetris(benzene)
$(C_6H_5)_3CH$
triphenylmethane

Trop

2-/3-/4-hydroxy 2,4,6-cycloheptatrienone
$2-/3-/4-HO-C_7H_5(=O)-1$
tropolone

Trotyl

2-methyl-1,3,5-trinitro benzene
$2-CH_3-1,3,5-(O_2N)_3-C_6H_2$

Trp

2-amino-3-(3-indolyl) propanoic acid
$(1-NC_8H_6)-3-CH_2-CH(NH_2)-COOH$
tryptophan

trpy

2,2':6',2''-terpyridine
$2,6-(NC_5H_4-2)_2-C_5H_3N$
2,2',2''-tripyridyl

Trt

triphenylmethyl-
$(C_6H_5)_3C-$
trityl-

Try

2-amino-3-(3-indolyl) propanoic acid
$(1-NC_8H_6)-3-CH_2-CH(NH_2)-COOH$
tryptophan

Ts

4-methylphenylsulfonyl-
$4-CH_3-C_6H_4-S(=O)_2-$
tosyl-

Ts3[9]aneN3

tris(4-methylphenylsulfonyl)-2,3,4,5,6,7,8,9-octahydro 1H-1,4,7-triazonine
$[-\{N(-S(=O)_2-C_6H_4-4-CH_3)-CH_2CH_2\}_3-]$
tris(tosyl)-1,4,7-triazacyclononane

TSALEN

2,2'-[1,2-propanediylbis(nitrilomethylidyne)]bis(benzenethiol)
$HS-2-C_6H_4-CH=N-CH_2CH_2-N=CH-C_6H_4-2-SH$
N,N'-bis(thiosalicylidene)ethylene diamine

TSBP

phosphoric acid tris(1-methylpropyl) ester
$[C_2H_5-CH(CH_3)-O]_3P=O$
tri-sec.-butylphosphate

TSBU trimethyl[(1-methylene-2-propenyl)oxy] silane
$(CH_3)_3Si-O-C(=CH_2)-CH=CH_2$
2-trimethylsiloxy 1,3-butadiene

TSC hydrazinecarbothiamide
$NH_2-NH-C(=S)-NH_2$
thiosemicarbazide

TSC-2,5-D 2,2'-(1,4-dimethyl-1,4-butandiylidene)bis[(N-methyl)hydrazinecarbothiamide]
$CH_3-NH-C(=S)-NH-N=C(CH_3)-CH_2CH_2-C(CH_3)=N-NH-C(=S)-NH-CH_3$
hexane-2,5-dione bis(4-methyl thiosemicarbazone)

TSCAC 2-(1-methylethylidene) hydrazinecarbothiamide
$(CH_3)_2C=N-NH-C(=S)-NH_2$
acetone thiosemicarbazone

TsCl 4-methyl benzenesulfonyl chloride
$4-CH_3-C_6H_4-S(=O)_2-Cl$
tosylchloride

TSCPHAL 2,2'-[1,2-phenylenebis(methylidene)]bis[N-(methyl)hydrazinecarbothiamide]
$C_6H_4[CH=N-NH-C(=S)-NH-CH_3]_2-1,2$
phthalaldehyde-bis(thiosemicarbazide)

TSDA N-[(aminothioxomethyl)amino]-N-(carboxymethyl) glycine
$NH_2-C(=S)-NH-N(CH_2-COOH)_2$
thiosemicarbazide-N,N-diacetic acid

TSI N-trimethylsilyl imidazole
$1-(CH_3)_3Si-1,3-N_2C_3H_3$

TSIM N-trimethylsilyl imidazole
$1-(CH_3)_3Si-1,3-N_2C_3H_3$

TSNI 1-[(4-methylphenyl)sulfonyl]-4-nitro imidazole
$1-[CH_3-4-C_6H_4-S(=O)_2]-4-O_2N-1,3-N_2C_3H_2$
1-(p-toluenesulfonyl)-4-nitro imidazole

TSO 2,3-diphenyl oxirane
$2,3-(C_6H_5)_2-OC_2H_2$
trans-stilbene oxide

TsOH 4-methyl benzenesulfonic acid
$4-CH_3-C_6H_4-SO_3H$
tosyl-OH

T-Solvent tetrahydro-2-[(tetrahydro-2-furanyl)methoxy] 2H-pyran
$2-(OC_4H_7-2-CH_2-O)-OC_5H_9$

TsOR 4-methyl benzenesulfonic acid ester
$4-CH_3-C_6H_4-S(=O)_2-O-R$
tosyl-OR

TSP   3-trimethylsilyl 1-propanesulfonic acid, sodium salt
$Na [(CH_3)_3Si-CH_2CH_2CH_2-SO_3]$

TSP   trisodium phosphate
$Na_3 [PO_4]$

TSPP   tetrasodium diphosphate
$Na_4 [O_3P-O-PO_3]$
tetrasodium pyrophosphate

2-TST   2-(trimethylsilyl) thiazole
$2-(CH_3)_3Si-1,3-SNC_3H_2$

TSTU   N-[(dimethylamino){(2,5-dioxo-1-pyrrolidinyl)oxy}methylene]-N-methyl-
methanaminium tetrafluoroborate(1-)
$[2,5-(O=)_2-NC_4H_4-1-O-C\{N(CH_3)_2\}=N(CH_3)_2] [BF_4]$

TT   2,2':5',2"-terthiophene
$2,5-(SC_4H_3-2)_2-C_4H_2S$

TTA   4,4,4-trifluoro-1-(2-thienyl) 1,3-butanedione
$SC_4H_3-2-C(=O)-CH_2-C(=O)-CF_3$
thenoyltrifluoroacetone

TTA   3,6-diazaoctane-1,8-diamine
$NH_2-CH_2CH_2-NH-CH_2CH_2-NH-CH_2CH_2-NH_2$
triethylene tetramine

TTAH   1,1,1-trifluoro-4-(2-thienyl) 1,3-butanedione
$SC_4H_3-2-C(=O)-CH_2-C(=O)-CF_3$
thenoyltrifluoroacetone

TTB   tetragonal tungsten bronze

TTBBP   3,3',5,5'-tetrakis(1,1-dimethylethyl) [1,1'-biphenyl]-4,4'-diole
$[4-(HO)-3,5-(t-C_4H_9)_2-C_6H_2-1-]_2$
3,3',5,5'-tetrakis(t-butyl)biphenyl-4,4'-diole

TTC   2,3,5-triphenyl-2H-tetrazolium chloride
$[2,3,5-(C_6H_5)_3-N_4C] Cl$

TTC   trithiocarbonate
$[CS_3]^{2-}$

TTD   N,N,N',N'-tetraethyl dithiobis(methanethioamide)
$(C_2H_5)_2N-C(=S)-SS-C(=S)-N(C_2H_5)_2$
tetraethyl thiuram disulfide

ttda   N,N'-(1,2-ethanediyl)bis[N-(2-aminoethyl)glycine]ion (2-)
$[OOC-CH_2-N(CH_2CH_2-NH_2)-CH_2CH_2-N(CH_2CH_2-NH_2)-CH_2-COO]^{2-}$
triethylenetetraminediacetate

TTF

2,2'-bis(1,3-dithiole)
$[(1,3-S_2C_3H_2)-2-]=[-2-(1,3-S_2C_3H_2)]$
1,1',3,3'-tetrathiafulvalene

TTFA

thallium(III)-trifluoroacetate
$Tl\,[CF_3-COO]_3$

TTF-TCNQ

2,2'-bi-1,3-dithiole 3,6-bis(dicyanomethylen)-1,4-cyclohexadiene
$[2-\{(1,3-S_2C_3H_2)-2\}-1,3-S_2C_3H_2]\,[3,6-\{(NC)_2C=\}_2-C_6H_4]$
tetrathiafulvalene-tetracyanoquinodimethane

TTFTT

2,2'-bis(1,3-dithiole-4,5-dithiol), ion(4-)
$[2-[\{1,3-S_2C_3(-S)_2-4,5\}-2]-1,3-S_2C_3(-S)_2-4,5]^{4-}$
1,1',3,3'-tetrathiafulvalene tetrathiolate

TTHA

1,4,7,10-tetraazadecane 1,1,4,7,10,10-hexakis(acetic acid)
$(HOOC-CH_2)_2N-[CH_2CH_2-N(CH_2-COOH)]_2-CH_2CH_2-N(CH_2-COOH)_2$
triethylenetetramine hexaacetic acid

TTMAPP

4,4',4'',4'''-(21H,23H-porphine-5,10,15,20-tetrayl)tetrakis(N,N,N-trimethyl benzenaminium), salt with 4-methylbenzenesulfonic acid (1:4)
$[5,10,15,20-\{(CH_3)_3N-C_6H_4-4\}_4-N_4C_{20}H_{10}]\,[CH_3-4-C_6H_4-SO_3]_4$
tetrakis(4-trimethylammoniumphenyl)porphine tetratosylate

TTN

thallium trinitrate
$Tl(NO_3)_3$

TTP

1,4,8,11-tetrathiacyclotetradecane
$[-S-CH_2CH_2-S-CH_2CH_2CH_2-S-CH_2CH_2-S-CH_2CH_2CH_2-]$

TTP

5,10,15,20-tetrakis(methylphenyl) porphine, ion(2-)
$[5,10,15,20-(CH_3-C_6H_4)_4-N_4C_{20}H_8]^{2-}$
tetratolylporphinate

TTP

thymidine-5'-(tetrahydrogentriphosphate)
$(CH_3)(O=)_2-N_2C_4H_2-OC_4H_5(OH)-CH_2-O-[P(O)(OH)O]_2-P(O)(OH)_2$
thymidine-5'-triphosphate

TTP

phosphoric acid tris(4-methylphenyl) ester
$(CH_3-4-C_6H_4-O)_3P=O$
tris(4-tolyl) phosphate

TTS

3,4-dimercapto cyclobut-3-ene-1,2-dithione, ion(2-)
$[3,4-(S-)_2C_4(=S)_2-1,2]^{2-}$
tetrathio squarate

TTT

1,3,5-triethyl 1,3,5-triazacyclohexane
$1,3,5-(C_2H_5)_3-1,3,5-N_3C_3H_6$
triethyl trimethylene triamine

TU

thiourea
$S=C(NH_2)_2$

tu	thiourea $S=C(NH_2)_2$
TUr	thiourea $S=C(NH_2)_2$
TXB2	[...]-7-[tetrahydro-4,6-dihydroxy-2-(3-hydroxy-1-octenyl)-2H-pyran-3-yl]-5-heptenoic acid C_5H_{11}-CH(OH)-CH=CH-OC_5H_6(OH)_2-CH_2-CH=CH-CH_2CH_2CH_2-COOH *thromboxane B2*
Tyr	2-amino-3-(4-hydroxyphenyl) propanoic acid HO-4-C_6H_4-CH_2-CH(NH_2)-COOH *tyrosine*
TZT	4,5-dihydrotetrazole-5-thione $H_2N_4C(=S)$-5 *tetrazoline-5-thione*
U	1H,3H-2,4-pyrimidinedione $2,4$-(O=)_2-1,3-N_2C_4H_4 *uracil*
U	1-ß-D-ribofuranosyl-2,4(1H,3H)-pyrimidinedione $2,4$-(O=)_2-(1,3-N_2C_4H_3-1)-1'-OC_4H_4[(OH)_2-2',3']-4'-CH_2-OH *uridine*
UDA	N-carboxymethyl-N-(hexahydro-2,4,6-oxo-5-pyrimidinyl) glycine $1,3$-N_2C_4H_2[(=O)_3-2,4,6]-5-N(CH_2-COOH)_2 *uramil-N,N-diacetic acid*
Uda	1-undecanamine $C_{11}H_{23}$-NH_2 *undecylamine*
UDCA	(3α,5ß,7ß)-3,7-dihydroxy-cholan-24-oic acid $3,7$-(HO)_2-10,13-(CH_3)_2-C_{17}H_{23}-17-CH(CH_3)-CH_2CH_2-COOH *urso deoxycholic acid*
UDCS	(3α,5ß,7ß)-3,7-dihydroxy-cholan-24-oic acid $3,7$-(HO)_2-10,13-(CH_3)_2-C_{17}H_{23}-17-CH(CH_3)-CH_2CH_2-COOH *Ursodesoxycholsäure*
UDMH	N,N-dimethylhydrazine $(CH_3)_2N$-NH_2 *unsymmetrical dimethylhydrazine*
5'-UDP	uridine-5'-(trihydrogendiphosphate) $(O=)_2$-N_2C_4H_3-OC_4H_4(OH)_2-CH_2-O-P(=O)(OH)-O-P(=O)(OH)_2 *uridine-5'-diphosphate*
UDP	uridine-5'-(trihydrogendiphosphate) $(O=)_2$-N_2C_4H_3-OC_4H_4(OH)_2-CH_2-O-P(=O)(OH)-O-P(=O)(OH)_2 *uridine-5'-diphosphate*

UDPG
uridine-5'-(trihydrogendiphosphate) mono(α-D-glucopyranosyl) ester
$(O)_2N_2C_4H_3$-$OC_4H_4(OH)_2$-CH_2O-$[P(O)(OH)$-$O]_2$-$OC_5H_5(OH)_3$-CH_2OH
Uridine-5'-diphosphatglucose

UDPGA
uridine-5'-diphosphate 6-ester with 3,4,5,6-tetrahydroxy-3,4,5,6-tetrahydro-
2H-pyrane-2-carboxylic acid
$(O)_2$-$N_2C_4H_3$-$OC_4H_4(OH)_2$-CH_2O-$[P(O)(OH)$-$O]_2$-$OC_5H_5(OH)_3$-$COOH$
uridine-5'-diphosphoglucuronic acid

UDP-gal
uridine-5'-(trihydrogendiphosphate)-mono-(α-D-glucopyranosyl) ester
$(O)_2N_2C_4H_3$-$OC_4H_4(OH)_2$-CH_2O-$[P(O)(OH)$-$O]_2$-$OC_5H_5(OH)_3$-CH_2OH
uridine-diphosphate-galactose

UDTMA
N-[2-{(2-aminoethyl)amino}ethyl] glycine
NH_2-CH_2CH_2-NH-CH_2CH_2-NH-CH_2-$COOH$
unsymmetrical N-diethylenetriamine acetic acid

UEDDA
N-(2-aminoethyl)-N-(carboxymethyl) glycine
NH_2-CH_2CH_2-$N(CH_2$-$COOH)_2$
unsym.-ethylenediamine-diacetic acid

5'-UMP
uridine-5'-(dihydrogenmonophosphate)
$(O=)_2$-$N_2C_4H_3$-$OC_4H_4(OH)_2$-CH_2-O-$P(=O)(OH)_2$
uridine-5'-monophosphate

UMP
uridine-5'-(dihydrogenmonophosphate)
$(O=)_2$-$N_2C_4H_3$-$OC_4H_4(OH)_2$-CH_2-O-$P(=O)(OH)_2$
uridine-5'-monophosphate

UN
uranyl nitrate
$[UO_2] [NO_3]_2$

Une
unnilennium
element 109

UNH
uranylnitrate hexahydrate
$[UO_2] [NO_3]_2 \cdot 6\,H_2O$

Unh
unnilhexium
element 106

Uno
unniloctium
element 108

Unp
unnilpentium
element 105

Unq
unnilquadium
element 104

Uns
unnilseptium
element 107

UPA
uridylyl(3'-5')adenosine

UPC	uridylyl(3'-5')cytidine
Ur	urea $O=C(NH_2)_2$
Urd	1-ß-D-ribofuranosyl-2,4(1H,3H)-pyrimidinedione $2,4-(O=)_2-(1,3-N_2C_4H_3-1)-1'-OC_4H_4[(OH)_2-2',3']-4'-CH_2-OH$ *uridine*
URT	1,3,5,7-tetraazatricyclo[3.3.1.1^{3,7}]decane $[3.3.1.1^{3,7}]-1,3,5,7-N_4C_6H_{12}$ *Urotropin*
5'-UTP	uridine-5'-(tetrahydrogentriphosphate) $(O=)_2-N_2C_4H_3-OC_4H_4(OH)_2-CH_2-O-[P(=O)(OH)-O]_2-P(=O)(OH)_2$ *uridine-5'-triphosphate*
UTP	uridine-5'-(tetrahydrogentriphosphate) $(O=)_2-N_2C_4H_3-OC_4H_4(OH)_2-CH_2-O-[P(=O)(OH)-O]_2-P(=O)(OH)_2$ *uridine-5'-triphosphate*
Uun	ununnilium element 110
V	2-amino-3-methyl butanoic acid $i-C_3H_7-CH(NH_2)-COOH$ *valine*
VA	acetic acid ethenyl ester $CH_3-COO-CH=CH_2$ *vinyl acetate*
Val	2-amino-3-methyl butanoic acid $i-C_3H_7-CH(NH_2)-COOH$ *valine*
val	valine, ion(1-) $[i-C_3H_7-CH(NH_2)-COO]^-$ *valinate*
VAM	acetic acid ethenyl ester $CH_3-COO-CH=CH_2$ *vinylacetate (monomer)*
VAS	α,4-dihydroxy-3-methoxy benzeneacetic acid $4-HO-3-(CH_3-O)-C_6H_3-CH(OH)-COOH$ *Vanillin-Mandel-Säure*
VC	chloro ethene $CHCl=CH_2$ *vinyl chloride*

VCD

3-oxiranyl 7-oxa-bicyclo[4.1.0]heptane
3-$(OC_2H_3$-2-$)$-[4.1.0]-7-OC_6H_9
vinyl-cyclohexene-dioxide

VCH

4-ethenyl cyclohexene
CH_2=CH-4-C_6H_9
4-vinyl cyclohexene

VCM

chloro ethene
$CHCl$=CH_2
vinylchloride (monomer)

VCR

leurocristine
$C_{46}H_{56}N_4O_{10}$
vincristine

VCZ

N-ethenyl 9H-carbazole
9-$NC_{12}H_8$-$(CH$=$CH_2)$-9
N-vinyl carbazole

VD

ethenylidene
-$C($=$CH_2)$-
vinylidene

VDC

1,1-dichloro ethene
CH_2=CCl_2
vinylidene chloride

VIOL

5-hxdroxyimino-1H,3H,5H-pyrimidine-2,4,6-trione
5-$(HO$-N=$)$-1,3-$N_2C_4H_2($=$O)_3$-2,4,6
violuric acid

VLB

vincaleucoblastine
$C_{46}H_{58}N_4O_9$

VM

viomycin
$C_{25}H_{43}N_{13}O_{10}$

VMA

α,4-dihydroxy-3-methoxy benzeneacetic acid
4-HO-3-$(CH_3$-$O)$-C_6H_3-$CH(OH)$-$COOH$
vanillomandelic acid

VN

1-phenyl-2-chloro ethanone
C_6H_5-$C($=$O)$-CH_2-Cl

VNTT

4,4'-[2,5,8,11-tetraaza 1,11-dodecadiene-1,12-diyl]bis[(2-methoxy)phenol]
[-CH_2-NH-CH_2CH_2-N=CH-4-$C_6H_3(OH$-1$)$-2-O-$CH_3]_2$
bis(vanillin)triethylenetetramine

VOC

ethenyloxycarbonyl-
CH_2=CH-$OC($=$O)$-
vinyloxycarbonyl-

VOCCl

carbonochloridic acid ethenyl ester
Cl-COO-CH=CH$_2$
vinyloxycarbonyl chloride

VP

propanoic acid ethenyl ester
C$_2$H$_5$-COO-CH=CH$_2$
vinylpropionate

VPI

2,2-dimethyl propanoic acid ethenyl ester
t-C$_4$H$_9$-COO-CH=CH$_2$
vinyl-pivalate

vpy

4-ethenyl pyridine
4-(CH$_2$=CH)-C$_5$H$_4$N
4-vinylpyridine

VT

ethenyl-methyl benzene
CH$_2$=CH-C$_6$H$_4$-CH$_3$
vinyl-toluene

VTC

ethenyl trichloro silane
CH$_2$=CH-SiCl$_3$
vinyl trichlorosilane

VTEO

ethenyl triethoxy silane
CH$_2$=CH-Si(O-C$_2$H$_5$)$_3$
vinyl triethoxy silane

VTMO

ethenyl trimethoxy silane
CH$_2$=CH-Si(O-CH$_3$)$_3$
vinyl trimethoxy silane

VTMOEO

ethenyl tris(2-methoxyethoxy) silane
CH$_2$=CH-Si(O-CH$_2$CH$_2$-O-CH$_3$)$_3$
vinyl tris(2-methoxyethoxy) silane

W

2-amino-3-(3-indolyl) propanoic acid
(1-NC$_8$H$_6$)-3-CH$_2$-CH(NH$_2$)-COOH
tryptophan

X

3,6-dihydro-9-ß-D-ribofuranosyl-1H-purine-2,6-dione
2,6-(O=)$_2$-1,3,7,9-N$_4$C$_5$H$_3$-[OC$_4$H$_4$(OH)$_2$-CH$_2$-OH]-9
xanthosine

XAN

carbonodithioic acid O-ester, ion(1-)
[R-O-C(=S)-S]$^-$
xanthate

Xao

3,6-dihydro-9-ß-D-ribofuranosyl-1H-purine-2,6-dione
2,6-(O=)$_2$-1,3,7,9-N$_4$C$_5$H$_3$-[OC$_4$H$_4$(OH)$_2$-CH$_2$-OH]-9
xanthosine

XDP xanthosine-5'-(trihydrogendiphosphate)
$(O{=})_2N_4C_5H_3{-}OC_4H_4(OH)_2{-}CH_2{-}O{-}P({=}O)(OH){-}O{-}P({=}O)(OH)_2$
xanthosine-5'-diphosphate

XDP phosphoric acid dimethylphenyl diphenyl ester
$(C_6H_5{-}O)_2P({=}O){-}O{-}C_6H_3(CH_3)_2$
xylenyl diphenyl phosphate

xdta N,N'-(1,2-phenylenedimethylene)bis[N-(carboxymethyl)glycine], ion(4-)
$[(OOC{-}CH_2)_2N{-}CH_2{-}1{-}C_6H_4{-}2{-}CH_2{-}N(CH_2{-}COO)_2]^{4-}$
xylylenediaminetetraacetate

X-gal 5-bromo-4-chloro-1H-indol-3-yl-ß-D-galactopyranoside
$1{-}(5{-}Br{-}4{-}Cl{-}NC_8H_4{-}3{-}O){-}OC_5H_5{-}2,3,4{-}(OH)_3{-}5{-}CH_2{-}OH$

XMP xanthosine-5'-(dihydrogenmonophosphate)
$(O{=})_2N_4C_5H_3{-}OC_4H_4(OH)_2{-}CH_2{-}O{-}P({=}O)(OH)_2$
xanthosine-5'-monophosphate

XO glycine, N,N'-[3H-2,1-benzoxathiol-3-ylidenebis{(6-hydroxy-5-methyl-3,1-phenylene)methylene}... S,S-dioxide
$(O{=})_2OSC_7H_4{-}[C_6H_2(CH_3)(OH){-}CH_2{-}N(CH_2{-}COOH)_2]_2$
xylenolorange

XTP xanthosine-5'-(tetrahydrogentriphosphate)
$(O{=})_2N_4C_5H_3{-}OC_4H_4(OH)_2{-}CH_2{-}O{-}[P({=}O)(OH){-}O]_2{-}P({=}O)(OH)_2$
xanthosine-5'-triphosphate

Xyl xylose
$OC_5H_6(OH)_4{-}1,2,3,4$

Y 2-amino-3-(4-hydroxyphenyl) propanoic acid
$HO{-}4{-}C_6H_4{-}CH_2{-}CH(NH_2){-}COOH$

YAG yttriumaluminiumgarnet

YIG yttriumirongarnet

Z phenylmethoxycarbonyl-
$C_6H_5{-}CH_2{-}O{-}C({=}O){-}$

Z 2-amino pentanedioic acid
$HOOC{-}CH_2CH_2{-}CH(NH_2){-}COOH$
glutamic acid

Z 2,5-diamino-5-oxo pentanoic acid
$NH_2{-}C({=}O){-}CH_2CH_2{-}CH(NH_2){-}COOH$
glutamine

Z(2-Cl)-ONSu 1-[{{((2-chlorophenyl)methoxy)carbonyl}oxy] 2,5-pyrrolidinedione
$1{-}[2{-}Cl{-}C_6H_4{-}CH_2{-}O{-}C({=}O){-}O]{-}NC_4H_4({=}O)_2{-}2,5$
N-(2-chlorobenzyloycarbonyloxy)-succinimide

Z2O

dicarbonic acid bis(phenylmethyl) ester
C_6H_5-CH_2-O-C(=O)-O-C(=O)-O-CH_2-C_6H_5
(phenylmethoxycarbonyl)2O

ZBDC

zinc bis[N,N-bis(phenylmethyl)dithiocarbamate]
Zn [(C_6H_5-CH_2)$_2$N-C(=S)-S]$_2$
zinc bis(dibenzyldithiocarbamate)

Z(Br)

(4-bromophenyl)methoxycarbonyl-
4-Br-C_6H_4-CH_2-O-C(=O)-
p-bromobenzyloxycarbonyl-

ZBX

zinc bis(butylxanthate)
Zn [C_4H_9-O-C(=S)-S]$_2$

Z-chlorid

carbonochloridic acid phenylmethyl ester
C_6H_5-CH_2-O-C(=O)-Cl

ZDBC

zinc bis(N,N-dibutyldithiocarbamate)
Zn [(C_4H_9)$_2$N-C(=S)-S]$_2$

ZDBP

zirconium 1,10-decanediylbis(phosphonate)
Zr [(O-)$_2$P(=O)-(CH_2)$_{10}$-P(=O)(-O)$_2$]

ZDEC

zinc bis(N,N-diethyldithiocarbamate)
Zn [(C_2H_5)$_2$N-C(=S)-S]$_2$

ZDMC

zinc bis(N,N-dimethyldithiocarbamate)
Zn [(CH_3)$_2$N-C(=S)-S]$_2$

ZEH

2-ethyl hexanoic acid, zinc salt (2:1)
Zn [C_4H_9-CH(C_2H_5)-COO]$_2$
zinc bis(2-ethyl hexanoate)

Zineb

zinc N,N'-1,2-ethanediylbis(dithiocarbamate)
Zn [S-C(=S)-NH-$CH_2$$CH_2$-NH-C(=S)-S]
zinc ethylene-bis(dithiocarbamate)

Ziram

zinc bis(N,N-dimethyldithiocarbamate)
Zn [(CH_3)$_2$N-C(=S)S]$_2$

ZIX

carbonodithioic acid O-(1-methylethyl) ester, zinc salt (2:1)
Zn [i-C_3H_7-O-C(=S)-S]$_2$
zinc isopropylxanthate

Z-L-Arg-MCA

[4-{(aminoiminomethyl)amino}-1-{((4-methyl-2-oxo-2H-1-benzopyran-7-yl)amino)-
carbonyl}butyl] carbamic acid phenylmethyl ester
NH_2C(=NH)NH-(CH_2)$_3$-CH(NH-COO-CH_2-C_6H_5)C(O)NH-OC_9H_4(O)-CH_3
N(α)-carbobenzoxy-L-arginine-4-methylcoumaryl-7-amide

ZMBI

benzimidazole-2-thiol, zinc salt (2:1)
Zn [1,3-$N_2$$C_7H_5$-2-S]$_2$
zinc 2-mercapto benzimidazole

ZMBT

benzothiazole-2-thiol, zinc salt (2:1)
$Zn\,[1,3\text{-}SNC_7H_4\text{-}S\text{-}2]_2$
zinc 2-mercapto benzothiazole

Z(NO2)

(4-nitrophenyl)methoxycarbonyl-
$4\text{-}NO_2\text{-}C_6H_4\text{-}CH_2\text{-}O\text{-}C(=O)\text{-}$
p-nitrobenzyloxycarbonyl-

Z(OMe)

(4-methoxyphenyl)methoxycarbonyl-
$4\text{-}(CH_3\text{-}O)\text{-}C_6H_4\text{-}CH_2\text{-}O\text{-}C(=O)\text{-}$
p-methoxybenzyloxycarbonyl-

Z-ONSu

1-[{(phenylmethoxy)carbonyl}oxy] 2,5-pyrrolidinedione
$C_6H_5\text{-}CH_2\text{-}O\text{-}C(=O)\text{-}O\text{-}1\text{-}NC_4H_4(=O)_2\text{-}2,5$
N-(benzyloxycarbonyloxy)-succinimide

ZPCK

2-phenylmethoxycarbonylamino-3-phenyl-propanoic acid anhydride with
chloroacetic acid
$C_6H_5\text{-}CH_2\text{-}O\text{-}C(=O)\text{-}NH\text{-}CH(CH_2\text{-}C_6H_5)\text{-}C(=O)\text{-}O\text{-}C(=O)CH_2\text{-}Cl$
N-benzyloxycarbonyl-L-phenylalanine chloromethyl ketone

ZPS

3-(2-benzothiazolylthio) 1-propanesulfonic acid
$1,3\text{-}SNC_7H_4\text{-}2\text{-}S\text{-}CH_2CH_2CH_2\text{-}SO_3H$

ZS

4-amino isoxazolidin-3-one
$4\text{-}NH_2\text{-}1,2\text{-}ONC_3H_4(=O)\text{-}3$
cycloserine

ZTO-Chromate

zinctetraoxychromate
$4\,Zn(OH)_2 \cdot ZnCrO_4$

ZV

zwitterionic viologen

B GABMET Abkürzungen von Methoden

2D ACPAR ...... two - dimens. angular correlation (of) positron annihilation radiation

2DEG .... two - dimensional electron gas

2DFI .... two - dimensional FOURIER imaging

2DQE .... two - dimensional quadrupolar echo

2QT-ENDOR ... double quantum transitions (in) electron nuclear double resonance

2ph-TDA .... two - particle one - hole TAMM-DANCOFF approximation

AA .... AUGER amplitude

AA .... activation analysis

AA .... adiabatic approximation

AA .... atomic absorption

AAA .... automated aminoacid analyses

AAM .... automated AUGER microprobe

AAS .... atomic absorption spectrometry

AAT .... atomic axial tensor

AB .... adiabatic bend (approximation)

ABMR .... atomic beam magnetic resonance

ABMS .... anisotropic bulk magnetic susceptibility

ABZ .... adsorbate (layer) BRILLOUIN zone

AC .... acoustic concentration

AC .... air cooled

AC .... alternating current

AC EAF .... alternating current electric arc furnace

ACAR .... angular correlation of annihilation radiation

ACC .... accelerated cooling

ACCD .... approximately coupled cluster doubles (BENZEL-DYKSTRA)

ACCSA .... adiabatic capture centrifugal sudden approximation

ACC-IOS .... azimuthal closely coupled, infinite - order sudden (method)

ACE .... alternative chemical or electron impact ionization

ACF .... adsorbing colloid flotation

ACF .... advanced communications function

ACM .... artificial channel method

ACP .... alternating current polarography

ACPF .... average coupled pair functional (method)

ACQM .... arrangement - channel quantum mechanics

ACRM .... atmospheric corrosion rate monitor

ACSS .... automatic continuous spectrum stabilization

ACTFEL .... ac thin - film electroluminescent (panel)

ACU .... automatic calling unit

ACV .... alternating current voltammetry

AC-ZAA .... alternating magnetic current ZEEMAN atomic absorption

AD .... AUGER de - excitation

AD .... angular distribution

AD .... aprotic dipolar

ADAC .... analog - digital - analog converter

ADAM .... angular distribution of AUGER measurements

ADAP .... angular distribution of annihilation photons

ADAS .... angular - dependent AUGER spectroscopy

ADC .... algebraic diagrammatic construction (method)

ADC .... analog - to - digital converter

ADCCP .... advanced data communications control procedure

ADE .... (thermal) adsorption - desorption equilibrium

ADES .... angle - dispersed electron spectroscopy

ADF .... aqueous dissolution and fluorination process

ADLC .... angle - dependent line of centers (model)

ADM .... adaptive delta modulation

ADO .... averaged dipole orientation

ADPE .... automatic data - processing equipment

ADRF .... adiabatic demagnetization (in the) rotating frame

ADT .... (thermal) adsorption - desorption transient

ADXPS .... angular - dependent x - ray photoelectron spectroscopy

AE .... acoustic emission

AE .... all electron

AE .... auxillary electrode

AEAPS .... AUGER electron appearence potential spectroscopy (alt.:AEPS)

AEES .... AUGER electron emission spectroscopy

AEF .... analyzing electric field

AEM .... AUGER electron microscopy

AEM .... analytical electron microscopy

AEMA .... AUGER electron microanalysis

AEPECS .... AUGER electron - photoelectron coincidence spectroscopy

AEPS .... AUGER electron appearence potential spectroscopy (alt.: AEAPS)

AER .... average evoked response

AES .... AUGER electron spectroscopy

AES .... AUGER emission spectroscopy

AES .... atomic emission spectrometry

AES-E .... AUGER electron spectroscopy with electron excitation

AES-I .... AUGER electron spectroscopy with ion excitation

AES-P .... AUGER electron spectroscopy with photon excitation

AETM .... analytical electron transmission microscopy

AFB .... atmospheric fluidized bed

AFF .... aberration free focus

AFF .... automatic frequency follower

AFID .... alkali flame ionization detector (alt.: AID)

AFM .... antiferromagnetic

AFP .... adiabatic fast passage (technique)

AFS .... atomic fluorescence spectroscopy

AGC .... automatic gauge control during rolling

AGP .... antisymmetrized geminal power

AGR .... advanced gas - cooled reactor

AHM .... antiferromagnetic HEISENBERG model

AI .... artificial intelligence

AIA .... automated image analysis

AID .... AUGER induced desorption

AID .... alkali flame ionization detector (alt.: AFID)

AID .... argon ionization detector

AIEDC .... angle - integrated energy distribution

AIM .... adaptive injection molding

AIM .... adsorption isothermal measurement

AIM .... atoms - in - molecules

AIMP .... ab initio model potential (method)

AIP .... adiabatic ionization potential

AIR .... aerosol ionic redistribution (AAS)

AIRS .... advanced inertial reference sphere

AISI .... american iron and steel institute

AIUPS .... angle - integrated ultraviolet photoelectron spectroscopy

ALCI .... ARBED lance coal injection for steelmaking

ALGOL .... algorithmic language

ALS .... alternating layer spin

ALU .... arithmetic and logic unit

AM .... amplitude modulation

AM1 .... AUSTIN model 1 semiempirical quantum chemical method

AME .... angle - measuring equipment

AMICA .... automated modules for industrial control analysis

AMLCD .... active - matrix - addressed liquid crystal display

AMO .... alternate molecular orbital

AMR .... anisotropic magnetoresistance

AMR .... automatic meter reading

AMT .... amplitude mode theory

AMTEC .... alkali metal thermoelectric converter

AMU .... atomic mass units

AN .... AUGER neutralization

AN .... adiabatic nuclei (approximation)

ANNNI .... anisotropic next - nearest - neighbour ISING (model)

ANNNI .... axial next - nearest - neighbour ISING (model)

ANO .... atomic natural orbital

ANO .... average (approximate) natural orbital(s)

ANR .... adiabatic nuclear rotation (method)

ANV .... adiabatic nuclear vibration (method)

AO .... acousto - optic(al)

AO .... anodic oxydation

AO .... atomic orbital

AOI .... acousto - optic interaction

AOM .... angular overlap model

AOQ .... average outgoing quality = Durchschlupf

AOQL .... average outgoing quality limit = grösster Durchschlupf (Grenzqualität)

AO-ETF .... atomic orbital electron translation factor

AP .... AUGER parameter

AP .... appearance potential

APB .... antiphase boundary

APCF .... angular position correlation function

APCVD .... atmospheric pressure chemical vapor deposition

APD .... azimuthal photoelectron diffraction

APDG .... antisymmetrized product of delocalized geminals

APE .... accumulated photon echo

APECMS .... atmospheric pressure electron capture mass spectrometry

APECS .... AUGER photoelectron coincidence spectroscopy

APES .... adiabatic potential energy surface

APFIM .... atom probe field ion microscopy

API .... atmospheric pressure ionization

APLG .... antisymmetrized product of localized geminals

APM .... atomic parameter matrix

APNO .... atomic pair natural orbital

APP .... acoustic phase plate

APPH .... AUGER peak - to - peak height

APPS .... atmospheric pressure plasma spraying

APRES .... angle resolved photo electron spectroscopy

APS .... appearence potential spectroscopy

APS .... atom probe spectroscopy

APSG .... antisymmetrized product of strongly orthogonal geminals

APT .... atomic polar tensor

APT .... attached proton test

APT .... automatic picture transmission

APUHF .... approximately projected unrestricted HARTREE-FOCK

APUMP .... approximately projected unrestricted MOELLER-PLESSET

APW .... augmented plane wave

APYS .... AUGER electron partial yield spectroscopy

AQAM .... air quality assessment model

AQL .... acceptable quality level= annehmbare Qualität der Lieferung

AQS .... analytische Qualitätssicherung

AR .... acoustic ringing

AR .... anti reflection (coating)

AR .... autoregression (model)

ARA .... aromatic apolar

ARAES .... angle - resolved AUGER electron spectroscopy

ARAS .... atomic resonance absorption spectrophotometry

ARCFS .... angle - resolved constant final state

ARCIS .... angle - resolved constant initial - energy spectra

ARCS .... advanced reconfigurable computer system

AREDC .... angle - resolved energy distribution curve

AREP .... average relativistic (core) potential

ARET .... angle - averaged relative energy transfer

ARIES .... angle - resolved ion electron spectroscopy

ARIPS .... angle - resolved inverse photo-emission spectroscopy

ARMA .... autoregression moving average (model)

ARP .... angle - resolved photoemission (spectroscopy)

ARP .... aromatic polar

ARPEFS .... angle - resolved photoemission (or -electron) extended fine structure

ARPES .... angle - resolved photoelectron spectroscopy

ARPS .... angle - resolved photoelectron spectroscopy

ARSES .... angular - resolved secondary electron spectroscopy

ARUPS .... angle - resolved ultra - violet photoelectron spectroscopy

ARXES .... angle - resolved x - ray emission spectroscopy

ARXPS .... angle - resolved x - ray photoelectron spectroscopy

AS .... AUGER spectroscopy

AS .... adiabatic stretch (approximation)

ASA .... accessible surface area (model)

ASA .... atomic sphere approximation

ASAXS .... anomalous small - angle x - ray scattering

ASCII .... american standard code for information interchange

ASD .... AUGER - stimulated desorption

ASED-MO .... atom superposition and electron delocalization molecular orbital

ASF .... artificially structured films

ASG .... antiferromagnetic spin glass

ASHW .... antisymmetric shear horizontal wave

ASIS .... aromatic solvent induced shifts

ASL .... american sign language

ASLEEP .... automated scanning low energy electron probe

ASLUC .... all scrap with lump coal (SUMI-TOMO metal industries)

ASM .... acoustic surface measurement

ASM .... argon secondary metallurgy

ASTDS .... AUGER spectroscopy thermal desorption spectra

ASV .... anodic stripping voltammetry

ASVW .... antisymmetric shear vertical wave

ASW .... acoustic surface wave measurements

ATD .... alkali thermoionization detector

ATDC .... after top dead center

ATE .... automated test equipment

ATF .... associated theoretical function

ATI .... above - threshold ionization

ATL .... automated tape library

ATMOS .... atmospheric trace molecule spectroscopy

ATN .... augmented transmission network

ATR .... attenuated total reflection

ATS .... automated telemetry system

AUA .... anisotropic united atom (model)

AUGER .... AUGER electron analysis

AUHF .... annihilated unrestricted HARTREE - FOCK (method)

AVA .... accelerating voltage alteration (ms)

AVCC-IOS .... azimuthal and vibrational closely coupled,infinite-order sudden(meth.)

AVCF .... angular velocity correlation function

AVF .... azimuthally varying field

AVHRR .... advanced very - high - resolution radiometer

AVM .... arc vacuum melting

AWAXS .... anomalous wide - angle x - ray scattering

AdSV .... adsorptive stripping voltammetry

AgQRE .... Ag quasireversible electrode

B1B .... boundary - corrected first BORN (approximation)

BACK .... BOUBLIK - ALDER - CHEN - KREGLEWSKI (equation of state)

BAG .... BAYARD - ALPERT gauge

BASE .... "beta"- alumina solid electrolyte

BASIC .... beginners all purpose symbolic instruction code

BAW .... bond order alternation wave

BBD .... beam - blanking device

BBDC .... before bottom dead center

BBM .... beam - blanking method

BCA .... binary collision approximation

BCD .... binary coded decimal

BCF .... baseline cosine fitting

BCM .... binary collision model

BCRLM .... bending - corrected rotating linear model

BCS .... BARDEEN - COOPER - SCHRIEFFER (theory, superconductivity)

BCS .... basic control system

BDC .... bottom dead center

BDE .... bond dissociation energy

BDF .... binary difference field

BDL .... BOLTZMANN distribution law

BDL .... below detection limit

BDM .... BOCKRIS - DEVANATHAN - MUELLER (model)

BDOS .... bulk density of states

BDP .... bond directionality principle

BE .... binding energy

BEAMOS .... beam - adressed metal oxide semiconductor

BEBO .... bond energy bond order

BEC .... background equivalent concentration(s)

BEM .... band edge movement

BEM .... boundary element method

BER .... bit error rate

BERT .... bit error rate test

BET .... BRUNAUER - EMMET - TELLER (surface determination)

BF .... blast furnace

BFS .... beam foil spectroscopy

BFVCC .... body frame vibrational close - coupling (method)

BF-FN .... body frame fixed nuclei (method)

BG .... BORN - GREEN (equation)

BGY .... BORN - GREEN - YVON (equation)

BHB .... bifurcated hydrogen bond

BIC .... biospecific interaction (affinity) chromatography

BIF .... best image field

BILE .... beam - induced light emission

BIMOS .... bipolar MOS (technique)

BIPS .... billion instructions per second

BIRD .... bilinear rotation decoupling (nmr)

BIS .... bremsstrahlung isochromat spectroscopy

BISC .... back intersystem crossing (emission spectroscopy)

BISRA .... british iron and steel research association

BIT .... binary digit

BIV .... best - image voltage

BIXE .... bombardment - induced x - ray emission

BJT .... band JAHN - TELLER (effect)

BLB .... BRILLOUIN - LEVY - BERTHIER theorem

BLE .... bombardment - induced light emission

BLF .... bulk - loss function

BLM .... bilayer(black) lipid membrane

BLU .... basic link unit

BMC .... BALLESTER - MALINET - CASTAUER (perchlorination)

BMF .... biomagnification factor

BMO .... BLOCH molecular orbit

BMS .... BURSTEIN - MOSS shift

BMUX .... buffered communication unit multiplexer

BNC .... bayonet norm connector

BOAW .... bond order alternation wave

BOD .... biological (biochemical) oxygen demand

BOEAF .... basic oxygen electric arc furnace (Sheerness Steel)

BOF .... basic oxygen furnace

BOP .... basic oxygen steelmaking process

BORAM .... block oriented random access memory

BOS .... basic oxygen steelmaking

BPC .... bond percolation cluster

BPC .... bonded - phase chromatography

BPP .... BLOEMBERGEN, PURCELL, POUND (NMR relaxation)

BPS .... bits per second

BRCBED .... beam - rocking method convergent beam electron diffraction

BS .... backscattering spectrometry

BS .... bremsstrahlung spectroscopy

BSB .... biologischer Sauerstoffbedarf

BSBL .... bond strength - bond length

BSD .... backscattering detector

BSE .... backscattering electrons

BSF .... back surface field

BSG .... borosilicate glass

BSO .... backside selective oxidation

BSS .... BLOCH - SIEGERT shift

BSSE .... basis set superposition error

BTS .... bias - temperature stress

BWA .... BRAGG - WILLIAMS approximation

BWEN .... BRILLOUIN - WIGNER perturbn. theory with EPSTEIN - NESBET partitioning

BWR .... boiling water reactor

BZ .... BRILLOUIN zone

C4S .... chemical shift - specific slice selection (method)

CA .... cellular automaton

CA .... collision activation

CAA .... computer - aided analyses

CAD .... chemical inorganic deposition

CAD .... coincident axial direction

CAD .... collisional - activated dissociation (ms)

CAD .... computer - aided design

CAE .... computer - aided engineering

CAI .... computer - aided instruction

CAICISS .... coaxial impact collision ion - scattering spectroscopy

CAM .... coherent anomaly method

CAM .... computer - addressable memory

CAM .... coupled angular momentum (representation)

CAMELSPIN ... cross-relaxn.appropr.for minimols.emulated by locked spins(alt.ROESY)

CAMS .... collisional activation mass spectrum

CAOS .... computer - assisted organic syntheses

CAP .... computer - aided planing

CAQ .... computer - aided quality assurance

CAR .... computer - aided recording

CARAM .... content - addressable random access memory

CARS .... coherent anti - STOKES RAMAN spectroscopy

CAS .... complete active space

CAS .... composition adjustment by sealed argon bubbling (Nippon Steel)

CASING .... cross - linking by active species of inert gases

CASSCF .... complete active space self consistent field

CAS-OB .... CAS with oxygen blowing (Nippon Steel)

CAT .... computer - aided testing

CAT .... computer - averaged transients

CATA .... cobble automatic thermo analyzer

CATP.. .... controlled atmosphere temperature pressure...(prefix)

CAVLP .... chronoamperometrie a variation lineaire de potentiel

CBA .... COULOMB - BORN approximation

CBED .... convergent beam electron diffraction

CBF .... correlated basis functions

CBLM .... cluster BETHE lattice model

CBN .... cubic boron nitride

CBS .... complete basis set

CC .... chemometrics in analytical chemistry

CC .... close coupling

CC .... column chromatography

CC .... continuous casting

CC .... counter current

CC .... crystal - controlled

CCA .... cluster - cluster aggregation

CCA .... coupled cluster approach

CCC .... counter current chromatography

CCCI .... correlation - consistent configuration interaction

CCCP .... carbon - carbon connectivity plot (nmr)

CCD .... charge - coupled device

CCD .... counter current decantation

CCD .... coupled - cluster doubles

CCE .... collisional charge transfer

CCF .... cavity correlation function

CCF .... close - coupling formulation

CCFO .... charge - charge flux overlap

CCGMA .... CABRERA - CELLI - GOODMAN - MANSON approximation

CCM .... cation chelating mechanism

CCM .... chromatographie analytiques sur couche mince

CCNR .... current - controlled negative differential resistance

CCPA .... constant centrifugal potential approximation

CCPPA .... coupled cluster polarization propagator approximation

CCSD .... coupled cluster (method including all) single and double (excitations)

CCT .... continuous cooling transformation

CCTL .... collection - coupled transition logic

CCWP .... close - coupling wave - packet (method)

CC-CCR .... continuous casting and cold - charge rolling

CC-HCR .... continuous casting and hot - charge rolling

CC-HDR .... continuous casting and hot direct rolling

CD .... COLE - DAVIDSON (formula)

CD .... circular dichroism

CD .... compact disk

CD .... convolution difference

CDA .... cylindrical deflector analyzer

CDD .... chemical deformation density

CDF .... centered dark field

CDF .... charge density fluctuation

CDM .... continuous diffusion model

CDPI .... corrected discretized path integral

CDQ .... coke dry quenching

CDQR .... constant displacement and quick return

CDRE .... convolution difference resolution enhancement

CDW .... charge density wave

CDW .... continuum distorted wave (approximation)

CE .... charge exchange

CEC .... cation exchange capacity

CECD .... COULSON electrolytic conductivity detector

CECE .... combined electrolysis catalytic exchange

CEELS .... characteristic electron energy loss - spectroscopy

CEF .... crystal electric field

CEFBC .... continuous elution flat - bed chromatography

CEIE .... conformational equilibrium isotope effect

CEL .... (two photon) correlated emission laser

CELS .... characteristic energy - loss spectroscopy

CEM .... channel electron multiplier

CEM .... conventional electron microscopy

CEM .... corrected effective medium

CEMA .... channel electron multiplier array

CEMS .... conversion electron MOESSBAUER spectroscopy

CEP .... compact effective (core) potentials

CEPA .... coupled electron pair - approximation

CEPA-PNO ..... coupled electron - pair approximation using pair natural orbitals

CESFS .... constant energy synchronomy fluorescence spectrometry

CESR .... conduction electron spin resonance

CET .... correlated electron transfer

CF .... corrected field

CF .... cryogenic focussing

CF .... crystal field

CFA .... continuous flow analysis

CFA .... cross flow analyzer

CFAES .... carbon furnace atomic emission spectrometry

CFCA .... classical FRANCK - CONDON approximation

CFD .... constant fraction discriminator

CFQMC .... correlation function quantum Monte Carlo

CFS .... constant final energy spectra

CFS .... constant final state

CFS .... crystal field stabilization

CFSE .... crystal field stabilization energy

CFSO-BEBO ... crystal field surface orbital - bond energy bond order(method)

CFSPES .... constant final - state photoelectron spectroscopy

CFSS .... constant - final - state spectroscopy

CFUR .... continuously fed unstirred reactor

CFWMS .... coherent four - wave mixing spectroscopy

CF-FAB .... continuous flow fast atom bombardment

CGL .... complex GINZBURG - LANDAU (equation)

CGTF .... contracted GAUSSIAN - type function

CGTO .... contracted GAUSSIAN - type orbital

CHA .... concentric hemispherical analyzer

CHARM .... combined hedonic response measurement

CHEF .... chelation - enhanced fluorescence

CHEMFET .... chemical sensitive field effect transistor

CHESS .... chemical shift - selective

CHF .... coupled HARTREE - FOCK

CHFPT .... coupled HARTREE - FOCK perturbation theory

CHIL .... current - hogging injection logic

CHL .... current - hogging logic

CI .... chemical ionization

CI .... configuration interaction

CI .... cropping index

CIA .... chemoluminiscence immunoassay

CIA .... collision-induced (infrared) absorption

CICS .... customer information control system

CID .... circular intensity difference

CID .... collision - induced desorption

CID .... collision - induced dissociation

CIDEP .... chemically induced dynamic(magnetic) electron polarization

CIDI .... collision - induced dissociative ionization

CIDKP .... chemisch induzierte dynamische Kernpolarisation

CIDNP .... chemically induced dynamic nuclear (spin) polarization (nmr)

CIE .... counter immunoelectrophoresis

CIG .... coal iron gasification process

CIG .... computer image generation

CIHSI .... chemically induced hyperthermal surface ionization

CILS .... collision - induced light scattering

CIM .... computer input microfilm

CIM .... computer - integrated manufacturing

CIMS .... chemical ionization mass spectrometry

CIP .... CAHN - INGOLD - PRELOG system (stereochemistry)

CIPSI .... config. interact.(treatment) by perturbation selected iterations

CIR .... carrier - to - interference ratio

CIS .... characteristic isochromat spectroscopy

CIS .... constant initial energy spectra

CIS .... constant initial state

CIS .... contact to inner solution

CISD .... config. interact.(including all) single and double excitations

CISS .... constant initial state spectroscopy

CIT .... commensurate - incommensurate transition

CIU .... color intensity unit

CK .... competitive kinetics

CKO .... CLOSS - KAPTEIN - OOSTERHOFF (radical pairs model)

CL .... cathode luminiscence

CL .... chemoluminiscence

CLC .... classical liquid crystal

CLC .... column liquid chromatography

CLEC .... chiral ligand exchange chromatography

CLF .... cellular ligand field (model)

CLS .... characteristic loss spectroscopy

CLS .... classical least - squares
CLS .... closed - loop stripper
CLS .... constant light signal
CLS .... core level spectroscopy
CLSA .... closed - loop stripping analyses
CM .... configuration mixing
CM .... cylindrical mirror analyzer
CMA .... composition - modulated alloy (method)
CMA .... cylindrical mirror (electrostatic) analyzer
CMBA .... crossed molecular beam apparatus
CMC .... critical micell concentration
CME .... clay - modified electrode
CMES .... conversion electron MOESSBAUER spectroscopy
CMF .... cross flow microfiltration
CMIS .... complementary MIS
CML .... coupled map lattice
CMNOS .... complementary MNOS
CMOS .... complementary metal oxide semiconductor
CMP .... capacity - coupled microwave plasma
CMR .... carbon magnetic resonance
CMRCI .... contracted multireference configuration interaction (method)
CMS .... chromatographic mode sequencing
CMTA .... constant momentum transfer averaging
CN .... carbon numbers
CNC .... condensation nuclei counter
CND .... cluster of n - defects
CNDO .... complete neglect of differential overlap
CNMR .... carbon nuclear magnetic resonance (13C)
CNR .... carrier - to - noise ratio

COBOL .... common business oriented language
COCONOSY ... combined correlated and nuclear OVERHAUSER enhancement spectry.(nmr)
COD .... chemical organic deposition
COD .... chemical oxygen demand
COFS .... closed - open - face sandwich
COG .... coke oven gas
COL .... colorimetry
COLOC .... correlation spectroscopy via long range couplings (nmr)
COM .... computer - output microfilm
COMARO .... composite magic - angle rotation
COMAS .... concentration - modulated absorption spectroscopy
COP .... coefficient of performance
COSMOS .... complementary symmetry metal oxide semiconductor
COSS .... correlation (with) shift scaling
COSY .... correlated spectroscopy (nmr)
COSY-LR .... correlation spectroscopy (with) long range (coupling)
COV .... coefficient of variability
CP .... CAR - PARRINELLO (molecular - dynamics method)
CP .... COMPTON profile
CP .... charge conjugation parity
CP .... cross polarization (nmr)
CPA .... coherent potential approximation
CPAA .... charged - particle activation analysis
CPBX .... computerized private branch exchange
CPC .... coil planet centrifuge
CPC .... compound parabolic concentrator
CPC .... computer program component
CPCI .... coupled - perturbed configuration interaction
CPD .... contact potential difference

CPE .... carbon paste electrode

CPE .... central processing element

CPE .... circular probable error

CPE .... computer performance evaluation

CPE .... constant phase element

CPE .... correlated particles expansion

CPED .... convergent probe electron diffraction

CPEM .... conventional photoelectron microscope

CPF .... circular polarized fluorescence

CPG .... gas chromatography (french)

CPH .... characters per hour

CPH .... coal pre - heating (for cokemaking)

CPHF .... coupled perturbed HARTREE - FOCK (method)

CPI .... carbon preference index

CPIA .... close - pair interstitial atoms

CPK .... CORREY - PAULING - KOLTUN (model)

CPL .... circular polarized luminescence (spectroscopy)

CPL .... conversational programming language

CPM .... complex permeability measurement

CPM .... continuum POTTS model

CPM .... counts per minute

CPMAR .... cross polarization magic angle rotation

CPMAS .... cross polarization magic angle spinning (nmr)

CPMCSCF ...... coupled perturbed multiconfiguration self - consistent field

CPMET .... coupled - pair many - electron theory

CPMG .... CARR, PURCELL, MEIBOOM, GILL (NMR pulse sequence)

CPOL .... communications procedure - oriented language

CPP .... CURIE point pyrolysis

CPP .... core polarization potential

CPR .... casting - pressing - rolling (variant of the CSP process)

CPS .... communications processor system

CPS .... counts per second

CPSD .... counting position sensitive detector

CPT .... cluster perturbation theory

CPU .... central processing unit

CP-ENDOR ..... circular polarized electron nuclear double resonance

CP-T .... CARR, PURCELL technique

CP-TAPF .... CARR, PURCELL time - averaged precession frequency

CQMS .... circuit quality monitoring system

CR .... carriage return

CR .... conditioned response

CR .... controlled rolling

CRAMPS .... combined rotation and multiple - pulse spectroscopy

CRC .... cyclic redundancy check

CRD .... cathode ray tube display

CREE .... cathode ray - excited emission spectroscopy

CRIE .... crossed radioimmunoelectrophoresis

CRM .... chemical remanent magnetization

CRMS .... continuous repetitive measurement of spectra

CRN .... continuous random network

CRO .... cathode ray oscilloscope

CRPP .... correlated radical pair polarization

CRS .... cold rolled steel

CRS .... coordinate representation sudden

CRT .... cathode ray tube

CS .... COMPTON scattering

CSA .... centrifugal sudden (coupled states) approximation

CSA .... chemical shift anisotropy

CSA .... chiral solvating agent

318

CSB .... chemischer Sauerstoffbedarf

CSC .... conserved successive collision (model)

CSCF .... complex self - consistent - field

CSD .... charge state distribution

CSDW .... centrifugal - sudden distorted - wave (method)

CSEL .... charge - stripping energy loss

CSF .... classical signal field (method)

CSF .... configuration state function

CSHF .... closed - shell HARTREE - FOCK (theory)

CSI .... crystal structure imaging

CSL .... coincidence site lattice

CSM .... command and service module

CSM .... continuous steelmaking MITSUBISHI

CSMS .... charge - separation mass spectrometry

CSN .... conductive solids nebulizer

CSO .... crossed second order

CSOV .... constrained space orbital variation

CSP .... chemical spray pyrolysis

CSP .... compact strip production (SCHLOEMANN - SIEMAG)

CSRO .... chemical short - range order

CSRS .... coherent STOKES RAMAN spectroscopy

CSTR .... continuous flow stirred tank reactor

CSV .... cathodic stripping voltammetry

CSVT .... close - spaced vapor transport

CT .... charge transfer

CT .... classical trajectory (method)

CT .... coherence transfer

CT .... cryogenic trapping

CTEF .... coherence transfer echo filtering

CTEM .... conventional transmission electron microscopy

CTF .... common translation factor

CTF .... contrast transfer function

CTL .... complementary transistor logic

CTM .... counter timer multimeter

CTNB .... charge transfer no - bond

CTR .... controlled thermonuclear reactor

CTRIPS .... charge transfer reaction inverse photoemission spectroscopy

CTRW .... continuous time random walk

CTST .... classical transition state theory

CTST .... conventional transition state theory

CTTL .... charge transfer to ligand

CTTM .... charge transfer to metal

CTTS .... charge transfer to solvent

CV .... coefficient of variance or variation

CV .... cyclovoltammetry

CVA .... characteristic vector analysis

CVAA .... cold vapor atomic absorption spectroscopy

CVC .... conserved vector current

CVC .... continuous variable crown

CVD .... chemically vapor - deposited (chemical vapor deposition)

CVE .... cluster valence electron

CVE .... critical voltage effect

CVF .... circular variable filter

CVI .... chemical vapor infiltration

CVM .... cluster variation method

CVMO .... cluster valence molecular orbital

CVPT .... canonical VAN VLECK perturbation theory

CVT .... canonical variational (transition state) theory

CVTST .... canonical variational transition - state theory

CW .... configuration wavefunction

CW .... continuous wave (laser beam)

CW-ENDOR .... continuous wave - electron nuclear double resonance

CXAES .... continuous x - ray - induced AUGER electron spectroscopy

CYCLOPS .... cyclically ordered phase sequence

CZ .... CZOCHRALSKI (single crystals)

CZE .... capillary zone electrophoresis

C-FFOX .... carbon - ferrailles fusion oxydantes (SOLLAC)

C-MOS .... complementary metal - oxide - silicon

D .... delay

DA .... data available

DAA .... data - access arrangement

DABS .... discrete address beacon system

DAC .... digital - to - analog converter

DACS .... data acquisition control system

DAD .... digital audio disk

DAD .... diode array detector

DADI .... direct analysis of daughter ions

DAF .... dissolved air flotation

DAGV .... differential automatic gas volumetry

DAISY .... Düsseldorfer Analyse- und Iterationssystem

DAL .... data - access line

DANTE .... delays alternating with nutations for tailored excitation (nmr)

DAP .... DOW aluminium pyrometallurgical process

DAP .... data - access protocol

DAPS .... disappearence potential spectroscopy

DARC .... documentation and automatization of research on correlations

DARS .... digital attitude reference system

DARSS .... diode array rapid - scan spectrometer

DAS .... decay - associated spectrum

DAS .... dynamic - angle spinning

DASD .... direct - access storage device

DAVINS .... direct analysis of very intricate NMR spectra

DB .... double beam

DBC .... data base computer

DBMS .... data base management system

DBRT .... double - barrier resonant tunneling

DBRTS .... double - barrier resonant tunneling structures

DBU .... decay of buildup

DC .... Dünnschicht-Chromatographie (alt.:TLC)

DC .... differential current

DC .... diffraction contrast

DC .... direct current

DC EAF .... direct current electric arc furnace

DCA .... double chain approximation

DCB .... double cantilever beam technique

DCBS .... dimer - centered basis set

DCC .... dipolar coupling constant

DCCC .... droplet countercurrent chromatography

DCCI .... dissociation - consistent configuration interaction

DCE .... data circuit - terminating equipment

DCE .... dissociative charge exchange

DCF .... dipole (moment) autocorrelation function

DCF .... direct correlation function

DCFL .... direct coupled FET logic

DCI .... desorption chemical ionization

DCL .... demountable cathode lamp

DCLT .... differential cathode luminescence topography

DCM .... difference - curve method

DCP .... direct current argon plasma laser ablation

DCP .... direct current plasma

DCP .... direct current polarography

DCP-OES .... direct current argon plasma optical emission spectrometry

DCR .... defect - controlled relaxation (model)

DCR .... dynamic charge restoration

DCS .... differential cross section

DCS .... digital computer system

DCS .... distributed computing system

DCSEE .... differential cross - sections of emitted electrons

DCTL .... direct - coupled transistor logic

DC-CI .... dissociation - consistent configuration interaction

DC-ZAA .... direct current ZEEMAN atomic absorption

DD .... dipolar decoupling

DD .... dipole - dipole (interaction)

DDA .... digital differential analyzer

DDC .... direct digital control

DDCIP .... dipolar - decoupled composite inversion pulse (nmr)

DDCMP .... digital data - communications message protocol

DDCS .... double differential cross section

DDDP .... discrete differential dynamic programming

DDK .... dynamische Differenzkalorimetrie

DDL .... data definition language

DDL .... data description language

DDLEED .... double - diffraction low energy electron diffraction

DDPS .... digital data - processing system

DDSCS .... double - differential scattering cross section

DE .... two - dimensional electrophoresis

DEA .... dissociative electron attachment

DEB .... discharge electron bremsstrahlung

DEC .... DONNAN exclusion chromatography

DEC .... displacement error criterion

DEC .... double electron capture

DEFMI .... doubly enhanced four - wave mixing

DEFT .... direct epifluorescent filter techniques

DEFT .... driven equilibrium FOURIER transform

DEFT .... driven equilibrium FOURIER transform (nmr)

DEIS .... dual electron injection structure

DEL .... diffraction des electrons lents (alt.: LEED)

DEM .... discrete exchange model

DEMS .... differential electrochemical mass spectroscopy

DENS .... diffuse lattice neutron scattering

DEP .... dielectrophoresis

DEP .... direct exposure probe (ms)

DEPT .... distortionless enhancement by polarization transfer

DEPT .... distortionless enhancement by polarization transfer (nmr)

DEPT-GL .... DEPT - grand luxe

DERCOS .... decay via random coordinate selection (photoreaction)

DESMI .... doubly enhanced sum - frequency mixing

DESPOT .... driven -equilibrium single - pulse observation of T1

DET .... deep electron trap

DET .... displacement energy threshold

DETA .... dielectric thermal analysis

DF .... decontamination factor

DF .... density function (or density formalism)

DF .... density functional

DF .... discharge flow

DF .... dispersed fluorescence (spectroscopy)

DFB .... distributed feedback

DFC .... data flow control

DFFT .... double forward FOURIER transformation

DFG .... diode function generator

DFHC .... dark field hollow core

DFT .... digital FOURIER transformation

DFT .... discrete FOURIER transform

DFT .... (position space) density functional theory

DFTS .... dispersive FOURIER transform spectrometry

DFWM .... degenerate four - wave mixing

DF-ODMR .... delayed fluorescence optically detected magnetic resonance

DG .... DEAL - GROVE (oxidation model)

DGB .... distributed GAUSSIAN basis

DGF .... distributed GAUSSIAN function

DH .... Dortmund Hörde process

DH .... delayed hypersensitivity

DHF .... dynamic HARTREE - FOCK

DHO .... displaced harmonic oscillator

DHT .... deep hole trap

DHVA .... DE HAAS - VAN ALPHEN (effect)

DI .... direct imaging

DIC .... differential interface contrast

DICD .... dispersion - induced circular dichroism

DID .... dipole - induced dipole

DID .... double INDOR difference (spectroscopy)

DIE .... direct - injection enthalpimetry

DIGGER .... discrete isolation from gradient - governed elimination of resonances

DIGS .... disorder - induced gap state (model)

DIIS .... diatomics in ionic systems (formalism)

DIIS .... direct inversion in the iterative subspace (PULAY)

DILS .... depolarized induced light scattering

DIM .... diatomics - in - molecules (method)

DIM .... differential isotopic method

DIM-3C .... diatomics - in - molecules plus three - center terms

DINS .... diffuse inelastic neutron scattering spectroscopy

DIOS .... direct iron - ore smelting reduction process (japanese steelind.)

DIP .... direct insert probe

DIP .... double ionization potential

DIP .... dual in - line package

DIPR .... direct interaction with product repulsion (model)

DIRLD .... dynamic ir linear dichroism

DISCO .... differences and sums in COSY spectra

DISCPAGE ..... discontinuous polyacrylamide electrophoresis

DISEM .... diffracted beams from secondary electrons in SEM

DIVAH .... diagonally corrected vibrationally adiabatic hyperspherical (model)

DK .... Dielektrizitätskonstante

DLA .... diffusion - limited aggregation (cluster)

DLC .... data link control

DLCA .... diffusion - limited cluster aggregation

DLCF .... data link control field

DLEED .... dynamical low energy electron diffraction

DLI .... direct liquid inlet

DLNS .... deep - level noise spectroscopy

DLOS .... deep - level optical spectroscopy

DLS .... dynamic light scattering

DLTMA .... dynamic load thermomechnical analysis

DLTS .... deep - level transient spectroscopy

DLVO .... DERJAGUIN - LANDAU - VERWEY - OVERBEEK (theory)

DLZR .... directionally levitation - zone - remelted

DM .... digital mechanics

DM .... dry matter

DMA .... differentieller Mobilitäts Partikel Analysator

DMA .... distributed multipoles

DMBE .... double many - body expansion (method)

DMCM .... dynamic Monte Carlo method

DME .... dropping mercury electrode

DMFL .... dingot magnesium fluoride liner

DML .... data manipulation language

DMM .... deformation mechanism map

DMM .... digital multimeter

DMRGE .... design of magnetic resonance (experiments) by genetic evolution

DMS .... Dehnungsmeßstreifen

DMT .... dynamic mechanical testing

DMTA .... dynamic mechanical thermal analyzer

DN .... GUTMANN donor number

DNCP .... dipolar - narrowed CARR - PURCELL (sequence)

DNMR .... dynamic NMR

DNMR .... dynamic nuclear magnetic resonance

DNMR .... two - dimensional nuclear magnetic resonance spectroscopy

DNP .... dynamic nuclear polarization

DOC .... direct on column injector

DODS .... different orbitals for different spins

DOPE .... discrete orthogonal polynomial expansion

DOS .... density of states

DOS .... disk operating system

DOSD .... dipole oscillator strength distribution

DOSENCO ...... decay on a specific nuclear coordinate (photoreaction)

DOUBTFUL ..... double (quantum) transitions for finding unresolved lines

DP .... differential pulse

DPA .... distributed polarizability analysis

DPAC .... doubly perturbed angular correlation

DPASV .... differential pulse anodic stripping voltammetry

DPC .... differential phase contrast

DPC .... differential photo calorimetry

DPCSV .... differential pulse cathodic stripping voltammetry

DPI .... discretized path integral

DPIV .... differential puls inverse voltammetry

DPM .... decays per minute

DPP .... differential pulse polarography

DPPH .... derivative peak - to - peak height

DPV .... differential pulse voltammetry

DQC .... double - quantum correlation (nmr)

DQCC .... deuterium quadrupole coupling constant (nmr)

DQE .... detector quantum efficiency

DQENMR .... deuterium quadrupole echo nuclear magnetic resonance

DQF-COSY ..... double quantum filtered correlation spectroscopy

DQF-COSY ..... double quantum - filtered COSY(correlated spectroscopy) (nmr)

DQMC .... diffusion quantum Monte Carlo

DQTST .... detailed quantum transition state theory

DR .... diffuse reflection

DR .... direct reduction of iron ore

DRAM .... dynamic random access memory

DRAW .... direct read and write memory

DRC .... diamagnetic ring current

DRCM .... double resonance with coupled multiplets (NQR)

DRED .... double rocking electron diffraction

DRESS .... depth - resolved surface - coil spectroscopy

DRF .... dielectric response function

DRI .... direct reduced iron

DRIFT .... diffuse reflectance infrared FOURIER transform (spectroscopy)

DRIFTS .... diffuse reflectance infrared FOURIER transform spectroscopy

DRIS .... dynamic rotational isomeric state (model)

DRLC .... double resonance via level crossing (NQR)

DRLF .... double resonance between the rotating and laboratory frame (NQR)

DRPHS .... dense random packing of hard spheres

DRRF .... double resonance in the rotating frame (NQR)

DRRS .... doubly resonant RAMAN scattering

DRS .... depolarized RAYLEIGH scattering

DRS .... diffuse reflectance spectrometry

DRS .... diffuse reflectance spectroscopy

DRS-VIS .... diffuse reflectance visible spectroscopy

DS .... DEBYE - SMOLUCHOWSKI (theory)

DSA .... dynamic strain aging

DSAM .... DOPPLER shift attenuation method

DSC .... differential scanning calorimetry

DSD .... diamond - square - diamond (mechanism)

DSDSC .... dual sample differential scanning calorimetry

DSF .... dynamic structure factor

DSHO .... derivative spectrometry higher order

DSIMS .... dynamic secondary ion mass spectrometry

DSM .... dynamic light scattering mode

DSMS .... depth - selective MOESSBAUER spectroscopy

DSOP .... domain of structurally ordered population (of compounds)

DSOR .... domain of structurally ordered reactions

DSPES .... depth - selective photoelectron spectroscopy

DSPT .... dressed state perturbation theory

DSP-NLR .... dual substituent parameter - non - linear resonance

DSRO .... directional short range order

DTA .... differential thermal analysis

DTG .... differential thermogravimetry

DTGA .... differential thermogravimetric analysis

DTL .... diode transistor logic

DTLC .... two - dimensional thin layer chromatography

DTM .... double torsion method

DV .... discrete variational (method)

DVM .... digital volt meter

DVM .... discrete variational method

DVR .... discrete variable representation

DVR-DGB .... discrete variable representation - distributed GAUSSIAN basis

DW .... domain wall

DWBA .... distorted wave BORN approximation

DWF .... DEBYE - WALLER factor

DWIA .... distorted wave impulse approximation

DWSBA .... distorted wave second BORN approximation

DZ .... depleted zone

DZ .... double zeta basis

DZP .... double zeta plus polarization (basis set)

DZ+P .... double zeta basis and polarization function(s)

D-RAM .... dynamic RAM

E .... elongation

e,2e .... electron - electron coincidence spectroscopy (alt.: E2E)

E2E .... electron - electron coincidence spectroscopy (alt.: e,2e)

EA .... electron acceptor

EA .... electron affinity

EA .... electron association (ms)

EAAPS .... electron - excited AUGER electron appearence potential spectroscopy

EAC .... energy accommodation coefficient

EAD .... electron affinity difference (method)

EAES .... electron - excited AUGER electron spectroscopy (alt.: EEAES)

EAF .... electric arc furnace

EAFR .... extended arc flash reactor

EAL .... extended average level

EAM .... embedded atom method

EAN .... effective atomic number (rule)

EANC .... elastically active network chain

EAPFS .... extended appearance potential fine structure

EAPFSS .... extended (or electron) appearence potential fine structure spectry.

EAPROM .... electrically alternable read only memory

EAROM .... electrically alterable ROM

EAS .... AUGER electron spectroscopy (alt.: AES)

EAS .... electron attachment spectroscopy

EAS .... experiment analysis system

EA-MS .... electron attachment (association) mass spectroscopy

EBA .... extended BORN approximation

EBCDIC .... extended binary coded decimal interchange code

EBCVD .... electron - beam - assisted CVD

EBIC .... electron beam - induced current

EBICON .... electron bombardment - induced conductivity

EBID .... electron bombardment - induced desorption

EBIS .... electron beam ion source

EBM .... electron beam melting

EBR .... experimental breeder reactor

EBS .... extended basis set

EBWR .... experimental boiling water reactor

EBZM .... electron beam zone melting

EC .... EDGEWORTH - CRAMER (series) (chromatography)

EC .... electrocondensation

EC .... electron capture

ECC .... effective conjugation coordinate

ECCF .... eqilibrium charge - charge flux

ECCM .... electronic counter countermeasures

ECD .... electrochromic display

ECD .... electron capture detector

ECE .... electrochemical chromatography

ECE .... electrochemical - chemical - electrochemical (react.sequence theory)

ECE .... electron correlation energy

ECE .... electron cyclotron emission

ECFP .... effective crystal field parameter

ECL .... electro luminiscence

ECL .... electrogenerated chemiluminescence

ECL .... emitter coupled logic

ECL .... equivalent chain length (chromatog.)

ECM .... exciton chirality method

ECMS .... electron - capture mass spectrometry

ECN .... equivalent chain number

ECP .... effective core potential

ECR .... electric current relaxation

ECR .... electron channeling pattern

ECRCVD .... electron cyclotron resonance chemical vapor deposition

ECR-MBE .... electron cyclotron resonance plasma-excited MBE

ECS .... energy corrected sudden (law)

ECTDMS .... electrochemical thermal desorption mass spectroscopy

ECTL .... emitter coupled transistor logic

ECV .... exchange capacity per unit volume

ED .... electron diffraction

ED .... electron donor

ED .... energy dispersion

EDA .... electron - donor - acceptor

EDA .... energy dispersive analyzer

EDA .... explorative data analysis

EDAX .... Energie - dispersive ROENTGEN - Fluoreszenzanalyse (alt.: EDX)

EDC .... energy distribution curves

EDCS .... energy distribution curve spectroscopy

EDD .... energy distribution difference

EDEXAFS .... energy - dispersive EXAFS

EDF .... effective damage function

EDF .... energy - density fluctuation

EDG .... electrochemical discharge grinding

EDIM .... embedded diatomics - in - molecules (method)

EDIT .... energy distribution of ionizing transitions

EDL .... electrical double layer

EDL .... electrodeless discharge lamp

EDMF .... electric dipole moment function

EDP .... electronic data processing (alt.:EDV)

EDPSA .... energy - dependent phase - shift analysis

EDRAW .... erasable direct read after write memory

EDS .... energy - dispersive spectroscopy

EDS .... energy - dispersive system

EDT .... electric discharge texturing

EDV .... elektronische Datenverarbeitung (alt.:EDP)

EDV .... exponentially damped VAN DER WAALS (model)

EDX .... energy - dispersive x - ray microanalysis

EDX .... energy - dispersive x - ray spectroscopy (alt.:EDXS)

EDXD .... energy - dispersive x - ray diffraction

EDXRA .... energy - dispersive x - ray analysis

EDXRF .... energy - dispersive x - ray fluorescence

EDXS .... energy - dispersive x - ray spectroscopy (alt.:EDX)

EE .... electro - etched

EEAES .... electron - excited AUGER electron spectroscopy (alt.: EAES)

EECL .... emitter - to - emitter coupled logic

EED .... end - to - end distance

EED .... exterior electron densities

EEDC .... electron energy distribution curve

EEDF .... electron energy distribution function

EELFS .... extended energy loss fine structure

EELS .... electron energy loss spectroscopy

EEM .... effective equations of motion (model)

EEM .... emission excitation matrix

EEPROM .... electrically erasable, programmable read - only memory

EER .... electrolyte electroreflectance

EEXAPS .... electron - excited x - ray appearence potential spectroscopy

EFA .... effective field approximation

EFE .... electron field emission

EFF .... extended fringing field

EFG .... electric field gradient

EFH .... extended FENSKE - HALL (LCAO) (method)

EFLT .... effective frequency low temperature (propagator)

EFNMR .... electric field on nuclear magnetic resonance (spectra)

EGA .... evolved gas analysis

EGL .... exponential gap law

EH .... extended HUECKEL (LCAO-method)

EHCO .... extended HUECKEL crystal orbital

EHD .... electrohydrodimerization

EHD .... electron - hole drops

EHF .... extended HARTREE - FOCK

EHMO .... extended HUECKEL molecular orbital

EHMS .... electro hydrodynamic mass spectrometry

EHP .... electron - hole plasma

EHP .... electron - hole potential

EHT .... extended HUECKEL theory

EI .... electron impact

EI .... electron impact ions

EI .... electron ionization

EIAES .... electron - induced AUGER electron spectroscopy

EIC .... electrostatic interaction chromatography (alt.:IEC)

EICP .... extracted ion current profile (ms)

EID .... electron impact desorption

EID .... electron - induced desorption

EIMS .... electron impact mass spectrometry

EIRFT .... extended inversion - recovery FOURIER transform

EIS .... electron impact spectroscopy

EIT .... extended irreversible thermodynamics

EKE .... equatorial KERR effect

EKhRO .... electrochemische Dimensionsbearbeitung

EL .... electroluminescence

ELA .... electroacoustic

ELAS .... electroacoustic spectrometry

ELCD .... electrochemical detection

ELCD .... electroconductivity detector

ELD .... electroluminescent device

ELDF .... effective liquid density functional

ELDOR .... electron - electron double resonance

ELEED .... elastic low - energy electron diffraction

ELEPS .... extended LEPS

ELF .... electron localization function

ELFEM .... effective liquid free energy model

ELL .... ellipsometry

ELNES .... electron - loss near - edge structure

ELO .... epitaxial lateral overgrowth

ELS .... electrophonetic light scattering (alt.:LDV)

ELS .... energy loss spectroscopy

ELSA .... ellipse - saddle

EM .... electron microprobe

EM .... electron microscopy

EMA .... effective medium approximation (BRUGGEMAN theory)

EMA .... electron microprobe analysis

EMA .... energy - modified adiabatic (approximation)

EMAS .... electron microprobe AUGER spectroscopy

EMBR .... electromagnetic brake

EMD .... electron momentum density

EMF .... electromotive force (alt.:EMK)

EMFC .... electromotive force compensation

EMFF .... electromagnetic form factor

EMI .... electromagnetic interference

EMIRS .... electrochemically modulated infrared spectroscopy

EMK .... Elektromotorische Kraft (alt.:EMF)

EMM .... electron mirror microscopy

EMMA .... electron microscope microana-
lyzer

EMP .... electro magnetic pulse

EMP .... electron microprobe (analysis)

EMPA .... electron microprobe analysis
(alt.:ESMA)

EMR .... electromagnetic radiation

EMS .... efficient microcanonical sampling
(procedure)

EMS .... electrochemical mass spectroscopy

EMS .... electromagnetic susceptibility

EMT .... effective - mass - theory

EMUF .... Einplatinencomputer für uni-
verselle Festprogrammanwendung

ENAA .... epithermal neutron activation
analysis

ENDOR .... electron nuclear double resonance

ENDORIESR ... electron nuclear doubleresonance
induced electron spin resonance

ENFET .... enzyme sensitive field effect transistor

ENMR .... electrophoretic nuclear magnetic
resonance

ENSEC .... european nuclear steelmaking
club

EOF .... end of file

EOF .... energy - optimizing furnace (using
coal and oxygen)(KORF, LURGI)

EOM .... electrooptic modulator

EOM .... equations - of - motion (method)

EOS .... end of string

EOS .... equation of state

EP .... electrophosphorescence

EPA .... extended pair approximation

EPD .... electron pair donor

EPES .... elastic peak electron spectroscopy

EPFRS .... effective potential (approx. in the)
free (particle) reference system

EPI .... echo - planar imaging

EPM .... electron probe microscopy

EPM .... electrophoretic mobility

EPMA .... electron probe microanalysis

EPP .... empirical pairwise potential

EPP .... expanded precessive plasma

EPR .... electron paramagnetic resonance

EPR .... electron proton resonance

EPROM .... erasable programmable read only
memory

EPS .... electrochemical photocapacitance
spectroscopy

EPS .... electrophoresis power supply

EPT .... electron propagator theory

EPT .... exclusive polarization transfer

EPXMA .... electronprobe x - ray microanalysis

EQCM .... electrochemical quartz crystal microbalance

EQID .... exchange - quadrupole - induced
dipole

EQQ .... electric quadrupole - quadrupole
correlation (functions)

ER .... electroreflectance

ERA .... effective range approximation

ERAS .... extended real associated solution
(model)

ERD .... elastic recoil detection

ERDA .... elastic recoil detection analysis

ERE .... effective range expansion

ERM .... eigenchannel R - matrix method

ERM .... environmental relaxation model

ERMS .... energy - resolved mass spectra

EROM .... erasable read only memory

ERS .... external reflection spectrometry

ERT .... effective range theory

ES .... Elektronenstoss (alt.:EI)

ES .... emission spectroscopy

ESA .... electric sector analyzer

ESA .... electrostatic analyzer

ESA .... energy sudden approximation

ESA-CSA .... energy sudden approximation - centrifugal sudden approximation

ESCA .... electron spectroscopy for chemical analysis (alt.: XPS)

ESCA .... x - ray photoelectron spectroscopy for chemical analysis(alt.: XPS)

ESCORT .... error self - compensation reached by tau - scrambling

ESD .... effective standard deviation

ESD .... electron - stimulated desorption

ESD .... electron - stimulated disorder

ESD .... estimated standard deviation

ESDED .... electron - stimulated desorbed ions

ESDI .... electron - stimulated desorption of ions

ESDIAD .... electron - stimulated desorption ion angular distribution

ESDIED .... electron - stimulated desorbed ion energy distribution

ESDN .... electron - stimulated desorption of neutrals

ESE .... electron spin echo

ESEEM .... electron spin echo envelope modulation spectroscopy (pulsed EPR)

ESEM .... electron spin echo modulation

ESEM .... electroscattering electron microscopy

ESFD .... electron - stimulated field desorption

ESHG .... electric field - induced second harmonic generation

ESI .... electron spectroscopy imaging

ESID .... electron - stimulated ion desorption

ESIE .... electron - stimulated ion emission

ESIPT .... excited - state intramolecular proton - transfer

ESMA .... Elektronenstrahl Mikroanalyse (alt.:EMPA)

ESP .... electron spin polarization

ESPT .... excited - state proton transfer

ESR .... electron spin resonance

ESR .... electroslag refining

ESRI .... electron spin resonance imaging

ESS .... equilibrium solvation state

ET .... electron transfer

ET .... electrothermal atomization (alt.:ETA)

ETA .... electrothermal analysis (alt.:ET)

ETA .... emanation thermal analysis

ETAA .... electrothermal atomic absorption

ETA-AAS .... electrothermal atomization atomic absorption spectrometry

ETB-NOE .... exchange - transferred bound - nuclear OVERHAUSER effect

ETE .... electronic transition energy

ETF .... electron translation factor

ETL .... emitter - follower transistor logic

ETO .... exponential - type orbital

ETP .... emission thermophotometry

ETR .... electron transfer reaction

ETR .... engineering test reactor

ETS .... electron transmission (or tunneling) spectroscopy

ETSH .... extended tensor surface harmonic (theory)

ETV .... electrothermal vaporization

EUF .... electro - ultrafiltration

EUPS .... extreme ultraviolet photoemission spectroscopy

EVA .... electrothermal vaporization analysis

EVB .... empirical valence bond (method)

EVS .... electroreflectance vibrational spectroscopy

EXAFS .... extended x - ray absorption fine structure (spectroscopy)

EXAFSS .... extended x - ray absorption fine structure spectroscopy

EXAPS .... electron - excited x - ray appearence potential spectroscopy

EXELFS .... extended electron energy - loss fine structure

EXSY .... exchange spectroscopy

E.COSY .... exclusive COSY (correlated spectroscopy; nmr)

FA .... flash adsorption

FA .... flowing afterglow

FAA .... furnace atomic absorption (alt.:GFAA)

FAAS .... flame atomic absorption spectrometry

FAB .... fast atom bombardment

FABMS .... fast atom bombardment mass spectrometry

FACM .... free atom comparison method

FAES .... flame atomic emission spectroscopy

FAFS .... flame atomic fluorescence spectroscopy

FAID .... field - assisted, ion - induced desorption

FALP .... flowing afterglow LANGMUIR probe (technique)

FAMOS .... floating avalanche injection metal oxide semiconductor

FANES .... flameless non - thermal excitation spectrometry

FAR-IR .... far infrared

FAS .... flame absorption spectroscopy

FATT .... fracture appearance transition temperature

FB .... FERMI band

FBA .... first BORN approximation

FBE .... flat bed electrophoresis

FBEM .... fixed - beam electron microscope

FBR .... finite basis representation

FC .... FOURIER components

FC .... flash chromatography

FCD .... FRANCK - CONDON density

FCF .... FRANCK - CONDON factor

FCHF .... frozen core HARTREE - FOCK

FCI .... full configuration interaction

FCP .... FRANCK - CONDON pumping

FD .... field desorption

FD .... flash desorption

FD .... flavour dilution

FD .... fluctuation dissipation (theory)

FDA .... FEYNMAN - DYSON amplitude

FDCD .... fluorescence detected circular dichroism

FDEMS .... frequency - dependent electromagnetic sensor

FDM .... field desorption microscopy

FDMR............. fluorescence detected magnetic resonance

FDMS .... field desorption mass spectrometry

FDMS .... flash desorption mass spectrometry

FDP .... frequency - dependent polarizability

FDS .... field desorption spectroscopy

FDT .... fluctuation - dissipation theorem

FE .... field effect

FE .... field emission

FECO .... fringes of equal chromatic order

FED .... field effect diode

FEE .... field electron energy spectroscopy

FEED .... field emission energy distribution

FEEDS .... field emission energy distribution spectroscopy

FEEM .... field electron emission microscopy
FEES .... field electron energy spectroscopy
FEESP .... field - emitted electron spin polari-
zation
FEF .... field emission fluctuation
FEFN .... field emission flicker noise
FEL .... free electron laser
FEM .... field emission microscopy
FEM .... finite element method
FEMO .... free electron molecular orbital
FEOE .... full equalization of orbital electro-
negativity
FEPHM .... field emission probe - hole micros-
copy
FERETS .... front - end resolution enhance-
ment (using) tailored sweeps
FES .... field emission spectroscopy
FES .... flame emission spectroscopy
FET .... FOERSTER energy transfer
FET .... field effect transistor
FF .... FOURIER frequencies
FFC-NMR .... fast field - cycling nuclear mag-
netic resonance
FFEM .... freeze fracture electron micros-
copy
FFF .... field flow fractionation (sedimenta-
tion)
FFM .... flash - filament method
FFR .... field - free region
FFS .... flame fluorescence spectroscopy
FFS .... flash filament spectroscopy
FFT .... fast FOURIER transform
FFTA .... film flow transfer apparatus
FFTS .... fast FOURIER transform spec-
trometry
FGEPR .... field - gradient electron paramag-
netic resonance
FGSE .... field - gradient spin - echo
FGT .... field gradient tensor

FHTS .... fast HADAMARD transfer spec-
troscopy
FI .... field ionization
FI .... field ions
FIA .... fixed ion approximation
FIA .... flow injection analysis
FIA .... free interstitial atom
FIB .... fast ion bombardment (ms)
FIC .... fast ion chromatography
FIC .... field ionization cinetics
FID .... flame ionization detector
FID .... free induction decay
FIDOH .... flame ionization detector oxygen -
hydrogen
FIED .... field ion energy distribution
FIFO .... first in first out
FIGE .... field inversion gel electrophoresis
FIM .... field ion microscopy
FIMS .... field ionization mass spectrometry
FIM-APS .... field ion microscope atom probe
spectrometry
FIR .... far - infrared (alt.:FAR-IR)
FIR .... far - infrared (plasma) resonance
FIRFT .... fast inversion - recovery FOURIER
transform
FIRO .... finite impulse response operator
FIS .... field ionization spectroscopy
FIT .... flow injection titrimetry
FKMS .... Festkörper Massenspektrometrie
(alt.:FMS)
FL .... fluorescence
FLAPW .... full - potential, linearized aug-
mented, plane wave
FLC .... ferroelectric liquid crystal
FLOTOX .... floating gate tunnel - injection non-
volatile memory
FLSM .... FLOQUET - LIOUVILLE super -
matrix
FM .... frequency modulation

FMO .... fragment molecular orbital (method within extd. HUECKEL approxim.)

FMR .... ferromagnetic resonance

FMS .... Festkörper Massenspektrometrie (alt.:FKMS)

FN .... fixed nuclei (approximation)

FNA .... fixed nuclei approximation

FNMRI .... flow nuclear magnetic resonance imaging

FNN .... first nearest neighbour (approximation)

FNO .... fixed nuclear orientation (approximation)

FNT .... FOWLER - NORDHEIM tunnelling

FOCI .... first - order configuration interaction

FOCSY .... foldover - corrected spectroscopy

FOD .... fourth - order differencing (method)

FODWBA .... first - order distorted wave BORN approximation

FOLZ .... first - order LAUE zone

FOMBT .... first - order many - body theory

FOMP .... first - order magnetization process

FONDA .... first - order nondegenerate adiabatic (approximation)

FOPPA .... first - order polarization propagator (theory)

FORS .... fully optimized reaction space

FORTRAN .... formula translation (language)

FOTO .... forced oscillation of a tightening oscillator

FO-ESR .... flow orientation - electron spin resonance

FP .... FOKKER - PLANCK (equation)

FP .... flash photolysis

FPC .... fixed partial charge (model)

FPD .... flame photometric detector

FPLA .... field programmable logic array

FPM .... four - photon mixing

FPR .... fluorescence photobleaching recovery

FPROM .... field - programmable read - only memory

FPSEP .... flash - photolysis stimulated emission pumping

FPT .... finite perturbation theory

FPT .... functional perturbation theory

FP-MCSCF ..... finite perturbation multiconfigurational self - consistent field

FP-ST .... flash photolysis - shock tube

FQHE .... fractional quantum HALL effect

FR .... forbidden reflection

FRFWM .... fully resonant four - wave mixing

FROM .... factory programmable read - only memory

FRS .... forced RAYLEIGH scattering

FRS .... free rotor states

FS .... FERMI surface

FS .... FOURIER series

FS .... FUCHS - SONDHEIMER (conduction model)

FS .... furnace synthesis

FSA .... ROENTGEN Feinstrukturanalyse

FSCGC .... fused silica capillary gas chromatography

FSD .... FOURIER self - deconvolution

FSGO .... floating spherical GAUSSIAN orbital

FSLM .... FLOQUET - LIOUVILLE super matrix

FSR .... free spectral range

FSW .... FOURIER series window

FT .... FOURIER transform

FTESR .... FOURIER transform electron spin resonance

FTICR .... FOURIER transform ion cyclotron resonance

FTICRMS .... FOURIER transform ion cyclotron resonance mass spectrometry

FTIR .... FOURIER transform infrared resonance

FTIR .... FOURIER transform infrared spectroscopy

FTMS .... FOURIER transform mass spectrometry

FTMW .... FOURIER transform microwave

FTNQR .... FOURIER transform nuclear quadrupole resonance

FTP .... FOURIER transform polarography

FTS .... FISCHER - TROPSCH synthesis

FTS .... FOURIER transform spectroscopy/-metry

FT-CCD .... frame transfer charge - coupled device

FT-ESE .... FOURIER transform - electron spin echo (spectroscopy)

FT-ICR .... FOURIER transform ion cyclotron resonance

FT-IR .... FOURIER transform infrared spectroscopy

FT-RS .... FOURIER transform - RAMAN spectroscopy

FWF .... FOKKER - WHEELER - FEYNMAN electrodynamics

FWHH .... full width at the half - height

FWHH .... full width of hight of spectral peak

FWHM .... full width of half maximum height (of spectral peak)

FWTM .... full width of a tenth maximum

FXD .... flash x - ray diffraction

FXR .... flash x - ray radiography

GAC .... gas adsorption chromatography

GAGP .... generalized antisymmetrized geminal power

GARP .... globally optimized alternating phase rectangular pulse (nmr)

GASFET .... gas - sensitive field effect transistor

GASPE .... gated spin echo

GAT .... gas aggregation technique

GBD .... grain boundary dislocation

GC .... gas chromatography

GC2 .... glass capillary gas chromatography

GCA .... generator coordinate approximation

GCE .... glassy carbon electrode

GCEMC .... grand - canonical ensemble Monte Carlo

GCMC .... grand - canonical Monte Carlo

GCRDE .... glassy carbon rotating disk electrode

GCRE .... gas - cooled reactor experiment

GC-MS .... gas chromatography - mass spectrometry

GD .... gated decoupling

GD .... geometric definition

GD .... glow discharge

GDD .... gas discharge display

GDE .... generalized diffusion equation

GDF .... generalized density functional (theory)

GDL .... glow discharge lamp

GDMS .... glow discharge mass spectrometry

GDOS .... glow discharge optical spectroscopy

GDP .... galvanostatic double - pulse (method)

GDS .... graphic data system

GE .... gas enthalpimetry

GED .... gas electron diffraction

GELI .... germanium - lithium semiconductor detector

GEMCQ .... GIDDINGS - EYRING extended by McQUARRIN (theory)

GEP .... gradient extremal path (PANCIR)

GF .... gradient field

GFAA .... furnace atomic absorption (alt.:FAA)

GFAAS .... graphite furnace atomic absorption spectroscopy

GFC .... gel filtration chromatography

GFMC .... GREEN's - function Monte Carlo

GFMD .... gold film mercury detector

GHBC .... ground - state hydrogen - bonded complex

GHFF .... general harmonic force field

GHPD .... gated high power decoupling

GHRM .... generalized hard rod model

GIAO .... gauge invariant atomic orbitals

GIBMS .... guided - ion - beam mass spectroscopy

GIP .... ground - state inversion potential (method)

GIR .... glancing incidence reflection

GIR .... grazing incidence reflection

GIS .... gated isolated structure

GITT .... galvanostatic intermittent titration technique

GK .... GORDON - KIM (electron gas model)

GKE .... gesättigte Kalomel Elektrode (alt.:SCE)

GL .... GINZBURG - LANDAU (theory)

GLC .... gas liquid chromatography

GLD .... generalized LANGEVIN dynamics (method)

GLE .... generalized LANGEVIN equation

GLF .... GAUSSIAN lobe function

GLGA .... GINZBURG - LONDON - GARKOW - ABRIKOSOW (superconduction)

GLPC .... gas - liquid - partition chromatography

GLX .... gel liquid extraction

GM .... GEIGER - MUELLER (counter)

GMCM .... generalized molecular crystal mode

GMCR .... global minimum catchment region

GME .... generalized master equation

GMSA .... generalized mean spherical approximation

GMSMA .... generalized mean spherical model approximation

GMT .... grain misorientation texture

GOE .... GAUSSIAN orthogonal ensemble

GOE .... general OVERHAUSER effect

GOFO .... geometry - optimized floating orbitals

GOW .... guided optical wave

GPC .... gel permeation chromatography

GPF .... gas phase fluorescence

GPF .... grand partition function

GPIB .... general purpose interface bus

GPMAS .... gas phase molecular absorption spectroscopy

GPPD .... general purpose powder diffractometer

GPPS .... general purpose simulation system

GPT .... gas phase titration

GRE .... GAUSSian resolution enhancement

GRIN-SCH ...... graded - index separate - confinement heterostructure

GRM .... generalized ROUSE model

GRW .... generalized random walks

GSAM .... generalized standard addition method

GSC .... gas solid chromatography

GSCD .... ground state combination difference

GSCL .... gas - solid chemiluminescence

GSE .... ground - state energy

GSG .... genuine spin glass

GSI .... grand scale integration

GSMBE .... gas source molecular beam epitaxy

GTA .... graphite tube atomizer

GTD .... GAUSSIAN - type distribution

GTE .... gas turbine engine(ering)

GTF .... GAUSSIAN - type function

GTG .... GAUSSIAN - type geminals

GTO .... GAUSSIAN - type orbital

GTSM .... group theory statistical mechanics

GTST .... generalized transition - state theory

GUGA .... graphical unitary group approach

GVB .... generalized valence bond

GVB-PP .... generalized valence bond (with) perfect pairing

GVDW .... generalized VAN DER WAALS (theory)

GVFF .... generalized valence force field

GWD .... GAUSSIAN wave - packet dynamics

GWGF .... generalized WIENER G - functional(s)

GWP .... GAUSSIAN wave packet

HA .... harmonic approximation

HAES .... He(+) - excited AUGER - electron spectroscopy

HAFID .... hydrogen atmosphere flame ionization detector

HAHA .... HARTMANN - HAHN (spectroscopy)

HAM .... hydrogenic atoms in molecules (semi - empirical MO - theory)

HAMP .... HEINE - ABARENKOV model pseudo - potential

HAPUG .... modulation - circuit to HARLICH - PUNKS - GERTH

HASP .... harmonically analyzed sensitivity profile

HAZ .... heat - affected zone

HB .... hydrogen bond

HBA .... hydrogen bond acceptor

HBT .... heterojunction bipolar transistor

HCA .... hemicylindrical AUGER analyzer

HCB .... hard convex body

HCC .... horizontal continuous casting

HCI .... HYLLERAAS configuration interaction

HCL .... hollow cathode lamp

HD .... hard diatomics

HDA .... hemispherical deflection analyzer

HDC .... hydrodynamic chromatography

HDDR .... high density digital magnetic recording (edv)

HDM .... HILL determinant method

HECD .... HALL electroconductivity detector

HEED .... high - energy electron diffraction

HEELS .... high - energy electron energy loss spectroscopy

HEELS .... high - resolution energy - loss spectroscopy

HEHIXE .... high - energy heavy ions x - ray emission

HEIS .... high - energy ions back scattering spectroscopy

HEL .... high - energy laser

HEMIP .... high - efficiency microwave - induced plasma

HEMT .... high electron mobility transistor

HEPEX .... heavy element partitioning by extraction

HER .... hydrogen evolution reaction

HERD .... high - energy x - ray diffraction

HETCOR .... heteronuclear correlation (nmr)

HETP .... height equivalent of a theoretical plate

HF .... HARTREE - FOCK

HF .... heavy fermion (system)

HF .... high frequency

HF .... hyperfine field

HFBR .... high - flux beam reactor (Brookhaven)

HFC .... hyperfine couplings

HFD .... HARTREE - FOCK dispersion

HFD .... high - frequency deflection

HFETR .... high - flux engineering testing reactor

HFF .... high - frequency fluctuation

HFIR .... high - flux isotope reactor

HFO .... high - frequency oscillator

HFPD .... HARTREE - FOCK proper dissociation

HFS .... HARTREE - FOCK - SLATER

HFS .... high - frequency sparking

HFS .... hyperfine structure

HFT .... hypercomplex FOURIER transformation

HF-MBPT .... HARTREE - FOCK many - body perturbation theory

HGAA .... hydride generation followed by atomic absorption

HGMS .... high - gradient magnetic separation

HHF .... HARTREE - HARTREE - FOCK

HIC .... hybrid integrated circuit

HIC .... hydrophobic interaction chromatography

HIEF .... hybrid isoelectric focussing

HIGFET .... heterostructure insulated - gate FET

HIIDMS .... heavy ion induced mass spectrometry

HINIL .... high - noise immunity logic

HIP .... hot isostatic pressing

HIXE .... helium - induced x - ray emission

HIXSE .... heavy - ion - induced x - ray satellite emission

HKS .... HOHENBERG - KOHN - SHAM (method)

HLAO .... high - lying antibonding orbital

HMBC .... H - detected multiple - bond correlation

HMBC .... heteronuclear multiple - bond correlation (nmr)

HMC .... hemimicelle concentration

HMDE .... hanging mercury drop electrode

HMMC .... halogen - bridged mixed - valence metal complex

HMO .... HUECKEL molecular orbital method

HMQC .... heteronuclear multiple - quantum coherence (nmr)

HMS .... harmonic mode scrambling

HMV .... hydrodynamic modulation voltammetry

HNC .... hypernetted chain (approximation)

HNC/MS .... hypernetted - chain - spherical (equation)

HNOE .... heteronuclear OVERHAUSER effect

HNR .... HOFFMAN - NORD - RUEDENBERG (gradient extremals)

HOBF .... higher order bright field

HOCO .... highest occupied crystal orbital

HODS .... higher order derivation spectroscopy

HOESY .... heteronuclear NOE sequence (2D-nmr)

HOHAHA .... homonuclear HARTMANN - HAHN (spectroscopy)(nmr)

HOL .... holography

HOMCOR .... homonuclear correlation

HOMO .... highest occupied molecular orbital

HOPG .... highly oriented pyrolytic graphite

HORSES .... higher order RAMAN spectral excitation studies

HP .... high performance

HPBW .... half - peak band width

HPIC .... high performance ion chromatography

HPIEC .... high performance ion exchange chromatography

HPL .... hot photoluminescence

HPLAC .... high performance liquid affinity chromatography

HPLC .... high performance liquid chromatography

HPLC .... high pressure liquid chromatography

HPMS .... high pressure mass spectrometry

HPPD .... high power proton decoupling

HPPLC .... high performance planar liquid chromatography

HPPLC .... high performance preparative liquid chromatography

HPSEC .... high performance size exclusion chromatography

HPT .... high performance titrimetry

HPTLC .... high performance thin layer chromatography

HQG .... hydrogen quantum generator

HR .... HARTREE - ROOTHAAN

HR .... high resolution

HRE .... hyper RAMAN effect

HRED .... high resolution electron diffraction

HREEL .... high resolution electron energy

HREELS .... high resolution electron energy loss spectroscopy

HRELS .... high resolution electron loss spectroscopy

HREM .... high resolution electron microscopy

HRIR .... high resolution infrared radiometry

HRMS .... high resolution mass spectrometry

HRSGC .... high resolution substraction gas chromatography

HRSTEM .... high resolution scanning transmission electron microscopy

HRTEM .... high resolution transmission electron microscopy

HRXPS............ high resolution x - ray photoelectron spectroscopy

HSAB .... hard/soft acid/base (theory)

HSC .... high - temperature salt corrosion

HSGC .... headspace gas chromatography

HSI .... hyperthermal surface ionization

HSIDI .... hyperthermal surface induced dissociative ionization

HSLA .... high strength low alloy (steels)

HSM .... hot strip rolling mill

HSMB.............. hyperthermal supersonic molecular beam

HSRI .... high sensitivity refractivity index

HSS................. homogeneity spoil spectroscopy

HSVD .... HANKEL singular value decomposition

HSVPS .... high speed vector processor system

HT .... high temperature

HTBM .... high - temperature BIRCH - MURNAGHAN (model)

HTD .... helium thermal desorption (technique)

HTFFR .... high - temperature fast - flow reactor

HTGR .... high - temperature gas reactor

HTL .... high temperature limit

HTL .... high threshold logic

HTP .... high - temperature photochemistry

HTR .... high - temperature defect

HTS .... HADAMARD transfer spectrometry

HTS .... high - temperature silylation

HTSC .... high - temperature superconductor

HTU .... height of transfer unit (destillation/GC)

HT-IR .... HADAMARD transform - infrared spectroscopy

HVCTEM .... high voltage conventional transmission electron microscopy

HVEM.............. high voltage electron microscopy

HVIC .... high voltage integrated circuit

HVL .... half value layer (radiography)

HVP .... high voltage pulser

HVSTEM .... high voltage scanning transmission electron microscopy

HV(+/-) .... high voltage (pos. or neg.)

HWD .... hot wire detector

HWE .... hot wall epitaxy

HWGD .... hot - wall glow discharge decomposition

HWHH .... half - width at half - height

HWZ .... Halbwertszeit

HXIS .... hard x - ray imaging spectrometer

HYL I .... HOJALATA Y lamina direct reduction iron - making batch process

HYL III .... continuously operating variant of the HYL I process

HZQC .... homonuclear (proton) zero - quantum coherence (NMR)

H-FTPGSE ...... proton FOURIER transform pulsed - gradient spin echo (nmr)

IAC .... induced AUGER channeling

IAD .... ion angular distribution

IAES .... ion - excited AUGER electron spectroscopy

IAP .... imaging atom probe

IAPS .... ion appearance potential spectroscopy

IBAE .... ion - beam assisted etching

IBE .... ion - beam etching

IBM .... infinite barrier model

IBN .... direct ion beam nitridation

IBSCA .... ion - beam spectrochemical analysis

IBW .... ion BERNSTEIN wave

IC .... initial conditions

IC .... integrated circuit

IC .... ion chromatography

ICAP .... inductively coupled argon plasma

ICB .... ionized cluster beam

ICDW .... incommensurate charge density wave

ICEP .... impedance conversion and error processing

ICES .... ion chromatography eluation suppression

ICF .... inertial confinement fusion

ICF .... interacting correlated fragment (method)

ICISS .... impact collision ion scattering spectroscopy

ICL .... interface control layer

ICLAS .... intracavity laser absorption spectroscopy

ICP .... inductively coupled plasma

ICPAES .... inductively coupled plasma atomic emission spectrometry

ICPOES .... inductively coupled optical plasma emission spectrometry

ICP-AES .... inductively coupled plasma - atomic emission spectrometry

ICP-MS .... inductively coupled plasma - mass spectrometry

ICP-OES .... inductively coupled plasma - optical emission spectrometry

ICR .... ion cyclotron resonance spectroscopy (pulsed)

ICR .... ion cyclotron resonance (spectroscopy) (pulsed)

ICRF .... ion cyclotron range of frequency

ICRMS .... ion cyclotron resonance mass spectrometry (drift cell)

ICS .... integral cross section

ICSD .... inorganic crystal structure data

ICTS .... isothermal capacitance transient spectroscopy

ICVT .... improved canonical variational (transition state) theory

ICVT-LCG .... improved canonic.variation. theory(with)large - curvature ground-state

ICZG .... internal centrifugal zone growth

ID .... indirect detection

IDA .... intelligent data acquisition

IDA .... isotope dilution analyses with mass spectrometry (alt.: IDMS,MSID)

IDEAS .... incidence - pendent excitation for AUGER spectroscopy

IDFT .... inverse discrete FOURIER transform

IDLS .... intracavity dye laser spectrometry

IDMS .... isotope dilution analyses with mass spectrometry

IDP .... image depth profiling

IDP .... isolated dipole pair

IDS .... inorganic dielectric substance

IDS .... intensity - dependent (spatial) summation

IE .... immunoelectrophoresis

IE .... ion exchange

IEAES .... ion - excited AUGER - electron spectroscopy (alt.: IAES)

IEC .... electrostatic interaction chromatography

IEC .... ion - clusion chromatography

IECT .... impulsive ergodic collision theory

IED .... ion energy distribution

IEE .... induced electron emission (alt.: ESCA)

IEF .... isoelectric focusing

IEHMO .... iterative extended HUECKEL molecular orbital

IEHT .... iterative extended HUECKEL theory

IEM .... interstitial - electron model

IEMM .... incident energy modulation method

IENAA .... instrumental activation analysis with epithermal neutrons

IEP .... immunoelectrophoresis

IEP .... isoelectric point

IEPA .... independent electron pair approximation

IESS .... inelastic electron scattering spectroscopy

IETAAS .... impaction electrothermal atomic absorption

IETS .... inelastic electron tunneling spectroscopy

IEX .... ion change (alt.:IE)

IEX .... ion - excited x - ray

IEXC .... ion - exchange chromatography (alt.:IEC)

IEXF .... ion - excited x - ray fluorescence

IEXS .... ion - excited x - ray spectroscopy

IF .... isoelectric focusing

IFA .... immunofluorescent antibody assay

IFC .... inner field compensation

IFD .... immunofluorescence detection

IFDEMS .... imaging field - desorption mass spectrometry

IFE .... immunofixation electrophoresis

IFE .... ion field emission

IFPAG .... isoelectric focusing in polyacrylamide gel

IFS .... infrared FOURIER spectrometry

IFT .... inverse FOURIER transformation

IG .... ion gauge

IGC .... experimental chamber ion gauge

IGD .... inverse gated decoupling

IGFET .... insulated gate field effect transistor

IGLO .... individual gauge for localized orbitals

IGM .... gas manifold ion gauge

IGOR .... interactive generation of organic reactions

IHP .... inner HELMHOLTZ plane

IIAES .... ion - induced AUGER electron spectroscopy

IID .... ion impact desorption

IID .... ion - induced desorption

IIIS .... internal image intensification system

IIL .... integrated injection logic

IILD .... impurity - induced layer disordering

IILE .... ion - induced light emission

IINS .... incoherent inelastic neutron scattering

IIR .... ion - induced radiation = x - ray emission induced by ion bombardment

IIRS .... ion impact radiation spectroscopy

IIRS .... ion - induced radiation spectroscopy

IIXE .... ion - induced x - ray emission

IIXS .... ion - induced x - ray spectroscopy

IKBI .... inverse KIRKWOOD - BUFF integral(s) (method)

IKES .... ion kinetic energy spectroscopy

IL .... inversion layer

ILEED .... inelastic low - energy electron diffraction

ILO .... interaction localized orbital

ILS .... instrument line shape (function)

ILS .... interlevel shorts

ILS .... ionization loss spectroscopy

ILT .... inverse LAPLACE transformation

IM .... image matching

IM .... isotropic mixing

IMF .... intermodulated fluorescence

IMGE .... ion - selective multisolvent gradient elution

IMIS .... Instituto Mexicano de Investigaciones Siderurgicas

IMMA .... ion microprobe mass analysis

IMP .... ion - moderated partition

IMPATT .... impact avalanche transit time

IMPPT .... intermolecular MOELLER - PLESSET perturbation theory

IMPS .... intensity - modulated photocurrent spectroscopy

IMS .... incommensurately modulated structure

IMS .... independent monomer state

IMS .... ion mobility spectrometry

IMS .... isocratic multisolvent

IMSM .... interdigitated metal-semiconductor-metal (SCHOTTKY-barrier photodiode)

IMTF .... ISING model (in a) transverse field

IMXA .... ion microprobe x - ray analysis

IN .... ion neutralization

INAA .... instrumental neutron activation analysis

INADEQUATE . incredible natural abundance double quantum transfer experiment (nmr)

INC .... intranuclear cascade (model)

INCH .... indirectly - bonded carbon - hydrogen (shift correlation)

INDO .... intermediate neglect of differential overlap

INDOR .... internuclear double resonance

INEPT .... insensitive nuclei enhancement by polarisation transfer (nmr)

INEPT CR .... insens. nuclei enhanced by polarizn.transf.(under) composite refocus.

INM .... independent normal mode

INMR .... inverse nuclear magnetic resonance

INMS .... ionized neutral mass spectrometry

INO .... iterative natural orbital

INO-CI .... iterative natural orbital configuration interaction

INS .... inelastic neutron scattering

INS .... ion neutralization spectroscopy

INSIPID .... inadequate sensitivity improvement by proton indirect detection

IOLL .... infinite - order local linearization

IOS .... infinite - order sudden (approximation)

IOSA .... infinite - order sudden approximation

IP .... ion probe

IP .... ionization potential

IPA .... inverse perturbation analysis

IPC .... incipient percolation cluster

IPC .... indirect photometric chromatography

IPC .... ion pair chromatography

IPCE .... incident (monochromatic) photon - to - current conversion efficiency

IPE .... ion photon emission

IPES .... inverse photoemission spectroscopy

IPM .... independent particle model

IPP .... ion pair partition

IPPA .... independent pair potential approximation

IPPP .... inner projections of the polarization propagator

IPPPM .... iterative PARISER - PARR - POPLE method with MATAGA - NISHIMOTO-approx

IPPPO .... iterative PARISER - PARR - POPLE method with OHNO - approximation

IPS .... intermolecular potential - energy surface

IPS .... inverse photoemission spectroscopy

IPS .... ion photon spectroscopy

IPS .... isotropic proton shift (nmr)

IPSD .... integrating position sensitive detector

IQHE .... integer quantum HALL effect

IQL .... indifference quality level = indifferente Qualitätslage

IR .... induced radioactivity

IR .... infrared

IRAS .... infrared reflection - absorption spectroscopy

IRC .... intrinsic reaction coordinate

IRCD .... infrared circular dichroism

IRD .... infrared detector

IRDR .... infrared double resonance (spectroscopy)

IRE .... internal reflection elements

IRFT .... inversion - recovery FOURIER transform

IRIRDR .... infrared - infrared double resonance

IRM .... isotopic reference material

IRMA .... immuno radiometrical assay

IRMP .... infrared multiphoton (excitation)

IRMPA .... infrared multiple photon absorption

IRMPD .... infrared multiphoton dissociation

IRMPD .... infrared multiplephoton decomposition

IRMPE .... infrared multiphoton excitation

IRO .... intermediate range order

IRP .... infrared pyrometry

IRP .... intrinsic reaction path

IRPD .... infrared photodesorption

IRRAS .... infrared reflection absorption spectroscopy

IRRS .... infrared reflectance spectroscopy (alt.: IRS)

IRS .... infrared reflectance spectroscopy (alt.: IRRS)

IRS .... internal reflectance (reflection) spectroscopy (ellipsometry)

IRS .... inverse RAMAN spectroscopy

IRTA .... irreducible tensor analysis

IS .... ion scattering

IS .... ionization spectroscopy

IS .... isomer shift

ISA .... internal standard addition

ISA .... ion scattering analysis

ISC .... intersystem crossing

ISC .... inverse shift correlation

ISD .... ion - stimulated desorption

ISE .... ion selective electrode

ISEEL .... inner shell electron energy loss

ISEELS .... inner - shell electron energy loss spectroscopy

ISF .... interaction site formalism

ISFET .... ion - sensitive field effect transistor

ISIS .... image - selected in vivo spectroscopy

ISM .... inverse scattering method

ISO .... ion - selective optrode

ISPT .... improved scaled particle theory

ISS .... Ionenspektroskopie

ISS .... impulsive stimulated (light) scattering

ISS .... ion scattering spectroscopy

ISS .... ion surface scattering

ISS-SIMS .... ion scattering spectrometer - secondary ion mass spectrometry

ISTEM .... internal scanning transmission electron microscopy

IT .... intervalence transition

ITAS .... infrared transmission - absorption spectroscopy

ITC .... ionic thermocurrent

ITD .... ion trap detector (ms)

ITNAA .... instrumental activation analysis with thermal neutrons

ITP .... Isotachophorese

ITS .... inelastic tunneling spectroscopy

IU .... international unit

IVA .... Isotopenverdünnungsanalyse (alt.: IDA)

IVD .... ion and vapor deposition

IVO .... improved - virtual - orbital (method)

IVR .... intramolecular vibrational relaxation

IVR .... intramolecular vibrational (energy) redistribution

IWOP .... integration within an ordered product of operators

IX .... ion exchange

IXSS .... x - ray scattering spectroscopy

JBDOS .... joint bulk density of states

JDOS .... joint density of states

JFET .... junction field effect transistor

JODOS .... joint optical density of states

JTE .... JAHN - TELLER effect

J-FET .... junction FET

KAM .... KALMOGOROW - ARNOLD - MOSER (criteria)

KCB-S .... KRUPP combined blowing for stainless steelmaking

KER .... KOLBE electrosynthesis reaction

KER .... kinetic energy release

KERD .... kinetic energy release distribution

KFT .... KARL FISCHER titration

KIE .... kinetic isotope effect

KISS .... KOSSEL internal stress method

KKR .... KORRINGA - KOHN - ROSTOCKER (bandstructure calculation)

KKT .... KRAMERS - KRONIG transformation

KLEED .... kinematical low - energy electron diffraction

KM .... kink migration

KMAL .... kinetic mass action law

KMDP.............. KOSSEL - MOELLENSTEDT diffraction pattern

KO .... K orbitals

KOBM-S .... kombinierter OBM prozess - stainless

KPF .... kink pair formation

KRIPES .... k(.fwdarw.)-resolved inverse photoemission spectroscopy

KRIPS .... k - resolved inverse photoelectron spectroscopy

KSR .... Kernspinresonanz (alt.: NMR)

KST .... Kernspintomograph

KWW .... KOHLRAUSCH - WILLIAMS - WATTS (relaxation function)

KhS .... chemical affinity (khimicheskoe srodstvo)

K-BOP .... KAWASAKI - basic oxygen process

LAC .... liquid adsorption chromatography

LACBED .... large - angle covergent beam electron diffraction

LAD .... light - assisted deposition

LADM .... local average density model

LAF .... laser atomic fluorescence spectroscopy

LAG .... least - action ground state approximation

LALLS .... low - angle laser light scattering

LAMES .... laser micro emission spectroscopy

LAMMA .... laser microprobe mass analysis

LAMMS .... laser micro mass spectrometry

LAN .... local area network

LAO .... localized atomic orbital

LAOCOON ...... least - squares adjustment of calculated on observed NMR (spectra)

LAPW .... linearized augmented plane wave (energy band)

LARIS .... laser ablation and resonance ionization spectrometry

LAS .... laser absorption spectroscopy

LAS .... light absorption sensitizer

LASER .... light amplification by stimulated emission of radiation

LASO .... large amplitude self - oscillation

LASTO .... linear - augmented SLATER - type - orbital (ab initio calc.)

LAVA .... laser vaporization

LAXS .... large - angle x - ray scattering

LB .... LANGMUIR - BLODGETT (film - technique)

LB .... loosely bound

LBIS .... longitudinal biased initial susceptibility

LC .... liquid chromatography

LCAO .... linear combination of atomic orbitals

LCAP .... loosely coupled array of processors

LCAPAS .... linear combination of antisymmetrized products of atomic substrate

LCAS .... linear combination of atomic substrate

LCBO .... linear combination of bond orbitals

LCBOD .... liquid crystal bistable optical device

LCCC .... locular counter current chromatography

LCCD .... linearized coupled cluster doubles

LCD .... liquid crystal diode (display)

LCE .... LYAPUNOV characteristic exponent

LCE .... local chemical equilibrium

LCEC .... liquid chromatography with electrochemical detection

LCFC .... linear combination of fragment configuration

LCFT .... lower critical flocculation temperature

LCG .... large - curvature ground state approximation

LCGTO .... linear combination of GAUSSIAN - type orbitals

LCGTO-LSD ... linear combination of GAUSSIAN orbitals - local spin density (method)

LCHOP .... linear combination of harmonic oscillator products

LCMBPT .... linked cluster many - body perturbation theory

LCML .... low - level current mode logic

LCMO .... linear combination of molecular orbitals

LCMTO .... linear combination of muffin tin orbitals

LCNMR .... liquid - crystal nmr spectroscopy

LCRAMP .... linear combination of radial and angular momentum products

LCSPM .... linear combination of symmetry - adapted products of MORSE functions

LCST .... lower critical solution temperature

LCUV .... liquid chromatography with uv detection

LD .... LANGEVIN dynamics (method)

LD .... Linz Donawitz, the original BOS process (VOEST-ALPINE)

LD .... laser desorption

LD .... linear dichroism (technique)

LD .... local density

LDA .... laser DOPPLER anemometry

LDA .... linear diode array

LDA .... local density approximation

LDA-MTO .... local - density approximation muffin - tin orbital

LDD .... lightly doped drain

LDF .... local density function

LDF .... lokaler Dichte Formalismus

LDH .... linearized DEBYE - HUECKEL (theory)

LDLC .... low dispersion liquid chromatography

LDME .... laser DOPPLER microelectrophoresis

LDMS .... laser desorption mass spectrometry

LDOS .... local density of states

LDP .... least distance programming (algorithm)

LDR .... linear dynamic range

LDRPA .... local density - based random phase approximation

LDS .... linear dichroism spectrometry

LDV .... electrophonetic light scattering (alt.:ELS)

LDV .... laser DOPPLER velocimetry

LD-RH-OB .... Two-stage BOF combined with RH-OB

LE .... local(ly) excited

LEAC .... linear elution adsorption chromatography

LEAFS .... laser - excited atomic fluorescence spectrometry

LEC .... liquid - encapsulated Czochralski

LED .... light - emitting (luminescence) diode

LEED .... low - energy electron diffraction

LEEDOA .... low - energy electron diffraction optics analyzer

LEEIXS .... low - energy electron - induced x - ray spectroscopy

LEELS .... low - energy electron loss spectroscopy

LEEM .... low - energy electron microscopy

LEES .... low - energy electron spectrometry

LEET .... low - energy electron transmission

LEF .... laser - excited fluorescence (spectroscopy)

LEFD .... local enhanced field desorption

LEI .... laser - enhanced ionization

LEIBAD .... low - energy ion bombardment angular distributions

LEIM .... laser evaporation of intact molecules (ms)

LEIS .... low - energy ion scattering spectroscopy

LEM .... LORENTZ electron microscopy

LEMBS .... low - energy molecular beam scattering

LEMO .... lowest empty molecular orbital

LEMS .... low - energy molecular beam scattering

LEPD .... low - energy photon detector

LEPD .... low - energy positron diffraction

LEPS .... LONDON - EYRING - POLANYI - SATO (potential energy surface)

LEPS .... low - energy photon spectroscopy

LERD .... low - energy x - ray diffraction

LERS .... low - energy recoil spectroscopy

LES .... light emission sensitizer

LESR .... light - induced electron spin resonance

LESS .... laser - excited SHPOL'SKII - spectrometer

LET .... linear energy transfer

LET .... low - energy temperature

LEX .... low - energy x - ray spectral analysis

LF .... ladle furnace

LF .... low frequency

LFCC .... laboratory frame (rotational) close coupling (approximation)

LFCI .... ligand field configuration interaction

LFE .... local field emission (current)

LFER .... linear free energy relationship

LFF .... low - frequency fluctuation

LFMA .... low - field microwave absorption

LFS .... LEED fine structure (s.LEED)

LFSE .... ligand field stabilization energy

LFVF .... local free volume fraction

LG .... lattice gas (model)

LGR .... loop - gap resonator

LGS .... LANGEVIN - GIOUMOUSIS - STEVENSON (model)

LHA .... linear hypervertex approximation

LHASA .... logic and heuristics applied to synthetic analysis

LHB .... linear hydrogen bond

LHC .... light - harvesting complex

LHCD .... lower hybrid current drive (plasma)

LHNC .... linearized hypernetted chain

LHO .... linear harmonic oscillator

LIA .... libration - induced anisotropy

LIA .... lock - in amplifier

LIA .... luminescence immunoassay

LIBORS .... laser - ionization based - on - resonance saturation

LIBS .... laser - induced breakdown spectroscopy

LICRY-NMR .... liquid crystal nuclear magnetic resonance (spectroscopy)

LICVD .... laser - induced CVD

LID .... laser - induced desorption

LIDAR .... light detection and ranging

LIESST .... light - induced excited spin state trapping

LIF .... laser - induced fluorescence

LIFLN .... laser - induced fluorescence line narrowing

LIMA .... laser ionization mass analyzer/spectrometric analysis

LIMFS .... laser - induced molecular fluorescence spectrometry

LIRF .... laser - induced resonance fluorescence

LIS .... lanthanide induced shifts

LIS .... laser - induced isotope separation

LITD .... laser - induced thermal desorption

LITR .... low intensity test reactor

LJP .... LENNARD - JONES potential

LLC .... liquid - liquid chromatography

LLD .... lamp - lumen depreciation factor

LLD .... lower limit of detection

LLE .... liquid - liquid extraction (alt.: LLP)

LLG .... LANDAU - LIFSHITZ - GILBERT (equation)

LLP .... liquid - liquid partition (chromatography)

LM .... light microscopy

LMBW .... LOVETT - MOU - BUFF - WERTHEIM (equation)

LMCPE .... lipid - modified carbon paste electrode

LMCT .... ligand - to - metal charge transfer

LMDR .... laser microwave double resonance

LMFBR .... liquid metal fast breeder reactor

LMFR .... liquid metal fuel reactor

LMI .... liquid metal field ionization

LMIS .... liquid metal ion source

LMO .... localized molecular orbital

LMP .... laser microprobe

LMR .... laser magnetic resonance

LMRCT .... localized multireference configuration interaction (calculation)

LMRP .... low medium redox potential

LMSA .... LE GRESSUS - MASSIGNOT - SOPIRET - AUGER

LMTO .... linear muffin - tin orbital

LMTO-ASA ...... linear muffin - tin orbital atomic sphere approximation

LNDO .... local neglect of differential overlap

LNT .... liquid nitrogen temperature

LO .... longitudinal optic

LOCOS .... local oxidation of silicon

LOD .... limit of detection

LODESR .... longitudinally detected electron spin resonance

LOES .... laser - optical emission spectroscopy

LOG .... laser optogalvanic (effect)

LOI .... loss of ignition

LOPOS .... local oxidation of polycrystalline silicon

LOPT .... lowest - order perturbation theory

LOQ .... limit of quantification

LORG .... localized orbital - local origin (method)

LP .... linear prediction

LP .... low - pressure (method)

LPA .... long path absorption

LPC .... low - performance chromatography

LPCVD .... low - pressure chemical vapor deposition

LPE .... liquid phase epitaxy

LPF .... low - pass filter

LPLA .... long - path laser absorption

LPM .... laser microprobe

LPPS .... low - pressure plasma spraying

LPR .... LANDAU - PLACZEK ratio

LPSVD .... linear prediction singular value decomposition

LP-LCR .... liquid phase laser crystallization

LQ .... limiting quality = Rückweisegrenze (alt.:RQL, LTPD)

LQA .... local quadratic approximation

LRAPW .... linearized relativistic augmented plane wave (method)

LRF .... laser - reduced fluorescence

LRMA .... laser RAMAN micro analyses

LRMS .... low - resolution mass spectrometry

LRO .... long - range order

LROCSCM ...... long - range optimized (heteronucl.) chem. shift correlation method

LRP .... linear reaction path

LRP .... low - rank perturbation

LS .... light scattering

LS .... liquid scintillation

LSA .... laser surface alloying

LSASV .... linear sweep anodic stripping voltammetry

LSB .... least significant bit

LSC .... liquid - solid chromatography

LSD .... local spin density

LSDA .... local spin density approximation

LSDC .... least - squares differential corrector

LSDF .... local spin density functional (self-consistent calculation)

LSE .... LEVITT, SUTER, ERNST (pulse sequence)

LSF .... line spread function

LSI .... large - scale integration

LSM .... laser scanning microscope

LSMT	localized soft mode theory
LSR	lanthanide shift reagent
LSRA	least -squares regression analysis
LSS	LINDHARD - SCHARFF - SCHIOETT (theory)
LSTTL	low - power SCHOTTKY transistor logic
LSV	linear sweep voltammetry
LTA	low - temperature ashing
LTE	local thermal equilibrium (theory)
LTE	local thermodynamic equilibrium
LTEM	low - temperature fluorescence phosphorescence electron microscopy
LTFS	low - temperature fluorescence
LTO	low - temperature oxidation
LTPD	lot tolerance percent defective = Schlechtgrenze (alt.: LQ, RQL)
LTQ	light - triggered and (light)- quenched
LTR	long terminal repeat
LTR	low - temperature recovery
LUCO	lowest unoccupied crystal orbital
LUMO	lowest unoccupied molecular orbital
LVDT	linear variable differential transformer
LW	line width
LWR	laser write read
LZS	LANDAU - ZENER - STüCKEL-BERG (model)
MAB	modified adiabatic bend (approximation)
MAC	momentum accommodation coefficient
MAED	micro area electron diffraction
MAES	multielement atomic emission spectrometry
MAF	magic angle flipping
MAH	magic angle hopping
MAI	multiple angle of incidence
MAIA	magnetic antibody immunoassay
MAIKES	mass - analyzed ion kinetic energy spectroscopy
MAL	molecular absorption spectrometry with line source
MAM	modified atoms - in - molecules
MAOS	metal/aluminium oxide/silicon oxide/silicon
MAOT	maximum allowable operating temperature
MAPLE	MADELUNG part of lattice energy
MAR	magic - angle rotation
MAS	MOESSBAUER absorption spectroscopy
MAS	magic - angle spinning (nmr)
MAS	molecular absorption spectrometry
MASER	microwave amplification by stimulated emission of radiation
MASS	magic - angle sample - spinning
MASS-NMR	magic - angle sample - spinning nuclear magnetic resonance
MATR	multiple attenuated total reflectance (ir)
MBE	many - body expansion
MBE	molecular beam epitaxy
MBER	molecular beam electric resonance
MBM	molecular beam measurements
MBO	MULLIKEN bond order
MBPT	many - body perturbation theory
MBRS	molecular beam reactive scattering
MBRS	molecular beam relaxation spectrometry
MBS	minimal basis set
MBSS	molecular beam surface scattering
MBTS	moving belt transfer system (ms)
MB-RSPT	many - body RAYLEIGH - SCHROEDINGER perturbation theory

MC	multichannel plates
MC	multichromatic
MCA	multichannel analyzer
MCA	multicomponent analysis
MCAC	metal chelate affinity chromatography
MCC	molecular coupled cluster
MCCHF	multiconfiguration - coupled HARTREE - FOCK (method)
MCD	Monte Carlo dynamics
MCD	magnetic circular dichroism
MCD	microcoulometric detector
MCDA	magnetic circular dichroism of absorption
MCDF	multiconfiguration DIRAC - FOCK
MCDW	matrix continuum distorted wave (model)
MCDW	multichannel distorted wave (model)
MCFM	micron cubic feet per hour
MCHF	multiconfiguration HARTREE - FOCK (alt.: MCSCF)
MCHMPCOSY	multibond coupling optim. heteronuclear multispin coherence H - detected COSY
MCIVO	multiconfigurational improved virtual orbital (method)
MCL	magnetic corrected lamp
MCLR	multiconfigurational linear response
MCM	MARKOV chain method
MCP	multichannel plate detector
MCPF	modified coupled - pair functional
MCPL	magnetic circularly polarized luminescence
MCRPA	multiconfigurational random phase approximation
MCS	method of corresponding solutions
MCS	moisture control system
MCS	multichannel spectrometer
MCSCF	multiconfiguration - self - consistent field
MCSCO	multiconfiguration - self - consistent orbital
MCSTEP	multiconfigurational spin tensor electron propagator (method)
MCT	mercury cadmium telluride detector (ir)
MCTDHF	multiconfiguration time - dependent HARTREE - FOCK (method)
MCTST	Monte Carlo transition state theory
MCVD	modified chemical vapor deposition
MC-TDSCF	multiconfiguration time - dependent self - consistent field
MD	molecular dynamics
MDA	magnetic deflection analyzer
MDC	minimum detectable concentration
MDF	microdose focusing
MDGC	multidimensional gas chromatography
MDL	minimum detectable limit (alt.: LOD)
MDM	minimum detectable mass
MDMS	magnetic deflection mass spectrometer
MDQ	minimum detectable quantity
MDQW	modulation - doped quantum well
MDRI	multidetector retention index
MDS	matrix diagonalization sudden
MDS	metal - dielectric - semiconductor
MDS	metastable helium atom deexcitation spectroscopy
ME	MOESSBAUER effect
MEA	moisture evolution analysis
MEAN	multipole - extracted adiabatic nuclei (approximation)
MEC	minimum energy conformer
MECA	molecular emission cavity analysis
MECC	micellar electrokinetic capillary chromatography

MED .... microwave plasma emission detector

MEED .... medium energy electron diffraction

MEFIT .... multielectron fit

MEG .... modified energy gap

MEIS .... medium energy ion scattering spectroscopy

MELA .... modified effective liquid approximation

MEM .... maximum entropy method

MEM .... method of exponential multipliers

MEM .... mirror electron microscope

MEMP .... many-electron, many-photon (nonperturbative theory)

MEP .... minimum - energy path

MEP .... molecular electrostatic potential

MERP .... minimum energy reaction path

MERR .... MORSE exponential repulsion representation

MERS .... multiple electron resonance spectroscopy

MERT .... modified effective range theory

MES .... MOESSBAUER effect spectroscopy

MES .... molecule emission spectrometry

MESFET .... metal semiconductor field effect transistor

MF .... mean field (theory)

MFA .... mean field approximation

MFD .... multiple function detector

MFE .... mercury film electrode

MFIRFT .... modified fast inversion - recovery FOURIER transform

MFKE .... mean field kinetic equation

MFL .... magnesium fluoride liner

MFLOPS .... million floating operations per second

MFM .... magnetic force microscopy

MFP .... mean free path

MFPT .... mean first passage time

MFS .... molecule fluorescence spectrometry

MFT .... mean field theory

MFTM .... mean field transfer matrix (method)

MGC .... modified GOUY - CHAPMAN (theory)

MGCR .... maritime gas - cooled reactor

MGD .... magneto - gasdynamic (converter)

MHD .... magneto - hydrodynamic (converter)

MHNC .... modified hypernetted chain (approximation)

MHS .... magnetic hyperfine structure

MIBL .... masked ion beam lithography

MICT .... multicomponent ideal chemical theory (metal soln.)

MID .... multiple ion detection

MIDREX .... MIDLAND - ROSS direct reduction

MIES .... metastable impact electron spectroscopy

MIGS .... metal - induced gap state

MIH .... method of intermediate hamiltonians

MIKE .... mass - analyzed ion kinetic energy

MIKES .... mass - analyzed (or -selected) ion kinetic energy spectrometry

MIM .... molecules in molecule (calcul.)

MIME .... missing mode effect (in electronic spectroscopy)

MIMIC .... monolithic microwave IC

MIMI-ARC .... MICHAEL - MICHAEL aldol ring closure

MIMI-MIRC .... MICHAEL - MICHAEL - MICHAEL ring closure

MIMS .... membrane inlet mass spectrometry

MINDO .... modification of INDO

MIP .... microwave - induced plasma

MIR .... medium range infrared spectroscopy (400-200 cm^{-1})

MIR .... multiple internal reflection

MIRPE .... multiple infrared photon excitation

MIS .... manipulated identification of spins

MIS .... metal - insulator - semiconductor

MISFET .... metal - insulator - semiconductor field effect transistor

MISIM .... metal - insulator - semiconductor - insulator - metal

MIT .... metal - insulator transition

ML .... magnetic multilayer

MLA .... MOELLENSTEDT lens analyzer

MLA .... modulated laser absorption

MLC .... molecular luminescence spectrometry with continuum source

MLCPT .... multicomponent linear chemical - physical theory (metal soln.)

MLCT .... metal - to - ligand charge transfer

MLD .... multilayer dielectric

MLE .... molecular layer epitaxy

MLEV .... M(alcolm) LEV(itt) (decoupling; nmr)

MLL .... molecular luminescence spectrometry with line source

MLR .... multiple linear regression

MMM .... model microfield method (spect.)

MMMA .... magnetically modulated microwave absorption

MMR .... (magnetically -)modulated microwave reflection

MMRP .... moderate medium redox potential

MMS .... multiphoton mass spectrometry

MMT .... multi - site magnetization transfer

MMU .... magnetic measuring unit

MNDDO .... modified neglect of diatomic differential overlap

MNDO .... modified neglect of diatomic overlap (calculation)

MNDO-C .... modified neglect of diatomic overlap correlation (semiempir. calc.)

MNOS .... metal nitride - oxide - semiconductor (silicon)

MNS .... metal nitride - silicon (capacitor)

MO .... molecular orbital

MOCVD .... metal - organics(-oxide) chemical vapor deposition

MODR .... microwave - optical double resonance

MOE .... MEISSNER - OCHSENFELD effect (superconductivity)

MOG .... MILLS - OLNEY - GAITHER procedure

MOKE .... magneto - optical (polar) KERR effect

MOLE .... molecular optics laser examiner = RAMAN microprobe

MOMBE .... metal - organic molecular beam epitaxy

MOMM .... molecular - orbital - based molecular mechanics

MOMO .... maximum overlap molecular orbital

MOMS .... modular optoelectronical multiwavelength scanner

MONOS .... metal - oxide - nitride - oxide - silicon

MOR .... magnetooptical rotation spectroscopy

MORBID .... morse oscillator - rigid bender internal dynamics (triatom. molecules)

MORD .... magnetic optical rotations dispersion

MOS .... metal oxide semiconductor

MOSFET .... metal oxide semiconductor field effect transistor

MOSS .... MOESSBAUER spectroscopy (alt.:MS)

MOT .... multistate orbital treatment

MOVB .... molecular orbital valence bond (theory)(VB theory with symmetry)

MOVPE .... metal - organic vapor phase epitaxy

MP .... MOELLER - PLESSET n - order(n=2-4) perturbation approach (theory)

MP .... mirror plane

MP .... mobile particle

MP4SDQ .... MOELLER-PLESSET perturb.method with single,double,quadrup.excitations

MPA .... multiphoton absorption

MPB .... modified POISSON - BOLTZMANN

MPCILO .... modified perturbative confign.interactn. over localized orbitals

MPD .... magnetic permeability disaccommodation

MPD .... multi - photon dissociation

MPE .... multi - photon excitation

MPI .... multi - photon ionization (spectroscopy)

MPIC .... mobile phase ion chromatography

MPID .... multi - photon ionization dissociation

MPI-MS .... multi - photon ionization mass spectrometry

MPL .... magnetophotoluminescence

MPLC .... medium pressure liquid chromatography

MPLE .... magnetophotoluminescence excitation

MPM .... multiple peak monitoring

MPMG .... melt - powder - melt - growth

MPPT .... MOELLER - PLESSET perturbation theory

MPS .... magnetophotoselection

MPn .... MOELLER - PLESSET perturbation calculation of n-th order

MQ .... multiple quantum

MQC .... multi -quantum coherence

MQDT .... multichannel quantum defect theory

MQES .... metastable quenched electron spectroscopy

MQF-COSY ..... multiple - quantum - filtered correlated spectroscopy

MQT .... multiple - quantum transition

MQW .... multiple quantum well

MQWS .... multiple quantum well structures

MQ-NMR .... multiple - quantum - nuclear magnetic resonance

MRCC .... multireference coupled - cluster (method)

MRCI .... multireference configuration interaction

MRCISD .... multireference config. interactn. single plus double(replacement)

MRD-CI .... multireference density - configuration interaction

MRD-CI .... multireference with double excitations configuration interaction

MRE .... magnetoresistive element

MRG .... macroscopic renormalization group

MRI .... magnetic resonance imaging

MRIE .... magnetic resonance imaging (by the) earth (magnetic field)

MRMBPT .... multireference many - body perturbation theory

MRN .... modified random network (model)

MROA .... magnetic RAMAN optical activity

MRP .... metal refining process (MANNESMANN DEMAG)

MRP .... minimum - energy reaction path

MRS .... master reference source

MRS .... micro RAMAN spectroscopy

MRSDCI .... multi reference single- +double - excitation configuration interaction

MS .... MOESSBAUER spectroscopy (alt.: MOSS)

MS .... magnetic saturation

MS .... magnetic semiconductor

MS .... mass spectrometry (spectroscopy)

MS .... multiple scattering

MS2 .... see MSMS

MSA .... mean - spherical approximation (model)

MSB .... most significant bit

MSCC .... multistate curve crossing (model)

MSCV .... mass spectrometric cyclic voltammogram

MSC-Xà .... multiple scattering X-α (method)

MSD .... mass spectrometric detector

MSD .... mean - square displacement

MSD .... molecular structure distribution

MSD .... multisource deposition (method)

MSFB .... magnetically stabilized fluidized bed

MSI .... medium scale integration

MSID .... mass spectrometric isotope dilution (alt.: IDA) mean square induced dipole moment (per molecule)

MSM .... mean spherical model

MSMA .... MURRELL - SHAW, MUSHER - AMOS (theory)

MSMS .... mass - spectrometry - coupled mass spectrometry

MSR .... multiple spectular reflectance

MSRD .... mean - square relative displacement

MSSS .... mass spectrometry search system

MST .... microphase separation transition

MSTDS .... mass spectrometry thermal desorption spectra

MS-IDA .... mass spectrometric isotope dilution analysis

MT .... magnetization transfer

MT .... martensitic transition

MTA .... mass spectroscopic thermal analysis

MTB .... MUELLER - TAKASHIGE - BEDNORZ

MTCD .... microvolume thermal conductivity detector

MTF .... metastable time - of - flight technique

MTFE .... mercury thin - film electrode

MTL .... mass transport limited (kinetics)

MTNS .... metal/thick (silicon) nitride/semiconductor

MTO .... muffin tin orbital

MTP .... multiple twinned particles

MTS .... molecular transmission spectrometry

MTTF .... median times to failure

MUC .... molecular unit cell

MUDISM .... multidimensional stochastic method

MUPI .... multi photon ionization (mass spectrometry)

MVA .... multivariate analysis

MVCD .... magnetic vibrational circular dichroism

MW .... microwave

MWD .... molecular weight distribution

MWDA .... modified weighted density approximation

MWFT .... microwave FOURIER transform

MWFTS .... microwave FOURIER transform spectroscopy

MWP .... microwave plasma

MWS .... microwave spectroscopy

NAA .... neutron activation analysis

NAM .... NORTHRUP - ALLISON - McCAMMON (calculation)

NAO .... natural active orbital

NAPA .... numerical analytical propagator algorithm

NAR .... nonadiabatic resonance (theory)

NAR .... nuclear acoustic resonance (nqr)

NARP .... nitric oxide - ammonia rectangular pulse (technique)

NBMO .... nonbonding molecular orbital

NBO .... nonbridging oxygen

NBR .... nonbonding resonance

NCC .... net charge compensation (model)

NCI .... negative chemical ionization

ND .... neutron diffraction

NDDO .... neglect of diatomic differential overlap

NDE .... nondestructive evaluation

NDE .... nonlinear dielectric effect

NDI .... neglect of different (difficult) integrals

NDIR .... nondispersive infrared

NDO .... neglect of differential overlap

NDP .... neutron depth profiling

NDR .... negative differential resistance

NDS .... neutron dispersive system

NED .... normal energy distribution

NEG .... nitride extrinsic gettering

NEI .... negative ion with electron impact ionization

NEMD .... nonequilibrium molecular dynamics (method)

NEP .... noise equivalent power

NEP .... nonlinear electrooptic property

NESI .... nonequilibrium surface ionization

NET .... negative entropy trap

NEXAFS .... near - edge x - ray absorption fine structure

NFM .... near - field micropotential

NGR .... nuclear .gamma. resonance

NHB .... non - hydrogen bonded

NHDV .... normalized hydrodynamic voltammograms

NHE .... normal hydrogen electrode

NICI .... negative ion chemical ionization (alt.:NCI)

NIDP .... negative imaginary decoupling potential

NILG .... noninteracting lattice gas

NILO .... nitrogen implantation local oxidation

NIR .... near - infrared

NIR .... near - infrared diffuse reflection

NIR .... neutral impact radiation

NIRA .... near - infrared reflectance analysis

NIRMS .... noble gas ion reflection mass spectroscopy

NIRS .... near - infrared spectroscopy

NIRS .... neutral impact radiation spectroscopy

NIS .... negative ion spectroscopy

NIS .... neutron inelastic scattering

NIS .... neutron inelestic scattering

NISEC .... negative ion secondary emission coefficient

NKK .... Nippon Kokan

NK-AP .... Nippon Kokan - arc process

NLDA .... nonlocal density approximation

NLDF .... nonlocal density - functional

NLEE .... nonlinear evolution equation

NLIF .... nonlinear interference filter

NLJP .... negligible liquid - junction potential

NLLS .... nonlinear least squares analysis

NLLSQ .... nonlinear least - squares (fitting routine)

NLSE .... nonlinear SCHROEDINGER wave equation

NMR .... nuclear magnetic resonance

NMRD .... nuclear magnetic relaxation dispersion

NMRI .... nuclear magnetic resonance imaging

NMRS .... nuclear magnetic relaxation spectroscopy

NN .... nearest - neighbour (atoms)

NNDO .... neglect of nonbonded differential overlap

NNLS .... non - negative least - squares (algorithm)(LAWSON-HANSON)

NNMR .... nutation NMR

NNN .... next - nearest - neighbour (atoms)

NO .... natural orbital

NODUS .... nondestructive ultrasensitive single atomic layer surface spectroscopy

NOE .... nuclear OVERHAUSER enhancement effect (nmr)

NOECOSS ...... nuclear OVERHAUSER enhancement correlation (with) shift scaling

NOESY .... nuclear OVERHAUSER enhancement (and exchange) spectroscopy

NOE-DIFF .... nuclear OVERHAUSER enhancement difference (spectroscopy)

NOLMO .... nonorthogonal, strictly local molecular orbital

NORD .... noise(-modulated) off - resonance decoupling

NOVEL .... nuclear (spin) orientation via electron (spin) locking

NPD .... normal photoelectron diffraction

NPDL .... nitrogen - pumped dye laser

NPHB .... nonphotochemical hole burning

NPLC .... normal phase liquid chromatography

NPP .... normal pulse polarography

NQCC .... nuclear quadrupole coupling constant

NQDR .... nuclear quadrupole double resonance

NQHFS .... nuclear quadrupole hyperfine structure

NQI .... nuclear quadrupole interaction

NQM .... nonrelativistic quantum mechanics

NQR .... nuclear quadrupole resonance

NQRF .... nuclear quadrupole resonance frequency

NRA .... nuclear reaction analysis

NRECOIL .... nuclear recoil spectrometry

NRIM .... National Research Institute of Metals (Japan)

NRLH .... nonrigid rotation large - amplitude (internal motion) HAMILTONIAN

NRMPI .... nonresonant multiphoton ionization

NRMS .... neutralization reionization mass spectrometry

NRS .... normal RAMAN spectrometry

NSA .... nitride self - aligned

NSC .... Nippon Steel Corporation (steelmaking process)

NSE .... nonlinear SCHROEDINGER equation

NSE .... normal spectral emittance

NSE .... nuclear solid effect

NSEO .... nuclear spin electron orbit

NSES .... neutron spin echo spectroscopy

NSI .... negative surface ionization

NSQ .... nuclear spin quenching

NSS .... nonequilibrium solvation state

NSS .... number (density) of surface states

NTB .... nonorthogonal tight binding (theory)

NTC .... negative temperature coefficient

NTD .... neutron thermo - diffractometry

NTI .... negative thermionic mass spectrometry

NWG .... Nachweisgrenze (alt.:LOD)

N-EG .... nitride extrinsic gettering

OAD .... one atom detection

OAD .... optical activity detector

OAS .... optoacoustic spectrometry

OBK .... OPPENHEIMER - BRINKMANN - KRAMERS (approximation)

OBM .... oxygen boden or BROTZMANN Maxhütte bottom blowing BOP

OC .... operating characteristic = Annahmekennlinie

OCAMS .... orbital correspondence analysis in maximum symmetry

OCC .... Ohno continuous casting

OCE .... one - center expansion

OCF .... orientational autocorrelation function

OCP .... one - component plasma

OCV .... open - circuit voltage

OD .... optical density

ODC .... optimized double configuration

ODDOS .... one - dimensional density of states

ODENDOR ...... optically detected ENDOR

ODESR .... optically detected ESR

ODF .... orientation density function

ODF .... orientation distribution function

ODIM .... optimized diatomics - in - molecules (method)

ODLOS .... optical deep - level optical spectroscopy

ODLTS .... optical deep - level thermal spectroscopy

ODMR .... optically detected magnetic resonance spectroscopy

ODPAS .... optically detected photoacoustic spectroscopy

ODS .... orientation distribution function

ODT .... order - disorder transition

OE .... optical emission

OEB .... oscillatory electric birefringence

OED .... oxidation - enhanced diffusion

OEDM .... one - electron diatomic molecule

OEMO .... one - electron molecular orbital

OER .... oxygen evolution reaction

OES .... optical emission spectroscopy

OFAGE .... orthogonal field alternating gel electrophoresis

OGE .... optogalvanic effect

OGM .... oriented gas model

OGMS .... open gradient magnetic separator

OHP .... outer HELMHOLTZ plane

OIP .... optimized inner projection (technique)

OKE .... optical KERR effect

OLP .... oxygen lime powder steelmaking process (Irsid)

OM .... optical microscope

OMA .... optical multichannel analysis

OMV .... obligatory minimum valency

OMVPE .... organometallic vapor phase epitaxy

ONO .... oxide - nitride - oxide (of silicon)

OODR .... optical - optical double resonance (spectroscopy)

OPD .... optical path difference

OPDF .... one - particle distribution function

OPEPR .... optical perturbation electron paramagnetic resonance

OPFIR .... optically pumped far infrared

OPHF .... orbital - polarized HARTREE - FOCK

OPLC .... overpressure layer chromatography

OPTLC .... overpressure thin - layer chromatography

OPW .... orthogonalized plane wave (band - structure calculation)

ORC .... oxidation - reduction cycle

ORD .... optical rotatory dispersion

ORD .... oxidation - retarded diffusion

ORDE .... optical rotating disk electrode

ORHF .... open - shell - restricted HARTREE - FOCK

ORM .... overlapping resolution map (HPLC)

OROM .... optical read - only memory

ORPA .... optimized random phase approximation

ORR .... oxygen reduction reaction

ORZ .... optimized ROUSE - ZIMM (equation)

OS	OVERHAUSER shift
OSF	oxidation - induced faults
OSPES	outer - shell photoelectron spectroscopy
OSRS	off - resonance stimulated RAMAN scattering
OTDR	optical time domain reflectometer
OTTLE	optically transparent thin layer electrode
OVC	optimized valence configuration
OVFF	orbital valence force field
OVGF	outer valence GREEN's function
OVOS	optimized virtual orbital space
PA	photoacoustic effect
PA	positron annihilation
PA	proton affinity
PAA	photon activation analysis
PAC	perturbed angular correlation of gamma rays
PACIA	particle agglutination counter immuno assay
PACVD	plasma - assisted CVD
PAD	photoemission angular distribution
PAD	polar angle distribution
PAD	post acceleration detector
PAD	pulsed amperometric detector
PAES	proton - induced AUGER electron spectroscopy
PAF	pulsed accelerated flow (spectroscopy; react.kinetics)
PAFC	pairwise additive function counterpoise (method)
PAGE	polyacrylamide gel electrophoresis
PAGIF	polyacrylamide isoelectric focusing
PAL	positron annihilation lifetime (spectroscopy)
PAM	periodic ANDERSON (model)
PAMOCVD	plasma - assisted metal - organic chemical vapor deposition
PAMS	precision abrasion mass spectrometry
PARPES	polarization - dependent angle - resolved photoemission spectra
PARS	photoacoustic RAMAN spectroscopy
PARUPS	polarization - dependent angle - resolved uv photoemission spectrosc.
PAS	photoacoustic spectroscopy
PAS	positron annihilation spectroscopy
PAS	principle axis system
PAS	pulsed atom site
PASCA	positron annihilation spectroscopy for chemical analysis
PASEM	particle analysis scanning electron microscopy
PB	POISSON - BOLTZMANN (theory)
PB	projectile bremsstrahlung
PBBS	projected bulk - based structure
PBC	periodic boundary condition
PBP	proton - blocking pattern
PBS	projected band structure
PBWA	plasma - beat - wave accelerator
PC	paper chromatography
PC	pentagon column
PC	personal computer
PCA	principal component analysis
PCCE	proton coupling constant extraction
PCCP	precalculated collision probability
PCEM	phase contrast electron microscopy
PCF	pair correlation function
PCI	positive chemical ionization
PCI	postcollision interaction
PCILO	perturbative configuration interaction based on localized orbitals
PCJCP	phase - corrected coupled J cross - polarization (spectra)

356

PCLC .... preparative column liquid chromatography

PCM .... pulse code modulation

PCM .... pulse - counting method

PCR .... photo - conductive resonance

PCR .... principal component regression

PCS .... penetrable - concentric - shell (model)

PCS .... photon correlation spectroscopy

PCS .... plasma chemical synthesis

PCS .... protonated carbon suppression

PCTF .... phase - contrast transfer function

PCVD .... plasma - induced chemical vapor deposition

PD .... PENNING deexcitation

PD .... photodesorption

PD .... photoelectron diffraction (alt.: PED)

PD .... plasma - deposited

PD .... potential difference

PD .... pulse delay

PDA .... photodiode array

PDA .... pulse hight distribution analysis

PDD .... probability density distribution

PDE .... partial differential equation

PDE .... photon drag effect

PDF .... pair distribution function

PDF .... pole density function

PDF .... powder diffraction file

PDL .... pulse dye laser

PDLC .... polymer - dispersed liquid crystal

PDMS .... plasma desorption mass spectroscopy

PDM-ECD .... photodetachment - modulated electron capture detector

PDOS .... partial density of states

PDPI .... primitive discretized path integral

PDS .... planar density of states

PDSC .... pressure differential scanning calorimetry

PD-LSF .... potential - derived (point charge) least - squares fitting (model)

PE .... photon echo

PE .... potential energy

PEC .... photoelectrochemical cell

PECVD .... plasma - enhanced chemical vapor deposition

PED .... photoelectron diffraction (alt.: PD)

PED .... potential energy distribution

PEEE .... photostimulated exoelectron emission

PEEM .... phosphorescence emission excitation matrix

PEF .... potential energy function

PEG .... polycrystalline (silicon) extrinsic gettering

PEM .... photoelectron microscopy

PEM .... piezoelastic modulation

PEMCSCF ...... pair - excitation multiconfiguration self - consistent field

PENIS .... proton - enhanced nuclear induction spectroscopy

PEOE .... partial equalization of orbital electronegativity

PEPICO .... photoelectron - photoion coincidence

PEPIPICO .... photoelectron - photoion - photoion coincidence

PES .... photoelectron spectroscopy

PES .... potential energy surface

PESICO .... photoelectron secondary ion coincidence

PESIS .... photo electron spectroscopy of inner shell(s)

PESM .... photoelectron spectromicroscopy

PESOS .... photoelectron spectroscopy of outer shell(s)

PET .... positron emission tomography

PEY .... photoelectron yield

PEYS .... photoelectron yield spectroscopy

PFA .... pulse flip angle

PFDMS .... pulsed field desorption (time - of - flight) mass spectrometer

PFG .... pulsed field gel electrophoresis

PFGC .... parameters from group contribution (equation of state)

PFGNMR .... pulsed field gradient (spin echo) nuclear magnetic resonance

PFI .... pulsed field ionization

PFM .... pulse frequence modulation

PFMS .... pyrolysis field ionization mass spectrometry

PFS .... programmable frequency source

PFSEPR .... pulse field - sweep electron paramagnetic resonance

PFT .... pulse FOURIER transformation

PG .... proton glass

PG .... pulse generator

PGC .... pyrolysis gas chromatography

PGL .... precursor geometry limited (reaction)

PGNAA .... prompt gamma neutron activation analysis

PGSE .... pulsed - gradient spin - echo

PHB .... photochemical hole burning (experiments)

PHCT .... perturbed hard chain theory

PHEEM .... photoemission electron microscopy

PHIP .... para - hydrogen - induced polarization

PHOFEX .... photofragment excitation

PHOFRY .... photofragment yield (spectroscopy)

PHPM .... pulsed (electron-beam) high pressure mass (spectrometry)

PHR .... peak height ratio

PHS .... potential hypersurface

PHSI .... positive ion hyperthermal surface ionization

PIAS .... photon - counting (two - dimensional) image acquisition system

PIB .... potential - induced breathing (model)

PIC .... paired ion chromatography

PICED .... photoinduced changes (of the) energy distribution

PICI .... positive ion chemical ionization

PICTS .... photoinduced current transient spectroscopy

PID .... particle - induced desorption

PID .... photoinduced desorption

PID .... photoion detector

PIDC .... photo - induced discharge characteristics

PIDFTMS .... particle - induced desorption FOURIER transform mass spectrometry

PIE .... photoionization efficiency (spectroscopy)

PIES .... PENNING ionization electron spectroscopy

PIFIMS .... photon - induced field ionization mass spectroscopy

PIG .... PENNING ion gage

PIM .... peak integration method

PIMC .... path - integral Monte Carlo

PIMERS .... periodical immersion and emersion RAMAN spectroscopy

PIO .... paired interacting orbitals

PIOS .... PENNING ionization optical spectroscopy

PIPECO .... photo ion - photo electron coincidence

PIR .... photon - induced x - ray

PIRS .... pulsed infrared stimulation

PIS .... PENNING ionization spectroscopy

PITL .... photo induced thermoluminescence

PITS .... photo induced transient spectroscopy

PIX	particle - induced x - rays
PIX	photo induced x - rays
PIXE	particle(proton) - induced x - ray emission
PIXES	particle - induced x - ray emission spectroscopy
PI-TOF-MS	photoionization time - of - flight mass spectrum
PK	PENG - ROBINSON (equation of state)
PKA	primary knock - on atom
PKE	polar KERR effect
PL	photoluminescence
PLANOX	planar oxide
PLAP	pulsed laser atom probe (technique)
PLC	plasma chromatography
PLC	polymer liquid crystal
PLC	preparative layer chromatography
PLC	process liquid chromatography
PLD	periodic lattice distortion
PLE	photoluminescence excitation
PLEED	polarized low - energy electron diffraction
PLFA	pulsed laser flash absorption
PLL C-MOS	phase - locked loop C - MOS
PLM	polarized light microscopy
PLP	pulsed laser photolysis
PLP-LPLA	pulsed laser photolysis long - path laser absorption
PLP-RF	pulsed laser photolysis resonance fluorescence
PLS	partial least - squares
PL-process	Phönix-Lanzen prozess
PM	PENSKY - MARTENS (Flammpunkt)
PM	phase modulation
PM	photomultiplier
PM	planar matching (theory, model)
PMA	plane mirror analyzer

PMDR	phosphorescence microwave double resonance spectroscopy
PMEP	principal metal ESCA peak
PMF	potential of mean force
PMFG	pulsed magnetic field gradient
PMF-NMR	pulsed - magnetic - field nuclear magnetic resonance
PMO	perturbational molecular orbital
PMPSPT	polarization MOELLER - PLESSET static perturbation theory
PMR	proton magnetic resonance
PMS	pulsed (time - of - flight) mass spectrometer
PMU	pressure measuring unit
PM-ENDOR	polarizn. modultd. (RF fields) in electron nucl. double resonance
PM-FMR	photothermally modulated ferromagnetic resonance
PM-IRRAS	polarization modulated infrared reflection - absorption spectroscopy
PND	polarized neutron diffraction
PND	proton noise decoupling
PNDO	partial neglect of differential overlap
PNEG	polycrystalline nitride extrinsic gettering
PNMR	pulsed(proton) nuclear magnetic resonance
PNO	pair natural orbitals
PNO	pseudonatural orbital
PNOCID	pair-natural-orbital configuration interaction(with)double(excitation)
PNO-CEPA	pseudonatural orbital - coupled electron pair approximation
PN-EG	polycrystalline nitride extrinsic gettering
POAV	π orbital axis vector method
POCL	photooxygenation chemiluminescence
POF	product operator formalism

POF .... pulsed optical feedback

POL-CI .... polarization configuration interaction

POL-CM .... polarization configuration mixing

POMMIE .... phase oscillations to maximize editing

POP .... population analysis

PPA .... paired phonon analysis

PPA .... pulsed plasma accelerator

PPB .... parts per billion ($1:10^9$)

PPC .... paper partition chromatography

PPC .... persistent photoconductivity

PPCP .... pulse - corona - induced plasma chemical process

PPD .... pure phase detection

PPE .... photopyroelectric (technique)

PPINICI .... pulsed positive ion negative ion chemical ionization

PPL .... plasma polymer layer

PPLE .... polarized photoluminescence excitation

PPM .... parts per million ($1:10^6$)

PPMD .... programmed permanent memory device

PPP .... PARISER - POPLE - PARR (method)

PPQ .... parts per quadrillion ($1:10^{15}$)

PPT .... parts per trillion ($1:10^{12}$)

PP-LIF .... pump - probe - laser - induced fluorescence

PRA .... perturbed rotating atom approximation

PRA .... prompt radiation analysis

PRDDO .... partial retention of diatomic differential overlap

PRDF .... partial radial distribution function

PRMO .... partially restricted molecular orbital

PROD .... paramagnetic resonance by optical detection

PROGRESS .... point - resolved rotating gradient surface - coil spectroscopy

PROM .... programmable read - only memory

PRR .... pulse repetition rate

PRXN .... surface - aligned photoreaction

PSA .... potentiometric stripping analysis

PSC .... polar stratospheric cloud

PSCE .... partially spin coupled echo

PSCR .... PAULING second crystal rule

PSD .... photon - stimulated desorption

PSD .... plastic shear defect

PSD .... positron(phase) sensitive proportional detector

PSD .... product state distribution

PSD .... programmable dispenser

PSDIAD .... photon - stimulated desorption ion angular distribution

PSE .... periodic system of the elements

PSEE .... photostimulated exoelectron emission

PSEP .... polyhedral skeletal electron pair (theory)

PSEPT .... polyhedral skeletal electron pair theory

PSF .... point spread function

PSFEM .... photostimulated field emission from metals

PSFI .... photon - stimulated field ionization

PSFT .... progressive - saturation FOURIER transform

PSG .... phosphosilicate glass

PSG .... pulse sequence generation

PSHB .... persistent spectral hole burning

PSI .... positive surface ionization

PSI .... pounds per square inch

PSIA .... pounds per square inch absolute

PSID .... photon - stimulated ionic desorption

PSIG .... pounds per square inch gauge

PSPC .... position sensitive proportional counter

PSPD .... position sensitive proportional detector

PSPF .... post - source pulse focusing

PSRA .... pulse surface reaction rate analysis

PSRG .... position space renormalization group

PSSD .... position sensitive scintillation detector

PST .... phase space theory

PSZ .... partially stabilized zirconia

PTC .... phase transfer catalysis

PTC .... phase transition curve

PTC .... positive temperature coefficient

PTCI .... perturbation treatment configuration interaction

PTCR .... positive temperature coefficient of resistance

PTIS .... photothermal ionization spectroscopy

PTK .... percentage of perturbation theory kept

PTS .... pressure tuning spectroscopy

PTV .... programmed temperature vaporizer

PUVE .... pulsed ultraviolet excitation

PV .... photovoltaic

PVD .... physical vapor deposition

PVT .... pressure - volume - temperature relation

PVT .... pulsed video thermography

PW .... pulse width

PWBA .... plane wave BORN approximation

PWFA .... plasma wake - field accelerator

PWHT .... postweld heat treatment

PWIA .... plane wave impulse approximation

PWMCSCF ..... partial wave multiconfiguration self - consistent field

PWR .... pressured water reactor

PXA .... primary x - ray analysis

PXAS .... polarized x - ray absorption spectroscopy

PY .... PERCUS - YEVICK (equation)

PYS .... partial yield spectroscopy

PZC .... potential of zero charge

PZT .... piezoelectric transducer

PZZP .... point of zero zeta potential

PhD .... photoelectron diffraction

P-EC .... polycrystalline (silicon) extrinsic gettering

P-ENDOR .... pulsed electron nuclear double resonance

P.E.COSY .... primitive exclusive correlated spectroscopy (nmr)

Q1D EG .... quasi - one - dimensional electron gas

Q2D .... quasi - two - dimensional

QC .... quality control

QCC .... quadrupole coupling constant

QCD .... quantum chromodynamics

QCDFR .... quasichemical defect formation equilibrium reaction

QCFF .... quantum chemical force field (calculation)

QCI .... quadratic configuration interaction

QCISD .... quadratic config.interact.(limited to)single(and)double(excitations)

QCL .... quasi - classical

QCM .... quartz crystal microbalance

QCOM .... quartz crystal oscillator microbalance

QCOT .... qualitative crystal orbital theory

QCS .... quasicrystal structure

QCSE .... quantum - confined STARK effect

QCT .... quasi - classical trajectory (calculation)

QDE .... quantum detection efficiency

QDLEED .... quasi - dynamical low - energy electron diffraction

QDM .... quantum defect method

QDOS .... quasiparticle density of states (electronic)

QDVPT .... quasi - degenerate variational perturbation theory

QE .... quadrupole - echo (spectroscopy)

QED .... quantum electro dynamics

QED .... quenched epitaxy desorption

QEGS .... quasi - elastic gamma - ray scattering

QELS .... quasi - electric light scattering

QET .... quasi - equilibrium theory

QF .... quadrupole - electric field (gradient)

QHA .... quasiharmonic approximation

QHE .... quantum HALL effect

QITMS .... quadrupole ion trap mass spectrometry

QL .... quasiline (spectrum)

QLDM .... quantum liquid drop model

QLQC .... quasi - lattice quasi - chemical (method)

QLS .... quasi - elastic light sacttering

QM .... quantitative microscopy

QMAS .... quadrupole mass analyzer for solids

QMC .... quantum Monte Carlo

QMF .... quadrupole mass filter

QMRE .... quantum - mechanical resonance energy

QMS .... quadrupole mass spectrometer

QMST .... quark model of superconductivity type

QMT .... quantum - mechanical tunneling

QNS .... quasi - elastic neutron scattering

QOM .... quartz oscillator microgravimetry

QPD .... quadrature phase detection

QRGA .... quadrupole residual gas analyzer

QRN .... quasi - resonant neutralization

QS .... quadruple scattering

QS .... quadrupole splitting

QSCE .... quantum - confined STARK effect

QSF .... quantized signal field (method)

QSF .... quantum spin fluid

QSRR .... quantitative structure retention relationship

QTST .... quantum transition state theory

QUPID .... quantum path integral molecular dynamics (method)

QW .... quantum well

QWH .... quantum well heterostructure

QY .... quantum yield

R2PI .... resonant two - photon ionization (spectroscopy)

RA .... radiative AUGER

RA .... reduction in area

RA .... reflection - absorption

RA .... resonance absorption

RAD .... radiation absorption dose

RADEED .... radial distributions of exterior electron densities

RADFET .... radiation (sensing) FET

RAIRS .... RAMAN infrared spectroscopy

RAIRS .... reflection - absorption infrared spectroscopy

RAM .... random access memory

RAMA .... RAMAN microanalysis

RAMP .... RAMAN microprobe

RAS .... reflection absorption spectrometry

RBS .... RUTHERFORD backscattering spectroscopy

RC .... reaction center

RCARS .... (one - photon) resonance coherent anti - STOKES RAMAN spectroscopy

RCF .... relative centrifugative force

RCI .... restricted configuration interaction

RCLIF .... rotationally cooled laser induced fluorescence

RCNDO .... RYDBERG complete neglect of differential overlap

RCS .... region(s) of coherent scattering

RCS .... replacement collision sequence

RCT .... relayed coherence transfer spectroscopy (nmr)

RDE .... rotating disc electrode

RDF .... radial dielectric function

RDF .... radial distribution function

RDS .... RAMAN difference spectroscopy

RDS .... relative detection sensitivity

RE .... reference electrode

RE .... resonance energy

READI .... resonant - excitation - auto - double - ionization

REC .... radiation electron capture

RECP .... relativistic effective core potential

RED .... radial electron distribution

RED .... reflection electron diffraction

REDA .... resonant - excitation - double - autoionization

REE .... revised ENSKOG equation

REELS .... reflection electron energy loss spectroscopy

REFET .... reference FET

REGF .... reference energy GREEN's function

REM .... Raster Elektronen Mikroskopie

REM .... reflection electron microscopy

REMEDIE .... reflect.electron microsc.+ electron diffract. at intermediate energy

REMPI .... resonance - enhanced multiphoton ionization

REOM .... reduced - equations - of - motion (theory)

REP .... ROENTGEN equivalent physical

REP .... relativistic effective (core) potential

REPE .... resonance energy per (.pi.) electron

REP-QMC .... relativistic effective potential quantum Monte Carlo

RES .... relative emission sensitivity

RES .... relaxed excited state

RESPA .... reference system propagator algorithm

RET .... revised ENSKOG theory

RET .... rotational energy transfer

RE-TM .... rare earth - transition metal

RF .... radio frequency

RF .... ratio of fronts

RF .... resonance fluorescence

RF .... response factor

RFA .... ROENTGEN Fluoreszenz - Analyse

RFA .... retarding field analyzer

RFA .... x - ray fluorescence analysis

RFDS .... radiofrequency discrete saturation

RFE .... reaction field with exclusion (model)

RFI .... radio frequency interference

RFMWDR .... radiofrequency - microwave double resonance

RFS .... renormalized forward scattering

RFT .... rotational frame transformation

RG .... renormalization group

RGA .... residual gas analysis

RGC .... radio gas chromatography

RGC .... reconstructed gas chromatogram

RGI .... refocused gradient imaging

RGM .... residual gas molecules

RH .... Ruhrstahl HERAEUS process

RH .... relative humidity

RHEED .... reflection high - energy electron diffraction

RHF .... restricted HARTREE - FOCK

RHNC	reference hypernetted chain (theory)
RH-OB	Ruhrstahl HERAEUS oxygen blowing process
RH-PB	Ruhrstahl HERAEUS powder blowing process
RI	resonance ionization
RI	retention index
RIA	radio immuno assay
RIBS	RUTHERFORD ion backscattering spectroscopy
RIE	reactive ion etching
RIM	Raster Ionen Mikroskopie
RIM	radio induction method
RIM	reactant ion monitoring
RIM	retention index method
RIMS	resonance ionization mass spectroscopy
RINDO	RYDBERG intermediate neglect of differential overlap
RIOSA	reactive infinite order sudden approximation
RIS	resonance ionization spectroscopy
RIS	rotational isomeric state
RISM	reference interaction site model
RISM	rotational isomeric state model
RIU	refractive index
RIX	rapid ion extraction
RJCP	refocused J cross - polarization
RKKY	RUDERMAN - KITTEL - KASUYA - YOSIDA (theory,magn.,solid state phys.)
RKR	RYDBERG - KLEIN - REES (potential)
RKS	REDLICH - KWONG - SOAVE (equation of state)
RKSA	ROENTGEN - Kristall - Struktur - Analyse
RL	radio luminescence
RLA	rapid lamp annealing
RLA	resonant laser ablation
RLCA	reaction - limited cluster aggregation
RLCC	rotation locular counter current chromatography
RLHNC	reference - linearized hypernetted chain (theory)
RLS	resonant light scattering
RM	reverse micelle
RMA	random magnetic anisotropy
RMAED	rocking micro area electron diffraction
RMEE	rotating mercury film electrode
RMPI	resonant multiphoton ionization
RMS	root mean square
RMSA	reference mean spherical approximation
RMSA	rescaled mean spherical approximation
RMSR	root - mean - square radius
RMZ	REICHELT - MEISSL - Zahl
RN	resonance neutralization
RNAA	radioactive neutron activation analysis
RNT	radionuclide technique
RNT	relative normal momentum transfer
RO	reverse osmosis
ROA	RAMAN optical activity
ROB	resonatorless optical bistability
ROESY	rotating frame OVERHAUSER effect spectroscopy (alt.:CAMELSPIN) 2D-nmr
ROHF	restricted open - shell HARTREE - FOCK
ROM	read - only memory
ROR	resonant optical reflection
ROSDALE	representation of structure description arranged linearly
ROTO	ROESY - TOCSY (2D - nmr)

RP .... resolving power

RPA .... random - phase approximation

RPA .... retarding potential analyzer

RPAE .... random - phase approximation with exchange

RPC .... reverse phase chromatography

RPD .... retarding potential difference

RPECVD .... remote plasma - enhanced chemical vapor deposition

RPED .... rocking probe electron diffraction

RPFC .... reversed flash chromatography

RPIPP .... reverse phase ion pair chromatography

RPL .... radio photoluminescence

RPM .... restricted primitive model

RPM .... rounds (revolutions) per minute

RPPICS .... relative partial photoionization cross section

RPS .... random pulse sequence

RPT .... reverse polarization transfer

RQHNC .... reference quadratic hypernetted chain (theory)

RQL .... rejectable quality level = Rückweisegrenze (alt.:LQ, LTPD)

RQM .... relativistic quantum mechanics

RR .... relative repression

RR .... residual resistance

RR .... resonance RAMAN (experiment)

RR .... rigid rotator (approximation)

RRD .... restricted rotational diffusion (theory)

RRD .... ring - rate decay

RRDE .... rotating ring disk electrode

RREP .... resonance RAMAN excitation profile

RRF .... relative response factor

RRGM .... recursive residue generation method

RRHO .... rigid rotor harmonic oscillator (approximation)

RRKM .... RICE-RAMSPERGER-KASSEL-MARCUS (theory)(monomol. gas-phase-reaction)

RRL .... reaction - rate - limited (kinetics)

RRPA .... relativistic random - phase approximation

RRR .... residual resistivity ratio

RRS .... resonance RAMAN scattering spectrometry

RRSB .... distribution to ROSIN - RAMMLER - SPERLING - BENETT

RRT .... relative retention time

RSA .... random sequential adsorption

RSA .... relative Standardabweichung

RSAED .... rocking selected area electron diffraction pattern

RSC .... redistributed successive collision (model)

RSC .... relative sensitivity coefficient

RSCF .... relativistic self - consistent field

RSD .... relative standard deviation

RSE .... resonant secondary emission

RSECI .... restricted single excitation configuration interaction

RSF .... relative sensitivity factor

RSG .... reentrant spin glass

RSMW .... rapid scanning multiple wavelength

RSP .... reverse scattering perturbation

RSPT .... RAYLEIGH - SCHROEDINGER perturbation theory

RSPTn .... RAYLEIGH - SCHROEDINGER perturbation theory of n-th order

RST .... rapid solidification technology

RSWPS .... repetitive square wave potential signal

RTA .... rapid thermal annealing

RTD .... resistance temperature detector

RTL .... resistor transistor logic

RTM .... raster tunnel microscopy

RTM .... real - time monitoring

RTM .... resin transfer molding

RTO .... rapid thermal oxidation

RTP .... rapid thermal processing

RTP .... room temperature phosphorescence

RTPL .... room temperature phosphorescence in liquid chromatography

RTPS .... repetitive triangular potential sweep

RUCA .... reversible universal cellular automaton

RVB .... resonating valence bond (model)

RYDMR .... radical - yield - detected magnetic resonance

RaD .... radiative deexcitation

RaN .... radiative neutralization

SA .... surface analysis

SAC .... specific absorption coefficient (wavelength)

SACM .... single adiabatic channel model

SACM .... statistical adiabatic channel model

SACP .... selected area (electron) channeling pattern

SAC-CI .... symmetry adapted cluster - configuration interaction

SAD .... selected area electron diffraction (alt.: SAED)

SAD .... selective area diffraction

SAD .... single atom detection

SADP .... selected area diffraction pattern

SADVR .... symmetry - adapted discrete variable representation

SAECP .... selected area electron channeling patterns

SAED .... selective area electron diffraction

SAES .... scanning AUGER electron spectroscopy

SALS .... small - angle light scattering

SALTS .... self - alignment lift - off technique by selective (oxidation)

SAM .... scanning AUGER microprobe

SAM .... scanning AUGER microscopy

SAM .... scanning acoustic microscopy

SAMO .... semilocalized alternant molecular orbital

SANR .... scaled adiabatic nuclear rotation (method)

SANS .... small - angle neutron scattering

SAPT .... symmetry - adapted perturbation theory

SAR .... specific absorption rate

SASA .... solvent - accessible surface area

SASH .... symmetry - adapted spherical - harmonic (function)

SATO .... self - aligned thick oxide

SAW .... self - avoiding walk

SAW .... surface acoustic wave

SAX .... selected area x - ray photoelectron spectroscopy

SAXPS .... soft x - ray appearance spectroscopy

SAXS .... small - angle x - ray scattering

SB .... surface barrier (detector)

SB .... symmetry breaking

SBC .... single - bond correlation

SBEC .... single binary elastic collision

SBM .... SOLOMON - BLOEMBERGEN - MORGAN (theory)

SBR .... signal - to - background ratio

SBS .... stimulated BRILLOUIN scattering

SBSC .... SCHOTTKY barrier solar cell

SBZ .... surface BRILLOUIN zone

SC .... single crystal

SC .... supercapacitance

SC .... surface conductivity

SCAD .... surface characterization and depth profiling

SCANIIR .... surface composition by analysis of neutral and ion impact radiation

SCAO .... spherical cloud atomic orbital

SCBA .... self - consistent BORN approximation

SCC .... self - consistent charge

SCC .... short circuit current

SCCC .... self - consistent charge and configuration (MO calculation)

SCCEH .... self - consistent charge - extended HUECKEL (procedure)

SCCM .... standard cubic centimetre per minute

SCDF .... scanning electron diffraction

SCDM .... self - consistent diagrammatic method

SCDW .... surface charge density wave

SCE .... saturated calomel electrode

SCE .... secondary chemical equilibrium

SCE .... single - centre expansion

SCEM.............. self - consistent eikonal method

SCEM.............. single - channel electron multiplier

SCEP .... self - consistent electron pairs

SCEP-CEPA ... self - consistent electron - pair - coupled electron pair approximatio

SCF .... self - consistent field

SCFM .... standard cubic feet per minute

SCG .... subcritical crack growth

SCIM .... scanned transmission electron image microscopy

SCL .... space charge layer

SCL .... strong coupling limit

SCLC .... sequence centrifugal layer chromatography

SCLO .... self - consistent linear orbital

SCLO .... self - consistent local orbital

SCLR .... single - configuration linear response (theory)

SCM .... same - centre molecules

SCM .... self - consistent multipolar

SCMF .... self - consistent mean field

SCMP .... self - consistent MADELUNG potential

SCOFF .... sharp cut - off fringing field

SCPP .... self - consistent phase - phonon (approach)

SCPT .... self - consistent perturbation theory

SCR .... self - consistent renormalization (theory)

SCR .... silicon - controlled rectifiers

SCRS .... STOKES coherent RAMAN spectroscopy

SCS .... sterically controlled substitution

SCS .... substituent chemical shift

SCSSD .... surface - constrained soft sphere dipole (model)

SCT .... surface change transistor

SC(T)SAG .... small-curvature (tunneling) semiclassical adiabatic ground state approx.

SD .... selective decoupling

SD .... self - diffusion

SD .... spectral diffusion

SD .... spinodal decomposition

SDA .... smoothed density approach

SDA .... spherical deflection analyzer

SDCS .... single differential cross section

SDDS .... spin decoupling difference spectroscopy

SDF .... spin density functional formalism (HOHENBERG-KOHN-SHAM)

SDF .... spin - density fluctuation

SDF .... synthetic discriminant function

SDLTS .... scanning deep level transient spectroscopy

SDMM .... scanning desorption molecule microscopy

SDOS .... surface density of states

SDP .... spin density product

SDP .... steepest descent path

SDR .... spin - dependent resonance

SDS .... stripe domain structure

SDVS .... slotted disk velocity selector

SDW .... spin density wave

SDW .... static distortion waves

SDX .... selective deposition by exdiffusion

SE .... secondary electron (emission)

SE .... size exclusion

SE .... spin - echo

SE .... stimulated echo

SEA .... sound emission analysis

SEA .... static exchange approximation

SEB .... secondary electron bremsstrahlung

SEC .... single electron capture

SEC .... size exclusion chromatography

SEC .... spectro electrochemistry

SECOSS .... spin - echo correlation (with) shift scaling

SECS .... selective electron capture sensitization

SECSY .... spin echo correlated spectroscopy

SECSY .... spin - echo correlated spectroscopy

SED .... STOKES - EINSTEIN - DEBYE (law)

SED .... secondary electron detector

SED .... semi - equilibrium dialysis (method)

SED .... slow electron diffraction (alt.: LEED)

SED .... spin echo difference

SEDFB .... surface - emitting distributed feedback

SEDOR .... spin echo quadrupole - quadrupole double resonance (NQR)

SEE .... secondary electron emission

SEED .... self - electrooptic effect device

SEELFS .... surface extended energy loss fine structure

SEES .... secondary electron emission

SEFE .... secondary electron field emission

SEFIT .... single electron fit

SEFT .... spin echo FOURIER transform (nmr)

SEHF .... spin - projected extended HARTREE - FOCK

SELEX .... selective (spin -) exchange

SEM .... scanning electron microscopy

SEM .... secondary electron multiplier

SEMEBIC .... scanning electron microscopy electron beam current

SEMEDS .... scanning electron microscopy energy dispersive x - ray spectroscopy

SEMUT .... subspectral editing (using a) multiple quantum trap

SENB .... single - edge - notched beam

SEP .... skeletal electron pair

SEP .... stimulated emission pumping (spectroscopy)

SEPB .... single - edge - precracked beam

SEPES .... synchrotron - radiation - excited photoelectron spectroscopy

SEPIL .... selectively exciting probe ion luminescence

SEPOX .... selective polycrystalline silicon oxidation

SEPT .... special environment powder diffractometer

SER .... surface - elevated RAMAN effect

SERRS .... surface - enhanced resonance RAMAN scattering

SERS .... surface - enhanced RAMAN spectroscopy

SESCA .... scanning electron spectroscopy for chemical applications

SESD .... scanning electron stimulated desorption

SESET .... semi - selective excitation

SET .... single electron transfer

SET .... single exposure technique

SET .... standard ENSKOG theory

SEU .... selective excitation unit

SEW .... surface electromagnetic wave (spectroscopy)

SEWS .... surface electromagnetic wave spectroscopy

SEXAFS .... surface - extended x - ray absorption fine structure

SFC .... supercritical fluid chromatography

SFEP .... self - consistent electron pairs

SFET .... standard free energy of transfer

SFG .... sequence generating function

SFNL .... step function nonradiative lifetime

SFORD .... single frequency off resonance decoupling

SFT .... stacking fault tetrahedron

SG .... spin glasses = magn.phases, mictomagnets

SGF .... sequence - generating function

SGFM .... surface GREEN's function matching

SGM .... shape group method

SGOBE .... self - consistent group orbital and bond electronegativity

SGOS .... silicon gate oxide semiconductor

SGRPA .... spherical grid retarding potential analyzer

SGSE .... steady - gradient spin - echo

SHARP .... sensitive, homogeneous and resolved peaks

SHE .... standard hydrogen electrode

SHEED .... scanning (or secondary) high energy electron diffraction

SHF .... super high frequency

SHG .... second harmonic generation

SHM .... simple harmonic motion

SHO .... simple harmonic oscillator

SHRIMP .... scalar heteronuclear recoupled interactions by multiple pulse

SHS .... self - propagating high - temperature synthesis

SI .... static induction

SI .... surface ionization

SIA .... screened interaction approximation

SIA .... self - interstitial atoms

SIC .... self - interaction correction

SIC .... silicon integrated circuit

SICLSD .... self - interaction - corrected local spin density

SICOS .... sidewall base contact structure

SICP .... selected ion current profile

SIC-LSD .... self - interaction - corrected local spin density

SID .... single(selected) ion detection

SID .... surface - induced dissociation

SIEM .... shadow image electron microscopy

SIFDT .... selected ion flow drift tube

SIFT .... selected ion flow tube (apparatus)

SIIE .... secondary ion - ion emission

SIIMS .... secondary ion imaging mass spectroscopy

SILO .... sealed interface local oxidation

SIM .... selected ion monitoring

SIMA .... Sekundär - Ionen - Analyse (alt.: SIMS)

SIMA .... secondary ion microanalysis

SIMIT .... size - induced metal - insulator transition

SIMMS .... secondary ion microprobe

SIMPLE .... secondary isotope multiplets of partially labeled entities (nmr)

SIMS .... secondary ion mass spectrometry

SIMSIDP .... secondary ion mass spectroscopy image depth profiling

SIMTOP .... silicon nitride masked thermally oxidized postdiffused mesa process

SINDO .... scaled SCF - MO method at INDO level of approximation

SIPOS .... semiinsulating polycrystalline silicon

SIPS .... sputter - induced photon spectroscopy

SIR .... selected ion recording

SIRRS .... surface - induced resonant scattering

SIT .... self - induced transparency

SIT .... specific interaction theory

SK .... SHERRINGTON - KIRKPATRICK (theory)

SKEW .... square kinetic energy well

SL .... Scandinavian Lancers Process

SL .... superlattice

SLAM .... scanning laser acoustic microscopy

SLAP .... sign - labeled polarization transfer

SLE .... stochastic LIOUVILLE equation

SLEEP .... scanning low energy electron probe

SLF .... surface loss function

SLGC .... splitless gas chromatography technique

SLM .... scanning laser microscope

SLM .... sound level meter

SLR .... spin - lattice relaxation

SLR .... super lattice reflection

SLS .... static light scattering

SLS .... strained layer superlattice

SLT .... second law of thermodynamics

SLUMO .... second lowest unoccupied molecular orbital

SM .... mass spectrometer (french spelling)

SMA .... simultaneous multiwavelength acquisition

SMA .... single - mode approximation

SMA .... spherical mirror analyzer

SMATCH .... simultaneous mass and temperature change

SMB .... supersonic molecular beam

SMDE .... stationary mercury drop electrode

SMDR .... surface - mode dispersion relation

SME .... semiconductor - metal eutectic

SMEPR .... strain - modulated electron paramagnetic resonance

SMF .... static magnetic field

SMGE .... selective multisolvent gradient elution

SMIM .... selective metastable ion monitoring

SMOKE .... surface magnetooptic KERR effect

SMSI .... strong metal - support interaction

SM-ART .... short memory augmented rate theory

SN .... signal - to - noise ratio

SNIFTIRS .... substractively normalized interfacial FOURIER transform ir spectry.

SNIPER .... saddle - node infinite period

SNMS .... secondary neutralization mass spectroscopy

SNMS .... sputtered neutral mass spectroscopy

SNOS .... silicon - nitride - oxide - silicon

SNR .... signal - to - noise ratio

SNS .... silicon/nitride/ silicon

SO .... spin orbital

SOC .... single occupancy cell (method)

SOC .... spin - orbit coupling

SOCI .... second - order configuration interaction

SOD .... second order differencing (method)

SOI .... silicon on insulator

SOLL .... second - order local linearization

SOLZ .... second order LAUE zone

SOMO .... semioccupied molecular orbital

SOMO .... singly occupied molecular orbital

SONOS .... semiconductor - oxide - nitride - oxide - silicon

SONRES .... saturated optical nonresonant emission spectroscopy

SOPPA .... second order polarization propagator approximation

SOS .... silicon on sapphire

SOS .... sum over states

SOSA .... spin - orbit split array

SOS-CI .... sum over states configuration interaction

SP .... square pyramidal

SP .... surface potential

SP .... survival probability

SPACE .... spatial and chemical shift - encoded excitation

SPAES .... spin - polarized AUGER electron spectroscopy

SPAIRS .... single potential alteration infrared spectroscopy

SPARPES .... spin - polarized angle - resolved photoelectron spectroscopy

SPARS .... spatially resolved spectroscopy

SPC-FP .... simple point charge (model)(with)flexible(bonds)and polarization

SPD .... scaled particle theory

SPD .... singular point detection

SPD .... surface potential difference

SPE .... solid phase epitaxy

SPE .... solid phase extraction

SPE .... solid polymer electrolyte (membrane)

SPE .... stimulated photon echo

SPEG .... statistical polynomial - exponential gap (law)

SPEXAFS .... spin - polarized extended x - ray - absorption fine structure

SPF .... spectrophotofluorometer

SPG .... statistical power gap (law)

SPHCT .... simplified perturbed hard chain theory

SPHF .... spin - polarized HARTREE - FOCK

SPI .... selective population inversion (nmr)

SPI .... surface PENNING ionization

SPIES .... surface PENNING ionization electron spectroscopy

SPIPES .... spin - polarized inverse photoemission spectroscopy

SPIS .... surface PENNING ionization spectroscopy

SPIXE .... scanning proton - induced x- ray emission

SPLEED .... spin - polarized low energy electron diffraction

SPP .... spin - polarized photo emission

SPPES .... spin - polarized photoelectron spectroscopy

SPQW .... stepped - potential quantum well

SPRPAE .... spin - polarized random phase approximation with exchange

SPS .... single particle scattering

SPT .... scaled particle theory

SPT .... selective population transfer (nmr)

SPT .... single photon timing

SPT .... statistical perturbation theory

SPW .... self - penalty walk

SQM .... scaled quantum mechanical (method)

SQMOFF .... scaled quantum - mechanical oligomer force field

SQUID .... superconducting quantum interference device

SQW .... single quantum well

SR .... selective reflection

SR .... synchrotron radiation

SRAM .... static RAM

SRCP .... successive reaction counterpoise (method)

SRET .... scanning reference electrochemical technique

SRFT .... saturation - recovery FOURIER transform

SRO .... short range order

SRPES .... synchrotron - radiation photoelectron spectroscopy

SRRS .... surface resonance RAMAN spectroscopy

SRS .... specular reflection spectrometry

SRS .... stimulated RAMAN spectroscopy

SRS .... surface RAMAN spectroscopy

SRS .... surface reflectance spectroscopy

SRT .... spin reorientation transition

SRXRF .... synchrotron radiation X- ray fluorescence

SSA .... specific surface area

SSB .... spinning side band

SSC .... spin - spin contact

SSCE .... sodium saturated calomel electrode

SSD .... spin - spin dipole

SSE .... separate statistical ensembles

SSEP .... self - stimulated emission pumping

SSEXP .... steady - state excitation photoselection

SSF .... surface - sensitive feature

SSFC .... site - site function counterpoise (method)

SSH .... SCHWARTZ - SLAWSKY - HERZFELD (theory)

SSHW .... symmetric shear horizontal wave

SSI .... small scale integration

SSIMS .... static secondary ion mass spectroscopy

SSL .... strong segregation limit

SSLC .... super speed liquid chromatography

SSMC .... single scattering Monte Carlo

SSMS .... spark source mass spectrometry

SSNOEDS ...... steady - state nuclear OVERHAUSER effect difference spectroscopy

SSOZ .... site - site ORNSTEIN - ZERNIKE (equation)

SSO-FFT .... symmetrically split operator fast FOURIER transform (method)

SSP .... suspended solid phase separation

SSP .... sustained shockwave plasma

SSRP .... symmetry selection rule procedure

SSRTP .... solid surface room temperature phosphorescence

SSS .... sequential slow scanning

SSS .... superlattice surface states

SST .... single strip tester

SST .... solvent - suppression techniques

SSVW .... symmetric shear vertical wave

ST .... saturation transfer

STAT .... slotted tube atom trap

STC RAM .... stacked capacitor RAM

STD .... stepwise thermal desorption

STE .... self - trapped excitons

STE .... stimulated spin - echo

STEAM .... stimulated echo acquisition mode

STEBIC .... scanning transmission electron beam current

STEM .... scanning transmission electron microscopy

STEPR .... saturation transfer EPR

STESR .... saturation transport electron spin resonance

STF .... SLATER - type function

STH .... self - trapped holes

STHF .... supertransferred hyperfine field

STIRAP .... stimulated RAMAN adiabatic passage

STM .... scanning tunneling microscopy (surface analysis)

STMRA .... sparsely truncated multiresonance approximation

STNMR .... stochastic NMR

STO .... SLATER - type (atomic) orbitals

STO-nG .... SLATER - type orbital at the n - GAUSSIAN level

STP .... standard temperature and pressure

STPS .... single triangular potential sweep

STS .... SLATER transition state

STSMC .... statistical thermodynamic super-molecule - continuum

STTL .... SCHOTTKY transistor transistor logic

STTR-CIDNP .. stochastic time - resolved chem. induced dynamic nuclear polarization

SUFIR .... superfast inversion recovery

SUHF .... spin - unrestricted HARTREE - FOCK

SV .... stripping voltammetry

SVCC .... submerged vertical continuous casting

SVD .... singular value decomposition

SVDN .... state - variable-dependent noise

SVE .... SMOLUCHOWSKI - VLASOV equation

SVFF .... simplified valency force field

SVIN .... state - variable - independent noise

SVL .... single vibronic level

SVLF .... single vibronic level fluorescence

SW .... scattered wave

SWAMI .... sidewall masked isolation

SWIFT .... stored waveform inverse FOURIER transform

SWR .... spin wave resonance

SWSAC .... statistical weights of stable atomic configurations

SXA .... soft x - ray absorption

SXANES .... surface x - ray absorption near - edge structures

SXAPS .... soft x - ray appearance potential spectroscopy

SXAS .... soft x - ray absorption spectroscopy

SXE .... soft x - ray emission spectroscopy

SXES .... soft x - ray emission spectroscopy

SXPES .... soft x - ray photo electron spectroscopy

SXPM .... scanning x - ray photoelectron microscopy

SXPS .... soft x - ray photoelectron spectroscopy

SXR .... scanning x - ray radiography

SXRA .... synchrotron x - ray fluorescence analysis

SXS .... soft x - ray spectroscopy

S-RAM .... static RAM

S.COSY .... scaled correlation spectroscopy

TA .... thermal analysis

TAC .... tangential momentum accomodation coefficient

TAC .... translation accommodation coefficient (engl.version)

TACF .... time - autocorrelation function

TACM .... temperature dependence of adiabatic compressibility minimum

TAK .... Translations - Akkommodations Koeffizient

TANGO .... testing (for) adjacent nuclei (with a) gyration operator

TAPS .... triple action process STB (Sumitomo)

TART .... tip - angle reduced T1 imaging

TAT .... thermally assisted tunnelling

TB .... tightly bound

TB .... tip blunting

TBA .... tight - binding approximation

TBB .... tight - binding bond

TBIS .... transverse biased initial susceptibility

TBLMTO .... tight - binding linear muffin - tin orbital

TBP .... trigonal bipyramidal

TC .... transmission channeling

TCAM .... relation entre la temp. et la compressibilite adiabat. minimale

TCC .... temperature coefficient (of) conductivity

TCC .... thermal conduction controlling

TCD .... thermal conductivity detector

TCDS .... tandem cylindrical deflector spectrometry

TCMS .... relation entre la temp. et la velocite maximale du son

TCP .... tricritical point

TCR .... temperature coefficient of resistivity (resistance)

TCR .... thermochemical reduction

TCS .... thermal conversion spectroscopy

TCS .... total current spectroscopy

TCS .... total (integrated) cross section

TCSCF .... two - configuration SCF

TCSPC .... time - correlated single photon counting

TD .... thermal desorption

TDA .... TAMM - DANCOFF approximation

TDC .... time - to - digital converter

TDCHF .... time - dependent coupled HARTREE - FOCK (method)

TDCS .... total desorption cross section

TDCS .... triple differential cross section

TDD .... total difference density

TDD .... two detector delay

TDDB .... time - dependent dielectric breakdown

TDEPR .... thermally detected electron paramagnetic resonance

TDFSS .... time - dependent fluorescence STOKES shift

TDGL .... time - dependent GINZBURG - LANDAU (theory)

TDH .... temperature - dependent HALL

TDHF .... time - dependent HARTREE - FOCK

TDHG .... time - dependent HARTREE grid (method)

TDKIE .... temperature dependence of the kinetic isotope effect

TDLDA .... time - dependent local density approximation

TDMS .... thermal desorption mass spectrometry

TDOA .... thermally detected optical absorption

TDOS .... total density of states

TDPAC .... time - differential - perturbed angular correlation (method)

TDQM .... time - dependent quantum - mechanical (calculation)

TDS .... thermal desorption spectroscopy

TDS .... thermal diffuse scattering

TDS .... time domain spectroscopy

TDS .... total density of states

TDS .... total dissolved solids

TDSCF .... time - dependent self - consistent field

TDSE .... time - dependent SCHROEDINGER equation

TDSS .... time - dependent fluorescence STOKES shift

TDTL .... time - dependent thermal lensing

TDVC .... transition dipole vector coupling (model)

TDVM .... time - dependent variational method

TDVP .... time - dependent variational principle

TE .... thermionic emission

TE .... transverse electric (mode)

TEA .... thermal energy analyzer

TEAS	thermal energy atom scattering
TEB	transient electric birefringence
TEC	thermal expansion coefficient
TEC	thermionic energy converter
TED	total energy distribution
TED	transmission electron diffraction
TEDE	temperature - enhanced displacement effect
TEDP	tensor of effective dielectric permittivity
TEE	thermionic electron emission
TEELS	transmission electron energy loss spectroscopy
TEEM	thermionic electron emission microscope (alt.: TEM)
TELS	transmission energy loss spectroscopy
TELSCA	transmission energy loss electron spectroscopy for chem. analysis
TEM	transmission electron microscopy
TEP	thermoelectric power
TEPICO	threshold electron photoion coincidence
TERA	transient error reconstruction approach (algorithm)
TES	translational energy spectroscopy
TESICO	threshold electron - secondary ion coincidence (technique)
TET	transient energy transfer
TEY	total electron yield
TF	transfer function
TFA	thin - film analysis
TFD	thermofield dynamics
TFDW	THOMAS - FERMI - DIRAC - WEIZAECKER (model)
TFMC	thin - film mercury electrode
TFP	trans fibre photography
TFT	thin - film transistor
TFTS	target facing type sputtering
TG	thermogravimetry
TGA	thermogravimetric analysis
TGL	thermal gradient lamp
THDS	thermal helium desorption spectrometry
THEED	transmission high - energy (scanning) electron diffraction
THF	tres hautes frequences
THG	third - harmonic generation
TI	transfer ionization
TIB	transferred interaction block
TIC	total ion chromatography
TIC	total ion current
TICP	total ion current profile
TICS	timereversal invariant closed shell
TICS	total integral cross section
TICT	twisted intramolecular charge transfer
TID	thermal ionization detector
TIDF	temperature - independent delayed fluorescence
TIM	total ion monitoring
TIMAS	relation entre la temp. et l'impedance acoustique specifique
TIMS	thermal ionization mass spectrometry
TIP	temperature independent paramagnetism
TIQM	time - independent quantum - mechanical (calculation)
TIS	time integration spectroscopy
TIS	trench - isolated (transistor)
TISR	temperature - induced spin reorientation
TJ	temperature jump (method)
TJMTS	TELEMAN - JOENSSON multiple time step
TL	thermoluminescence
TLC	thin - layer chromatography
TLCF	thin - layer chromatography combined with fluorimetry

TLCV .... thin - layer cyclic voltammetry

TLD .... thermoluminescence dosimeter

TLGPC .... thin - layer gel permeation chromatography

TLM .... transmission light microscope

TLM .... transmission line model

TLS .... two - level system

TLV .... threshold limit values

TM .... transverse magnetic (wave)

TM .... tunnelling model

TMA .... thermomechanical analysis

TMAC .... tangential momentum accomodation coefficient

TMCP .... thermomechanical controlled processing

TMR .... topical magnetic resonance

TMS .... thermionic mass spectrometry

TMT .... thermomechanical treatment

TMTSV .... triangular modulated triangular sweep voltammetry

TN .... THYSSEN Niederrhein Process

TNAA .... thermal neutrons atomic absorption

TNMR .... topical nuclear magnetic resonance

TOCSY .... total correlation spectroscopy (2D-nmr)

TOF .... time - of - flight (mass spectrometry)

TOFA .... time - of - flight analysis

TOFMS .... time - of - flight mass spectrometry

TOLZ .... third - order LAUE zone

TOMAL .... task - oriented microprocessor application language

TORO .... TOCSY - ROESY (2D-nmr)

TOSS .... total suppression of sidebands

TOSS .... two - step oxidation of sidewall surface

TOX .... thermal oxide

TP .... test stop pulse

TPA .... two - photon absorption

TPAD .... temperature - programmed ammonia desorption

TPC .... three - phase catalysis

TPC .... time - to - pulse - height converter

TPD .... temperature - programmed desorption

TPD .... transverse photothermal deflection

TPD .... two - photon dissociation

TPDICS .... two - photon differential cross section

TPE .... two - photon excitation

TPE HNC/MS .. three-point-extension hypernetted-chain-mean-spherical (equation)

TPEF .... two - photon excited fluorescence

TPEPICO .... threshold photoelectron photoion coincidence

TPES .... threshold photoelectron spectrum

TPES .... two - photon excitation spectrum

TPF .... two - photon fluorescence

TPGC .... temperature-programmed gas chromatography

TPHC .... time - to - pulse - height converter

TPI .... tracks per inch

TPL .... two - photon luminescence

TPO .... temperature-programmed oxidation

TPOSD .... two - photon oscillator strength density

TPP .... theoretical pairwise potential

TPPI .... time - proportional phase incrementation

TPR .... temperature - programmed reduction

TPRE .... two - photon RAMAN excitation

TPRS .... temperature - programmed reaction spectroscopy

TPS .... temperature - programmed sulphation

TPS .... two - dimensional periodic structure

TPSSIMS .... temperature - programmed static secondary ion mass spectrometry

TPV .... transport en phase vapeur

TQF .... triple - quantum - filtered

TQF-COSY ..... triple - quantum filtered - correlation spectroscopy

TQMS .... triple quadrupole mass spectrometry

TR .... time - resolved

TR3S .... time - resolved resonance RAMAN spectroscopy

TRAMEX .... tertiary amine extraction (method)

TRDF .... time - resolved dispersed fluorescence

TRE .... thermochemical resonance energy

TRE .... topological resonance energy

TREELS .... time - resolved electron energy loss spectroscopy

TREPR .... time - resolved electron paramagnetic resonance

TRES .... time - resolved emission spectrum

TREXP .... time - resolved excitation photoselection

TRFA .... total reflexions ROENTGEN fluoreszenz analyse

TRFD .... time - resolved fluorescence depletion

TRFS .... time - resolved fluorescence spectroscopy

TRILD .... time - resolved intracavity laser detection

TRIMS .... time - resolved ion momentum spectrometry

TRIR .... time - resolved infrared (spectroscopy)

TRIS .... time - resolved infrared spectroscopy

TRIX .... total rate imaging of x - rays

TROA .... time - resolved optical absorption

TRRFA .... time - resolved x - ray fluorescence analysis

TRRR .... time - resolved resonance RAMAN spectrometry

TRRS .... time - resolved RAMAN spectroscopy

TRRS .... two - photon resonant RAMAN scattering

TRS .... time - resolved spectroscopy

TRU .... transuranium processing facility

TRXD .... time - resolved x - ray diffraction

TS .... transition state

TS .... tunneling state

TS .... (ultimate) tensile strength

TSA .... total surface area

TSA .... two - step absorption

TSAIM .... temperature dependence of sound acoustic impedance

TSC .... thermally stimulated current

TSCAP .... thermally stimulated capacitance

TSCTES .... total spin coherence transfer echo filtering spectroscopy

TSD .... thermally stimulated depolarization

TSD .... thermionic specific detector

TSD .... time slice detection

TSDA .... tandem spherical deflector analyzer

TSDC .... thermally stimulated depolarization current

TSED .... transmission scanning electron diffraction

TSEE .... thermally stimulated exo electron emission

TSEM .... transmission scanning electron microscopy

TSFZ .... travelling solvent floating zone

TSH .... tensor surface harmonic (theory) (STONE)

TSH .... trajectory - surface - hopping (calculation)

TSHEO .... tensor surface harmonic equivalent orbital

TSL .... tristate logic

TSLE	two - step laser excitation
TSP	titanium sublimation pump
TSPC	thermally stimulated polarization current
TSQ	triple state quadrupole mass spectrometry
TSRO	topological short - range order
TST	transition state theory
TSVM	temperature dependence of sound velocity maximum
TTA	traditional theoretical approach
TTA	triplet - triplet absorption
TTL	transistor - transistor logic
TTOF	tandem time - of - flight (mass spectrometry)
TTPD	threshold temperature programmed desorption
TTVD	trap - to - trap distillation
TUV	thermal ultraviolet
TVC	thermal - to - voltage converter
TVEC	tangent vector error criterion
TVS	triangle voltage sweep
TYS	tensile yield strength
TZ	Trennzahl
TZ	triple - zeta basis
TZ2P	triple - zeta plus double polarization
TZE	transverse ZEEMAN effect
UA	united atom
UAE	unsteady adiabatic expansion
UBFF	UREY - BRADLEY force field
UCA	universal cellular automaton
UCAM	uncoupled angular momentum (representation)
UCHF	uncoupled HARTREE - FOCK
UCST	upper critical solution temperature
UFP-NMR	ultra fine particle NMR
UGA	unitary group approach
UHF	ultrahigh frequency
UHF	uniform heat flux
UHF	unrestricted HARTREE - FOCK
UHP	ultra high power electric arc steelmaking
UHRNMR	ultra - high - resolution NMR
UHV	ultrahigh vacuum
UHVEM	ultrahigh voltage electron microscopy
UMP	unrestricted MOELLER - PLESSET (theory)
UMPA	universal microprobe mass analyzer
UO	Umkehr - Osmose
UPD	underpotential metal deposition
UPES	ultraviolet photoelectron (or - emission) spectroscopy
UPN	umgekehrte polnische Notation
UPS	ultraviolet photoelectron spectroscopy
UPS	ultraviolet photoemission spectroscopy (alt.: UVPS)
UPT	universal polarization transfer
UR	ultrarot
US	unified statistical (theory)
USM	ultra sound microscopy
USN	ultrasonic nebulization
UTA	unresolved transition array
UTO	ultrathin oxide
UV	ultraviolet
UVBIS	ultraviolet bremsstrahlung isochromat spectroscopy
UVPD	ultraviolet photodesorption
UVPES	ultraviolet photoelectron spectroscopy
UVPS	ultraviolet photoelectron spectroscopy (alt.: UPS)
UVRR	ultraviolet resonance RAMAN spectroscopy
UVS	ultraviolet spectroscopy

UVSOR .... ultraviolet synchrotron orbital radiation

UVVIS .... ultraviolet - visible spectrometry

UWT .... uniform wall temperature

VAC .... voltage - alternating current

VACF .... velocity autocorrelation function

VAD .... vacuum arc degassing process

VADS .... velocity - aligned DOPPLER spectroscopy

VAF .... velocity autocorrelation function

VAP .... valence alteration pair

VARPT .... variational perturbation theory

VAS .... variable - angle spinning

VASS .... variable - angle sample spinning (NMR)

VAT .... vibrationally assisted tunneling

VB .... valence band

VB .... valence bond (method)

VBL .... vertical BLOCH line

VBM .... valence bond maximum

VBXES .... valence band x - ray emission spectroscopy

VCA .... virtual - crystal approximation

VCD .... vibrational circular dichroism

VCF .... velocity autocorrelation function

VCNR .... voltage - controlled negative differential resistance

VD .... vacuum degassing (generic term)

VD .... vacuum deposition

VDC .... voltage direct current

VDE .... vertical detachment energy

VDEh .... Verein Deutscher Eisenhüttenleute

VDHF .... variational DIRAC - HARTREE - FOCK

VDR .... voltage - dependent resistor

VDW .... valley density wave

VDWS .... VAN DER WAALS surface

VEELS .... vibrational energy - loss electron spectroscopy

VEH .... valence effective HAMILTONIAN

VELD .... valence electron localization degree (model)

VEOMP .... valence electron - only model potential

VES .... vibrational excitation spectroscopy

VET .... vibrational energy transfer

VETT .... height of a theoretical plate (russ. version)

VF .... VOGEL - FULCHER (law)

VFB .... flatband voltage

VFET .... variable field effect transistor

VFP .... variable frequency pulse (nmr)

VFT .... vibrational frame transformation

VFTH .... VOGEL - FULCHER - TAMMAN - HESSE (equation)

VIP .... vertical ionization potential

VIP .... visual image processing

VIS .... visible spectroscopy

VLBI .... very - long - baseline interferometry

VLF .... very low frequency

VLPP .... very low pressure pyrolysis

VLPR.............. very low pressure reactor

VLS .... valence level spectroscopy

VLSI .... very large scale integration

VMC .... variational Monte Carlo

VOD .... vacuum oxygen decarburization process

VODC .... vacuum oxygen decarburization converter process

VODK .... vacuum oxygen decarburization in the converter (THYSSEN)

VOI .... volume of interest

VOIP .... valence orbital ionization potential

VORD............. vibrational optical rotatory dispersion

VOSY .... volume - selective spectroscopy

VP .... vapor transport

VPC .... vapor phase chromatography

VPE .... vapor phase epitaxy(-ial)

VPS .... VAINSHTEIN - PRESNYAKOV - SOBELMAN (approximation)

VPT .... variational perturbation theory

VR .... voltage regulation

VRDDO .... variable retention of diatomic differential overlap

VRH .... variable - range - hopping (MOTT - law)

VRT .... vibration - rotation transitions

VRT .... vibration - rotation - tunneling

VSE .... vibrational STARK effect

VSE .... volume - selective excitation

VSEPR .... valence shell electron pair repulsion

VSIE .... valence state ionization energy

VSIP .... valence state ionization potential

VSM .... vibrating sample magnetometer

VT .... variable temperature

VTA .... vertical transition approximation

VTE .... variable time expansion

VTE .... vertical tube evaporator

VTL .... variable threshold logic

VTST .... variational transition state theory

VT-SIFDT .... variable - temperature - selected ion flow drift tube

VUV .... vacuum ultraviolet

VUVS .... vacuum ultraviolet spectroscopy

VVC .... voltage variable capacitance

VW .... valley wave

VWD .... variable wavelength detector

VWG .... VAN DER WAALS gap

VZ .... Verseifungszahl

WACBDP .... wide - angle convergent beam diffraction pattern

WALTZ .... wideband alternat.phase low power techn.for zero residue splitting

WAOI .... wide - angle acoustooptic interaction

WAXS .... wide - angle x - ray scattering

WB .... weak beam

WBDF .... weak - beam dark field method

WBT .... white beam topography

WCA .... WEEKS - CHANDLER - ANDERSEN (theory)

WCS .... writeable control store

WD .... wavelength dispersion

WDA .... weighted density approximation

WDE .... weak diffusion expansion

WDF .... WIGNER distribution function

WDS .... wavelength dispersive spectrometer

WDX .... wavelength dispersive x - ray analysis

WE .... working electrode

WEFA .... Wharton Econometric Forecasting Associates

WF .... wave function

WF .... work function

WIFT .... stored waveform inverse FOURIER transform

WIMP .... wireless implanted magnetic resonance probes

WKB .... WENTZEL - KRAMERS - BRILLOUIN (method)

WNNLSA .... white noise non - linear system analysis

WORCRA .... Worner, Conzinc Rio Tinto of Australia

WORM .... write - once - read - mostly

WQ .... water quenched

WRS .... waveguide RAMAN spectroscopy

WSL .... weak segregation limit

XADM .... x - ray anomalous dispersion method

XAES .... x - ray absorption edge spectrometry

XAES .... x - ray - excited AUGER electron spectroscopy

XAES .... x - ray - induced AUGER electron spectroscopy

XANES .... x - ray absorption near - edge structure

XAPS .... x - ray appearence potential spectroscopy

XAS .... x - ray absorption spectroscopy

XAS .... x - ray - excited AUGER spectroscopy

XBIS .... x - ray bremsstrahlung isochromat spectroscopy

XCORFE .... x - nucleus correlation with fixed evolution time (2D-nmr)

XDC .... x - ray double crystal diffraction

XDM .... extended dipolar modulation (nmr)

XEAES .... x - ray - excited AUGER electron spectroscopy

XEAPS .... x - ray - excited electron appearance potential spectroscopy

XED .... x - ray energy dispersive diffractometer

XEM .... exoelectron microscopy

XEOF .... x - ray - excited optical fluorescence spectroscopy

XES .... exo electron spectroscopy

XES .... x - ray emission spectroscopy

XESD .... x - ray - induced electron - stimulated desorption

XFA .... x - ray fluorescence analysis

XFLU .... x - ray fluorescence

XHTB .... extended HUECKEL tight - binding

XIAES .... x - ray - induced AUGER emission spectroscopy

XIN .... x - ray interferometer

XIS .... x - ray isochromat spectroscopy

XMPA .... x - ray electron microprobe analysis

XPD .... x - ray photoelectron diffraction (alt.: XPED)

XPED .... x - ray photoelectron diffraction (alt.: XPD)

XPES .... x - ray photoelectron spectroscopy (alt.: XPS)

XPES .... x - ray photoemission spectroscopy (alt.: XPS)

XPS .... x - ray photoelectron spectroscopy (alt.: ESCA,XPES)

XPS .... x - ray photoemission spectroscopy (alt.: XPES)

XRD .... x - ray diffraction

XRF .... x - ray fluorescence

XRFA .... x - ray fluorescence analysis

XRLBA .... x - ray line broadening analysis

XSAD .... x - ray small - angle diffraction

XSWT .... x - ray standing wave technique

XTEM .... cross - sectional transmission electron microscopy

XUPS .... photoelectron spectroscopy between UV and x - ray (alt.: XUVPES)

XUVPES .... photoelectron spectroscopy between UV and x - ray (alt.: XUPS)

ZAA .... ZEEMAN atomic absorption

ZAAS .... ZEEMAN atomic absorption spectroscopy

ZAP .... zone axis pattern

ZBS .... zero bias SCHOTTKY diode

ZDA .... zero displacement adiabatic (approximation)

ZDO .... zero - differential overlap

ZEKE .... zero electron kinetic energy

ZEKES .... zero electron kinetic energy spectrometry

ZF .... zero - field

ZFS .... zero field splitting

ZGB .... ZIFF - GULARI - BARSHAD (model)

ZIA .... zone immunoassay

ZOLZ .... zero - order LAUE zone

ZPE .... zero - point energy

ZPL .... zero phonon line

ZPVE .... zero - point vibrational energy

ZQC .... zero - quantum coherence

ZQS .... zero - quantum spectroscopy

ZTS .... Z - transition state